新工科建设之路·计算机类专业系列教材

计算机网络原理

段会川◎编著

电子工业出版社
Publishing House of Electronics Industry
北京•BEIJING

内 容 简 介

本书以 TCP/IP 体系结构为主线，内容涵盖了计算机网络原理的必要内容，即物理层、数据链路层、网络层、传输层、应用层和无线网络。本书应用了计算教学论学说，将 Excel 引入计算性习题，使简单平凡的计算变得不简单、不平凡，使复杂的运算变得可行。本书最后增加了一章"报文分析"，使得网络原理的理论知识达到了落地的效果。本书提供电子课件，教师可登录华信教育资源网（www.hxedu.com.cn）免费下载。

本书可用作计算机及相关专业本科计算机网络原理课程的教材，也可作为广大教学和科研工作者的参考书。

图书在版编目（CIP）数据

计算机网络原理 / 段会川编著. —北京：电子工业出版社，2024.5

ISBN 978-7-121-47873-4

Ⅰ. ①计… Ⅱ. ①段… Ⅲ. ①计算机网络－高等学校－教材 Ⅳ. ①TP393

中国国家版本馆 CIP 数据核字（2024）第 101007 号

责任编辑：杜　军

印　　刷：北京雁林吉兆印刷有限公司

装　　订：北京雁林吉兆印刷有限公司

出版发行：电子工业出版社

　　　　　北京市海淀区万寿路 173 信箱　　　邮编：100036

开　　本：787×1092　　1/16　　印张：18.25　　字数：491 千字

版　　次：2024 年 5 月第 1 版

印　　次：2024 年 5 月第 1 次印刷

定　　价：59.00 元

凡所购买电子工业出版社图书有缺损问题，请向购买书店调换。若书店售缺，请与本社发行部联系，联系及邮购电话：(010) 88254888，88258888。

质量投诉请发邮件至 zlts@phei.com.cn，盗版侵权举报请发邮件至 dbqq@phei.com.cn。

本书咨询联系方式：dujun@phei.com.cn。

前　言

计算机网络特别是因特网已经成为人类社会的重要组成部分，建构网络既有许多大智慧，也有很多小技巧，这些林林总总就构成了本书的主题，即计算机网络原理。

本书作者在拜读过其他同类教材后觉得还有进一步提升的空间，于是便撰写了本书。本书以 TCP/IP 体系结构为主线，内容涵盖了计算机网络原理的必要内容，即物理层、数据链路层、网络层、传输层、应用层和无线网络。与同类教材相比，本书有如下四个显著特点。

一是以适当篇幅介绍了计算机网络在中国的大发展，重点介绍了北斗导航系统和华为科技在计算机网络领域的重要贡献，并对理工类专业教材的课程思政内容进行了务实的探索。

二是对吉比特以太网技术和 Wi-Fi 技术进行了重点介绍，它们既是计算机网络技术不断发展的代表，也是人们在实际中接触到的网络新技术，将其纳入本书中可凸显本书知识的前沿性。

三是计算教学论的创新应用。计算教学论是作者于 2021 年 3 月发表于《中国计算机学会通讯》的教学学说，其核心思想是将教学中的可计算知识以计算的方式进行长足的表达和解析，从而实现教与学的显著改进。在本书中，计算教学论主要体现在要求学生运用 Excel 中的函数、公式等完成计算类的习题。这使得简单平凡的时延、信道极限容量等计算变得不简单、不平凡，使得 IP 首部和 UDP、TCP 的检验和、电子邮件中的 Base64 编码等复杂的运算变得可行。这一举措不但加深了学生对网络知识的理解，还提升了学生的计算思维水平及基于计算工具解决实际问题的能力。

四是报文分析的引入。本书在最后一章列出了使用浏览器访问一个网页所捕获的全部报文，并对照以太网的帧结构、IP 数据报的报文格式、TCP 报文段的格式及 HTTP 请求和应答报文的格式，对这些协议的运行过程进行了详细分析，还对一个有代表性的电子邮件报文进行了分析。这些报文分析会使学生学习到的网络原理知识落地，从而加强了网络知识掌握的扎实性。

本书行文力求严谨，图形力求精致，版面布局力求紧凑。所有这些细微方面的努力都使本书达到了推陈出新的效果。

本书为山东师范大学校级规划教材。在本书的编写过程中，山东师范大学信息科学与工程学院的领导和教师给予了热情的关怀和切实的支持，本书在出版过程中得到了电子工业出版社杜军编辑及其他审稿专家的大力支持，作者在此一并表示衷心的感谢。

鉴于作者水平有限，书中的疏漏之处在所难免，欢迎广大读者批评指正。

编著者

2024 年 4 月于济南

目　录

第 **1** 章　计算机网络概述

本章为教材的第 1 章，主要介绍计算机网络和因特网的基本知识。内容包括：①计算机网络及因特网的基本概念与组成，主要介绍计算机网络和因特网的定义及因特网的两大组成部分，即核心部分和边缘部分；②中国计算机网络及因特网的大发展，主要介绍中国因特网发展的一些标志性事件和成就，以及对世界因特网发展的一些贡献；③因特网的运行模式，主要包括核心部分的分组交换模式和边缘部分的客户/服务器模式；④计算机网络的分类与性能指标，主要介绍计算机网络的基本分类，以及带宽、吞吐量、时延等重要的性能指标；⑤计算机网络的体系结构，扼要介绍 OSI 参考模型，重点介绍因特网的 TCP/IP 模型。

➡ 1.1　计算机网络及因特网的基市概念与组成

本节首先概念化地介绍计算机网络的基本组成要素和功能，然后给出计算机网络的一个基本定义，在此基础上给出因特网是"关于网络的网络"这一基本认识，最后扼要介绍世界范围内计算机网络与因特网的发展历程。

1.1.1　计算机网络的基本组成与概念

直观地说，计算机网络就是将一些计算机连接起来的网络。从物理上说，这需要三个要素，即计算机、连接介质和联网设备，如图 1-1（a）所示。这里的计算机是一个自治的系统，即没有网络也能自己独立工作的系统，台式计算机、笔记本电脑、一体机或服务器均属于自治的计算机系统。

　　注 1：连接到网络的计算机也称为"主机"（host）或"站点"。

　　注 2："联网"是指设计和构建网络，而"连网"仅是指将某个主机接入网络。

　　注 3："联网设备"也常称为"交换机"。

连接介质可以是同轴电缆、双绞线、光纤等有线介质，也可以是无线电和微波等无线介质。图 1-1（b）示出了一个同时具有有线连接功能和无线连接功能的联网设备，它通过有线方式连接了一台台式计算机和一台服务器，而通过无线方式连接了两台笔记本电脑。这里的笔记本电脑也属于自治的计算机系统，因而也能统称为主机或站点。

计算机网络中也可能没有联网设备，图 1-2 就示出了一种没有联网设备的总线式计算机网络，各个计算机即站点通过网络接口卡（NIC）即网卡直接连接到一条总线上，这种网络就只有连接介质和计算机。这样的网络需要通过一种分布式的共享争用介质协议来协调各站点，以使各站点在发送数据的过程中及时发现冲突并采取退避重发机制，从而不断减少冲突，确保网络的正常运行。

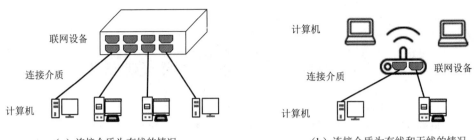

（a）连接介质为有线的情况　　　　（b）连接介质为有线和无线的情况

图 1-1　计算机网络示意图[1]

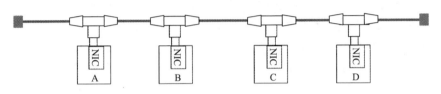

图 1-2　总线式计算机网络示意图

　　自治的计算机系统只要插入适宜的网卡，就能连接到适宜的网络，即网卡提供了计算机与网络的接口界面。

　　注：由于连接网络已经成为计算机必备的功能，现今的计算机生产商一般都会将网卡直接集成到主板上。

　　计算机网络可以通过联网设备的级联扩展地理覆盖范围和联网计算机的数量，也可以通过光纤这种远距离传输介质构建园区、城域乃至城间的区域级覆盖范围的网络，联网站点也能扩展到平板电脑、智能手机等掌上型移动计算机系统。图 1-3 给出了联网设备的级联及网络的光纤扩展示意图。

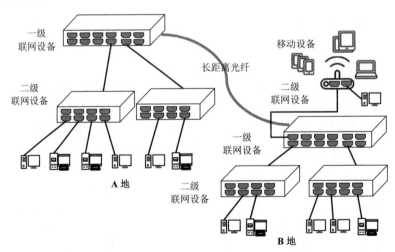

图 1-3　联网设备的级联及网络的光纤扩展示意图[1]

　　注：平板电脑、智能手机等也都是在一定程度上可以独立运行的掌上型移动计算机系统，因而也统称为主机或站点。

图 1-3 示出的是 A、B 两地的两个计算机网络通过光纤连接为一个计算机网络,从而实现网络扩展的情况。两地分别各有一个一级联网设备,其中 A 地在一级联网设备下面以有线方式级联了两个具有有线连接功能的二级联网设备,而 B 地则在一级联网设备下面以有线方式级联了两个具有有线连接功能的二级联网设备和一个同时具备有线和无线连接功能的二级联网设备,该设备除了以有线方式连接了一台台式机,还以无线方式连接了一台笔记本电脑、若干智能手机和平板电脑。

上面以较为直观的方式让读者对计算机网络有了形象的认识,接下来我们从功能的角度讨论计算机网络。

一般地说,计算机网络的功能可以总结为两点,即**数字通信和计算性资源共享**。数字通信指的是在两个联网的主机间交换数字信息,这种信息交换来自人类的交流需求,因此两个主机实际上是希望进行信息交换的两个人的代理。

计算性资源共享包括数字化信息资源和服务的共享及计算和数字存储资源的共享。其中的服务主要指的是以软件方式提供的对用户有益的功能。在数字化信息资源和服务共享中,信息或服务的制造者将信息数字化、将服务网络化并发布到网络上的某个服务器级的主机上,该主机具有提供时间不间断、速度有保证的服务的能力,这样就能使任何联网的主机都能访问该服务器上的信息资源或服务,或者说任何希望访问该信息和服务的用户通过某个主机(代理)均能访问到该信息和服务,即实现存放一处、访问无限的信息和软件服务。

计算资源主要指的是计算机的算力资源,用专业的说法就是中央处理器(CPU)的计算能力及与其相配的内存储器的数量。而计算资源共享指的是有大量计算能力的计算系统拥有者,通过网络,为众多有阶段性大量计算需求而自身又不具备满足这些需求的计算设施或者建立该计算设施不划算的机构或个人提供计算服务。数字存储资源指的是一些服务商建立的海量的数字化信息存储介质库,它通过高级的冗余技术及异地备份实现可靠的、可保证一定访问速度的数据和信息存储,其具有的安全性、可靠性、持久性、专业性和大存储量是普通机构或个人无法实现或达到的。计算机网络的构建使得数字存储资源服务以网络化方式呈现,推动了这项服务的普及和发展。

一般来说,一个服务商会通过建立一个或数个数据中心来提供计算及数字存储资源,每个数据中心包括由几万乃至几十万台服务器和数字存储设备构成的诸多集群、负载均衡系统,以及配套的安全及温湿度等环境保障设备和系统。

从上面的表述可以看出,计算机网络所提供的数字通信和计算性资源共享推动了人类社会的信息化发展。然而,计算机网络却远不是将自治的计算机系统通过介质和联网设备连接起来就能工作的,因为计算机网络的这三个组成部分均是没有人类智能的物质形态,要使它们能够自动化地工作,还需要设计完善的网络协议,而网络协议是本书的核心内容。我们将在第 3 章以以太网为例详细介绍一种典型的物理网络协议。

综上所述,我们可以给出计算机网络的一个通俗定义:**计算机网络就是将自治的计算机系统通过数字化联网设备和通信介质连接在一起的一个系统,它在完善的网络协议下工作,并提供数字通信和计算资源共享服务。**

然而,这个定义还具有一定的狭义性,我们将通过下一节中对因特网的介绍来揭示其更加广义的含义。

1.1.2　因特网的基本概念与组成

因特网（Internet），也称为互联网，是目前我们触手可及的网络，它是一个将全世界连接成一个"地球村"的网络，而且具有近乎无限的扩展能力，目前接入因特网的资源性服务器数量还在不断增长，因特网上的信息资源也在不断地膨胀，访问因特网的用户和设备也在持续地增加。

1．因特网是一个"关于网络的网络"

因特网与 1.1.1 节所述的计算机网络有着很大的不同，它是一个"关于网络的网络"（a network of networks），如图 1-4 所示。图中最大的云就是因特网，其中较小的云为基础网络，就是 1.1.1 节意义上的计算机网络。连接物理网络的设备称为路由器（router），也称为三层交换机。

注 1：我们将在网络体系结构中说明网络中"层"的概念。

注 2：因特网的这种云朵表示方式就是"云计算"的由来。

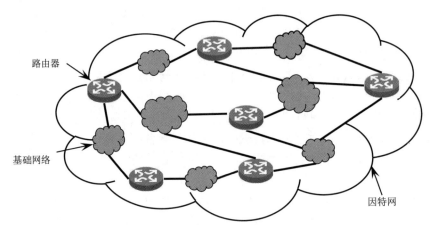

图 1-4　因特网示意图

有了因特网的概念后，我们就将 1.1.1 节介绍的网络称为物理网络，其中的网络连接设备就称为二层交换机，也可以说物理网络就是由二层交换机连接计算机构成的网络，这样的网络由同一种或同一类二层协议连接而成，而因特网则是用三层交换机即路由器连接任意的物理网络构建的网络。

与物理网络不是简单地用二层交换机连接计算机构成一样，因特网也不是简单地由路由器将物理网络连接起来就建成的，而是需要设计物理网络之上的网络协议，通过这些协议消除物理网络的差异，使得因特网看起来就像一个统一的网络。这个协议就是因特网的 IP，我们将在第 4 章详细介绍该协议。

因特网中的网络互连其实是一种普适的方法，一个单位如果有多个物理网络，就可以通过将这些物理网络用路由器及其相应的网络协议连接为一个"互连网"。实际上，许许多多的单位都是用这种方法将自己内部的物理网络连接为"互连网"，再通过一个出口路由器将自己的"互连网"接入因特网的，这样可以对外屏蔽单位内部的网络结构，从而实现网络的安全管理。

注 1：单位内部通过路由器互连的网络称为内联网（Intranet）。

注 2："网络互连"指一般意义上两个或多个物理网络的连接，而"网络互联"则专门指因特网中网络之间的连接，因特网中网络之间的连接也会称为"网络互连"。

2. 因特网由核心部分和边缘部分组成

图 1-4 所示的因特网常称为因特网的核心部分，该部分实现因特网的通信功能。为了简化，因特网核心部分中的物理网络常用一条连接路由器间的线来简化，这样它就可以由以路由器作为顶点、网络作为边的图论意义上的图来表示，这样图 1-4 所示的因特网就可以简化为图 1-5 中的因特网核心部分。基于这一分析，因特网中的通信问题很多时候可使用图算法来解决。

注：图 1-5 中有的相邻路由器间存在两条链路，这种情形是允许的。这一方面增强了两个路由器间相连的健壮性，当一条链路失败时可通过另一条链路连通；另一方面，也能实现根据数据性质选择适宜的链路，例如，实时数据可选择时延较小的链路，而非实时数据可以选择时延较大但带宽也较大的链路。

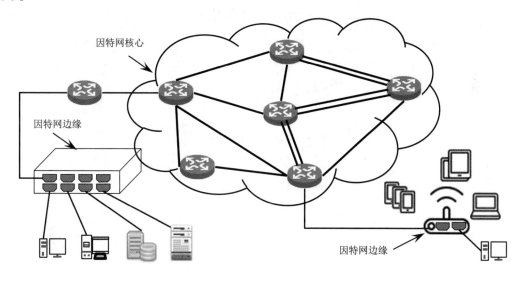

图 1-5　因特网的核心部分与边缘部分

因特网除去核心部分的部分称为边缘部分，图 1-5 给出了因特网边缘部分极其简化的示意图。边缘部分可以看成核心部分通信功能的消费者，无论是提供共享资源的服务器系统和存储系统，还是因特网的访问者都属于因特网的边缘部分，边缘部分要通过一个路由器接入核心部分，接入路由器在因特网的路由器系统中属于终端的路由器，它不再对因特网的核心部分进行延伸。

注 1：因特网的核心部分是由路由器构成的网络，提供共享资源的服务器系统和存储系统属于因特网的边缘部分，这一点与直觉有点相悖，应该引起读者的注意。

注 2：单位的内联网中也会配置一些路由器，但这些路由器对因特网是透明的，因而不会产生因特网的延伸。

注 3：接入因特网的主机是因特网的边缘，因而也称为端系统（end system）。

随着因特网的普及和不断发展，接入因特网的设备越来越多样化，电视、冰箱、洗衣机、电饭煲、微波炉、扫地机等家用电器，各种用途的摄像头，手表、眼镜等穿戴设备，自行车、家用轿车、客运车辆、货运车辆等交通运输工具，均已发展到可以接入因特网的水平，这使因特网发展到物联网（IoT）阶段，进而使得计算机网络从传统的连接自治的计算机系统发展为现代的可连接任何具有计算和通信功能的设备和设施的系统。

注：这些不具备完善的计算机功能的物联网意义上的设备也统称为主机或端系统。

3. 因特网以多级 ISP 的方式提供服务

因特网起源于 20 世纪 70 年代美国国防部高级研究计划局（ARPA）在其 ARPANET 上研发的 TCP/IP 网络互连协议，该协议于 20 世纪 80 年代被美国国家科学基金会（NSF）采用实现了主要大学和科研机构间的网络互连，建立了面向教育和科研的互连网络 NSFNET。之后，人们认识到 TCP/IP 互连的网络不仅可用于教育和科研，而且可用于政府部门、各类企业和组织，于是就诞生了国际互联网——因特网（Internet）。

因特网的巨大联网规模和迅速的扩展需求远超出了 NSF 及教育科研机构的负担能力，于是从 1990 年开始该网络就由专门的因特网服务商（ISP）经营，并形成了多级 ISP 的服务体系，图 1-6 示出了因特网的三级服务体系。

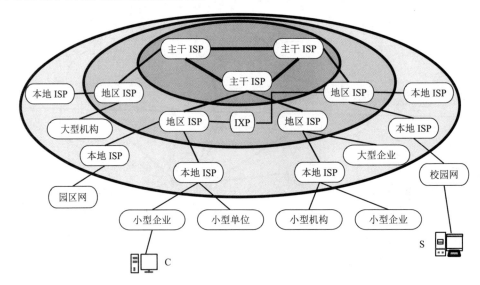

图 1-6 因特网的三级服务体系

主干 ISP 是因特网核心级的服务提供商，它们之间要建立几百 Gbit/s 乃至 Tbit/s 级速率的链路，以保证相互间每秒上百万乃至千万量级的通信，它为中小型国家提供国家级的网络接入。对于我国这样的大国，本身就需要多个主干 ISP。地区 ISP 为小型国家、一定规模的地区或大型机构或企业提供网络接入，对我国来说，就是为省及直辖市级或大型企业提供网络接入。本地 ISP 是末端的 ISP，它为园区、小型单位、机构或企业提供网络接入。

注 1：在地区 ISP 和本地 ISP 之间可能还会有第三级乃至第四级的 ISP。

注 2：对我国来说，中国移动、中国联通、中国电信是主要的 ISP，它们均提供从主干 ISP 到本地 ISP 的多级服务。

在上述三级服务体系下，像图 1-6 中的一个用户主机 C 到某个校园网上一台服务器 S 的一次典型访问需要经过 8 个网络：小型企业→本地 ISP→地区 ISP→主干 ISP→主干 ISP→地区 ISP→本地 ISP→校园网。为了减少主机间访问所经过的网络，同时降低对主干 ISP 的压力，一些相互访问量较大的 ISP 间常配置互联网交换点（IXP）以实现直接的网络连接和通信。

1.1.3　计算机网络及因特网的发展历程

本节以编年史的方式简要罗列计算机网络及因特网发展中的重要事件，读者从中可以了解到推动计算机网络和因特网发展的一些重要和关键技术的进展[2,3]。需要说明的是，计算机网络及因特网的发展涉及很多重大的技术、商业和应用进展，此处表述的仅是一小部分内容，并不是全面和完善的。

1961 年，计算机科学家莱昂纳多·克莱因罗克（Leonard Kleinrock）提出了构建计算机网络的思想，该思想奠定了 ARPANET 的基础。

1965 年，英国国家物理实验室的计算机科学家唐纳德·戴维斯（Donald Davies）首次提出了包（分组）交换的概念，这一概念成为计算机通过网络进行数据传送的基石。

1969 年 4 月，首份请求评论（RFC）文档面世，该文档定义了计算机通信、网络协议及规程等信息，从此 RFC 文档成为因特网标准的建立机制。同年，ARPANET 成为第一个使用分组交换技术的网络，它连通了加州大学洛杉矶分校（UCLA）和斯坦福研究所（SRI）两个站点。1969 年 10 月 29 日晚，UCLA 和 SRI 之间成功发送了第一个数据报文，这标志着 ARPANET 正式开始工作。

1970 年，互联网工程师斯蒂芬·D·克劳克尔（Stephen D. Crocker）领导的团队发布了网件（网络软件）核心协议（NCP），这是一份运行于网件上的文件共享协议。

1971 年，雷·汤姆林逊（Ray Tomlinson）发送了首封电子邮件。

1971 年，ALOHAnet 使用无线电在夏威夷的多个岛屿间实现了网络连接，为今天广泛使用的 Wi-Fi 奠定了基础。

1973 年，罗伯特·迈特卡尔夫（Robert Metcalfe）在施乐公司的帕洛阿尔托研究中心（PARC）研发了总线式以太网。以太网后来发展为交换式网络，其速率也从 10Mbit/s、100Mbit/s 发展到 1Gbit/s 乃至 10Gbit/s，它早已成为有线局域网的代名词。

1974 年，鲍勃·卡恩（Bob Kahn）和温顿·瑟夫（Vint Cerf）共同开发了 TCP/IP，并最终于 1978 年实现了该协议。他们因此获得了 2004 年的图灵奖。

1976 年，吉尼·斯缀子萨（Ginny Strazisar）研发了第一款 IP 路由器，当时称为网关。

1981 年，第 4 版的因特网协议（IPv4）正式发布，其官方标准编号为 RFC 791。

1983 年，ARPANET 完成了向 TCP/IP 的迁移；泡利·摩卡皮特里斯（Paul Mockapetris）和姜·珀斯特尔（Jon Postel）成功实现了第一个域名系统（DNS）。

1986 年，美国国家科学基金会网（NSFNET）上线，它成为 ARPANET 的骨干网，后来取代了 ARPANET，这推进了 DNS 和 TCP/IP 的国际化，从而标志着因特网的诞生。

1988 年，AT&T、朗讯和美国国家收款机公司（NCR）合作推出了 WaveLAN 网络技术，这是官方认可的 Wi-Fi 的前身。

1988 年，被称为分组过滤防火墙的网络防火墙技术被首次发表，并且由数据设备公司（DEC）于当年研发成功。

1989 年，因特网服务提供商（ISP）在美国和澳大利亚开始出现，到 1990 年，美国的一些城市开始出现提供有限因特网接入服务的商业实体。1995 年，NSFNET 将其骨干光网络交给了商业公司，并退出了因特网的运营市场，这为因特网的商业运营解除了最后的限制，斯普林特（Sprint）、微波通信（MCI）和 AT&T 等公司的光网络得以大力发展。

1989 年，英国计算机科学家蒂姆·伯纳斯·李（Tim Berners Lee）发明了万维网（WWW），它将因特网上不同站点中的超文本文档连接成一个因特网上的信息系统，使得因特网的任何用户都可访问。万维网使用超文本标记语言（HTML）编写网页文档，使用超文本传送协议（HTTP）访问和传输 HTML 网页。蒂姆·伯纳斯·李因此获得了 2016 年的图灵奖。

20 世纪 90 年代是互联网飞速发展的年代，这主要得益于波分复用（WDM）特别是密集波分复用（DWDM）技术的发展。20 世纪五六十年代，人们根据爱因斯坦光的受激发射理论实现了激光发射器及光放大器，自此因特网迎来了光网络时代，光缆被大量部署。越来越多的数据以越来越高的速率在光纤网络上传输，从 1Gbit/s 迅速增加到 10Gbit/s 直至 2019 年的 800Gbit/s。因特网还迅速地取代了传统的全球电话通信。对基于互联网的协同、数据交换和远程计算资源访问的需求使得因特网很快延伸到全世界。TCP/IP 的硬件无关性使得仅仅增加路由器就可以将已有基础网络设施接入因特网，这也是因特网在短时间内得到全球性普及的重要因素。

20 世纪 90 年代，因特网的另一项重要进展是路由技术的研发，特别是边界网关协议（BGP）对外部网关协议（EGP）的取代，摒除了 ARPANET 遗留在因特网中的中心体系，使因特网的扩展对其核心的压力大大减少。

1994 年，无分类域间路由（CIDR）的引入更有效地分配了 IPv4 地址空间，并通过 CIDR 带来的路由聚合技术大大减小了路由表的项数，使路由器的分组交换效率得到了很大程度的提升。

1994 年，蒂姆·伯纳斯·李在麻省理工学院（MIT）创立了万维网联盟（W3C），其目的是为 Web 技术建立标准和为浏览器设计提供技术建议。

1995 年，网景公司推出了客户端脚本语言 JavaScript，该语言通过访问浏览器中网页的文档对象模型（DOM）实现网页的交互。

1996 年，IPv6 被引入，它不仅解决了 IPv4 中存在的 IP 地址空间不足问题，还改进了路由，并嵌入了加密技术。

1996 年，W3C 推出了 1.0 版的层叠样式表（CSS），它使用多种选择器实现与特定或一组网页元素的样式对应。CSS 的引入在网页设计中具有划时代的意义，它将网页的格式化表达独立出来，使网页更注重内容表达。

1997 年，Wi-Fi 的首个 IEEE 802.11 标准被推出，它提供了 2Mbit/s 的传输速率。

1998 年，W3C 推出了 CSS 2.0，新增了元素的绝对、相对和固定定位，支持分层的 z-index、媒体类型概念及字体阴影等功能。

1999 年，IEEE 802.11a 标准被建立，它使用 5GHz 频段，并提供 25Mbit/s 的传输速率；IEEE 802.11b 标准的设备被研发成功，它提供 11Mbit/s 的传输速率；同时，有线等效加密协议（WEP）被引入 Wi-Fi 的 IEEE 802.11b 标准中来增强协议的安全性。

2003 年，IEEE 802.11g 标准的设备被研发成功，它能提供高达 20Mbit/s 的速率；更安全的保护 Wi-Fi 访问协议（WPA）被引入 Wi-Fi 的 IEEE 802.11g 标准中，它取代了 WEP。

2004 年，安全级别更高的 WPA2 加密协议被引入；2006 年，所有 Wi-Fi 设备均被要求是 WPA2 认证的。

2004 年，Web 2.0 的概念流行开来，这一概念先由达西·迪努奇（Darcy DiNucci）于 1999 年提出，后由蒂姆·奥瑞利（Tim O'Reilly）和戴尔·达沃赫替（Dale Dougherty）在 2004 年的首届 Web 2.0 大会上推广并流行起来。Web 1.0 的网页中只有静态的元素，而 Web 2.0 则允许用户在网页上交互和协同工作，这就使得社交网站（或社交媒体）、博客、维基类网站、视频和图片共享站、Web 应用站、电商平台、游戏娱乐等网络应用和业务迅速地流行起来。

　　注：Web 2.0 并不是 Web 的一次正式变迁，仅是一种泛泛的 Web 功能提升带来的模式变化。它也没有被万维网发明人蒂姆•伯纳斯•李认可。

　　2009 年，Wi-Fi 的 IEEE 802.11n 标准被公布，它提供高于 IEEE 802.11a 和 IEEE 802.11g 标准的速率，并且能同时工作在 2.4GHz 和 5GHz 频段上。

　　2014 年，W3C 发布了 HTML 的划时代版本 HTML5，它为承载丰富 Web 内容和支持复杂 Web 应用和交互而设计，专门提供了音视频标签，使得网页播放音视频不再需要插件，它还专门提供了绘图画布功能，使得图形绘制也不再需要插件，扩展了对移动设备的支持，增加了许多概念化的标签，使得一些网页功能的实现不再依赖于 CSS 和 JavaScript。

　　2018 年，Wi-Fi 联盟引入了 WPA3 加密标准，它是 WPA2 的增强版。

　　2018 年，W3C 推出了 CSS 3.0 版。该版本一个重大改进是模块化，如盒子模型、列表模块、超链接方式、语言模块、背景和边框、文字特效、多栏布局等。模块化使得不同功能的标准化可以并行推进，这样可避免模块间的相互牵涉而导致不必要的研发推迟。CSS 3.0 新增的功能包括变换（transform）、基于属性的选择器、圆角边框、元素阴影、多图片背景、多列布局与弹性盒模型布局、新的颜色描述、过渡与动画等，这些新增功能在一定程度上减少了网页对 JavaScript 的调用，使网页交互和动画具有更高的效率。

　　时至今日，因特网仍然在快速地发展，这包括持续增长的带宽、更多计算资源的加入、不断创新的 Web 技术、更多的 Web 应用、不断拓展的商业机会等。

1.2　中国计算机网络及因特网的大发展

　　在中国改革开放的第一个十年末，正值计算机网络和因特网飞速崛起，中国借助计算机网络和因特网在经济、金融、文化、教育等领域加速数字化、信息化和网络化，取得了令人瞩目的成就，甚至在最近十年实现了某些领域上的国际领先。本节将先对中国因特网的发展进行概要介绍，再以北斗卫星导航系统和华为移动网络科技为例介绍中国突出的发展成果。

1.2.1　中国因特网发展概述

　　中国的改革开放借由因特网实现了加速，在这个过程中，中国对因特网技术和商业等方面的探索，也在一定程度上促进了因特网的发展。本节将从中国的因特网起步、中国在因特网上的创业和发展，以及中国在因特网上的综合性发展三个方面撷取一些有代表性的事件或进展，说明中国因特网发展的历程。

　　注 1：本节内容参考著作《中国互联网 20 年网络大事记篇》[4]及《中国信息年鉴》（2014—2017）。

　　注 2：本节选择的是有代表性的内容，不是全部的中国因特网发展历程。

1. 中国因特网的起步

　　电子邮件是因特网中最早的服务之一，也是直到今天仍然在普遍使用的因特网服务之一。中国第一封电子邮件[5]是 1986 年 8 月 25 日中国科学院高能物理所的吴为民教授发往欧洲核子研究组织的诺贝尔奖获得者杰克•斯坦伯格（Jack Steinberger）的电子邮件[5]，第二封是 1987 年 9 月 20 日北京计算机应用技术研究所王运丰教授发往德国卡尔斯鲁厄大学的电子邮件。能够发送电子邮件意味着有了关于互联网的初步认识。

　　然而，只有 TCP/IP 上的网络才真正具有因特网的意义。1992 年 12 月底，中国第一个采用 TCP/IP 体系结构的校园网——清华大学校园网（TUNET）建成并投入使用。TUNET 的 TCP/IP 体系使得我国在因特网方面迈出了实质性的一步。

　　1993 年，美国提出了建设信息高速公路（NII）的计划，中国也提出了建设"三金工程"的计划，即金桥工程、金关工程和金卡工程。三金工程促进了相关部门中各下级机构基于细缆以太网的局域网及连接各局域网的广域网建设，其中的金桥工程建成了中国金桥信息网（ChinaGBN），后来成为国家公用经济信息通信网。

　　1989 年 10 月，国家计划委员会利用世界银行贷款的重点学科项目——中国国家计算机与网络设施（NCFC）项目正式立项并启动。1990 年，我国的顶级域名.cn 成功注册。1994 年 4 月 20 日，NCFC 工程以 64Kbit/s 国际专线通过美国 Sprint 公司连入互联网，实现了与互联网的全功能连接。从此，中国被国际上承认为第 77 个真正拥有全功能互联网的国家。

　　1993 年，中国科学院在全国范围内各研究机构的联网工程（CASNET）启动，并设立了解析.cn 顶级域的域名服务器，最终形成了统一的中国科技网（CSTNET）。

　　1994 年 5 月 15 日，中国科学院高能物理研究所设立了国内第一个 Web 服务器，推出了中国第一套网页。

　　1994 年，由清华大学等六所高校建设的"中国教育和科研计算机网（CERNET）"开通之后，中国公用计算机互联网（CHINANET）也开通了。

　　1997 年 6 月 3 日，中国互联网络信息中心（CNNIC）成立，成为中国官方的因特网地址及域名管理机构。

　　1995 年 5 月 17 日，恰逢"世界电信日"，中国邮电部向社会公众开放了上网业务。

　　1997 年 10 月，CHINANET、CSTNET、CERNET、CHINAGBN 实现了互连互通，这真正开启了中国的互联网时代。

　　1997 年 12 月，CNNIC 发布了第一次《中国互联网发展状况调查统计报告》，以后每年发布两次《中国互联网发展状况调查统计报告》，成为记录中国互联网发展历程和成果的重要文献。

2．中国在因特网上的创业和发展

　　互联网时代开启后，中国的有识之士很快就觉察到这是一个巨大的商业和技术创业机会，于是一众影响中国乃至世界的互联网企业应运而生。本节以搜狐、网易、新浪、腾讯、阿里巴巴和百度为代表略做介绍。

　　1996 年 8 月，张朝阳创办搜狐前身"爱特信信息技术有限公司"。公司的一部分业务是分类搜索，结合中国传统文化命名为"搜乎"。1997 年 11 月，"搜乎"改名为"搜狐"，1998 年 2 月，爱特信改名为搜狐公司，同年 10 月，SOHOO.COM 域名改为 SOHU.COM，以"出门靠地图，上网找搜狐"为广告语，搜狐由此打开了中国网民通往互联网世界的神奇大门。2000 年 7 月，搜狐公司在美国纳斯达克挂牌上市。2001 年 1 月 17 日，搜狐推出手机短信服务（SMS），开启了电信增值业务助力互联网企业创收的先河。2004 年 8 月 3 日，搜狐推出第三代互动式搜索引擎——搜狗。2007 年 7 月 21 日，搜狐 3.0 全线落成亮相。2008 年 1 月 1 日，搜狐博客 3.1 版正式上线，"搜狐博客开放平台"正式开通。2010 年 3 月 25 日，搜狗输入法发布 5.0 正式版，首次将"云计算"技术运用到搜狗输入法客户端。2011 年 3 月 28 日，搜狗正式推出搜狗高速浏览器 3.0 预览版。在高速双核的上网体验基础上，搜狗浏览器首创"网页更新提醒"服务，引领着国产浏览器的升级和创新。

1997 年 6 月,丁磊创建了网易公司(NetEase),自己担任首席执行官(CEO)。之后的两年内陆续推出中国第一家全中文搜索引擎、第一家免费个人主页、第一家免费电子贺卡站等服务。1997 年 11 月,网易推出了中国第一家免费邮箱系统,开启了国内免费邮箱的先河。1998 年 5 月网易转型为门户网站。2000 年 6 月,网易在纳斯达克上市,2003 年 1 月,网易成为"纳斯达克第一股",其每股股值从 2002 年初的 0.95 美元蹿升至 2003 年的 70 美元。2007 年 12 月,网易陆续推出了"有道"系列产品,其中的有道翻译(前身为有道词典)颇受广大网民的青睐。2012 年 12 月,网易陆续推出网易云课堂,成为很受欢迎的云上教育。2016 年 9 月,网易正式推出云计算和大数据品牌网易云。

1998 年 12 月,王志东将其四通利方公司和台湾华渊资讯公司合并创立了新浪网(sina.com),它是门户网站的先驱之一,致力于打造一个服务中国及全球华人社群的网络媒体公司。2000 年 4 月 13 日,新浪成功在纳斯达克上市,成为第一家在美国上市的中国门户网站。2002 年 4 月,新浪推出无线业务,提供无线互联网接入和短信、彩铃、彩信等无线数据增值服务,这些业务使新浪走出了亏损状态。2005 年 9 月,新浪成为中国第一家推出博客服务的门户网站,新浪博客频道成为全国主流、人气颇高的博客频道之一。中国互联网协会于 2007 年发布的《2007 年中国互联网调查报告》中,新浪在门户和博客两大领域的用户年到达率指标上高居榜首。2009 年 8 月,新浪微博上线;2014 年 3 月更名为"微博";2014 年 4 月,微博在纳斯达克上市;2016 年 11 月,微博将发布器的字数由 140 字提高到 2000 字;2016 年 12 月,新浪微博月活跃用户数达 3.13 亿户,日活跃用户数达 1.39 亿户。

1998 年,马化腾与张志东在深圳正式成立了腾讯计算机系统有限公司。1999 年 2 月,他们推出了即时通信软件 QQ,由于 QQ 功能实用、操作简单,很快便流行起来。2000 年 6 月,他们又及时地推出了手机 QQ。2003 年 5 月,推出了与 QQ 号绑定的 QQ 邮箱,11 月又推出综合门户网站腾讯网。2004 年 6 月,腾讯控股在香港联合交易所主板上市,2008 年 6 月成为香港恒生指数成分股之一。2011 年 1 月推出微信,它很快就成为一款比 QQ 还受欢迎的即时通信软件。2013 年 8 月又推出了微信支付,其便利的电子支付功能,很快便风靡起来。2013 年 9 月,腾讯正式推出云服务,使其网络服务跃上了一个新台阶。2017 年 1 月,腾讯自主研发全球创新的微信小程序正式上线,使微信向着专业化应用服务迈进了一步。

1999 年 9 月,马云及其合伙人在杭州成立了阿里巴巴集团(简称阿里),集团致力于基于互联网的电子商务,成立不久即推出了专注于国内批发贸易的网上交易市场(B2B,即后来的"1688")。2003 年 5 月,阿里创立了 C2C 电子商务网站淘宝网,2004 年 7 月,淘宝网发布让买家与卖家进行即时文字、语音及视频沟通的 PC 版通信软件阿里旺旺。2004 年 12 月,阿里推出了第三方网上支付平台支付宝,这实现了完全的网上交易。2007 年 1 月 9 日,阿里宣布旗下公司阿里软件正式成立,标志着集团开始向高科技进军。2009 年 9 月 10 日,阿里宣布成立阿里云计算,同月宣布收购中国领先的互联网基础服务供应商中国万网。2010 年 3 月,淘宝网推出团购网站聚划算。2010 年 8 月,又推出了手机淘宝客户端。2011 年 6 月 16 日,阿里宣布将淘宝网拆分为三家公司——淘网、淘宝网、淘宝商城。2011 年 10 月,聚划算从淘宝网分离,成为独立平台。2012 年 1 月 11 日,淘宝商城正式更名为"天猫",专门开展 B2C 业务。2014 年 2 月,天猫国际正式推出,使得中国消费者可以直接购买国际品牌的产品。2014 年 9 月 19 日,阿里于纽约证券交易所正式挂牌上市。2018 年 9 月 19 日,阿里宣布成立平头哥半导体有限公司,这使阿里成为继 IBM、微软、谷歌和英特尔之后全球第五家启动量子硬件研发项目的大型科技企业。2019 年 1 月 11 日,阿里发布阿里商业操作系统,该系统帮助全球零售业重构商业运营的 11 大要素，即品牌、商品、销售、营销、渠道、制造、服务、金融、物流供应链、组织、信息技术等。2019 年 11 月 26 日，阿里在香港联交所主板上市。

2000 年 1 月 1 日，李彦宏、徐勇从美国回国创建了百度公司。5 月，百度借用硅谷动力提供的搜索技术服务，迅速占领了中国搜索引擎市场。2003 年，百度超越谷歌，成为中国网民首选的搜索引擎，此后百度贴吧上线，成为全球最大的中文社区。2005 年，推出"百度知道"，并在美国纳斯达克成功上市，首日股价涨幅达 354%，创造了中国概念股的美国神话。2006 年，百度百科上线，成为全球最大中文百科全书。2008 年，百度首页从"百度搜索"改为"百度一下"。2010 年，百度成为互联网首个国家创新型试点企业，2011 年，百度领跑国内云计算，获国家发展改革委专项最高支持。2012 年，百度向移动业务开拓。2013 年，百度建立深度学习研究院（IDL）。2015 年，在乌镇互联网大会上，国家领导人点赞百度无人车。2016 年，百度机器翻译获国家科技进步奖，成为最普惠的科研项目之一；同年，百度入选全球 50 大创新公司，人工智能专利超 1500 项，百度大脑 AI 平台正式发布。2017 年，首批国家新一代人工智能开放创新平台名单公布，百度主导建设自动驾驶国家人工智能开放创新平台；同年，百度推出阿波罗（Apollo）自动驾驶平台，向汽车行业及合作伙伴提供了一个开放、完整、安全的软件平台，这是全球范围内自动驾驶技术的第一次系统级开放；同年，由国家发展改革委批复、百度牵头筹建的中国深度学习技术及应用国家工程实验室正式揭牌；《麻省理工科技评论》公布的 2017 年年度十大突破技术中，就有百度的人脸识别技术。2018 年 6 月，百度正式发布首款自有品牌"小度智能音箱"。2019 年 5 月，百度深度学习平台"飞桨"（PaddlePaddle）发布，成为功能完备的产业级开源开放平台。2019 年，在全球人工智能（AI）公司中，百度名列第四。2020 年 12 月，中国第一款云端通用芯片"百度昆仑"实现量产。

2014 年 5 月 22 日，京东在纳斯达克正式挂牌上市，开盘报价为 21.75 美元，较发行价 19 美元上涨 14.47%，市值达到约 297 亿美元。

3．中国在因特网上的综合性发展

本节选取中国在运用和发展因特网方面的一些有代表性的工作，说明因特网给中国带来的益处和中国对因特网发展所做的贡献。

1999 年 6 月 19 日，由人民网创建的强国论坛诞生，打开了网络媒体在中国洞察和影响社会舆论的窗口。2002 年 7 月，信息产业部下发了《使用 5.8GHz 频段频率的通知》，批准 5725MHz～5850MHz 频段可用于数字无线通信，这使得 2.4GHz 和 5.8GHz 两个频段都可以用于无线连网，为接下来 WLAN 的大发展奠定了政策基础；8 月，国务院正式批复启动"中国下一代互联网示范工程"（CNGI），这使得我国在世界范围内的下一代互联网建设中占有了先机；8 月，方兴东、王俊秀开通了博客中国（BlogChina）网站，这标志着 Web 2.0 概念初现；10 月，ICANN 首次在中国举行会议，凸显了中国互联网正日益受到国际重视。

2004 年 8 月 28 日，《中华人民共和国电子签名法》获得通过，它确立了电子签名与传统手写签名和盖章具有同等的法律效力，为国家的信息化、网络化发展奠定了重要的法律基础。2008 年 6 月，中国网民数量达到 2.53 亿人，首次跃居世界第一。2009 年 1 月 7 日，工业和信息化部正式为中国移动、中国电信和中国联通发放 3G 牌照，此举标志着我国正式进入 3G 时代。2011 年 12 月 6 日，微博实名制管理文件出台，这是网络迈向法制化管理的重要一步。

2012 年 1 月 18 日，由我国主导制定、大唐电信集团提出的 TD-LTE 被国际电信联盟确定为第四代移动通信国际标准之一；1 月 29 日，360 加入 W3C 联盟中最重要的 HTML 工作组，成为国内首家进入该工作组的互联网企业；2012 年底，手机跃升为第一位上网终端。

2013 年 8 月 17 日，国务院发布"宽带中国"战略实施方案，这加速了全国范围内光纤的铺设和 4G 的普及；12 月 4 日，工业和信息化部向中国联通、中国电信和中国移动正式发放了标准为 TD-LTE 的第四代移动通信业务牌照，牌照的发放启动了 4G 标准的商用进程。此次的 TD-LTE 标准是由中国主导的 4G 标准——LTE-TDD，此标准由信息产业部传输技术研究所、大唐移动及中国移动、中兴、华为、鼎桥等公司共同参与制定。该标准于 2012 年 1 月 18 日被 ITU 定为第四代移动通信的国际标准之一。

2014 年 2 月 27 日，中央网络安全和信息化领导小组成立，将网络安全和信息化工作提高到国家战略层面。

2013 年，中国网络零售市场规模达到 1.85 万亿元，中国已经超过美国成为全球最大的网络零售市场。

2015 年 7 月 22 日，工业和信息化部提出着力推进"互联网+"战略行动，内容包括大力推进"互联网+"制造、"互联网+"小微企业，以及提升信息基础设施支撑水平、提升电子信息产业支撑水平和完善政策法规及标准规范等。

截至 2015 年 11 月，我国 4G 用户总数达到了 3.56 亿户，仅 2015 年新增的 4G 用户数就接近美国的总人口数。

2016 年 5 月 31 日，第一届全球 5G 大会在北京举行。本次大会以"构建 5G 生态"为主题，邀请了中国、日本和欧盟等国家和地区的政府领导、5G 国际组织负责人、数十家国内外主流移动通信和相关应用单位专家 400 多人参会，会上发布了 5G 研究的最新成果。

2016 年 7 月 27 日，中共中央办公厅、国务院办公厅印发《国家信息化发展战略纲要》，要求将信息化贯穿我国现代化进程的始终，加快释放信息化发展的巨大潜能，以信息化驱动现代化，加快建设网络强国。

2018 年 6 月 28 日，中国移动打通全球首个 5G 独立组网全息视频通话。中国移动联合合作伙伴共同发布了《5G SA（独立组网）核心网实现优化白皮书》，展示了 5G 独立组网技术和产业发展的最新进展。

2018 年 8 月 13 日，首批 5G 基站在北京启用，标志着北京率先迈入 5G 时代。

2018 年 11 月 8 日，由中国移动和武汉大学联合创立的首家"5G+北斗"创新实验室落户武汉，实验室将在 5G 北斗高精定位技术测试及应用、智慧校区、远程教育、智慧医疗等领域开展创新性研究。

2019 年 6 月 6 日，工业和信息化部正式向中国电信、中国移动、中国联通、中国广电发放 5G 商用牌照，这标志着我国正式进入 5G 商用阶段。

2019 年 6 月 25 日，华为 Mate20 X 获得中国首张 5G 终端电信设备进网许可证，这为华为布设 5G 基站扫清了障碍。

2020 年 1 月 7 日，工业和信息化部批准了《5G 移动通信网核心网总体技术要求》等 32 项通信行业标准，3 月 24 日，工业和信息化部发布《关于推动 5G 加快发展的通知》，从国家层面促进 5G 的大发展。

2021 年 4 月 7 日，国务院常务会议部署持续推进网络提速降费，明确大力推进 5G 和千兆光网建设应用，让网络提速降费更多惠企利民。

2021 年 4 月 21 日，国际研究机构 Gartner 发布 2020 年全球云计算市场数据，全球云计算市场规模达到了 643.9 亿元，中国市场增速超过 60%，是全球规模最大、增速最快的市场之一。

2021 年 6 月 6 日，工业和信息化部 IMT-2030（6G）推进组正式发布《6G 总体愿景与潜在关键技术》白皮书，标志着我国正式启动了 6G 网络的研发和建设。

1.2.2　北斗卫星导航系统

北斗卫星导航系统，简称北斗系统，是我国为保障国家安全和经济社会发展，自主设计、建设、独立运行的卫星导航系统，其关键器件 100%国产化，是可为全中国乃至全球用户提供全天候、高精度定位、导航和授时服务的国家重大战略性空间信息基础设施。

注： 本小节内容参考著作《北斗导航》[6]，想详细了解北斗卫星导航系统的读者可阅读该文献。

1. 发展历程简述

北斗卫星导航系统起源于 20 世纪 80 年代陈芳允院士的创造性双星定位构想。1989 年，对该构想成功地进行了演示验证，1994 年北斗一号系统被批准立项。2000 年，北斗一号两颗卫星成功发射，系统建成并投入使用，实现了我国卫星导航系统从无到有的重大突破。

1998 年，北斗设计者提出一种不同于美俄卫星导航设计的全新思路，即先建设保障中国及亚太区域导航需求的区域性系统，在此基础上再进一步建设服务于全球的系统。于是，在 2012 年先建成了服务于亚太地区的北斗二号系统。

北斗三号工程于 2009 年启动，到 2020 年 6 月 23 日，北斗三号的第 55 颗卫星成功发射，这标志着北斗全球星座部署成功。

2. 北斗卫星导航系统的特色

总结起来，北斗卫星导航系统具有如下 4 个特色。

（1）独具混合星座特色。北斗卫星导航系统首次创新使用地球同步轨道（GEO）卫星、倾斜地球同步轨道（IGSO）卫星和地球中轨道（MEO）卫星 3 种轨道卫星的混合星座结构。通过在重点服务区上空布设 GEO 和 IGSO 卫星，实现特定区域内良好的覆盖性能，同时利用 MEO 卫星实现全球覆盖的均匀性和对称性。

（2）建立星间链路，实现星星组网。通过在卫星间建立链路，解决境外卫星的测量和数据传输问题。

（3）精度一流的导航信号。为了不受已有专利的制约，北斗团队经过艰苦的攻关工作，得到了精度一流、性能优越的导航信号。更重要的是，相关设计拥有完全的自主知识产权，并完成了在全球的专利布局。所实现的信号适用于多种接收机，且芯片价格不断下降，已经从最初的每枚 2000 元下降到每枚不足 6 元。

（4）多功能、普适化的服务。北斗卫星导航系统提供集约且高效的 7 种服务。其中定位导航授时、全球短报文通信和国际搜救 3 种服务面向全球，星基增强、地基增强、精密单点定位和区域短报文通信 4 种服务面向中国及周边地区。

3. 北斗卫星导航系统的应用

作为一种卫星导航系统，北斗卫星导航系统为地面系统提供了先进、广泛的服务。

（1）为各行各业增添新助力。北斗卫星导航系统在交通运输、公共安全、农林渔业、水文监测、气象预报、通信时统、电力调度、救灾减灾等众多领域有着广泛的应用。同时，在工业互联网、物联网、车联网、自动驾驶、自动物流等新兴领域有着层出不穷的创新应用。

（2）进入寻常百姓家。基于北斗卫星导航系统的导航服务已经被电子商务、移动智能终端制造、位置服务等厂商采用，广泛地进入了大众消费、共享经济和民生领域。

（3）应用服务惠及全球。北斗应用产品已出口 120 余个国家和地区，已经迈入了全球服务的新时代。

1.2.3 华为的移动网络科技

华为公司创立于 1987 年，通过坚持自主研发和创新，在短短几十年的时间里，成长为全球第一大通信设备供应商，移动基站和光传输设备市场份额均达到了世界第一，且在 5G 领域成为全世界的领跑者。本节将参考《华为通信科技史话》[7]，对华为在移动通信网络和光网络领域内的贡献略做介绍。

1. 从自研和销售小型模拟及数字交换机起步

华为从创建之初即致力于自主研发，在 1990 年仿制成功型号为 BH03 的 24 用户小型模拟交换机后，1991 年就推出了完全自研的 48 用户 HJD48 小型空分式交换机，并为此开发了第一颗专用集成电路（ASIC）芯片，使每板容量从 4 用户提高到 8 用户，该产品到 1992 年销售收入达到了一亿元。

在 HJD48 级别的产品喷涌而出竞争白热化的时候，华为抢先于 1992 年底研制出 1000 门量级的局用空分程控交换机 JK1000，并及时获得了邮电部许可的生产牌照。JK1000 很快就销售了 200 套，使华为的销售收入迈上了第二个台阶。JK1000 在技术上的最大贡献是基于 Intel 386 CPU 设计了工业级主控板，并用汇编和 C 语言设计了一个初级的操作系统。

华为在那个时候即认识到前瞻性产品开发的重要性。BH03 开发后期启动了 HJD48 的开发，HJD48 开发后期启动了 JK1000 的开发，JK1000 开发胜利在望的时候，启动了 C&C08A 的开发。JK1000 奠定的主控架构与操作系统在 C&C08 上继续使用和发展，C&C08 在技术上则聚焦于攻克数字网板的难题。

1993 年，华为基于购置的 EDA 系统设计了一款实现数字交换机的核心——无阻塞时隙交换功能的 ASIC 芯片，即基于时分复用（TDM）技术的 2K×2K 交换矩阵。这成为 C&C08 机的核心支撑。

1993 年底，容量为 2000 门的 C&C08A 型数字程控交换机研发成功，并赶上了中国电信大发展的时代。1994 年底，华为又开发出万门机 C&C08C，并于 1995 年初通过了邮电部的生产定型鉴定。

1995—1996 年，华为从农话市场进入市话市场，C&C08 机进入深圳和广东这样的大城市，与市场份额最大的上海贝尔展开了激烈的竞争，并在接入网市场获得了巨大的战略胜利。

1998 年，中国移动决定将七号信令的传输分离出来，创建独立的信令网，并且分为 A 和 B 两个平面，华为负责承建其中的一个平面，另外一个平面则由外企负责承建。在网络割接过程中，由外企承建的平面瘫痪了，所有流量全部导向华为承建的平面，华为承建的平面以一当二，展示了强大的承载能力和技术健壮性。

1999 年，华为研发出支持百万用户级的 128 模块交换机 C&C08 iNET，通过积极的成本优化，逆势成为最大的窄带数字程控交换机供应商。

2．由研制 GSM 系统和开拓海内外市场而壮大

1993 年，当时的中国邮电部战略性地选择了 GSM 制式来建设我国的 2G 网络，新成立的中国联通同样采用了 GSM 制式。

1998 年，华为从"有坚实天花板"的固网领域，战略转移到"有无限未来"的 GSM 移动通信领域。GSM 产品的后期现场定型研发选定在 1998 年内蒙古自治区的 GSM 实验局，并于 1998 年 11 月通过了信息产业部的 GSM 设备生产定型鉴定会，这为华为 GSM 设备批量生产和销售打开了大门。此后的 1999 年底便中标了福建 30 亿元的大规模 GSM 商用项目，稍后又中标了中国移动智能网。

华为 GSM 基站不断升级和完善，到 3.0 版时，单板种类大大减少，天线也因为采用双工器件而简化了配置，一个机柜所容纳的载频扩充到 12 个，这款产品性价比优异，成为当时华为销售收入最多的产品。

尽管 2004 年，关于 3G 的呼声越来越高，业界普遍认为 GSM 即将被 3G 全面取代，但华为看到了 GSM 成熟和经济的特点，毅然坚持走 GSM 路线。先是在 2005 年将业务拓展到菲律宾的马尼拉，这是华为在全球的第一个高密度 GSM 基站项目，基站数量多、站型大、扩容快。该项目在后来几年内一直都是亚太地区利润最好的 GSM 项目，且在 2005 年底交付完毕，就于 2006 年 3 月签下了扩容 5000 万美元的订单，在取得优异经济效益的同时，为升级 3G 打下了市场基础。

华为强大的网络规划及优化能力结合先进的网络规划和网络优化工具保证了网络调整过程中的平稳过渡和调整后卓越的网络质量。

马尼拉项目充足的话务量也为华为提供了施展 GSM 新技术和新工具的试验场。2005—2007 年，华为的增强型数据业务（EDGE，所谓的 2.75G）、双密度基站、半速率（HR）等设备都在这里采用和完善。

在采用 EnerG GSM 解决方案调整完网络后，原网拥塞严重影响商务发展的问题得到了解决，并攻克了室内覆盖不佳的难题，良好的网络质量吸引了大量用户，2006 年用户数突破 300 万户。

2006 年开始，GSM 手机的价格降到了一两百元，这使 GSM 在全球爆炸式发展。华为敏锐地意识到在发展中国家存在三个战略性机会点：①新网机会，GSM 新牌照运营商在中东、北非不断涌现，最典型的是埃及；②转网机会，在拉丁美洲，大量基于时分多址（TDMA）的高级移动电话系统（AMPS）和基于码分多址（CDMA）的网络向 GSM 转网；③整体搬迁机会，西门子、朗讯、北电等实力较弱的供应商建设的基站需要整体搬迁，这是最大的市场机会。

华为抓住了这一商机，使 GSM 业务遍及亚洲、欧洲、南美洲及非洲。

2006 年下半年，华为研发出将两个单密度射频模块封装在一块单板内的 GSM 双密度载频模块，成倍地提高了基站的容量和集成度，并降低了成本和功耗。这意味着华为在 GSM 基站产品方面甩开了西门子、北电等弱势厂商，并追上了爱立信。

2007 年，华为攻克了 GSM 上多载波功率放大器（MCPA）技术，这是一种"3G 反打 2G"的技术。一个 MCPA 可支持 6 个 GSM 载波，3 倍于传统的双密度载频模块，大幅减少了载频输出之后的功率损耗，使得在同样覆盖范围下所需的载频功率大幅降低，从而实现了功率资源共享（功率池），以及覆盖与容量模式之间灵活的动态转换。

华为是最早在 GSM 上实现 MCPA 的公司之一，这对全球移动通信产业做出了重要贡献。

GSM 的这些技术提升和海外市场开拓，也促进了国内业务的发展。2007—2008 年，华为依靠其整体搬迁的强大实力获得了国内三大运营商的大量 2G 订单，2008 年还实现了交付 17 万个基站及配套光传输工程的壮举。

2007 年底，华为协助中国移动部署了无线信号覆盖珠峰的 GSM 基站，为保证 2008 年 5 月 8 日在珠峰点燃北京奥运会圣火做出了贡献。

GSM 的生命力长得不可想象。在 2012 年，华为的 GSM 销售额依然高达 30 亿美元，甚至到 2020 年依然还有可观的销售额。

3．由研制 3G、4G、5G 和开拓海内外市场而强大

华为紧跟全球 3G 和 4G 的发展步伐，于 2007 年研发出自己的特色产品，即将 2G、3G、4G 和后来的 5G 融合为一体的单一无线接入网（SingleRAN）系统。该系统利用了数学中的非线性多维空间逆函数和通信中软件定义的无线电（SDR）等高端技术。SingleRAN 使基站的集成度大大提升，可以说是移动通信产业的一次革命，它使华为在移动通信产业中具有领先地位。同时，华为在 GSM 产品战略布局上的优势，以及在第三代合作伙伴计划（3GPP）中通用移动通信系统（UMTS）3G 标准和长期演进技术（LTE）相关标准制定工作中的积极参与，使其一跃成为全球第一大通信设备供应商。

体现华为 GSM 布局优势的一个典型案例是进入 3G 和 4G 时代之后，华为又与菲律宾签订了 5 亿美元的合同。

2008 年，华为 3G 业务在欧洲实现了突破，表现在三个方面。一是在德国成功交付了业界第一个 2G/3G 融合的 SingleRAN 系统，它包括 8000 多个同时支持 GSM 和 3G 的基站；二是承建匈牙利 IP 多媒体子系统（IMS）商用网络，大规模突破核心网电路交换（CS）域；三是中标德国电信，大规模突破核心网分组交换（PS）域，网络覆盖德国、英国、奥地利、荷兰及捷克等国家。

2010 年，4G 开始商用。华为 SingleRAN 也做到了 2G/3G/4G 的大融合，并成为行业标准，华为也由此成为业界的引领者，其他厂家如爱立信、诺基亚、中兴等被迫跟进。

利用 4G 建设的契机，华为在欧洲开展了一系列大规模的网络搬迁，先从瑞典、挪威逐步突破，再全面覆盖整个欧洲。

华为在 4.5G 阶段（LTE-Advanced Pro）深入参与了标准制定，获得了不少核心专利，就此成为"卖标准"的国际一流企业，苹果因此而向华为支付了不少专利使用费。

华为在 2009 年启动了 5G 早期研究，2012 年华为开始做样机验证，2013 年完成了室内样机，2015 年开始大规模进行外场试验。

中国在北京怀柔规划了全球最大的 5G 试验外场，该外场中的 5G 技术研发试验第二阶段（室外测试）于 2016 年 9 月启动，华为、爱立信、中兴、大唐、诺基亚、三星及芯片、仪表等相关企业陆续进入该试验场开展测试。

2016 年，在 3GPP RAN1#87 次会议上，3GPP 最终确定了 5G 增强移动宽带（eMBB）场景的信道编码技术方案，其中华为主导的极化（Polar）码成为控制信道的编码方案，而数据信道的编码方案则选择了低密度奇偶校验（LDPC）码。这是我国移动通信技术研究在通信标准制定上摆脱跟随地位，取得重大进展的一个标志性事件。华为的 Polar 码，第一次让中国企业在最核心的信令编码标准上占据了有利位置。信令传输的数据量尽管不大，但是非常关键，任何一个 5G 连接建立的时候，首先传递的都是 Polar 码，可谓"皇冠上的明珠"。

中国在移动通信领域经历了 1G 空白、2G 跟随、3G 突破、4G 同步发展，现在成为 5G 时代的领跑者。

2019 年，在上海举办的世界移动通信大会（MWC）上，中国移动宣布直接采用全网独立组网（SA）模式进行 5G 网络建设。这对拉动工业互联网在 5G 上的应用起到了非常积极的作用。2020 年 8 月，深圳宣布成为第一个采用全网 SA 模式组网成功的城市。

2020 年 4 月 30 日，华为协助中国移动在珠峰海拔 6500m 的前进营地建设的 5G 基站投入使用，这是当时全球海拔最高的 5G 基站，它与此前在海拔 5300m、5800m 建成的基站一起，实现了 5G 信号对珠峰北坡登山路线及峰顶的覆盖。

4．高速光传输设备与系统的研制引领全世界

没有光传输，就没有我们今天的信息时代。华为的光传输业务，从诞生以来业绩一直持续增长，也一直是明星产品，因此华为很快成为全球最大的光传输设备（不含光纤）厂商。

1996 年，华为开始研发自己的光传输设备，1997 年初，华为成功开发出同步光网络（SDH）155/622Mbit/s 的商用设备。1997 年 11 月推出了 2.5Gbit/s 的设备，这使华为取得了骨干网的突破。后来，华为又采用波分复用技术，实现在一条光纤上传输 16 或 32 路光信号。10Gbit/s 的 SDH 设备也于 2000 年在广州商用成功。华为的这些光传输设备在印度及英国等海外市场也获得了广泛认可。

2005 年，华为自主研发的高效光电集成技术使光传输芯片成品率得到了更好的商用保证，并在 10Gbit/s 和 40Gbit/s 产品上成功应用。2011 年 6 月 20 日，华为发布了 100Gbit/s 的光传输设备，并先后被荷兰、法国、丹麦、俄罗斯、白俄罗斯等国选定为 100Gbit/s 商用波分网络设备。也正是在 2011 年，华为光传输设备的市场份额成为世界第一，这与华为移动基站份额居世界第一基本是同步的。

2018 年 9 月，华为发布了单波长 600Gbit/s 超高速光网络解决方案，它基于华为最新一代的 OptiXtreme 系列光数字信号处理器（oDSP）芯片，使频谱效率达到业界最高水平的 8bit/s/Hz，单纤容量达到 40Tbit/s。

⇒ 1.3　因特网的运行模式

因特网的核心部分和边缘部分分别工作在分组交换和客户/服务器（也称为客户机/服务器）模式下，本节就对这两种运行模式进行较为详细的介绍。

1.3.1　因特网核心部分的运行模式

前已述及，因特网的核心部分就是由路由器构造的网络，该网络的基本功能就是通信，即将数据报文从发送端传送到接收端。本节将先介绍路由器网络可以使用的三种传送模式，即报文交换、电路交换和分组交换，之后重点介绍因特网核心部分所采用的分组交换模式。

1．报文交换、电路交换

通信网络的核心任务就是将发送端的数据报文传送到接收端，主要有如图 1-7 所示的三种模式。

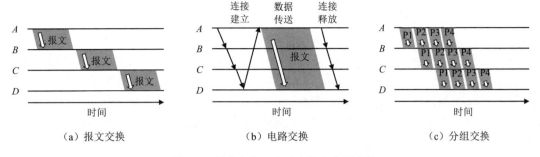

图 1-7 报文交换、电路交换和分组交换

注：图 1-7 用两个维度描述报文的交换过程，横向从左到右是时间，纵向由上到下是 *A*、*B*、*C*、*D* 四个交换结点，各子图所示为连接到 *A* 结点上的发送站将一个数据块经 *A*、*B*、*C*、*D* 四个结点发送到连接到 *D* 结点上的接收站的情形。

1）报文交换

报文交换最早来自古老的电报网络，一个发送站将要发送的全部信息作为一个报文一次连续地发送到网络中的第 1 个结点上，该结点完整地收下该报文后，再连续全部地发送到下一个结点，后面的各结点均如此操作，直到发送到最后一个结点，最后一个结点再将全部报文呈现给接收者，如图 1-7（a）所示。

报文交换创造了一种良好的结点报文转发机制，即存储-转发（store-and-forward）机制。在该机制下，每个结点将收到的整个报文先暂存起来，再发往下一个结点。这种机制后来被分组交换借用。

报文交换不像后面的电路交换那样预先建立连接，从这一点上来说它有较高的效率，但它不适合数据网络，因为较长的报文一旦被发送，它就独占整个传输信道，致使其他数据发送方等待很长时间，这使得整体网络的运行很不公平也很不流畅。

2）电路交换

电路交换是一种在发送数据之前预先在网络中建立起从发送站到接收站间的物理电路的数据交换方式。它包括连接建立、数据传送和连接释放三个阶段，如图 1-7（b）所示。它是广泛应用于电话网络的一种交换方式。

注：电路交换中的"电路"术语来自电话网络，在此我们将它与计算机网络中的物理链路看成是等同的。

在发送数据之前，发送站先向网络发送到接收站的链路请求，网络中的各个结点检查是否有满足请求条件的到下一个结点的链路容量，如果没有，则返回失败消息；如果有，则预留相关容量的链路并将请求交付下一个结点，直到到达接收站。当从发送站到接收站的各结点间均存在满足要求的链路时，接收站通过该链路发回链路建立成功的消息，发送站收到该消息后便知道连接已建立。

接下来，发送站将数据顺次地发送出去，所建立链路上的各结点依次将数据转发到下一结点，直到到达接收站。

当发送站发送完所有数据后，便发送连接释放信号，该信号沿着所建立的链路，依次指示各结点释放先前建立的电路连接，当该释放信号到达接收站时本次电路交换通信宣告结束。

电路交换有其明显的优点。首先，它保证了传输带宽，因为带宽是预留的。其次，它保证了传输过程中不会出现数据丢失。再次，它保证了传输的按序性。这些优点使它特别适合传送语音的电话通信。

然而，电路交换也有缺点，首先，建立、维护和释放连接都需要花费时间和资源。其次，由于电路一旦建立，其各结点间预留的带宽资源在电路释放前就不能再为其他通信方使用，而使用电路的通信双方通常并非在整个电路占用期间一直都有数据传送，因而电路交换的总体网络带宽利用率并不理想。鉴于数据传送具有突发性的特征，电路交换不适合传送数据。

2．分组交换

分组交换来自英文的"packet switching"，它是因特网核心部分所采用的传送模式。

图 1-8 为数据分组的示意图。其基本理念是：将待发送的数据截成一定大小的数据块，在每个数据块上增加首部构成分组，首部是一个结构化的数据组合，它主要提供接收站和发送站的地址，即目的地址和源地址；此外，它还提供一些控制性的数据项。

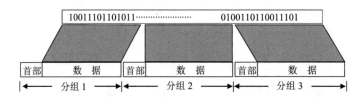

图 1-8　数据分组的示意图

各分组在经过因特网的路由器时，采用报文交换中使用的存储-转发机制，即路由器先将分组完整地接收并存储在接收缓存中，再根据其首部的目的地址确定适宜的转发端口，并传递到转发端口的输出缓存中等待发送。

分组交换不需要为收发双方事先预留通信链路，而是由路由器根据分组上的目的地址独立地决定转发的出口链路，因此一个发送站发出的到同一个接收站的各数据分组可能会经历不同的路由器序列，即走过不同的网络路径。图 1-9 给出了分组经过因特网核心部分即路由器网络的示意图。这种"即需即用"的机制使得网络带宽得到了充分的利用，特别适合具有"突发性"特征的数据传输网络。

分组交换还使得同一对发送站和接收站间同一次通信的不同报文分组能够并行传输，从图 1-7（c）中可以看出，A 结点发出 P1、P2、P3、P4 四个分组所用的时间与报文交换中发出等量数据的时间非常接近，但不同的是，分组交换将报文分割成较小的分组，这使得 A 结点发送 P2 分组时，B 结点就可以发送 P1 分组。进一步地，当 A 结点发送 P3 分组时，B 结点就可以发送 P2 分组，而 C 结点就可以发送 P1 分组。可以看到，A 结点将同样数量的数据发送到 D 结点所用的时间远少于报文交换所用的时间。

分组交换还使网络的公平性更好。大块的报文被分割为小块的数据并构造为分组在路由器网络中传送，这就避免了大块报文的连续时间占用，使得使用网络的各通信方以基本均等的机会在网络中传送分组。

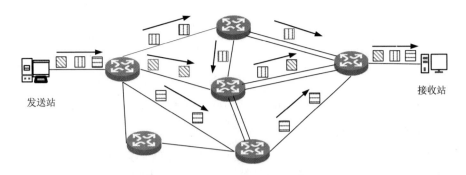

图 1-9　分组经过因特网核心部分的示意图

至于其在效率方面的表现则需要客观地看待。从充分利用带宽和允许并行传输方面来说，分组交换具有较高的效率，但由于每个分组都增加了首部，这个首部就会带来一些传输开销。当分组中的数据量与首部长度相当时，就会导致一定程度的效率降低，而当分组中的数据量远小于首部长度时，则会导致显著的效率降低。但一般情况下，分组中的数据量会远大于首部长度。

分组交换的缺点是不能保证分组的按序到达，也不能保证传输的时延和可靠性。由于同一个站点发往同一个目的地的不同分组可能会走不同的网络路径，因而分组交换无法保证分组的按序到达。任何一个站点有数据发送时即将数据注入网络，这样就会导致某个时候、某个路由器、某个出口的缓存可能会有很长的排队队列，从而使某些通信有很大的时延。在更坏的情况下，可能会因为缓存容量的限制而丢包，这就会带来通信的不可靠性。

需要说明的是，因特网体系结构中的传输层在不保证按序和不可靠的网络层上实现了通信的按序性和可靠性，而其所提供的拥塞控制策略在良好地解决了网络拥塞问题的情况下，在一定程度上改善了分组交换的传输时延。

1.3.2　因特网边缘部分的运行模式

因特网的边缘部分用于实现网络的资源共享，它由提供资源的主机和访问资源的主机组成。其运行模式有两种：客户/服务器（C/S）模式和对等（P2P）模式。

1．网络通信的基本单位——进程间的通信

到目前为止，我们说到通信都是泛泛地指两个主机、端系统或站点间的通信，但这种说法是不严谨的，因为端系统都是多任务的操作系统，同一时刻一个主机可能会与多个主机进行通信，两个主机间也有可能同时存在多对通信。

我们知道进程是操作系统中的基本运行单位，因此就把进程间的通信看作是网络通信的基本单位，这样就使得网络通信的表述和研究具有严谨性。

图 1-10 为进程间通信的示意图。图中给出了分别运行着 P11、P12 和 P21、P22 进程的客户主机 C1 和 C2，以及分别运行着 PU1、PU2 和 PV1、PV2 进程的服务器主机 SU 和 SV，其中 C1 上的进程 P11 和 P12 分别与 SV 上的进程 PV1 和 SU 上的进程 PU1 进行通信，而 C2 上的进程 P21 和 P22 则分别与 SV 上的进程 PV2 和 SU 上的进程 PU2 进行通信。

注：为了避免描述上的烦琐，今后仍以"主机间"、"端系统间"或"站点间"表述一对通信，但应理解为"进程间"的通信。

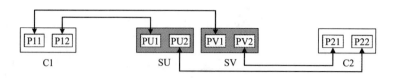

图 1-10　进程间通信的示意图

2. 客户/服务器模式与对等模式

客户/服务器（C/S）模式指的是由一个中心服务器提供资源共享或软件服务，网络边缘上的任何主机都可以访问该资源或软件服务的模式，其示意图如图 1-11（a）所示，图中 S 为服务器主机，C1、C2、C3、C4 则为客户主机，可以看出各客户主机均在访问服务器上的资源或服务。

注：这里的"主机"应该理解为主机上的"进程"。

C/S 模式下服务器进程应该不间断运行，也就是要提供"全天候"或"7×24 小时"服务，以实现全球互联网上任何主机在任何时间的访问。每次收到一个客户进程的访问，服务器进程都会创建一个新进程，并使该新进程与客户进程进行通信。

注：即使服务器提供的是资源服务，也会有一个进程管控着对该资源的访问，如静态的网页资源服务是由 Web 服务器进程管控的服务。

集中式服务是 C/S 模式的最大优点，它简化了服务和资源的部署和更新，方便了资源的管理、控制和安全防护。当需要扩充硬件服务能力时，只要扩充服务器的处理机和存储器即可，即使硬件升级，也只要对部署到服务器的资源和服务进行迁移操作即可。

集中式服务也是 C/S 模式的缺点，它会因服务器的宕机而中断服务。然而，服务器集群技术的发展和运用已经使得单台服务器的宕机不会中断服务器的服务，当然，这需要付出一定的代价。当有关的资源和服务本身具有分散性时，C/S 模式便不适用。

对等（P2P）模式指的是网络边缘部分各个主机均能提供资源和服务，同时均能相互之间访问资源和服务的模式，其示意图如图 1-11（b）所示，图中示出了 P1、P2、P3、P4 四台对等主机相互访问的情形，图中的 R 主机为注册服务器，即其他主机将自己所提供的资源和服务以目录的形式注册到该服务器上，访问主机可从该服务器上获取提供资源和服务的主机信息，然后转到相应的主机去访问实际的资源和服务。

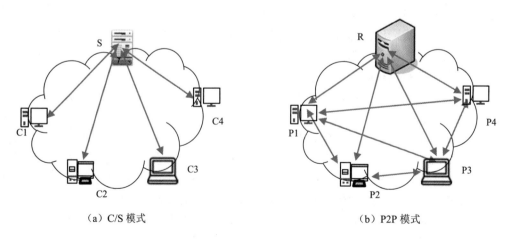

（a）C/S 模式　　　　　　　　　　　　　（b）P2P 模式

图 1-11　C/S 模式与 P2P 模式

P2P 模式也可以不设注册服务器，这时想获取某种资源或服务的主机需要在 P2P 网络中广播资源或服务请求，提供所需资源或服务的主机做出应答，这样请求主机就可通过访问应答主机获得期望的资源或服务。

C/S 模式是因特网边缘上的主流模式，P2P 模式仅是一种辅助模式，它仅适用于一些特殊的场合。例如，某些期望利用因特网主机空余时间进行大规模计算的组织可能会邀请主机所有者加入其 P2P 计算网络；微软在其 Windows 10、Windows 11 和 Office 365 中使用了一种传递优化（delivery optimization）技术，该技术将下载 Windows 10、Windows 11 和 Office 365 更新的主机构造为一个 P2P 网络，这使得许多主机在进行 Windows 10、Windows 11 和 Office 365 更新时，可以不必访问微软的服务器，而是从邻近的主机上获取更新，这一方面减轻了微软更新服务器的访问压力，另一方面减轻了用户所在机构网络访问因特网的下行压力，还提高了用户主机获取更新的速度，可谓一举多得。

1.4　计算机网络的分类与性能指标

本节先介绍计算机网络的分类依据及分类结果，再介绍计算机网络的性能指标。

1.4.1　计算机网络的分类

本节分别从地理范围、拓扑结构和访问管理三个维度介绍计算机网络的分类。

1. 按地理范围分类

按地理范围分类也就是按照网络能够覆盖的地域进行分类。计算机网络按地理范围可分为个域网（PAN）、局域网（LAN）、城域网（MAN）和广域网（WAN）。

1）个域网

个域网是个人区域网（PAN）的简称，它指的是为个人服务的网络，即将个人网络活动所涉及的设备连接起来的网络，其覆盖范围在 10m 左右，一般不会超过 30m。个域网通常有一个通过光纤连接到因特网的路由器，该路由器一般具有几个有线以太网连接端口，以便连接台式计算机、笔记本电脑或网络打印机，同时该路由器还应具备 Wi-Fi 连接功能，以便连接手机、摄像头、平板电脑等设备。个域网中还会广泛地使用蓝牙技术，以连接无线耳机、无线键盘和鼠标及一些轻量级网络需求设备，如微波炉、电冰箱、空调、扫地机等。

2）局域网

局域网（LAN）是覆盖范围在 100m 到数百米的网络，它被大量地布设在办公区域、学生机房及网吧中。目前的局域网基本上无一例外都是交换式的 100Mbit/s 或 1Gbit/s 的以太网。尽管一个以太网交换机通常具有有限的 24 或 48 个端口，一段网线的最大长度也仅为 100m，但是由于现代的以太网交换机都可堆叠和级联，因此一个以太网能够覆盖一个甚至多个楼层。而如果采用光纤链路连接交换机，一个以太网甚至可以实现园区级的覆盖。当然，尽管现代以太网交换机均工作在全交换模式下，但一个以太网所连接的机器数还是不能太多，如一般不能超过 300 台，否则将会带来站点间连接速率的急剧下降。

局域网中通常还要布设无线网络设备，以实现所覆盖范围内笔记本电脑、平板电脑、智能手机及其他移动设备的网络接入。

3）城域网

顾名思义，城域网（MAN）就是覆盖一个城市区域的网络，其覆盖范围为 5～50km。当一个单位或企业的部门分散在一个城市的不同区域时，就需要将不同部门的局域网络连接为城域网，以便这些部门间通过同一网络来工作。城域网可以由单位或企业自己铺设线路来建设，但这样的代价往往太高，因此更多的情况是租用网络服务商的线路。城域网可以用因特网的方式实现，即通过在城域链路的连接处布设路由器来实现，也可以用城域以太网（metro ethernet）方式实现。前者由于技术通用因而更易实现一些，且灵活性较好，但网络延迟要大一些；后者实现起来也不算复杂，因为本地和城域链路采用相同的协议，网络延迟也会较小，但灵活性要差一些。

4）广域网

广域网（WAN）就是覆盖多个城市的网络，其覆盖范围在几十到几百千米。它用于单位或企业将分布在不同城市部门的局域网连接为一个网络。广域网通常是单位或企业通过租用网络公司的线路来实现的。一般意义上，广域网的广域链路通常用专门的协议来传送数据，但 TCP/IP 的成熟性和可靠性使得广域网逐渐转向了 TCP/IP 方式的实现。甚至一些单位和企业直接以虚拟专用网（VPN）的方式实现广域网。但是，安全关键型单位还是倾向于以专用线路构建广域网。

注：尽管有"因特网就是一个巨大的广域网"说法，但本书作者认为广域网仍是某种专门用途的网络，而因特网是一个开放的全球性网络，因而将它看成广域网不太合理。

2. 按拓扑结构分类

网络的拓扑结构指的是去除网络中的细节因素，单纯观察网络中结点间的连接关系而抽象出的图形结构，常见的网络拓扑结构有星型、总线型和网状等类别。

1）星型拓扑结构

图 1-12（a）示出了一般的星型拓扑结构，它有一个中心结点，其他各结点均连接到中心结点，即各结点间的通信都必须通过中心结点进行。星型拓扑结构的优点是连接和维护较简单，但这也是它的劣势，即当中心结点出现故障时整个网络就不再工作。单纯的星型拓扑结构存在覆盖范围小、连接站点数有限等缺点，级联的星型拓扑结构可以克服这些缺点，图 1-12（b）给出了级联的星型拓扑结构。现今广泛部署的以太网就属于星型拓扑结构的网络。

注：级联的星型拓扑也是一种树型拓扑。

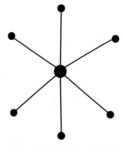

（a）一般的星型拓扑结构

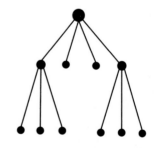

（b）级联的星型拓扑结构

图 1-12　星型拓扑结构

2）总线型拓扑结构

总线型拓扑结构如图 1-13 所示。该拓扑结构的主体是一条总线，网络的各个站点均连接到总线上，其优点是总线本身只是一种介质，制造简单，费用也很低。但是总线拓扑结构有其明显的缺点：一是每次连接一个站点都要剪断总线接入 T 形接插件，这使网络既不灵活也易因接触不良而导致网络不通；二是这种拓扑结构的总线上有一处故障就会造成整个网络瘫痪；三是所有站点共享总线，一方面要设计争用总线协议以避免冲突，另一方面使得各站点难以达到较高的网络速率。以太网的初期曾使用总线拓扑结构构造网络。由于其上述缺点，总线拓扑结构后来被星型拓扑结构替代。

3）网状拓扑结构

图 1-14 为网状拓扑结构示意图。网状拓扑结构中，一个结点与多少个结点直接相连是不确定的，其基本要求是任意两个结点间至少有一条连接通路，而通常有多条可能的通路。网状拓扑结构的网络具有很好的健壮性，因为某一处的网络故障一般不会导致整个网络的瘫痪。但这种拓扑结构的网络需要有设计良好且能够自动调整的路由选择协议。因特网就是一种网状拓扑结构的网络，而且已经有了非常成熟的路由选择协议。另外，网状拓扑结构的网络需要有防止报文在网络中"兜圈子"的机制。

注：以太网交换机也可能会连接成网状结构，这时它使用一种生成树协议来避免数据帧的"兜圈子"问题。

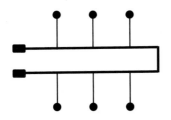

图 1-13　总线型拓扑结构

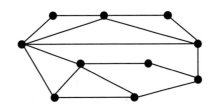

图 1-14　网状拓扑结构示意图

3．按访问管理分类

从访问管理的角度，也就是哪些用户可以接入与使用网络通信和资源的角度，计算机网络可以分为公用网络和专用网络。

1）公用网络

公用网络就是向普通大众提供网络服务的网络。实际上，因特网就是一个公用网络。在我国，中国移动、中国联通、中国电信、中国广电都是提供这种服务的网络服务商，它们基本上都提供了光纤到桌面的服务，即家庭或小型办公室申请上网后，网络公司会从其最近的光交换机拉一条光纤到申请者指定的位置上，配置光端机即光调制解调器，就可以访问互联网了。光端机一般提供 2～3 个以太网接口及 Wi-Fi 服务，用户还可根据需要从光端机引出交换机或无线路由器等联网设备。

提供资源服务的单位或企业接入网络则需要较高的带宽，这需要与网络服务商进行治谈，以获取合理的带宽和资费合约。

2）私有网络

公安、银行、军工等安全关键型甚至涉密的单位或企业的网络需要采取严格的措施与公共互联网隔离开来，他们的网络经常构建为私有网络，以实现相关级别的安全性保障。

最高级别的安全性保障就是物理隔离，即将单位的网络连接成独立的网络，与公共的互联网络没有任何物理连接。此外，还可以将单位内部的网络与外部的互联网通过专业的防火墙及端口地址转换等技术隔离开来。非物理隔离的私有网络的安全是一个异常复杂的问题，除了配置防火墙等安全硬软件系统，还应配置实时的安全报警机制，以便及时发现和应对不定时的网络入侵。

1.4.2　计算机网络的性能指标

前已述及，计算机网络的两大功能是通信和资源共享，然而人们对通信和资源共享的需求却不是提供了就可以的，而是有一定的时间和速率要求的。这些要求就是计算机网络的性能指标，即速率、带宽、时延等。

1．速率

计算机网络中的速率定义为每秒钟发送的最小数据单位，而最小数据单位是二进制位即比特，因此网络速率单位就是每秒比特数或比特率，记为 bit/s（b/s 或 bps）。由此，网络的速率也常称为位速率。为了表示较高的比特率，常使用 kbit/s、Mbit/s、Gbit/s、Tbit/s、Pbit/s、Ebit/s、Zbit/s 和 Ybit/s 等单位，表 1-1 给出了 k、M、G、T、P、E、Z、Y 所代表的数量级。需要说明的是，这里的网络速率指的是网络的设计速率，也称为额定速率或标称速率，它并不是传输用户数据的速率。例如，传统以太网的网络速率为 10Mbit/s，由于它是共享总线式网络，每个站点的传输速率要远小于 10Mbit/s。此外，以太网帧的首部和尾部也要消耗一定的网络速率。

网络的速率常以 R 表示。

表 1-1　比特率的常用单位中字母所代表的数量级

字母	k	M	G	T	P	E	Z	Y
英文	kilo	Mega	Giga	Tera	Peta	Exa	Zetta	Yotta
中文	千	兆	吉	太	拍	艾	泽	尧
大小	10^3	10^6	10^9	10^{12}	10^{15}	10^{18}	10^{21}	10^{24}

注 1：kbit/s 也常用大写 Kbit/s 表示。

注 2：比特率常用单位以 10^3 为间隔，而不是像存储容量的字节数那样以 $2^{10}=1024$ 为间隔，这一点读者应特别注意。

注 3：有时为简化描述常省去 bit/s，如 1M 速率指的就是 1Mbit/s 的速率。

2．带宽

在计算机网络领域，带宽有两层含义，一是信号或电磁波的频率带宽，二是计算机网络的带宽，即网络每秒钟传输二进制数据的位数，也就是网络的速率。

1）信号及电磁波的频率带宽

现实世界中的信号都是以波的形式表现的，正弦波的表达式是 $y = A\sin(2\pi ft + \varphi)$，其中 A、f 和 φ 是波的三要素，即（最大）振幅、频率和初相位，y 是 t 时刻波的振幅，其中的频率指的是每秒的波形数，其单位是 1/s，即赫兹（Hz）。通常一个信号是由某段频率的波构成的，这段频率就称为信号的带宽。带宽也像网络速率那样分别以 k（K）Hz、MHz、GHz 和 THz 表示 10^3Hz、10^6Hz、10^9Hz 和 10^{12}Hz。例如，人类的声音信号在 300～3400Hz 之间，我们就说人类声音的带宽为 3100Hz 或 3.1kHz。

计算机网络中的信息传输无一例外都用的是电磁波，一个信道所用的电磁波的频率范围就称为该信道的带宽。例如，快速以太网使用 0～31.25MHz 的基带传输信号，我们就说它使用带宽为 31.25MHz 的基带；蓝牙技术使用 2.4GHz 频段上 2.400～2.4835GHz 的电磁波频率，我们就说蓝牙技术使用了 2.4GHz 频段上 83.5MHz 的带宽。

频率带宽常以 W 或 B 表示。

2）计算机网络的带宽

计算机网络的传输速率直观地理解就是将数据一位一位地顺次从发送端发到接收端的速率，图 1-15 左侧给出了每秒 3bit 即速率为 3bit/s 的示例。然而，我们也可以将每秒 3bit 理解为图 1-15 右侧的情形，这样理解就可以将网络的速率形象地表达为带宽为 3bit/s。

注 1：实际信道上的数据传送，特别是带宽较大的网络上的数据传送，是上述两种方式的结合。

注 2：网络的带宽也指网络的设计带宽，称为额定带宽或标称带宽。

网络的带宽常以 W 或 B 表示，也可以用 R 表示。

图 1-15　网络带宽示意图

3. 吞吐量

网络的吞吐量（throughput）是网络实际传送用户数据的速率，也是用户最关心的网络指标。网络中的一系列因素会导致其传送用户数据的速率低于甚至远低于网络的额定速率或带宽。这些因素包括：各层协议所增加的报文首部；为差错检测乃至纠正所附加的冗余位或确认报文；为可靠传输增加的握手过程；网络拥塞及拥塞控制所带来的开销；网络流量控制所带来的开销等。

从以上因素可以看出，网络的吞吐量是一个动态变化的量，也就是一个很难精确计算和预测的量，通常在假定某一个因素为主要或唯一因素的情形下，进行讨论和计算。吞吐量的单位与速率相同，基本单位也是 bit/s，有时也以每秒字节数或帧数为单位。吞吐量常用 T 或 P 来表示。

4. 网络中的时延

网络中的时延（delay 或 latency）指的是数据报文从发送站开始发送到接收站完全接收所花费的时间。假设在因特网中，报文从发送站到接收站要经过 n 个路由器，则报文所经过的链路就有 $n+1$ 段，即发送站到第 1 个路由器的一段和 n 个路由器中每一个路由器到下一个路由器的链路，如图 1-16 所示。这样，我们就可以将一个路由器到其下一个路由器之间的时延作为一个时延单位进行分析，这样的一个时延单位共包括 4 种时延，即发送时延、传播时延、处理时延和排队时延。

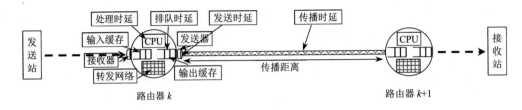

图 1-16　网络中的时延

注：图 1-16 示出了一个路由器的基本组成，即中央处理器 CPU、各入口的接收器和输入缓存、各出口的输出缓存和发送器，以及将报文从入口转送到出口的转发网络。

1）发送时延

发送时延（transmission delay）指的是发送站（主机或路由器）将数据发送到链路上所花费的时间，假设要发送的数据有 M bit，链路的速率为 R bit/s，则发送时延可用下式计算：

$$d_{tran} = \frac{M}{R} \tag{1-1}$$

注：发送时延也称为传输时延，为了与传播时延明显地区分，本书采用发送时延的称法。

2）传播时延

传播时延（propagation delay）指的是传送信号的电磁波在传送链路上传播一定的距离所花费的时间。显然，它是链路长度 L 和电磁波传送速度 v 的商，即

$$d_{prop} = \frac{L}{v} \tag{1-2}$$

注：电磁波即光在真空中的传播速度为 $c = 299792458$ m/s，常取近似值 3×10^8 m/s；光在光纤中的传播速度在 $1.8 \times 10^8 \sim 2 \times 10^8$ m/s 之间，常取近似值 2×10^8 m/s；电磁波在铜导线（如双绞线、同轴电缆）中的传播速度是真空中光速的 $60\% \sim 85\%$，即 $1.8 \times 10^8 \sim 2.5 \times 10^8$ m/s，也常取近似值 2×10^8 m/s。

3）处理时延

处理时延（processing delay）d_{proc} 指的是路由器处理报文所花费的时间，包括从数据链路层帧中获取网络层报文的时间、读取报文首部及对首部进行差错检测的时间、根据首部目的地址查找路由的时间，以及将网络层报文封装到数据链路层帧中的时间等。这些因素决定了不存在一个简单的计算 d_{proc} 的公式。

4）排队时延

排队时延（queueing delay）d_{que} 指的是网络层报文在路由器的入口缓存和出口缓存中排队等待处理所花费的时间。由于路由器不一定及时地处理从入口到达的报文，也不一定将转发到每个出口的报文都及时地发送到链路上，因此需要在每个入口开辟输入缓存，到达的报文先放到入口缓存排队等待处理，同时要在每个出口开辟输出缓存，转发到出口的报文先放到出口缓存排队等待发送。由于入口队列和出口队列的长度与整个网络中通过给定路由器的输入/输出端口的报文数量有关，而这个报文数量又是不确定的，因此也不存在一个简单的计算 d_{que} 的公式。

注：由于路由器入口报文的最大速率受限于入口网络的速率，而入口网络的速率是一定的，因此路由器在设计上需要使其 CPU 和转发网络的性能能够匹配各入口的报文到达率，这样可以使入口缓存中的队列不会太长，甚至可以不用设置入口缓存。然而，路由器的出口缓存就不同了，因为可能会有来自多个入口的报文转发到同一出口。只要转发到某个出口报文的速率超过（有时会大大超过）该出口的

发送速率，那么该出口队列的长度就会随着时间不断地增加，直到无法容纳，这时不仅排队时延会增加，还会出现不得不丢包的情况。因此，一般说的路由器中的排队时延指的是其出口队列的排队时延。

上述 4 种时延合在一起就是一个路由器所涉及的总时延，这个时延也称为结点时延（nodal delay） d_{nodal}：

$$d_{nodal} = d_{tran} + d_{prop} + d_{proc} + d_{que} \qquad (1\text{-}3)$$

记第 i 个路由器的时延为 d_i，则一条包含 n 个路由器的路径的总时延为

$$d_{total} = \sum_{i=0}^{n} d_i \qquad (1\text{-}4)$$

式中，d_0 为发送站所产生的时延。

d_{total} 也称为端到端（end-to-end）的时延，因为它是发送站发送的第 1 个二进制位到达接收站所花费的时间。显然，d_{total} 是一个随时间变化的量，因而有意义的是它的某种统计量。

5. 往返时间

往返时间（RTT）指的是发送站从发送第一个二进制位开始到收到接收站发回的确认消息为止所花费的时间。RTT 是一个重要的性能指标，因为它关乎传输层的 TCP 的运行效率。由于报文经过的路由器具有不确定性，每个路由器上的排队时延更是不确定的，RTT 只能是一个统计量，即某个时间段内的 RTT 的加权平均值。

显然，RTT 大约是端到端时延的 2 倍。

6. 带宽时延积

带宽时延积（BDP）指的是传输带宽与往返时间 RTT 的乘积[8]。因特网上从发送站到接收站的路径包括很多段不同传输带宽的链路，用于计算 BDP 的带宽指的是传输路径上各段链路中的最小带宽，也就是瓶颈带宽。BDP 度量的是发送端从开始发送到首次收到确认消息这段时间所发送的数据总量。对 TCP 来说，只有发送缓存达到 BDP 时，才能实现最高的吞吐量。

TCP 中用于进行流量控制的窗口是 16 位的字段，即窗口缓存最大为 64KB，这在早期的网络环境中没有问题，但随着基础网络速率的提升，BDP 值超过 10^5 位（12.5KB）的长胖网络（LFN）已经很常见，为此 TCP 增加了窗口比例因子选项，以便设置超过 64KB 的缓存量，使得可以在长胖网络上实现理想的吞吐量。

下面列举两个长胖网络的例子。

RTT 值为 500ms、速率为 512kbit/s 的卫星链路：BDP=$500×10^{-3}×512×10^3$=$2.56×10^5$bit。

5km 长度的 10Gbit/s 光纤网络：BDP=$2×5×10^3÷（2×10^8）×10×10^9$=$5×10^5$bit。

注：$2×10^8$m/s 为光在光纤中传播的大概速度。

7. 利用率

在计算机网络中，利用率分为信道利用率和网络利用率，前者指的是一个信道传输数据的时间占比，这里的数据既包括用户数据也包括网络层报文所增加的首部数据，而后者则是指网络中所有信道利用率的某种加权平均值。由于信道和网络中通过的数据量是随时间发生变化的，因而利用率应该是一个统计量。

下面我们简要地讨论网络利用率。当网络空闲即没有数据通过时其利用率为 0，直观地看，网络利用率越高越好，即最好是 100%。但事实上 100% 的网络利用率并不是最好的，因

为随着利用率的提高，网络中一些路由器中的排队时延就会增大。记 D_0 为网络基本空闲时的时延，这时网络的利用率 U_0 可以取 0 值。随着 U 的增加，网络时延 D 也会增大，人们发现，大部分时候 D 和 U 之间遵循下面的反比关系：

$$D = \frac{D_0}{1-U} \tag{1-5}$$

这个关系保证了 $U=0$ 时，$D=D_0$，同时表达了当 $U \to 100\%$ 时 $D \to \infty$ 的情形。基于这一关系，人们在设计网络时常以 $U=50\%$ 即 $D=2D_0$ 为临界值，超过这个临界值就要考虑增大网络中的带宽。

➡ 1.5 计算机网络的体系结构

计算机网络是一个极其庞大和复杂的系统，针对这个系统问题需要使用科学的问题分解方法先将其分解为较小的组成部分分别解决，然后将各组成部分合起来，构成整个问题的解决方案。根据计算机网络的特点，人们采用了分层的问题分解方法，即将问题从低到高划分为不同的层次来解决，最终形成的解决方案称为分层次的体系结构。本章先扼要介绍国际标准化组织（ISO）的开放系统互连参考模型（OSI/RM），然后重点介绍因特网的体系结构，最后扼要介绍因特网协议的标准化。

1.5.1 开放系统互连参考模型

在 20 世纪 70 年代末期，计算机网络渐渐兴起。然而，不同生产商设计的试验性网络分别使用了各自的标准，因而被称为"异质"的"网络体系结构"。为了实现这些异质网络体系间的互连，国际标准化组织（ISO）成立了一个子委员会 SC16，专门研究开放系统互连（OSI）问题，该委员会最终提交了一个对计算机网络设计影响深远的开放系统互连参考模型（OSI/RM）[9]，简称 OSI 模型，本节就对该模型进行介绍。

注：这里的"开放系统"指的是网络系统设计者不是将系统设计为仅连接特定的系统或设备，而是希望与其他系统进行互连，并为互连提供便利，甚至根据互连需要对自己的设计做出必要的改变。

1．OSI 模型的分层理念

OSI 模型是一种分层次的体系结构，即将计算机网络问题按照从低到高的次序划分成一系列的层次，每层负责一部分功能，这些功能被实现为向高层提供服务。这样层与层之间是一种服务和调用服务的关系，图 1-17 示出了任意的第 n 层和第 $n+1$ 层的关系。每一层内运行的网络对象称为该层的实体（entity）。第 n 层的实体向第 $n+1$ 层的实体提供服务，服务在第 n 层的上层界面上以服务访问点（SAP）的形式体现，第 $n+1$ 层的实体通过第 n 层的服务访问点来调用第 n 层实体的服务。一个 n 层实体可能会提供多个 SAP，一个 $n+1$ 层的实体可能调用多个 n 层实体提供的服务。第 $n+1$ 层实体只关心第 n 层 SAP 的格式和功能，不关心其内部实现机制，这就使得各个层的实现相互独立，从而有利于分工和协同工作，也为设计和实现带来了灵活性，还有利于标准化。

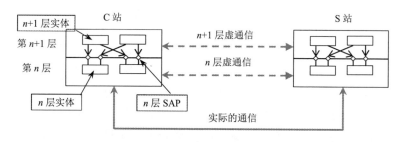

图 1-17 网络体系结构的分层理念

2. 网络协议概述

前已述及，计算机网络具有两大功能，即通信和资源共享，其中通信是计算机网络的最基本功能。计算机网络是由无生命的器件和通信链路等物理部件搭建而成的，这些物理部件没有人的理解能力，要使它们有条不紊、无差错地进行数据交换即通信，必须为其设计严谨的规则，这些为进行网络中的数据交换而建立的规则、标准或约定就称为网络协议（**protocol**），它包括三个基本的要素：

（1）**语法**：通信所传输的数据或控制信息的结构或格式。

（2）**语义**：通信中控制信息所代表操作的功能。

（3）**规程**：通信事件及其逻辑过程。

注：通信过程中不仅会传递用户数据，还要传递一些为实现数据传递所必需的控制性信息，如连接的建立、差错检测、缓存大小、可靠传输机制等。

从最简单的意义上来说，计算机网络协议的模式就是"一问一答"，然而这种一问一答必须遵循严格的规定。例如，协议规定通信双方打招呼时先打招呼的一方要说"Hi"，后打招呼的一方要说"Hello"。如果是两个人执行这个协议，那么可能出现后打招呼的一方也说"Hi"，或者微笑着点个头，或者打个手势，但计算机网络中的两个通信实体必须严格地遵守先打招呼的一方说"Hi"、后打招呼的一方说"Hello"的规则，否则协议就进行不下去，这是由网络的部件不具有人的理解能力所决定的。

实际的网络通信过程远比上面的"Hi""Hello"过程复杂，因此通信传输的数据或控制信息必须具有严格且有些时候是复杂的结构，这就是协议的语法，语法通常以具有特定结构的报文来表示。

例如，传输控制协议（TCP）报文中就有专门的表示建立连接和应答的标志位 SYN 和 ACK。当发起通信的 C 方要求与接收通信的 S 方建立连接时，C 方便发送带有 SYN 标志的报文，而 S 方收到该 SYN 报文后，它就将该报文理解为 C 方请求建立连接，这就是 SYN 报文的语义，S 方必须发回带有 SYN 和 ACK 标志的报文，这就是规程。

注：这里仅给出关于协议三要素非常浅显的例子，本书的主体讲述了一系列的协议，读者将会从后面各协议的细节学习中获得关于协议三要素具体和深刻的体会。

有了协议的概念，我们再来进一步地理解图 1-17。每一层的功能可能需要多个协议来实现。一般地说，每个协议对应一个实体，每个实体要根据协议与通信另一方中的对等实体（peer entity）进行通信，这就是图 1-17 中各层的虚通信的含义。即看起来通信是在两个通信站点的对等实体间进行的，而实际的数据传送过程是发送方从其网络体系结构的高层依次向下面各层传递，直到底层，底层将数据发送到通信链路上，而在接收方则是网络体系结构的底层先从链路上获取数据，然后依次向上面各层传递。这就是图 1-17 中实际通信的含义。

上述服务与协议的关系可表达为：**服务是垂直的，协议是水平的。**

注 1：上段的"每个协议对应一个实体"是一种简化的表述，实际上通信的基本单位是进程，而一个通信端可能同时会有多个进程进行通信，因而同一个网络协议可能会有多个实体副本在运行。

注 2：尽管实践中可能存在半双工通信的情况，但我们还是将网络实体间的通信描述为更为一般的全双工通信模式。

3．OSI 模型的 7 层体系结构

计算机网络的分层及其协议的集合称为计算机网络的体系结构。OSI 模型将计算机网络规划为如图 1-18 所示的 7 层体系结构，从最低的第 1 层到最高的第 7 层分别是物理层（physical layer）、数据链路层（data link layer）、网络层（network layer）、传输层（transport layer）、会话层（session layer）、表示层（representation layer）和应用层（application layer）。

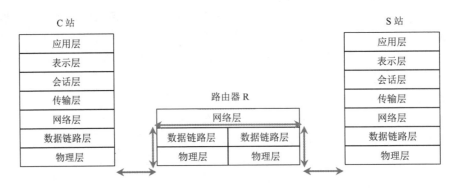

图 1-18　OSI 模型的体系结构

物理层负责通信链路上原始比特的发送，因此它需要解决如何表示数字 0 和 1 的问题，而这种表示可能是基本的单个位的表示，即每个波形传输 1 个位的情形，也可能是多个位的表示，即每个波形传输多个位的情形。为使接收端易于同步和识别数字位，物理层常采用适宜的线路编码。物理层还要定义接口的标准，这包括机械性的标准如引脚的数目、接口的形状、接口材质的机械性能等，以及电学性的标准，如允许的频率范围、电位的高低、阻抗的大小等。

注：物理层下面的传输介质，如同轴电缆、双绞线、光纤、无线电波等不属于物理层，它们有时被称为"第 0 层"，但不属于网络的体系结构。

数据链路层常简称链路层，它与物理层共同构成物理网络。它将网络层送交的数据构造为帧，而帧需要严谨的结构，其上要标上物理网络中的源地址和目的地址，要有识别帧开始和结束的标志，以及帧中数据开始和结束的标志或机制，数据链路层需要确立差错检测的标准并在帧尾部加上差错检测的冗余码。一般情况下，数据链路层是由网络适配器及与其相配的设备驱动程序具体实现的。

网络层用于实现不同物理网络的互连，如图 1-18 所示。两个分别由物理层和数据链路层构成的物理网络通过一个称为路由器（R）的网络设备便可实现互连。路由器在数据链路层上面增加了第 3 层即网络层，它的左右两侧分别具有连接 C 站和 S 站的物理层和数据链路层，而当 C 站的帧到达 R 时，它便从左侧的数据链路层的帧中取出数据，这个数据是网络层的结构化数据。要实现网络互连，需要为不同物理网络中的站点定义一种与物理网络无关的地址

即网络层地址。网络层的分组上要标上源站和目的站的网络地址。路由器通过分组上的目的站网络地址查找路由，确定转发的端口，并将分组交由相应端口的数据链路层和物理层发送出去。

注 1：路由器也常称为三层交换机，或简称交换机，这时需要通过上下文确定其为第 3 层上的交换机。

注 2：网络层也实现同质物理网络的互连，物理网络的覆盖范围是有限的，将同质的物理网络互连可以实现更大地域上的通信和资源共享。

注 3：从上面的叙述中可以看出，网络体系结构中除物理层外的每个层上都要有自己的结构化数据单位，这个数据单位有一个统一的名字，即协议数据单元（PDU）。

传输层（也称为运输层）用于实现端系统到端系统（简称端到端）的通信，传输层和更高层通常只在终端的主机站点上运行，而不在中间路由器上运行。传输层下的网络层通常提供的是不可靠的通信，而传输层需要在不可靠的网络层上实现可靠通信，这时它就需要有建立连接、确认、超时重传、滑动窗口等机制。

会话层用来以会话方式管理通信的数据流，当一个应用中包括不同属性的子数据流时，会话层便发挥重要作用。例如，在视频播放或视频会议应用中，它可以将视频流与音频流组织为不同的会话，并实现同步传输。

表示层也称为语法层，它用于保证发送端发送的信息能够被接收端正确识别。在发送端，它将信息格式化为标准的适宜发送的格式，而在接收端，它将收到的数据转换或格式化为适宜处理和显示的信息形式。它使得应用层协议不需要关心端系统中数据表示的语法差别。

OSI 模型中的应用层比下文将要介绍的 TCP/IP 模型中的应用层要狭义得多，它的主要目的是为端系统中的应用提供访问网络的接口，它由两类应用层服务组成：一是通用应用服务元素（CASE），它提供关联控制服务元（ACSE）、远程操作服务元（ROSE）等通用的应用层服务；二是特定应用服务元素（SASE），它提供文件传输、访问及管理（FTAM）服务元，虚拟终端（VT）服务元等特定的应用层服务。

1.5.2　因特网的体系结构

1.5.1 节介绍了 ISO 的网络体系结构的 OSI 模型，该模型为理解和打造计算机网络特别是互连异质网络奠定了理论基础，然而 OSI 模型过于追求全面使其很难在实践中应用。而因特网体系结构因其简洁、灵活和快速实现的特点成为事实上的网络体系结构标准。本节就介绍这一体系结构。

1. 因特网的 4 层体系结构模型

图 1-19（a）示出了因特网的体系结构模型，图 1-19（b）示出了该模型中的主要协议，图 1-19（c）示出了 OSI 模型。

注：因特网的体系结构包括一系列明确的协议，其中最有代表性的是 TCP 和 IP，因而又常称为 TCP/IP 协议栈或 TCP/IP 协议族。

|（a）因特网的体系结构模型|（b）主要协议|（c）OSI 模型|

图 1-19　因特网的体系结构模型及其与 OSI 模型的对比

从图 1-19（a）可以看出，因特网的体系结构是一个 4 层的网络体系结构，它与 OSI 模型的 7 层网络体系结构的对应关系为：因特网的应用层对应 OSI 模型的高 3 层，即应用层、表示层和会话层；因特网的传输层和网络层分别对应 OSI 模型同名的第 4 层和第 3 层；因特网的网络访问层对应 OSI 模型的低 2 层，即数据链路层和物理层。

注：有时候在表达因特网模型时，会将网络访问层展开为数据链路层和物理层，形成一个 5 层的因特网体系结构，本书也认可这个 5 层的因特网体系结构。

因特网将 OSI 模型的高 3 层合并为一个应用层，并在应用层中设计了超文本传送协议（HTTP）、文件传输协议（FTP）、远程终端协议（Telnet）、域名系统协议（DNS 协议）、简单邮件传输协议（SMTP）、第 3 版的邮局协议（POP3）、简单网络管理协议（SNMP）等很具体的协议，这使得因特网的应用层非常务实，极大地提高了网络的实现效率。

因特网的传输层提供了两个具体的协议，即传输控制协议（TCP）和用户数据报协议（UDP），前者提供面向连接的可靠通信，后者提供无连接的尽力传递服务，这两种服务就能满足应用层的绝大部分需求。

因特网的网络层包括核心的因特网协议（IP）和辅助的因特网控制报文协议（ICMP）、因特网组管理协议（IGMP）和地址解析协议（ARP），其中 ICMP 和 IGMP 要使用 IP 封装报文，因而将它们绘制在 IP 层的左上角，ARP 运行时 IP 还不能运行，因而将它绘制在 IP 层的右下角。

因特网的网络访问层对应 OSI 模型的物理层和数据链路层，也就是通常所说的物理网络。其实这一层指的是已有的物理网络，因而它已经不是因特网设计中所包含的内容了。

注：透彻地讲解因特网的各协议是本书的主要内容，图 1-19（b）所示因特网协议族中的每个协议都会在后文中详细讲解。

2．因特网中的网络互连

因特网的首要目的是互连物理网络。与图 1-18 所示的 OSI 模型中的网络互连相似，因特网也用一个路由器实现物理网络的互连，如图 1-20 所示。

注：为了表示因特网的互连，图 1-20 将客户机和服务器以 5 层的体系结构来表示。

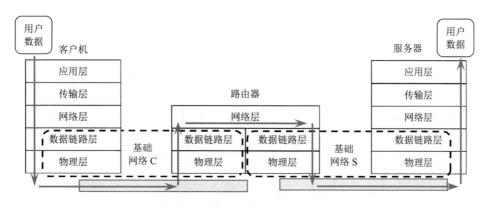

图 1-20 因特网中物理网络的互连

这里路由器就是一个分组交换设备，它有连接不同物理网络的端口。例如，图 1-20 中路由器的左侧端口连接的是客户机侧的基础网络 C，而右侧端口连接的则是服务器侧的基础网络 S。左侧端口的物理层将收到的比特流交给其上的数据链路层，数据链路层从帧中取出分组报文交给网络层。路由器的网络层从分组中获取目的地址，根据目的地址查找路由，即确定要转发的端口，并将分组交给转发端口的数据链路层，数据链路层将以相应的物理网络机制构造帧，并交给其下的物理层，该物理层再将帧以比特流的方式发送到它所在的网络上。由此便实现了将分组从一个物理网络传送到另一个物理网络，也就是实现了网络互连。

3．因特网各层 PDU 的构造

计算机网络每一层的协议都是通过一定的语法规则来定义的，这些语法规则均是通过具有一定的结构化格式的控制信息来表达的，也就是说每个协议传输的信息即报文由控制信息和数据两部分组成，通常控制信息位于报文的首部。各层协议传输的报文有一个专门的名称，即协议数据单元（PDU）。

由于在发送端，数据是从网络体系结构的顶层向底层逐层传递的，相应地，各层的 PDU 也是通过依次增加首部来构造的，如图 1-21 所示。

注：为了较好地表达各网络层 PDU 的构造过程，这里采用了 5 层的体系结构。

图 1-21 示出了客户机上的进程 AP_C 向服务器上的进程 AP_S 发送应用进程数据 D 时各网络层 PDU 的构造过程。AP_C 首先将应用进程数据 D 交给其应用层协议实体，应用层协议实体会为应用进程数据 D 增加首部 H_5 构造应用层协议的 PDU_5（又称报文）；应用层协议实体将 PDU_5 交给传输层协议实体，传输层协议实体会将 PDU_5 作为数据，为其增加首部 H_4 构造传输层协议的 PDU_4（又称报文段或数据报）；传输层协议实体将 PDU_4 交给网络层协议实体，网络层协议实体会将 PDU_4 作为数据，为其增加首部 H_3 构造网络层协议的 PDU_3（又称分组或数据报）；网络层协议实体将 PDU_3 交给数据链路层协议实体，数据链路层协议实体会将 PDU_3 作为数据，为其增加首部 H_2 和尾部 T_2（差错检测的冗余码）构造数据链路层协议的 PDU_2（又称帧）；数据链路层协议实体会将 PDU_2 交给物理层，物理层将 PDU_2 转换为比特流，发送到传输介质上。

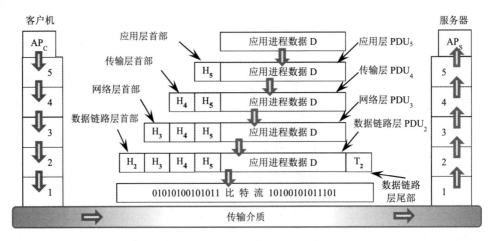

图 1-21 因特网各层 PDU 的构造

在服务器端，物理层收到比特流后交给数据链路层，数据链路层将比特流还原为 PDU_2，此后它去掉 PDU_2 的首部 H_2 和尾部 T_2 获得 PDU_3，并将 PDU_3 交给网络层；网络层去掉 PDU_3 的首部 H_3 获得 PDU_4，并将 PDU_4 交给传输层；传输层去掉 PDU_4 的首部 H_4 获得 PDU_5，并将 PDU_5 交给应用层；应用层去掉 PDU_5 的首部 H_5 获得应用进程数据 D，并将应用进程数据 D 交给应用进程 AP_S。

可见，在发送端从高层到低层的 PDU 构造是一个不断增加首部的过程，而在接收端从低层到高层 PDU 的解构则是一个不断去除首部的过程。

1.5.3 因特网的标准化

因特网是一个全世界相关企业参与建设的超级工程，它的建设方式是一种非中心化的方式，即没有一个统揽全局的组织规划和协调其建设，也不可能存在这样的组织。然而，因特网要正常运行，需要各个企业的软硬件产品协调一致地工作，要具有互操作性，这就需要建立一种标准体系，大家通过遵循标准体系设计软硬件产品来实现协调一致和互操作。

因特网首先是由因特网协会（ISOC）这个国际组织协调和管理的。该组织下设因特网体系结构委员会（IAB）负责因特网有关的协议开发，IAB 又下设了因特网工程任务组（IETF）和因特网研究部（IRTF）两个工作组具体开展工作。其中 IETF 的主要任务是针对因特网中的某个短期或中期的问题开展协议开发和标准化，而 IRTF 则针对一些长期问题开展研究。

因特网标准是一些请求评论（RFC）文档。一个标准可能对应一个 RFC 文档，也可能对应多个 RFC 文档。大部分时候一个标准对应一个协议，因此下面将标准和协议看成等价的描述。

一个因特网标准可以由 IAB、IETF、IRTF 或某个组织或个人发起，但必须经过严格的审查才能将其确定为标准，审查的依据在 RFC 2026 中：描述标准的文档需要具有良好的可理解性，技术上完全可行，有多组独立、可互操作的切实可行的实例，获得了很多个人和组织的公开支持，且对因特网的某些或所有部分有显见的实用性。

一般说到或用到的因特网标准都是由 IETF 编制或审定的标准。

一组文档要成为因特网标准，需要经历 3 个阶段：第 1 阶段是因特网草案阶段，草案阶段的文档经过多次修订，再经 IETF 审查，若被接受则形成 RFC 文档并进入第 2 阶段；第 2

阶段是建议标准阶段，该阶段的文档再经多轮次的修订，若继续被 IETF 认可，则进入第 3 阶段；第 3 阶段称为因特网标准阶段，这时的 RFC 文档就会被赋予一个编号。因特网标准建立的这三个阶段被称为"标准轨道"（standards track）。

只有 IETF 的因特网工程指导小组（IESG）才有权批准标准轨道上的 RFC 文档。

图 1-19（b）所示的 TCP/IP 协议族中的每个协议都是一个因特网标准，它们分别对应着一个或数个 RFC 文档。

注：如果要在因特网上开展协议有关的有深度的工作，那么研读相应协议的原始 RFC 文档是必要的。所有的 RFC 文档都是公开的，查阅 RFC 文档可访问其官网[10]。

已经成为标准的 RFC 文档也不是一成不变的，对其进行修订和更新是常有的事。例如，TCP 的最新标准是 2022 年 8 月发布的 RFC 9293，该标准更新了 RFC 1011、RFC 1122 和 RFC 5961，废止了 RFC 793、RFC 879、RFC 2873、RFC 6093、RFC 6429、RFC 6528 和 RFC 6691。其中，RFC 793 是 TCP 的第一个标准，发布于 1981 年 9 月；而 RFC 793 曾经被 2011 年 1 月发布的 RFC 6093、2012 年 2 月发布的 RFC 6528 和 2012 年 7 月发布的 RFC 6691 更新过。

➡ 习题

1．将计算机连接成网络需要哪三个基本要素？

2．计算机网络的功能可以归结为哪两个方面？

3．给出计算机网络的一个通俗定义。

4．为什么说因特网是"关于网络的网络"？

5．说明物理网络与因特网的不同。

6．因特网主要由哪两个部分组成？各部分的主要功能是什么？

7．给出下列缩略语的中文和英文全称：ISP、WWW、RFC、C/S、P2P、LAN、PAN。

8．WWW 和因特网有何不同？它们的连网部件分别是什么？

9．简述基于 ISP 的以太网接入服务。

10．无线网络主要使用哪两个频段工作？

11．《中国互联网发展状况调查统计报告》是由什么机构发布的？每年发布几次？

12．中国网民数量从什么时候开始达到了世界第一？

13．工业和信息化部在什么时候正式为中国移动、中国电信和中国联通发放了 3G 牌照？

14．我国从什么时候开始手机跃升为第一位上网终端？

15．工业和信息化部在什么时候向中国联通、中国电信和中国移动正式发放标准为 TD-LTE 的第四代移动通信业务牌照？

16．LTE-TDD 何时被 ITU 定为第四代移动通信的国际标准？

17．工业和信息化部在什么时候向中国电信、中国移动、中国联通、中国广电发放 5G 商用牌照？

18．华为的哪项工作成为我国移动通信技术研究在通信标准制定上摆脱跟随地位，取得重大进展的一个标志性事件？

19．通信中包括哪三种交换方式？

20．电路交换包括哪三个阶段？

21．画出数据分组的示意图。

22．画出三种交换的比较图。

23．路由器检查分组首部中的什么内容决定分组的转发出口？

24．列举可以称为主机的联网设备。

25．因特网的边缘有哪两种运行模式？

26．计算机网络按地理范围、拓扑结构和访问管理分别有哪些分类？

27．说明 LAN 和 PAN 的覆盖范围。

28．计算机网络的速率单位与存储容量的单位有何相同点？有何不同点？

29．计算机网络都包括哪些时延？发送时延和传播时延分别怎样计算？

30．给出计算机网络协议的定义，列出协议的三要素。

31．给出计算机网络体系结构的定义。

32．ISO 的 OSI 模型包括哪 7 层？

33．画出五层的因特网体系结构。

34．画出网络互连的原理图。

35．因特网的标准化文档的简称是什么？

36．从 RFC 官网上搜索 HTTP/1.1 和 IPv6 协议的最新 RFC 编号及发布日期。

37．给出下列缩略语的中文和英文全称：RTT、TCP、UDP、IP、PDU。

38．请用 Excel 完成下列计算。

（1）获得国内 5 对省会城市或直辖市间的距离，计算它们之间光纤的传播时延。要求标出城市的名称（设光在光纤中的传播速度为 $2×10^8$m/s）。

（2）查出自己计算机上 Program Files 或 Program Files(x86)文件夹下任意 5 个子文件夹中全部文件占用的字节数（不包括 0 字节的文件夹），用 Excel 表设计公式分别计算这些数据在 8Mbit/s 和 1Gbit/s 速率下的发送时延，要求注明文件夹的名称。

（3）设信道利用率分别为 0.1，0.2，…，0.9，试计算信道的时延（以利用率为 0 时的时延 D_0 的倍数表示）。

➭ 参考文献

[1] ICONARCHIVE. [EB/OL]. [2022-8-30]. （链接请扫书后二维码）

[2] COMPUTER HOPE. Computer networking history [EB/OL]. (2019-4-2)[2022-11-5]. （链接请扫书后二维码）

[3] WIKIPEDIA. History of the Internet[EB/OL]. [2022-11-5]. （链接请扫书后二维码）

[4] 国家互联网信息办公室, 北京市互联网信息办公室. 中国互联网 20 年网络大事记篇[M]. 北京: 电子工业出版社, 2014.

[5] 百度百科. 中国第一封电子邮件[EB/OL]. [2022-11-22]. （链接请扫书后二维码）

[6] 杨元禧, 卢鋆. 北斗导航[M]. 北京: 国防工业出版社, 2022.

[7] 戴辉. 华为通信科技史话[M]. 北京: 人民邮电出版社, 2021.

[8] WIKIPEDIA. Bandwidth-delay product[EB/OL]. [2022-11-9]. （链接请扫书后二维码）

[9] ZIMMERMANN. OSI Reference Model: The ISO Model of Architecture for Open Systems Interconnection[J]. IEEE Transaction on Communications, 1980, COM-28（4）: 425-432.

[10] RFC EDITOR[EB/OL]. [2022-11-28]. （链接请扫书后二维码）

第 2 章 物 理 层

本章将对计算机网络体系结构中最低的物理层进行讲述。首先，讲述物理层的基本功能，并介绍吉比特以太网的物理层；其次，介绍信息通信的理论基础，包括香农的信息论、麦克斯韦的电磁场理论及电磁波谱、信号的傅里叶分析、奈奎斯特-香农采样定理及香农-哈特利信道极限定理；再次，介绍铜线、光纤和无线传输介质，以及基本的线路编码；最后，介绍频分、时分、波分及码分多址等信道复用技术，并以 ADSL 为例介绍具体的频分多路复用机制。

注：“传输介质”与“传输媒体”为网络领域中的同义词。

⟫ 2.1 物理层概述

本节先给出物理层的基本功能，然后以较有代表性的吉比特以太网为例进行具体的说明。

2.1.1 物理层的基本功能

物理层是计算机网络体系结构中的最低层，在 OSI 模型中，其核心功能是将数据链路层的逻辑通信转换为硬件相关的操作，以驱动电磁信号的发送或接收，实现在特定介质（媒体）上的比特流传输服务。物理层需要运用编码、纠错、电学、机械、信号、传输等一系列技术来实现这一服务。

物理层将通信站点数据链路层的 MAC 子层实体与铜线、光纤及无线传输介质连接起来。在发送端，它将数据链路层的帧转换为比特流发送到传输介质上，而在接收端则从传输介质上收取信号、获取比特流，并交付到 MAC 子层以恢复结构化的数据帧。

尽管物理层并不包括传输介质，但由于传输介质决定了传输的速率、距离、信号特性等诸多方面，物理层的设计必定具有媒体相关性，因此物理层常被分成物理编码（PCS）和物理媒体相关（PMD）两个子层。

PCS 子层将 MAC 子层传来的数据帧使用线路编码技术转换为适合传输的比特、码字、符号或位块流，这需要编码/解码、扰码/解扰、对齐标记的插入与去除、符号与块的再排列、多路并行通信中通路内及通路间的同步及通路抗歪斜等各种技术。本章后面将有专门的一节介绍常用的线路编码技术。

PMD 子层的核心是电磁或光信号收发器，即在发送端将 PCS 子层转换的比特流以介质允许的信号发送到介质上，在接收端将介质上的信号接收下来恢复为比特流。对于基带通信，它需要产生和检测规定量级和频率的电脉冲信号；对于载波传输，它需要实现调制和解调功能。通常，一种网络会被设计为允许使用多种传输介质，针对每种传输介质都要设计适宜的 PMD 子层，这也是它媒体相关性的由来。

PMD 子层要连接到传输介质上还需要附加一个实物的媒体相关接口（MDI）。PMD 子层连同此接口需要严格的标准化，这是通过下面的 4 种特性来体现的。

（1）**机械特性**：规定接口接插件的形状、尺寸、引脚数量及编号、接插和锁定装置，特别是所用金属、塑料或其他材质的成分、硬度、弹性、抗疲劳性等指标。

（2）**电气及光学特性**：对于电学接口，需要规定接口各引线的导电率、阻抗等电学指标，以及各引线上的电压、电流的范围与量级划分；对于光学接口，则需要规定光源波长、寿命、光强及其量级等指标。

（3）**功能特性**：规定各引线各量级的电信号或光路上各量级的光信号所代表的意义，特别是关于数据类信号和同步类、控制类信号区分方式的详细说明。

（4）**过程特性**：规定通信双方的握手、同步、对齐等规程性操作的顺序。

物理层要考虑的其他方面包括位速率、点对点、点对多点、物理网络拓扑（总线型、星型、环型）、同步或异步通信、串行或并行通信、通信的交互模式（单工、半双工或全双工），以及自动协商等。

为了在可靠性和传输效率两个方面达到最优的效果，物理层还会运用大量的信号处理技术，如均衡器、同步字、脉冲整形，以及前向纠错编码（FEC）等。

物理层通常用一个核心芯片与外围一系列各种功能和性质的硬件电路、器件联合实现。

2.1.2　吉比特以太网的物理层

为了让读者有一个关于物理层的直观认识，下面以吉比特以太网（GE）即千兆位以太网为例介绍具体的物理层结构。

图 2-1 所示为吉比特以太网的物理层，其中的"PHY"部分是其物理层的核心，它通常用一个芯片来实现。

注 1：100Mbit/s 的快速以太网和 10Gbit/s 及以上速率的以太网的物理层结构与此相似。

注 2：有时也用 PHY 指代物理层。

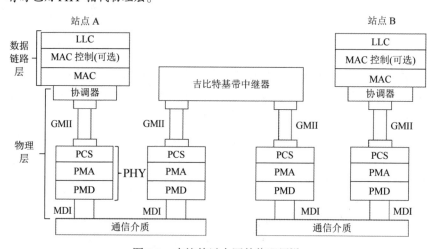

图 2-1　吉比特以太网的物理层[1]

从图 2-1 可以看出，这里的 PHY 部分除了前述的 PCS 子层和 PMD 子层，中间还增加了一个物理媒体附着（PMA）子层。我们将在第 3 章中较为详细地讲述吉比特以太网中 PCS 的编码机制，它是一种块式编码，因此需要一个 PMA 子层将其顺序化以便附着到串行的传输媒体上，或将传输媒体上取下的顺序化位流转化为块式编码。同时，PMA 子层还需要提供位同步功能，以便正确地解码。

物理层的最上端是协调器，当网络被配置为多条媒体线路并行传输时，协调器用于实现MAC 子层位流在各传输线路上的分配，或将各条传输线路上的位流合并为到达 MAC 子层的单一位流。

在协调器和 PHY 之间是吉比特媒体无关接口（GMII），它将协调器与 PHY 中的媒体无关的 PCS 子层连接起来，它以 125MHz 的时钟频率将 8 位数据以 8 个数据通道进行并行收发以实现 1Gbit/s 的速率[2]，它向下兼容 100Mbit/s 快速以太网的媒体无关接口（MII）。在 10Gbit/s 的网络中，它被 10 吉比特媒体无关接口取代。

在 PHY 和传输介质之间是媒体相关接口（MDI），在 10BASE-T、100BASE-TX 和1000BASE-T 以太网中它使用 8P8C 型接插件，但前两者使用两对线的 T568A 或 T568B 接线标准，而在 1000BASE-T 以太网中则采用 4 对线接线标准。1Gbit/s 及以上速率的以太网由于允许采用各种不同型号和配置的光纤，对应的 MDI 也就有多种形态。

➡ 2.2　信息通信的理论基础

信息通信是计算机网络的基石，因此在计算机网络原理中扼要地介绍信息通信的理论基础是非常有必要的。

2.2.1　信息通信概述

第 1 章提到，计算机网络包括通信和资源共享两个组成部分。本节就对通信部分的基础进行较为深入的讨论。

1. 基本的信息通信模型

简单地说，通信就是一种发送和接收信息的机制。贝尔实验室的克劳德·香农（Claude Shannon）和瓦伦·韦弗（Warren Weaver）于 1949 年为该机制定义了一个简明的模型，这也是信息通信广为接受的基本模型。该模型包括如下 6 个要素：

（1）一个产生待传输消息的信息源（也称为信源、源端、发端、发送站等）；

（2）一个将消息编码为信道上信号的发送器；

（3）一个适宜于信号传播的信道；

（4）一个使得信道中传播的信号变形失真的噪声源；

（5）一个接收信道中的信号并将其解码或重建为原始消息的接收器；

（6）一个消息最终到达的目的地（也称为信宿、收端、目的端或接收站等）。

注：由于上述要点中所涉及的概念均具有非常广阔的范围和深奥的内涵，因此应该宽泛和灵活地而不是狭义和机械地去理解。

根据上述 6 个要点，可以给出图 2-2 所示的信息通信的基本模型，其中图（a）描述的是从信源到信宿的单向通信，称为单工通信，而图（b）描述的是更通常的信源也是信宿的双向通信，称为双工通信。

注：双工通信又分为半双工通信和全双工通信两种情况。记可以双向通信的双方分别为 A 和 B，则半双工通信指的是 A 发送时 B 只能接收、B 发送时 A 只能接收的情况，而全双工通信则指的是 A 和

B 均能同时发送和接收的情况。

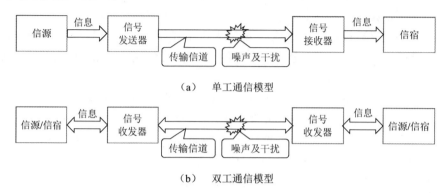

（a） 单工通信模型

（b） 双工通信模型

图 2-2 信息通信的基本模型

2．信息的概念及计量

本书中的"信息"一词绝大部分时候指的是严谨的香农信息论中的信息，是可以严谨数字化表达的信息。

注： 鉴于"信息"一词在中文表达中的普遍性，书中有时出现的"信息"会具有一般非科学的意义，读者应根据上下文进行区分。

根据香农的信息论，若信源不断地产生并发送取 n 个离散值 $x_1, x_2, \cdots, x_n$ 的符号，且这些离散值具有 $p_1, p_2, \cdots, p_n$ 的概率，则该信源发送一个符号的信息熵（简称信息，也就是信息量）定义为

$$H = -\sum_{i=1}^{n} p_i \log p_i \qquad (2\text{-}1)$$

注1： 如无特别说明，本书所提到的对数函数 $\log x$ 都指的是以 2 为底的对数。

注2： 按以 2 为底的对数计算的信息量的单位称为比特（bit）。

举例来说，如果信源以等概率发送取值为 0 和 1 的符号，则每发送一个符号的信息量为：$H_2 = -\sum_{i=1}^{2} \frac{1}{2} \log \frac{1}{2} = 1$（bit），这说明一个二进制位可以等价于 1bit；若信源以等概率发送 128 个标准的 ASCII 字符，则每个字符的信息量为：$H_{\text{ASCII}} = -\sum_{i=1}^{128} \frac{1}{128} \log \frac{1}{128} = 7$（bit）。

上述两个例子与我们平常的认识相一致，实际上，若信源符号等概率地取 n 个离散值，则每发送一个符号的信息量为：$H_E = -\sum_{i=1}^{n} \frac{1}{n} \log \frac{1}{n} = \log n$（bit）。

上述信源符号等概率取值的情况属于一般情况，为了说明香农信息论对信息的本质性揭示，我们来看它在特殊情况下的表现。

我们以投掷硬币为例。假设投掷一枚均匀的硬币，出现正面和反面的概率均是 $\frac{1}{2}$，根据前面的讨论，投掷一次硬币的信息量是 1bit。现在假设硬币不均匀，投掷一次硬币出现正面和反面的概率分别是 $p = 0.1$ 和 $q = 1 - p = 0.9$，这时投掷一次硬币的信息量就是：$H_{N1} = -p \log p - q \log q \approx 0.47$（bit）。

显然，这个信息量小于均匀硬币的 1bit 的信息量，事实上信源符号等概率取值时可以获得最大的信息量。为了说明 0.47bit 意味着什么，我们将问题拓展一下。假设我们每次投掷 3 枚出现正反面概率分别是 $p = 0.1$ 和 $q = 0.9$ 的不均匀硬币，那么在合理的独立同分布（i.i.d）假

设下，一次投掷的信息量是：$H_{N3} = 3 \times H_{N1} \approx 1.41$（bit）。实际上，投掷 3 枚硬币会出现如表 2-1 所示的 8 种符号值（设 0 为正面、1 为反面）及概率值。由于每个符号值的发生概率不同，因此我们可以运用 Huffman 编码算法构造这些符号的最优编码。为此，我们赋予每个符号值一个代码，如表 2-1 所示，同时将各符号值概率乘以 1000 作为投掷 1000 次时它们出现的平均次数，于是我们就可以用表 2-1 的"代码"和"1000 次投掷"列构造如图 2-3 所示的 Huffman 编码树，并得到各符号值的 Huffman 编码，如表 2-1 所示。

表 2-1　投掷 3 枚不均匀硬币的概率及 Huffman 编码

符号值	概率	代码	1000 次投掷	Huffman 编码
000	0.001	a	1	11111
001	0.009	b	9	11110
010	0.009	c	9	11101
100	0.009	d	9	11100
011	0.081	e	81	110
101	0.081	f	81	101
110	0.081	g	81	100
111	0.729	h	729	0

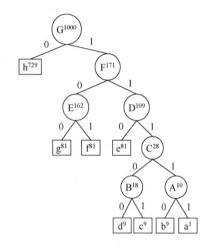

图 2-3　投掷 3 枚不均匀硬币的 Huffman 编码树

由表 2-1 中的 Huffman 编码可以计算 3 枚不均匀硬币投掷 1000 次的信息量，即编码信息量：$729 \times 1 + 3 \times 81 \times 3 + 3 \times 9 \times 5 + 1 \times 5 = 1598$（bit）。这与根据香农信息论所计算出的 1407bit 的信息量已经非常接近。

注：香农信息量是信源的准确信息量，当以整数对信息进行编码时，一般会得出高于香农信息量的编码信息量，且无论采用何种方式编码，都不会得到低于香农信息量的编码信息量。

对于 3 枚均匀硬币的一般情况，投掷 1000 次的信息量为：$1000 \times 3 = 3000$（bit）。这时，我们只要按照直觉，将每枚硬币投掷一次的信息量记为 1bit，就能得到与香农信息量相同的编码信息量。

3．信息通信中的基本术语

本节对信息通信中的一些常见术语在本书中的含义进行澄清，以便读者更好地理解相关内容。

注：在实际的知识表达中，这些术语在某些时候的含义可能与下面所描述的含义不完全一致，这时要通过上下文来把握其在所处语境中的含义。

1）消息

"消息"一词对应英文的"message"，在本书中它具有通常的意义，并无严谨科学的定义。

注：在计算机网络中，英文"message"还广泛地对应中文的"报文"，这时它就具有严谨的意义。

2）数据

本书中"数据"一词泛指以数值刻画的对象性质，如"信息"就是一种数据，报文也是一种数据。数据又分成模拟数据和数字数据两大类，其中模拟数据指的是连续变化的数据，它通常以实数表示，其基本特征是在任意两个数值之间都可以有无数个数值；而数字数据指的是取离散值的数据，它存在最小的间隔，尽管可能也会以实数刻画，但是它总能通过扩大倍数转换为整数表示。

3）链路与信道

链路和信道都用来描述双方或多方的通信通路。链路强调通路的连接特性和协议特征，如连接建立协议、可靠通信协议、流量控制机制等，而信道强调的是通路的信息传递特性，如容量、噪声、衰减等。

大部分时候，链路和信道都是逻辑意义上的。但链路和信道不可能完全脱离物理通路的特性和约束而存在，因而人们在不依赖物理通路而讨论链路与信道时便称之为逻辑链路和逻辑信道，而依赖物理通路的某种特性来讨论链路与信道时便称之为物理链路和物理信道。

4）信号

凡是能够传递信息的动作或行为都可以称为广义上的信号，如微观粒子和巨型天体的运动，物体的发光、发热和发声，人类语气或表情的变化等。这类来自自然的信号基本上是连续变化的，人们称之为模拟信号。在计算机网络中，要处理和传输的是离散的数字信号，我们稍后会介绍模拟信号到数字信号的转换机制和理论。

然而，本书中所述的信号在多数时候指的是狭义上的信号，即在物理介质上传播的某种电磁波特征（振幅、频率、相位或它们的组合）。尽管这些特征有连续和离散两种取值方式，它们分别对应模拟信号和数字信号，但是，本书中的信号一般指的是离散的数字信号。

2.2.2　电磁场理论及电磁波谱

从古老的无线电台/收音机、无线电视、有线电视，到微波接力站、卫星通信，再到目前集同轴电缆、双绞线和光纤为一体的无处不在的互联网络，甚至航空、航天、深空探索，人类之所以能够以适应各种需求的方式进行通信，是因为自然界中存在着一种称为电磁波的物质形态。而幸运的是，人类找到了驾驭电磁波并造福于自身的科学和技术。

1. 电磁场理论简介

电磁场理论是英国物理学家詹姆斯·克拉克·麦克斯韦（James Clerk Maxwel）于 1862 年创立的，他将高斯的电场和磁场定律、法拉第电磁感应定律及安培环路定律发展为如公式（2-2）所示的统一的电磁场方程组，该方程组全面地揭示了电磁场的运行规律，同时表明光也是一种电磁波。

$$
\begin{aligned}
\nabla \cdot \boldsymbol{E} &= \frac{\rho}{\varepsilon_0} \\
\nabla \cdot \boldsymbol{B} &= 0 \\
\nabla \times \boldsymbol{E} &= -\frac{\partial \boldsymbol{B}}{\partial t} \\
\nabla \times \boldsymbol{B} &= \mu_0 \left(\boldsymbol{J} + \varepsilon_0 \frac{\partial \boldsymbol{B}}{\partial t} \right)
\end{aligned}
\tag{2-2}
$$

注 1：公式（2-2）是由同样来自英国的物理学家奥利弗·亥维赛（Oliver Heaviside）于 1884 年改进的现代形式的麦克斯韦方程组。

注 2：公式（2-2）中的 $\boldsymbol{E}$ 和 $\boldsymbol{B}$ 分别是电场和磁场向量，t 为时间，ρ 和 $\boldsymbol{J}$ 分别是电荷密度和电流

密度，ε_0 和 μ_0 分别是真空中的介电常数和磁导率，而 $\dfrac{1}{\sqrt{\varepsilon_0\mu_0}} = c \approx 299792458m/s$ 为真空中电磁波的传播速度，也就是真空中的光速。

麦克斯韦在建立电磁波理论后预言了电磁波的存在，而这一预言被德国物理学家海因里希·鲁道夫·赫兹（Heinrich Rudolf Hertz）于 1887 年通过实验证实。由此，人们认识到麦克斯韦方程组的重要性，从此揭开了人类依赖电磁波进行电能应用和通信的新纪元。

2. 电磁波谱

电磁波是一种频率范围非常广的波，人类通信中使用的是 $1\times10^4 \sim 1\times10^{16}$ Hz 的频段，如图 2-4 所示。这个频段的电磁波从波段上可分为无线电波、微波、红外线、紫外线和可见光，从通信应用上可分为 AM 无线电波、双绞线、同轴电缆、FM 无线电波、卫星和地面微波，以及光纤等。

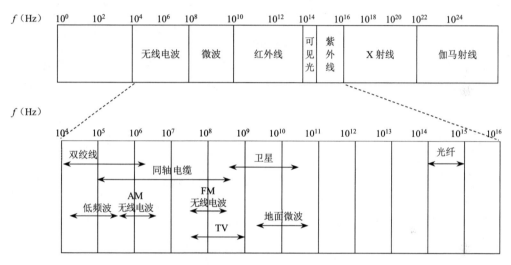

图 2-4　电磁波谱

2.2.3　信号的傅里叶分析

通信的对象即信息，通常是某种形式的随时间变化的信号，而通信的传输介质即信息的载体，是随时间变化的电磁信号。19 世纪，法国数学家傅里叶提出的周期函数的三角级数展开理论，开创了时变信号的数学分析时代，也成为现代通信的重要数学基石之一。

1. 傅里叶级数

设 $s(t)$ 是周期为 T（频率 $f = \dfrac{1}{T}$）的函数，则傅里叶指出，该函数可以展开为如公式（2-3）所示的三角级数，即傅里叶级数：

$$s(t) = \frac{1}{2}u_0 + \sum_{n=1}^{\infty}u_n\sin(2\pi nft) + \sum_{n=1}^{\infty}v_n\cos(2\pi nft) \tag{2-3}$$

其中

$$f = \frac{1}{T}$$

$$u_0 = \frac{2}{T}\int_0^T s(t)\,\mathrm{d}t$$

$$u_n = \frac{2}{T}\int_0^T s(t)\sin(2\pi nft)\,\mathrm{d}t$$

$$v_n = \frac{2}{T}\int_0^T s(t)\cos(2\pi nft)\,\mathrm{d}t$$

傅里叶级数也可表达为如公式（2-4）所示的仅以正弦函数表示的方式，由公式（2-4）可知 $s(t)$ 是由频率为 nf（$n=1,2,\cdots$）、振幅为 A_n、初相位为 φ_n 的正弦函数叠加而成的。

$$s(t) = \frac{1}{2}A_0 + \sum_{n=1}^{\infty} A_n \sin(2\pi nft + \varphi_n) \tag{2-4}$$

其中

$$A_0 = u_0$$

$$A_n = \sqrt{u_n^2 + v_n^2}$$

$$\varphi_n = \operatorname{atan2}(v_n, u_n)$$

公式（2-3）和公式（2-4）中频率为 nf 的三角函数称为原始信号 $s(t)$ 的 n 次谐波，这样将信号 $s(t)$ 分解为一系列谐波的和的方式称为傅里叶分析。

2. 傅里叶分析示例

下面以二进制编码为 01101011 的 ASCII 字符 k 为例介绍傅里叶分析。首先给出 k 的二进制位对应的方波信号，如图 2-5 所示，我们将该波形看成一个周期（$T=8$）的波形，然后对其进行如公式（2-3）所示的傅里叶分析，再转换为公式（2-4）的形式。

令 $t=\tau T$，则图 2-6（a）所示的波形就转换为周期为 1 的波形，对任意的 8 个二进制位 $b_0 b_1 b_2 b_3 b_4 b_5 b_6 b_7$ 对应的波形，公式（2-3）中的 u_0、u_n、v_n 可表示为如公式（2-5）所示的形式。

$$u_0 = 2\sum_{i=0}^{7}\int_{\frac{1}{8}i}^{\frac{1}{8}(i+1)} b_i\,\mathrm{d}\tau = \frac{1}{4}\sum_{i=0}^{7} b_i$$

$$u_n = 2\sum_{i=0}^{7}\int_{\frac{1}{8}i}^{\frac{1}{8}(i+1)} b_i \sin(2\pi n\tau)\,\mathrm{d}\tau = -\frac{1}{\pi n}\sum_{i=0}^{7} b_i\left(\cos\frac{1}{4}\pi n(i+1) - \cos\frac{1}{4}\pi ni\right) \tag{2-5}$$

$$v_n = 2\sum_{i=0}^{7}\int_{\frac{1}{8}i}^{\frac{1}{8}(i+1)} b_i \cos(2\pi n\tau)\,\mathrm{d}\tau = \frac{1}{\pi n}\sum_{i=0}^{7} b_i\left(\sin\frac{1}{4}\pi n(i+1) - \sin\frac{1}{4}\pi ni\right)$$

针对字符 k 的方波，$A_0 = u_0 = \frac{5}{4}$，前 5 次谐波的振幅及相位如表 2-2 所示。

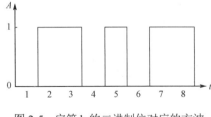

图 2-5　字符 k 的二进制位对应的方波

表 2-2　字符 k 的方波前 5 次谐波的振幅和相位

谐波号	1	2	3	4	5
振幅 A_n	0.101	0.225	0.473	0.159	0.284
相位 φ_n	1.178	-2.356	-2.749	0.000	2.749

我们根据字符 k 的傅里叶分析，得到了如图 2-6 所示的谐波曲线，其中图（a）给出的是

1 次谐波曲线；图（b）中的点画线分别表示 1～3 次谐波曲线，而粗实线则是 1～3 次谐波的合成曲线；图（c）中的点画线分别表示 1～5 次谐波曲线，而粗实线则是 1～5 次谐波的合成曲线；图（d）和图（e）分别是 1～10 次和 1～20 次谐波的合成曲线。可以看出，1～5 次谐波的合成曲线已经有了原始方波的模样，1～10 次谐波的合成曲线就已经能够帮助我们识别出原始方波，而 1～20 次谐波的合成曲线能够很好地再现原始方波。

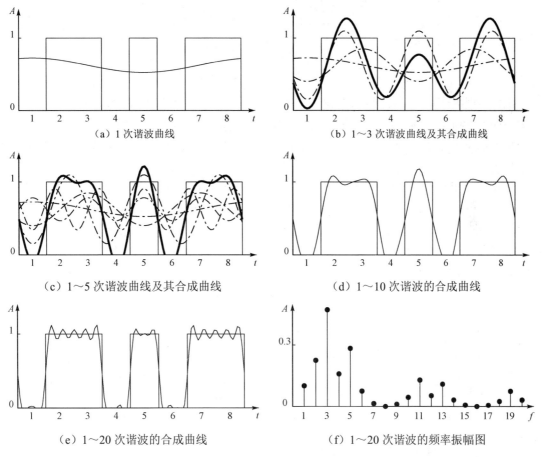

（a）1 次谐波曲线　　　　　　　　　　（b）1～3 次谐波曲线及其合成曲线

（c）1～5 次谐波曲线及其合成曲线　　　　　　（d）1～10 次谐波的合成曲线

（e）1～20 次谐波的合成曲线　　　　　　（f）1～20 次谐波的频率振幅图

图 2-6　傅里叶分析示例

傅里叶分析可以将信号 $s(t)$ 表示为不同频率的正弦波信号的叠加，也就是说，可以使用谐波频率、振幅（和相位）来表示一个信号。例如，字符 k 的信号就可以用图 2-6（f）所示的频率振幅图来表示，这种表示被称为信号的频率域表示，而图 2-5 所示的字符 k 的时间振幅图被称为信号的时间域表示。

信号的频率域表示也称为信号的频谱，而傅里叶分析可以获得信号的频谱，因而也称为谱分析。

2.2.4　奈奎斯特-香农采样定理

前已述及，来自自然界或人类的信号绝大部分是连续变化的模拟信号，而计算机网络中要处理和传输的是数字信号，因此我们需要将模拟信号转换为数字信号，还要考虑这种转换是否不丢失原来模拟信号中的信息。这些正是本节要讲述的内容。

1. 模拟信号到数字信号的转换——采样与量化

要对来自自然界或人类的信号进行信息化处理，首先需要将其数字化，这需要一种将模拟信号转换为数字信号的转换器，即模数转换器（ADC），它包括采样器、量化器和编码器3个组成部分，如图2-7所示。

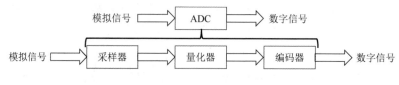

图 2-7　ADC 的组成

采样器根据一定的采样周期 T_s 获取模拟信号在 $0, T_s, 2T_s, \cdots, MT_s$ 等 M 个时间点的值，图2-8为采样图，图中的曲线表示模拟信号，横轴为时间 t，纵轴为信号的振幅 A，图中以 $T_s = 2$ 进行采样，横坐标上面竖向的深色线表示各采样时间点上信号的大小，其顶端用信号曲线上的"*"号表示。

量化器将采样得到的离散样本分成一定的等级，图2-9为量化图，图中以0.3为间隔进行量化分级，以"×"号对应图2-8中每个"*"号采样值的量化值，以折线突出量化结果。可以看出，大部分"×"号与"*"号位置差别很小，说明大部分情况下量化值与对应的采样值很接近，但也有一些样本点，如 $t = 12, 14, 26, 28$ 等，其量化值与采样值有一定的差值，这种由量化带来的差值称为量化误差。

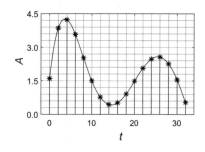 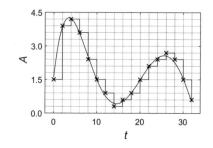

图 2-8　采样图　　　　　　　　　　　　　图 2-9　量化图

编码器用于对量化值进行编码，即以相同位数的二进制整数表示各个量化值。对于图 2-9 所示的情况，信号的量化级在 0.3～4.2 之间，且间隔为 0.3，也就是说总共有 14 个量化级。显然，这种情况选择最多可有 16 个码字的 4 位二进制数对其进行编码是最合理的，这样对应 $t = 0, 4, 14, 26$ 等处量化值分别为 1.5, 4.2, 0.3, 2.7 的样本点的编码值就分别是 0101, 1110, 0001, 1001。

注：这里采用的量化机制是最基本和常用的直接对采样值进行均匀量化分级的机制，实践中还会采用一些高级的量化机制，如差分量化机制就仅对第一个采样值直接量化，后续的采样仅对其与前一采样的差值进行量化。

2. 采样定理

上文述及，在模数转换的采样器中需要选取一个时间间隔 T_s 以便周期性地获取模拟数据在离散时间点上的取值。直观来说，T_s 越小（或采样频率 $f_s = \dfrac{1}{T_s}$ 越高），即采的样本越密集，就越有可能完全地复原原始的信号，然而 f_s 越高，对采样器的要求也就越高，带来的数字数据的量就越大，这给采样器的设计实现、信息存储与传输都带来极大的压力。奈奎斯特-香农采样定理告诉我们，对带宽有限的信号采样时，存在一定的截止频率，只要以不低于该截止频率进行采样，就能实现完全的原始信号重建。

带宽有限的信号包括如图 2-10 所示的低通和带通两种情况，图中的横坐标为频率 f，纵坐标为信号的归一化功率 $P_{out}^{(1)}$。低通情况指的是信号在 0 与某个截止频率 f_{cH} 之间有效，超过 f_{cH} 则无效，带通情况指的是信号在频率 f_{cL} 与 f_{cH} 之间有效，在 $f_{cL} \sim f_{cH}$ 之外则无效。这里的"有效"和"无效"是用 3 分贝（3dB）点来区分的。

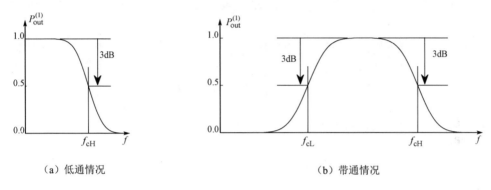

（a）低通情况　　　　　　　　　　　　　　　　（b）带通情况

图 2-10　带宽有限信号的两种情况

分贝（dB）是用来度量两个相同单位的数值比例的单位。如果一个功率放大系统的输入功率、输出功率分别是 P_{in} 和 P_{out}，则该系统以分贝表示的功率增益为

$$G_{dB} = 10 \lg \frac{P_{out}}{P_{in}} \tag{2-6}$$

由于功率 P 是振幅 A 的平方，因而 G_{dB} 还可用振幅计算：

$$G_{dB} = 20 \lg \frac{A_{out}}{A_{in}} \tag{2-7}$$

图 2-10 中以归一化功率 $P_{out}^{(1)}$ 下降 3dB 的值作为截止频率，此截止频率点也就是 $P_{out}^{(1)}$ 的值下降约 50%对应的频率点，因为 $10 \lg \frac{1}{2} \approx -3$，它对应的振幅下降约 70%，因为归一化功率 $P_{out}^{(1)}$ 下降 $\frac{1}{2}$ 就相当于归一化振幅 $A_{out}^{(1)}$ 下降 $\sqrt{\frac{1}{2}} = \frac{\sqrt{2}}{2} \approx 0.7$。

针对图 2-10（a）所示的低通信号，哈利·奈奎斯特（Harry Nyquist）和克劳德·E·香农（Claude E. Shannon）指出了其采样所需的最低频率，即奈奎斯特-香农采样定理。

定理 2-1（低通信号的奈奎斯特-香农采样定理）　　如果一个函数 $x(t)$ 的频谱的最高截止频率为 B Hz，那么它可以由以 $\frac{1}{2B}$ 秒的采样间隔进行的采样完全地重建。

也就是说，对于图 2-10（a）所示的截止频率为 f_{cH} 或带宽为 B 的低通信号，只要以频率 $f_s \geqslant 2f_{cH}$ 即 $f_s \geqslant 2B$ 进行采样，就可以用所采的离散样本对原信号进行完全的重建。

注 1：常将这个重要的 $2B$ 称为奈奎斯特采样率，记为 $f_{Nyquist} = 2B$。

注 2：奈奎斯特-香农采样定理中所说的用来重建原始信号的采样样本指的是原始采样样本，即没有经过量化的采样样本，采样样本经过量化后其重建原始信号的能力就会下降，当然如果量化得足够细致，那么重建能力就会很强。然而，实际的信号总会受到噪声的干扰，不可能无限细致地量化。

奈奎斯特-香农采样定理表明，如果可以将采样样本量化为 L 个量级，那么信号数字化后的二进制位速率就是奈奎斯特位速率：$R_{Nyquist} = 2B \log L$。

低通情况下的奈奎斯特-香农采样定理可以推广到图 2-10（b）所示的带通情况，即有效信号的频率介于一个下限截止频率 f_{cL} 和一个上限截止频率 f_{cH} 之间，此时信号带宽为：$B = f_{cH} - f_{cL}$。

定理 2-2（带通信号的奈奎斯特-香农采样定理） 如果信号是一个带宽为 B 的带通模拟信号，则要使该信号得到完全的重建，采样频率 f_s 必须大于或等于 B 的 2 倍，即 $f_s \geqslant 2B$。

可见，决定带通信号采样频率的是其带宽，而不是其最高截止频率。

注：奈奎斯特-香农采样定理也适用于通信信道，即如果通信信道具有图 2-10（a）、（b）所示的低通或带通频率特征，那么该信道将遵守定理 2-1 和定理 2-2 的结论。

2.2.5 香农-哈特利信道极限定理

根据 2.2.4 节介绍的奈奎斯特-香农采样定理，对于带宽为 B 的信道，如果信号的采样可量化为 L 个级别，则可以获得的传输速率即奈奎斯特位速率为 $R_{Nyquist} = 2B \log L$。然而，该定理没有说明 L 的限度，香农-哈特利信道极限定理就是回答这个问题的。

定理 2-3（香农-哈特利信道极限定理） 加性高斯白噪声信道理论上最紧的信息传输的位速率上界可用下式表示：

$$C = B \log \left(1 + \frac{S}{N} \right) \tag{2-8}$$

式中　　C ——以 bit/s 为单位的信道速率，它是不包括纠错码的纯粹信道速率的理论上界；

　　　　B ——以 Hz 表示的信道带宽，在带通信号中它就是通频带宽度；

　　　　S ——接收端收到的整个带宽范围内的以 W 为单位的平均信号能量；

　　　　N ——整个带宽范围内的以 W 为单位的平均噪声能量；

　　　　S/N ——信噪比 SNR，注意它是数值比，而不是分贝数。

将香农-哈特利信道极限定理表达式与奈奎斯特位速率计算公式相比较可以看出，奈奎斯特位速率中 L 的理论最紧上界值为：$L_{max} = \sqrt{1 + \frac{S}{N}}$。

实践中，多数情况下 $S \gg N$，这时式（2-8）就简化为

$$C \approx B \log \frac{S}{N} = B \log 10 \lg \frac{S}{N} \approx 3.32 B \lg \frac{S}{N} = 0.332 B \cdot SNR_{dB}$$

式中　　SNR_{dB} ——以分贝数表示的信噪比。

注：香农-哈特利信道极限定理给出了信道所能达到的最高传输速率，然而它并未给出达到这个极限速率的方法，后面我们会学习到，人们想尽了各种可能的方法来实现这个极限速率。

2.3 传输媒体与线路编码

计算机网络中的通信都借用了某种形式的电磁信号，承载电磁信号的物质称为传输媒体，本节就对常用传输媒体的形态、特性和分类进行介绍。而信息要以电磁信号的形式传输，就存在同步、差错处理及降低直流分量等问题，线路编码是解决此类问题的良好机制，本节也将介绍基础的线路编码。

2.3.1 传输媒体

承载电磁信号的传输媒体具有如图 2-11 所示的分类体系。可以看出，传输媒体首先被分成导向型和非导向型两大类，导向型传输媒体指的是让信号沿着某种固体介质构成的线路传播的媒体，而非导向型传输媒体则指的是使用某种天线向自由空间中发射信号从而实现传输的媒体。

注 1：非导向型传输媒体也称为无线型传输媒体，这是一个与"无线电"相区别的术语。

注 2：由于计算机网络中极少使用红外线，因此本书将不对红外线媒体展开介绍。

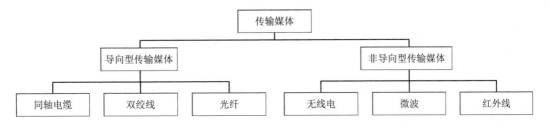

图 2-11 传输媒体的分类

1. 导向型传输媒体

导向型传输媒体主要包括同轴电缆、双绞线和光纤 3 种类型。

1）同轴电缆

同轴电缆由圆形截面的内芯导体、电介质（绝缘体）和筒状导电屏蔽层（包括铝箔屏蔽层和金属编织的屏蔽网）及塑料保护套构成，如图 2-12（a）所示。内芯导体和屏蔽层的材质通常是金属铜或铝，它们之间是柱状的电介质（绝缘体），材质通常是固态聚乙烯或聚四氟乙烯。屏蔽层外通常是一层塑料保护套。同轴电缆通常在电介质（绝缘体）和金属编织的屏蔽网之间增加一个铝箔屏蔽层，以增强屏蔽效果。同轴电缆需要用图 2-12（b）、（c）所示的接插件实现电缆间或电缆到设备的连接。

表 2-3 示出了典型的同轴电缆类型及其参数。早期的粗缆和细缆以太网分别使用 RG-8/U 和 RG-58/U 型同轴电缆，而传统有线电视则使用 RG-59/U 型同轴电缆，早期的 PC 机到 VGA 显示器的连接曾使用 RG-179/U 型电缆。

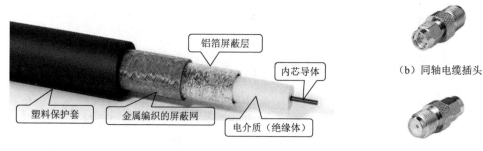

（a）同轴电缆的分层示意图

（b）同轴电缆插头

（c）同轴电缆插座

图 2-12　同轴电缆及其接插件[3][4]

表 2-3　典型的同轴电缆类型及其参数[5]

类型	阻抗（Ω）	内芯直径（mm）	电介质			外径（mm）	典型应用
			类型	速度因子（VF）④	直径（mm）		
RG-8/U	50	2.17	PE②	0.66	7.2	10.3	粗缆以太网（10BASE5）
RG-58/U	50	0.81	PE	0.66	2.9	5.0	细缆以太网（10BASE2）
RG-59/U	75	0.64	PE	0.66	3.7	6.1	有线电视（CATV）
RG-179/U	75	0.31（7×0.1）①	PTFE③	0.67	1.6	2.5	RGB VGAHV 线缆⑤

① 内芯由 7 条直径为 0.1mm 的细芯组成。

② 固态聚乙烯材料。

③ 聚四氟乙烯材料。

④ 电磁波在介质中的传播速度与在真空中传播速度的比值。

⑤ 早期 PC 机到 VGA 显示器的连接线。

随着双绞线和光纤的普及，同轴电缆在计算机网络中的应用越来越少了。

2）双绞线

双绞线是将构成回路的两条导线均匀地绞合到一起形成的，这种绞合能够改善电磁兼容性，因为它既能降低同一对导线上的电磁辐射，又能降低同一条电缆中不同对导线上电磁波间的串扰。图 2-13 所示为典型的双绞线。

注：双绞线是由杰出的发明家、科学家和工程师亚历山大·格雷厄姆·贝尔（Alexander Graham Bell，1847—1922）发明的，他是电话的发明人，是著名的美国电话电报公司（American Telephone and Telegraph Company，AT&T）的创始人之一，也是著名的贝尔实验室（Bell Labs，已经于 2016 年被诺基亚收购，称为诺基亚贝尔实验室，Nokia Bell Labs）的奠基人。

从图 2-13 可以看出，典型的双绞线电缆中含有 4 对双绞线。每一对双绞线分别用蓝、绿、橘、棕四种不同颜色的绝缘塑料外套来区分，同一对双绞线中两条导线分别用上述纯彩色和彩色与白色相间的绝缘塑料外套来区分。图 2-13 还示出了各对双绞线的编号和颜色。不同双绞线对间的串扰是通过不同的绞合周期来避免的，表 2-4 示出了典型双绞线的绞合长度和绞合周期。

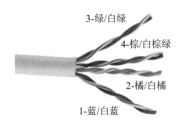

3-绿/白绿

4-棕/白棕绿

2-橘/白橘

1-蓝/白蓝

图 2-13　典型的双绞线[6]

表 2-4　典型双绞线的绞合长度和绞合周期[7]

线对编号	线对颜色	绞合长度（cm）	绞合周期（个数/m）
1	蓝/白蓝	1.38	72
2	橘/白橘	1.78	56
3	绿/白绿	1.53	65
4	棕/白棕绿	1.94	52

双绞线为以太网不断的发展提供了重要的传输媒体支持，表 2-5 示出了双绞线的常见类别及其典型构造和带宽及应用。可以看出，双绞线类别的不断提升带来了对更大带宽的支持，也就提供了对更高传输速率网络标准的支持。双绞线价格低廉，且能在不改变网络拓扑结构的情况下实现速率的提升。这些特点使双绞线支持的以太网能以较小的代价实现升级换代，因而是以太网不断发展和普及的重要支持因素。

表 2-5　双绞线的常见类别及其典型构造和带宽及应用[8]

类别	典型构造	带宽（MHz）	应用
3 类（Cat 3）	UTP	16	10BASE-T、传统电话
5 类（Cat 5）	UTP	100	100BASE-TX、1000BASE-T
超 5 类（Cat 5e）	UTP、F/UTP、U/FTP	100	1000BASE-T、2.5GBASE-T
6 类（Cat 6）	UTP、F/UTP、U/FTP	250	5GBASE-T、10GBASE-T
6A 类（Cat 6A）	UTP、F/UTP、U/FTP、S/FTP	500	5GBASE-T、10GBASE-T

表 2-5 中"典型构造"列中的 UTP 指的是无屏蔽双绞线，F 和 S 分别表示铝箔（foil）和屏蔽（shielded）。F/UTP 指的是整条双绞线电缆有铝箔屏蔽层的情况，U/FTP 指的是双绞线电缆中每对双绞线有铝箔屏蔽层的情况，而 S/FTP 则指的是双绞线电缆中每对双绞线有铝箔屏蔽层且整条电缆有金属编织的屏蔽网的情况。

3）光纤

光纤是光导纤维的简称，它是一种柔软透明的可以导引光的纤维，是通过将石英玻璃或塑料拉成比头发丝粗一点的细丝制成的。它的高带宽、低损耗、体积小、质量轻、制作材料丰富和不受电磁干扰等一系列远优于传统铜铝金属导线的优点，使得它迅速地成为主流的通信媒体。下面我们从 4 个方面对光纤进行介绍，即其用于通信的理论基础、基本类型、适用的波长和物理结构。

（1）光纤通信的理论基础。

根据光的折射性质，当光线从折射率较高的光密介质射向折射率较低的光疏介质时折射角会大于入射角，如图 2-14（a）所示。这样，当入射角大到一定程度时折射角就会变成 90°，这时的入射角被称为临界角，如图 2-14（b）所示。当入射角大于临界角时，光线就会发生全反射，即不会有光能量进入光疏介质，如图 2-14（c）所示。假设光密介质完全由光疏介质包围，且它们之间的界面是笔直的，则全反射后的光线会继续以相同的入射角射向另一侧的光密/光疏界面，这时就会再次发生全反射，这样光线就会一直被限制在光密介质中传播，不会因为折射而丢失能量，如图 2-14（d）所示。光纤的这一全反射特性为它应用于信息通信奠定了基础。

注 1：从理论和实践上证明光纤通信可行的是华人物理学家高锟，他在 20 世纪 60 年代的研究工作表明，光纤中的能量损耗是由光纤介质中的杂质造成的，高纯度石英玻璃光纤中的光损耗可以达到 20dB/km，而当时人们普遍认为物理因素决定了石英玻璃光纤中的光损耗不会低于 1000dB/km，也就是说如此高的损耗是不可避免的，因而无法用于实际的通信。高锟通过实践证明了他的理论成果的正确性，也推动了世界范围内研发高纯度光纤的工程实践，并最终使得光纤成为信息通信的革命性技术，也为今天无所不在的互联网通信奠定了基础。高锟因为他的这一卓越成就荣膺了 2009 年的诺贝尔物理学奖，他还被誉为"宽带之父"、"光纤之父"和"光通信之父"[9]。

注 2：由光纤技术带来的纤维光学内窥镜技术已经成为现代医学的重要支撑技术之一，已经广泛地应用于疾病诊断和手术治疗，成为保障人类健康的一种重要手段。

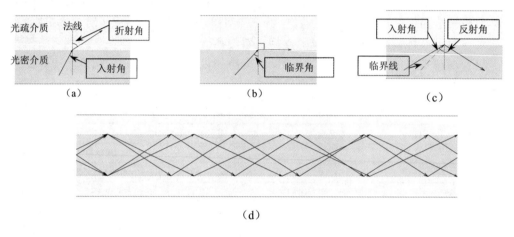

图 2-14　光的全反射原理

（2）光纤的基本类型。

当光纤的纤芯直径大于 10μm 时，它就使得多个不同角度的入射光线在其中传播，这种光纤被称为多模光纤（MMF），光在其中的传播如图 2-14（d）和图 2-15（a）、（b）所示。

显然，多模光纤中不同入射角度的光到达接收方时经过的光程不同，所花费的时间就不同，这称为光的色散，色散会导致接收到的光脉冲发生变形，因而会影响传输距离。

图 2-15（a）、（b）示出多模光纤的两种类型，即阶跃指数型和渐变指数型。前者指的是纤芯的折射率均匀分布的情况，后者指的是纤芯的折射率从中心到边缘逐渐减小的情况。从图 2-15（b）中可以看出，渐变指数型多模光纤纤芯更细一些，单位距离上的色散更小一些，也就有更长一些的传输距离，当然它的造价也稍高一些。

总的来说，多模光纤生产工艺相对简单，对光源和接收器的要求相对较低，因而造价较为低廉，在很多短距离通信中得到了广泛的应用。

当光纤的纤芯直径小到 10μm 时，传入它的光线几乎都平行于纤芯中心线，这种光纤被称为单模光纤（SMF），如图 2-15（c）所示。显然，单模光纤比多模光纤有更高的传输速率和更长的传输距离。然而，单模光纤细小的纤芯需要更精密的生产工艺和更高的纯度，以及更精密的光源和接收器，因而造价也比多模光纤高得多。它更多地用于骨干通信线路。

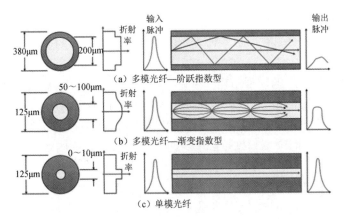

图 2-15　光纤的基本类型[10]

（3）光纤适用的波长。

适合在光纤中传输的光波是红外线波段的光波，根据可用光源、发送器、介质吸收及检测器等因素，常将红外线波段划分为如表 2-6 所示的 6 个波段。

表 2-6　红外线波段划分[11]

波段	描述	波长范围（nm）	波段	描述	波长范围（nm）
O	原始波段	1260～1360	C	常规波段	1530～1565
E	扩展波段	1360～1460	L	长波长波段	1565～1625
S	短波长波段	1460～1530	U	超长波长波段	1625～1675

注：C 波段是长距离网络通信的主要波段，S 和 L 波段上的相关技术尚不够成熟，因而尚不及 C 波段应用广泛。

光的全反射原理决定了光在传输时不会因从纤芯向包层中折射而衰减，然而光在纤芯中传输时依然会有衰减，这主要来自散射和水汽吸收。对玻璃光纤来说，这两种衰减与波长的关系如图 2-16 所示[12]，由此图可以看出，玻璃光纤中衰减较小的波长是 850nm、1300nm 和 1550nm。而幸运的是，人们发现在这三个波长上都可制出相应的激光与 LED 发射器和接收器。

根据光在上述玻璃光纤中的衰减特性，再结合塑料光纤的特征，可以对光纤的类型进行进一步的细分，如表 2-7 所示[12]。其中塑料材质的光纤通常用来制作阶跃指数型光纤，其纤芯和包层的典型直径分别为 200μm 和 380μm，适用的波长有 650nm 和 850nm。而玻璃材质的光纤可用来制作渐变指数型多模光纤和单模光纤，其中多模光纤的典型物理尺寸为 62.5μm/125μm，适用的波长为 850nm 和 1300nm，而单模光纤的典型物理尺寸为 9μm/125μm，适用的波长为 1310nm 和 1490～1625nm，其中的 1300nm 和 1310nm 分别对应 LED 和激光光源。

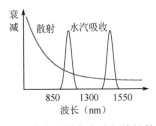

图 2-16　玻璃光纤中衰减与波长的关系

表 2-7　典型光纤的类型

类型	多模光纤		单模光纤
材质	塑料	玻璃	玻璃
折射率	阶跃指数	渐变指数	—
典型物理尺寸	200μm/380μm	62.5μm/125μm	9μm/125μm
适用波长	650nm	850nm	1310nm
	850nm	1300nm	1490～1625nm

（4）光纤的物理结构。

光纤本身是一种很脆的细丝，易于折断和因拉伸而变形甚至断裂，因此工程上需要附以缓冲材料和抗拉保护材料。

图 2-17 所示为单模光纤的物理结构，可以看出它共有 4 层：最内层是传导光的高折射率纤芯，其典型直径为 8～10μm；次内层为保证全反射的低折射率包层，其典型直径为 125μm；再向外是缓冲层，该层用来防止包层被磨损或产生尖锐性弯折，其典型直径为 250μm；最外层是保护套，它具有一定的硬度和抗拉强度，可防止纤芯和包层因拉伸和弯折而受到破坏，其典型直径为 900μm。

尽管单条光纤的缓冲层和保护套对光纤起到了一定的保护作用，但这个层次上的保护仅适合短距离铺设，长距离的干线需要有更强的保护结构，这是通过将多条光纤构造为一条光缆来实现的，图 2-18 给出了 GYTA 型光缆的物理结构（实际上一条光缆可能会包括数十甚至数百条光纤）。其中的光纤具有类似图 2-17 所示的四层结构，但其最外两层可能会薄一些。光缆通过增加额外的填充物来实现进一步的缓冲，通过增加金属性质的复合带和外护套实现进一步的防电击穿及防折保护，通过增加加强芯来增强抗拉强度。

注：GYTA 为一种光缆类型，关于其解释可参阅文献[13]。

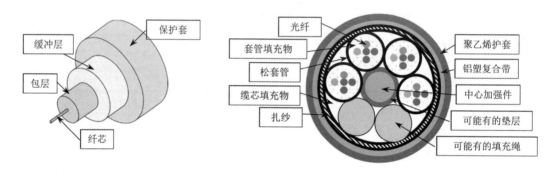

图 2-17　单模光纤的物理结构[14]　　　　图 2-18　GYTA 型光缆的物理结构[15]

2. 非导向型传输媒体

下面对非导向型传输媒体中的无线电和微波在计算机网络中的应用从物理层的角度进行扼要介绍。

1）无线电

从图 2-4 所示的电磁波谱中可以看出，广义的无线电频段包括了 GHz 微波以下的所有频率，在本节中我们将它限定为计算机网络的无线局域网（WLAN，即 Wi-Fi）和蓝牙（bluetooth）技术中使用的频段范围。

（1）WLAN 中使用的无线电频段。

WLAN 是由 IEEE 802.11 标准系列制定的无线局域网，它已经被广泛地应用于小型办公区域或家庭，它通过一个无线接入点（AP）接入有线的基础网络并由此连接到因特网。它使笔记本电脑等计算设备可以通过无线访问本地网络中的资源，也能使打印机等设备成为本地网络上的共享设备，当然它也允许笔记本电脑、智能手机及平板电脑等设备以无线方式接入因特网。

WLAN 也常称为 Wi-Fi，Wi-Fi 联盟这一非营利组织对通过测试的 WLAN 产品进行认证，这些测试包括无线电信号和数据格式的互操作性、安全协议、服务质量和管理协议等测试，通过测试的产品将获得 Wi-Fi 合格证书，这样就可以在产品上使用"Wi-Fi 认证"标识，以便赢得消费者的信任。

餐馆、咖啡吧、旅馆、图书馆、机场等可以在其 WLAN 中的路由设备上配置热点服务，以便为其顾客的便携无线设备提供因特网接入服务。

IEEE 802.11b/g/n 使用全球免许可的 2.4GHz 工业、科学和医疗（ISM）公用频段，而 IEEE 802.11a/h/j/n/ac/ax 则使用 5GHz 的 ISM 频段。它们将这些频段再进一步地划分为多个 5MHz 带宽的频道，每个频道以其中心频率进行编号。发射器以 5MHz 频段为基本的信号载体，在 2.4GHz 频段上，IEEE 802.11 标准允许发射器将 4 个频道捆绑到一起，形成 20MHz 的信号载体以实现 4 倍的传输速率。而在 5GHz 上，IEEE 802.11 标准不仅允许 20MHz 的带宽捆绑，还允许 40MHz、80MHz 甚至 160MHz 的带宽捆绑，以实现更高的传输速率和吞吐量。

注：实际上，IEEE 802.11 标准允许 Wi-Fi 使用一些频带进行无线通信，这包括：900 MHz、2.4 GHz、3.6 GHz、4.9 GHz、5 GHz、5.9 GHz、6 GHz 和 60 GHz[16]。我们介绍的 2.4GHz 和 5GHz 的 ISM 频段是全球普遍应用的 ISM 免许可频段。

WLAN 的无线信号覆盖范围通常在几十米以内，这也是它们使用 ISM 频段的必要条件。这些无线电波段中的电磁波以视线传播工作，常见的阻挡物如墙壁、柱子、家用物件等都会缩小其传播范围。5GHz 频段较 2.4GHz 频段有较大的传输速率，但该频段的电磁波更易被建筑材料吸收，因而会有更小的覆盖范围。此外，2.4 GHz 频段还会受到微波炉、无绳电话、USB 3.0 集线器及蓝牙等设备的干扰，因为这些设备也都工作在该频段上。

注：视线传播（line-of-sight propagation）指的是电磁波沿直线传播的情形。

（2）蓝牙中使用的无线电频段。

蓝牙是一种轻量级的无线技术，它的目标是为口袋级设备及其应用提供无线网络服务，这些设备或应用属于无线个人网络（WPAN）的范畴。它与 Wi-Fi 具有互补的特点，Wi-Fi 允许较具计算能力的设备和功能具有一定丰富度的应用通过无线访问本地网络和互联网，而蓝牙则为一些需要少量通信且功能简单的设备和应用提供无线服务。例如，将蓝牙耳机连接到笔记本电脑、手机或电视等。

蓝牙也使用 ISM 的 2.4GHz 频段工作，但使用跳频扩频技术（FHSS）将频带划分为 79 个频道，每个频道仅有 1MHz 的带宽。蓝牙设备的发射功率不超过 2.5mW，传输距离在 10m 范围内。

IEEE 曾经以标准号 IEEE 802.15.1 为蓝牙制定过标准，但现在 IEEE 已经不再维护该标准。目前，蓝牙标准由蓝牙特别兴趣小组（SIG）掌控，SIG 组织蓝牙标准的研发和规范制定，并进行蓝牙设备和应用生产资格的管理及蓝牙商标的保护。

2）卫星微波

微波一般指的是频率在 300MHz 到 300GHz 之间宽广频段的电磁波，其波长范围为 1mm～1m。该频段的电磁波沿视线传播，其中的高频段易被大气吸收。

微波以地面微波和卫星微波两种形式在网络通信中应用。鉴于地面微波的应用已经越来越少，这里主要介绍卫星微波尤其是地球同步轨道（GEO）卫星微波的应用。

地球同步轨道指的是在地球赤道上空约 35786km 处的圆形轨道，根据牛顿万有引力定律，在该轨道上的物体将具有与地球自转相同的角速度，因而相对于地面是静止的。这一特点使得我们可以发射人造地球卫星到该轨道上，利用其相对于地面静止的特点，以其为中继站实现远距离通信。具体地说，就是地面上某个位置的发射器将信息发送到 GEO 卫星上，卫星再将信息转发到地球的其他地方。

注：GEO 卫星通信是由英国科幻作家亚瑟·查尔斯·克拉克（Arthur Charles Clarke）于 1945 年提出的，第一个 GEO 卫星 Syncom 3 是由美国人于 1964 年 8 月 19 日发射成功的。

图 2-19（a）示出了 GEO 卫星在地球上的理论覆盖区域，它是由 A 到 B 的弧所确定的地球表面部分，该部分的大小可由地心角 β 计算得出：$\beta = \arccos \dfrac{R}{R+H} \approx 81°$。

注：地球半径 R 取值为 6371km。

可见，理论上一个 GEO 卫星能够覆盖圆心张角（简称覆盖角）大约为162°的地球表面。然而，在实践中，地面上向 GEO 卫星发射信号的装置或接收其信号的装置需要具有5°～20°的仰角 θ，以减少其在大气中的穿越距离从而减少大气的吸收，并避开可能的建筑物或树木，如图 2-19（b）所示。鉴于此，实践中一颗通信卫星的覆盖角取120°，因而最少需要使用 3 颗 GEO 卫星才能实现地球表面的全覆盖，如图 2-19（c）所示。即如果一个 S1 覆盖区域内的发送站要将信息发送到 S2 或 S3 覆盖区域内的接收站，则它需要先将信息发送给 S1，再由 S1 发送给 S2 或 S3，最后由 S2 或 S3 发送给所覆盖地面上的接收站。

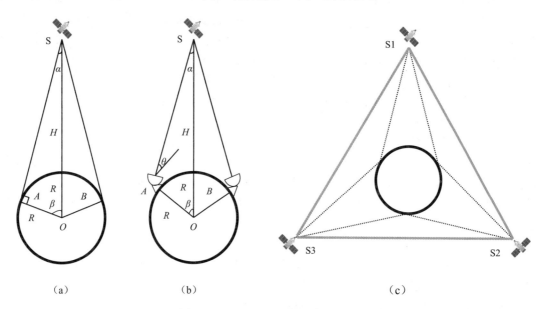

（a）　　　　　　（b）　　　　　　　　　（c）

图 2-19　GEO 卫星通信示意图[17][18]

为避免 GEO 卫星间的相互干扰，要求相邻卫星间的间隔不能小于2°，因而在 GEO 上最多可以放置 180 颗卫星。受地球、月亮等引力的影响，GEO 卫星会慢慢脱离轨道而向地球方向偏移，因此其上需要有一定的动力装置，以便每隔一段时间将其推回准确的 GEO，受这些动力装置及其他元器件允许工作时间的限制，GEO 卫星的寿命一般为 10～15 年。

GEO 卫星通信是一种时延较大的通信，从地面上的发送站到接收站的最短时延就是电磁波经历 $2H$ 所花费的时间，大约是 240ms，考虑到大部分发送站与接收站间的距离都会大于 $2H$，再考虑到卫星转发耗费的时间，这个时延估计在 250ms～300ms 之间，一般取 270ms。如果要通过 GEO 进行通话，则从一方发出语音到收到另一方传回的语音需要经历上述时延的

2 倍，即至少有 0.5s 的时延。

　　GEO 卫星通信需要方向性好、能够穿过电离层且不易被大气吸收的电磁波，故 GEO 卫星通信常采用微波中的 X、Ku 和 Ka 频段，其频率范围如表 2-8 所示，每个频段又分为下行和上行两个子频段。由于频率越高，衰减越大，因此常将上行频段分配较高的频率，因为这样可以通过加大地面发送站的功率来减小衰减，同时适当降低卫星的发射功率以延长其寿命。

表 2-8　GEO 卫星所用频段的频率范围

频段	X		Ku		Ka	
	下行	上行	下行	上行	下行	上行
频率范围（GHz）	7.250～7.745	7.900～8.395	11.700～12.200	14.000～14.500	17.700～21.200	27.500～31.000

2.3.2　线路编码

　　物理层的主要任务是传输数据链路层递交的比特流，即将比特流转换为传输媒体上的电磁信号。然而，传输媒体自身的物理学性质使得大部分时候不能直接将比特流转变为电磁信号，而要使用线路编码将其转换为适合传输媒体的形式。

　　所谓线路编码，就是在发送器上将二进制的发送数据转换为基带数字信号，该信号为发送数据在传输媒体上的表示。图 2-20 示出了位串 1000100111 基本的线路编码。下面我们对这些线路编码进行扼要说明。

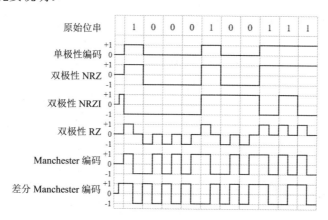

图 2-20　基本的线路编码

1. 单极性编码

　　单极性编码是单极性不归零编码（NRZ）的简称。在该编码中，数字 1 用非 0 电平表示（通常取正值），数字 0 则用 0 电平表示，因而是一种最直观的线路编码。其优点是实现简单，需要较低的带宽。但其两个严重的缺点是相当大的直流（DC）分量和不具有自同步机制，这使其仅能应用于简单场合，计算机网络中不会采用这种编码。

　　注：信号的直流分量将造成通信媒体发热从而缩短传输距离和媒体寿命，甚至会引发事故，且如果传输设备中含有交流（AC）耦合电路，则直流分量也将会被滤除，因而是通信中需要极力避免的。

2．双极性不归零编码（NRZ）

双极性指的是使用正、负电平分别表示数字 1 和 0 的情况（也可用正电平表示 0，用负电平表示 1），而不归零则指的是不回到零电平。双极性不归零编码的优点是实现简单，需要较低的带宽。缺点是：信号不是直流平衡的，当二进制串中的 1 和 0 的个数有一定差别时，信号会有一定的直流分量；没有自同步机制，当出现一长串的 0 或 1 时，接收方会遇到判别位边界的困难；当出现一长串的 0 或 1 时，会出现基线漂移问题，从而影响正、负电平判断的准确性。

注：通信的接收方通常以收到信号的平均能量作为基准，来判定高电平和低电平，当双极性不归零编码的信号中出现一长串的 0 或 1 时，平均能量值就会出现偏差，这种偏差称为基线漂移。

3．双极性翻转式不归零编码（NRZI）

双极性翻转式不归零编码也使用正、负两种电平信号，但它用保持此前电平表示 0，用跳转表示 1，图 2-20 中的"双极性 NRZI"给出了有代表性的示意图。双极性 NRZI 除了具备双极性 NRZ 的优点，还对其三个缺点均进行了改善。这是因为双极性 NRZI 每个 1 位都有跳转，只有连续的 0 位才会产生连续的高电平或低电平。

4．双极性归零编码（RZ）

双极性归零编码也用正、负两种电平信号分别表示 1 和 0（或反之），但它仅在每个位时间的前半段将信号置正电平或负电平，而在后半段则将信号置为 0 电平，即它使用了 3 个电平信号。该编码的优点是功率耗费相对较少，直流分量大幅降低，位中心的跳变带来同步收益。其缺点是实现相对复杂、不能完全消除直流分量及带宽需求翻倍。

5．曼彻斯特（Manchester）编码

曼彻斯特编码是由 G.E.托马斯（G. E. Thomas）于 1949 年在曼彻斯特大学提出的，是他为 Manchester Mark I 计算机向存储器读写数据设计的一种编码。该编码是一种双极性编码，使用位中心的跳变表示 1 和 0，具体地说用从高到低的跳变表示 1，用从低到高的跳变表示 0，这也被称为曼彻斯特编码的 G.E.托马斯规范。后来，IEEE 在其传统以太网的 IEEE 802.3 标准中采用了相反的规范，即用从低到高的跳变表示 1，用从高到低的跳变表示 0，这也被称为曼彻斯特编码的 IEEE 规范。

曼彻斯特编码具有非常突出的优点，首先，它完全实现了信号的直流平衡性，因为每个位都有一半的时间为正电平，一半的时间为负电平；其次，它具有非常好的自同步性质，因为每个位中心都有跳变；最后，它实现起来也不复杂，只要使用二进制位与时钟信号进行异或运算即可。

曼彻斯特编码的最大缺点是要使用比双极性不归零编码多出一倍的带宽，此外，它还存在着一定的隐患，即当传输过程中发生跳变时，接收方会出现数据翻转即 1 识别为 0、0 识别为 1 的问题。

6．差分曼彻斯特编码

差分曼彻斯特编码是对曼彻斯特编码的改进，即它在位中心始终有跳变，而位起始有跳变表示 1，无跳变表示 0，或反之，即位起始有跳变表示 0、无跳变表示 1。

显然，差分曼彻斯特编码具有曼彻斯特编码的所有优点和使用翻倍带宽的突出缺点，然而，它克服了曼彻斯特编码在跳变时出现的接收方数据翻转的缺点。

⇨ 2.4 调制技术

本节先扼要介绍基带传输与频带传输的基本概念，然后介绍频带传输中的调制技术，重点讨论数字调制中常用的幅移键控（ASK）、频移键控（FSK）、相移键控（PSK）和正交振幅调制（QAM）技术。

2.4.1 基带传输与频带传输

直接采自自然界或人类活动的信号如声音、风力、温度、视频等，其频谱一般在 0 到某个截止频率之间，这样的信号被称为模拟基带信号。这些信号经过采样和量化的数字化过程后被转换为数字信号，这些数字信号的频带依然是从 0 开始的低通频带，这些数字信号被称为数字基带信号。计算机网络中的物理层要传输的比特流就属于数字基带信号。

直接将数字基带信号发送到信道上进行传输的方式称为数字基带传输。尽管也存在模拟基带传输，但在计算机网络中我们主要讨论数字基带传输（有时为避免烦琐也简称基带传输）。图 2-21 示出了数字基带传输的基本模型。数字基带传输的过程是：在发送端，比特流经过线路编码后由发送器转化为信号发送到信道上，信号在信道上传输时可能会有噪声增加、能量衰减或波形变形；在接收端，接收器收下信号后交由采样判决器，如果其中含有同步机制，则提取同步信号，采样判决器根据同步信号或内部时钟决定一个位的长度，再根据信号的幅值或功率恢复原始信号，此后由解码器从线路编码中恢复出比特流。

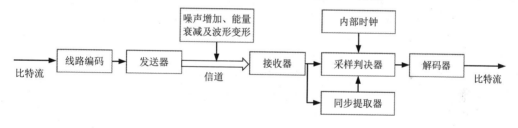

图 2-21 数字基带传输的基本模型

基带传输的优点是实现简单，主要用在短距离通信或局域网中。然而，基带传输有其固有的弊端，主要是其传输距离不会很远，带宽较低，不能多路复用。

频带传输（又称带通传输或宽带传输）是人类通信历史上革命性的技术。它将高频率的电磁波用作携带信息的载波，在发送端通过调制将信号化的信息搬移到高频载波上，信息被载波携带通过信道传输到接收端，接收端通过解调将信息从载波上取下。频带传输也分为模拟频带传输和数字频带传输，我们主要讨论数字频带传输（有时为避免烦琐也简称频带传输）。图 2-22 示出了数字频带传输的基本模型。可以看出，与图 2-21 相比，这里将发送器和接收器分别替换为调制器和解调器。调制器和解调器远比发送器和接收器复杂。实践中，通信是双工的，因而调制器和解调器通常合并为一个设备，称为调制解调器（modem）。其中调制就是将编码后的基带信号加载到载波上，而解调则是从载波上卸下基带信号。

频带传输有一系列的优点，如可以远距离传播，可以充分利用高频电磁波乃至光波巨大的信道容量实现多路并行、高速的信息传输等，因而广泛地应用于远距离和无线传输。频带传输在机制和实现上较为复杂，因而不适合短距离通信或局域网。

注：即使来自信源的原始信号为带通信号，通常也不会直接对其进行频带传输（因为它的频带一般不是理想的传输可用频带），而是先将其搬移为基带信号，再根据传输环境决定是以基带还是以频带传输。

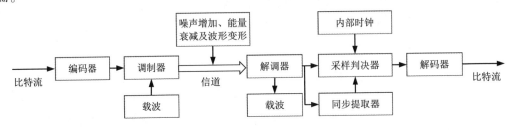

图 2-22 数字频带传输的基本模型

2.4.2 频带传输中的调制技术

电磁波的基本数学形式是：$y = A\sin(2\pi ft + \varphi)$，它有 3 个参量，即振幅 A、频率 f 和相位 φ。如果让这 3 个参量中的某一个或多个跟随信号而变化，就能实现载波传输。下面，我们分模拟和数字两种情况介绍载波传输也就是调制技术的基本机制。

1. 模拟调制技术

对于给定的基带模拟信号 $s(t)$，我们有如下的振幅调制（简称调幅，AM）、频率调制（简称调频，FM）和相位调制（简称调相，PM）3 种模拟调制技术。

调幅技术指的是让振幅跟随信号而变化，即 $z = s(t)\sin(2\pi ft + \varphi)$。

调频技术指的是让频率跟随信号而变化，即 $z = A\sin(2\pi(f_c + s(t))t + \varphi)$。

调相技术指的是让相位跟随信号而变化，即 $z = A\sin(2\pi ft + s(t))$。

注：实际的调制一般不会把原始的信源信号直接加载到载波上，而是要经过滤波、归一化、平衡化等处理后再行加载。

2. 数字调制技术

对于给定的数字信号 $d(t)$，我们可以有如下的振幅偏移键控法（简称幅移键控，ASK）、频率偏移键控法（简称频移键控，FSK）、相位偏移键控法（简称相移键控，PSK）和正交振幅调制（QAM）4 种数字调制技术。

1）幅移键控（ASK）、频移键控（FSK）和相移键控（PSK）

针对 ASK、FSK 和 PSK，也可以像模拟调制技术那样写出 3 个载波的正弦函数，在此我们就不重复了。但我们以如图 2-23 所示的形式更形象地说明这 3 种调制技术。从图 2-23 中可以看出，ASK 设置了 4 个不同的振幅分别用来表示 4 个 2 位数的数字，FSK 用单位时间内 1 个、2 个、3 个和 4 个波形分别表示 4 个 2 位数的数字，而 PSK 用 0°、90°、180° 和 270° 四个不同的相位分别表示 4 个 2 位数的数字。

注 1：ASK 通常不取 0 振幅表示某个数字。

注 2：为了演示 FSK，设置了单位时间内 1~4 个波形来表示数字，实际的情况中要在某个很高的中心频率 f_c 附近做微小的 Δf 的变化来表示数字。

注 3：由图 2-23 可以看出，一个基本的波形可能会携带多个二进制位，这引出了"码元"的概念。在数字通信中常用时间间隔相同的符号来表示一个二进制数字，这样的时间间隔内的信号称为码元。码元的传输速率又称为码元速率或传码率。其定义为每秒传送码元的数目，单位为波特，因而又常称为波特率，常用符号 Baud 表示，简写为 B。如果一个码元有 k 种可能的状态，则它可以携带 $\log k$ 个二进制位。此时，若码元的波特率为 mB，则其传输速率便是 $R = m \log k$ (bit/s)。

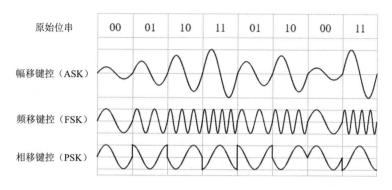

图 2-23　幅移键控、频移键控和相移键控示意图

2）正交振幅调制（QAM）

QAM 对两个正交的即相位差为 90° 的同频率电磁波分别进行 ASK 调制，然后将它们叠加发送到信道中。这样，若每个波可以携带 n 位二进制数字即有 2^n 个振幅状态，则调制后的波形就有 2^{2n} 个振幅状态，因而能携带 $2n$ 位二进制数字。由于两个波是正交的，接收端使用相干检测（coherent detection）方法可以很容易地将它们分离开，这就使得 QAM 的实现变得比较简单。

根据总的振幅状态数，QAM 可以分为 4-QAM、16-QAM、64-QAM 和 256-QAM 等，人们也给出了 32-QAM 和 128-QAM 的调制方法。

注：QAM 不仅能用于数字调制，还能用于模拟调制，本书仅讲述它用于数字调制。

正交振幅调制也可看成振幅和相位的联合调制，下面的数学推导就证实了这一结论。QAM 中正交的两个波形可以分别看成一个 0 相位的正弦波和一个 0 相位的余弦波，前者可称为零相（in-phase）波，简称 I-波，后者可称为正交（quadrature）波，简称 Q-波，我们将两者分别表示为 $i(t)\sin(2\pi ft)$ 和 $q(t)\cos(2\pi ft)$，那么它们的叠加便是：

$$y(t) = i(t)\sin(2\pi ft) + q(t)\cos(2\pi ft) = A(t)\sin(2\pi ft + \varphi(t))$$

其中，

$$A(t) = \sqrt{i(t)^2 + q(t)^2} \qquad (2\text{-}9)$$
$$\varphi(t) = \text{atan2}(q(t), i(t))$$

注：反正切函数 $\arctan(x)$ 或 $\tan^{-1}(x)$ 的值域仅为 $\left(-\dfrac{\pi}{2}, \dfrac{\pi}{2}\right)$，$\text{atan2}(y, x)$ 通过用两个参数求正切将值域扩大到满周期的 $(-\pi, \pi]$，这使得它更为有用。

式（2-9）说明，QAM 也可以看成一种以振幅 $A(t) = \sqrt{i(t)^2 + q(t)^2}$ 和相位 $\varphi(t) = \text{atan2}(q(t), i(t))$ 进行联合调制的技术。为了看清这一点，我们对 16-QAM 进行了 $A(t)$ 和 $\varphi(t)$ 计算，结果如表 2-9 所示，表中取 I-波和 Q-波的 4 个振幅值分别为 -3、-1、+1 和 +3。可以看出，调制后的振幅共有 4 种取值，相位共有 12 种取值。

QAM 也可用星座图（constellation diagram）直观地表示，图 2-24 示出了 16-QAM 的星座

图，图中还示出了 16-QAM 的一种编码方案。星座图很直观地表示了 I-波和 Q-波的振幅组合，该图也可以从振幅-相位调制的角度理解 QAM，即每个调制点到原点的距离为该点的振幅值，而它与原点的连线与横轴正方向的夹角则为该点的相位值，这样各星座点的振幅和相位值就与表 2-9 中计算的值严格地对应起来了。

表 2-9 16-QAM 的振幅和相位

q	i							
	−3		−1		+1		+3	
	A	φ	A	φ	A	φ	A	φ
−3	$3\sqrt{2}$	−135°	$\sqrt{10}$	−162°	$\sqrt{10}$	162°	$3\sqrt{2}$	135°
−1	$\sqrt{10}$	−108°	$\sqrt{2}$	−135°	$\sqrt{2}$	135°	$\sqrt{10}$	108°
+3	$3\sqrt{2}$	−72°	$\sqrt{10}$	−45°	$\sqrt{10}$	45°	$3\sqrt{2}$	72°
+1	$\sqrt{10}$	−45°	$\sqrt{2}$	−18°	$\sqrt{2}$	18°	$\sqrt{10}$	45°

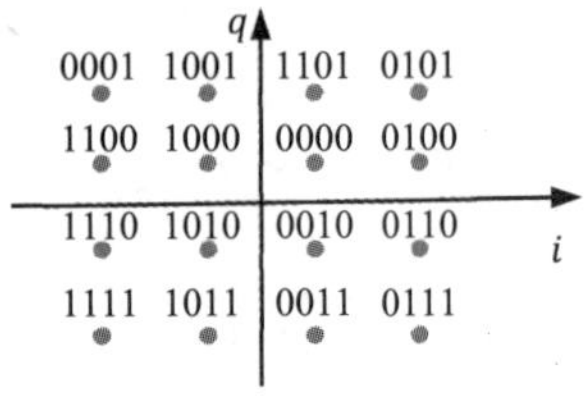

图 2-24 16-QAM 的星座图

2.5 信道复用与 ADSL

信道复用技术使得某一高频段的电磁波可以同时携带多路低速链路上的信息，它在人类通信发展历史上具有举足轻重的地位。本节我们就介绍基本的信道复用技术，即频分多路复用（简称频分复用，FDM）、波分多路复用（简称波分复用，WDM）、时分多路复用（简称时分复用，TDM）及码分多址（CDMA）等，并在最后介绍多路复用的一个例子——非对称数字用户线路（ADSL）技术。

2.5.1 频分复用与波分复用技术

本节先介绍最直观也是最先发展起来的频分复用技术，再介绍波分复用技术，也就是光的频分复用技术。

1. 频分复用技术

如果一个电磁波传输信道 L 是一个带宽为 B Hz 的频带，而待传输的信源 $x_1, x_2, \cdots, x_n$ 是一些带宽需求不超过 b Hz 的信源，而且 $b \ll B$，那么我们可以将 B Hz 的带宽分成多个带宽为 b Hz 的子带，每个子带携带一路 $x_i (i = 1, 2, \cdots, n)$ 信源的信息，这样就能在 L 上实现多路并行的通信，以充分利用 L 的频带容量。

为确保相邻子带不相互干扰，子带间须留有一定的保护带，设保护带宽度为 g Hz，则可将 B Hz 带宽划分为 b Hz 子带的个数为：$m = \left\lfloor \dfrac{B}{b+g} \right\rfloor$。

注：$\lfloor x \rfloor$ 称为底函数，其值为不大于 x 的最大整数。

图 2-25 给出了频分复用示意图，图的中间部分为高频信道 L，图中所示为将 L 划分为 4 个低频子带的情形，每个子带分别用其中心频率 f_{c1}、f_{c2}、f_{c3} 和 f_{c4} 表示。

频分复用需要在发送端设置复用器（MUX），其功能是将各信源信息调制到对应的子带上，并以相应的子带频率发送到信道中，而在接收端则需要设置分用器（DEMUX），其功能是先通过滤波获得各子带对应的调制信号，再从各调制信号上解调下所携带的信息，并发送到对应的信宿上。

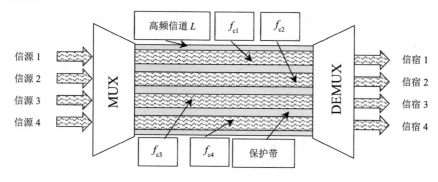

图 2-25　频分复用示意图

频分复用最早在模拟通信中被广泛采用，如传统的无线电台广播就是无线电频带的多路复用，多个电台分别使用各自申请到的频带发送其广播信息，收音机则通过调台的方式收听某个电台的广播。传统的无线电视与无线电台相似，不同电视台的节目信息通过发射塔以不同的频道发送到空中，电视机则通过调台的方式收看某个电视台的节目。对于卫星电视，不同的电视台以其申请到的上行信道将其节目信息发送到 GEO 卫星上，GEO 卫星将各上行信道中的信息转到对应的下行信道中，并发送到地面。对于传统的有线电视，各电视台将其节目信息调制到其申请到的同轴电缆频段上，电视机通过调台的方式收看节目。

频分复用在数字通信中也被广泛采用，如 2.3.1 节中介绍的无线局域网就将 2.4GHz 和 5GHz 的 ISM 频段划分成 5MHz 的频道，而使用跳频扩频技术的蓝牙协议更是将 2.4GHz 的 ISM 频段划分成 79 个 1MHz 的频道。此外，基于卫星的数字通信也广泛地采用了频分复用技术。

2．波分复用技术

波分复用技术被称为光的频分复用技术，然而这里的 W 对应的英文是 Wavelength 即波长，这是因为光纤通信中所用的光波通常用波长或波长范围而不是频率或频段来描述。

波分复用是通过在一条光纤中传输多个波长的光载波来实现复用的，这利用了不同波长的光波间不会相互干扰的特性，这个特性使得只要制作出足够精密的光源和复用器/分用器，就可以在一条光纤上实现几百个 Gbit/s 甚至 Tbit/s 级的传输速率。

图 2-26 给出了一条光纤复用 4 路光载波的示意图。

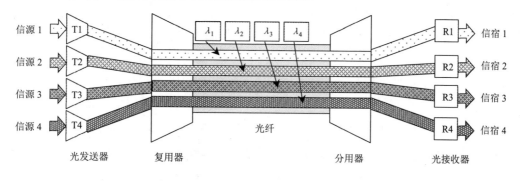

图 2-26　波分复用示意图[19]

信源发出的信息先经过各光发送器调制到光载波上，再经过复用器加载到光纤上，在接收端，分用器先从光纤上分离出各路光载波并发送到各光接收器上，光接收器再通过解调获得光波上携带的信息并发送到信宿上。

波分复用可分为常规波分复用、稀疏波分复用（CWDM）和密集波分复用（DWDM）三种类型。常规波分复用也就是最早实现的波分复用，它指的是在一条光纤上复用 1310nm 和 1550nm 两路光波的情况。

CWDM 指的是波长间隔为 20nm 的波分复用，国际电信联盟电信标准化部在编号为 ITU-T G.694.2 的标准（2003 年修订版）中为其进行了如表 2-10 所示的波长分配。由于在 1270～1470nm 上存在明显的光波衰减，早期的光纤上一般只复用 1470～1610nm 上的 8 路光波，每路光波的传输速率为 2.5Gbit/s，因而一条光纤可以实现 20Gbit/s 的速率。CWDM 的光波的传送距离不超过 60km，因此它适用于城域网或更小范围内的网络部署。

表 2-10　CWDM 的波长分配[20]

波长号	中心波长（nm）	波长号	中心波长（nm）	波长号	中心波长（nm）	波长号	中心波长（nm）	波长号	中心波长（nm）	波长号	中心波长（nm）
1	1471	4	1531	7	1591	10	1291	13	1351	16	1411
2	1491	5	1551	8	1611	11	1311	14	1371	17	1431
3	1511	6	1571	9	1271	12	1331	15	1391	18	1451

DWDM 一般工作在 1530～1565nm 的 C 波段，目前 L 波段上也已经有了很实际的进展。其密集性体现在波长间隔可以小到 0.8nm、0.4nm、0.2nm 甚至 0.1nm。国际电信联盟电信标准化部在编号为 ITU-T G.694.1 的推荐标准[21]中，建议以 193.1THz（约 1552.52nm）为参考频率进行频段划分，如表 2-11 所示，表中"起始频率"中的 n 可取正负整数或 0。

表 2-11　ITU-T G.694.1 推荐的 DWDM 频段划分

频率间隔	12.5GHz	25GHz	50GHz	100GHz
波长间隔	0.1nm	0.2nm	0.4nm	0.8nm
起始频率（THz）	$193.1 + n \times 0.0125$	$193.1 + n \times 0.025$	$193.1 + n \times 0.05$	$193.1 + n \times 0.1$

目前最常见的 DWDM 是 100GHz 频率间隔上 40 路光波、50GHz 频率间隔上 80 路光波和 25GHz 频率间隔上 160 路光波的复用，其中每路的位速率为 2.5Gbit/s，因而它们分别在一条光纤上实现了 100Gbit/s、200Gbit/s 和 400Gbit/s 的传输速率。更为先进的复用系统也正在从实验室走向市场，这些系统能够在 25GHz 和 12.5GHz 的频率间隔上分别复用 160 路和 320 路光波，且每路光波达到 100Gbit/s 的传输速率，从而能够实现 16Tbit/s 和 32Tbit/s 的总传输速率。

2.5.2　时分复用技术

时分复用，顾名思义就是将提供给高速率的传输信道传输信息的时间分成一些时间间隔，使得低速率的不同信源利用不同的时间间隔进行信息传输。相较于频分复用，时分复用更多地体现了人类的智慧。

1. 同步的时分复用

最基本的时分复用是如图 2-27 所示的同步的时分复用，它将整个信道传输信息的时间切分为连续的结构化的时分复用帧，即 TDM 帧。每个 TDM 帧有一个首部，这在图 2-27 中以灰色斜纹竖条表示。帧的首部包括一些控制和同步信息。在首部后面是一系列时间相等的时隙（slot），图 2-27 中示出的是每个帧携带 4 个时隙的情况。每个时隙对应一路信源到信宿的信息，当这种对应在每个帧中固定不变时，就称为同步的时分复用。

时分复用在传输信道的发送端也要设置复用器，以便将各路信源信息加载到信道帧的对应时隙中，在接收端也要设置分用器，以便从信道帧的时隙中取出信息分发给对应的信宿。

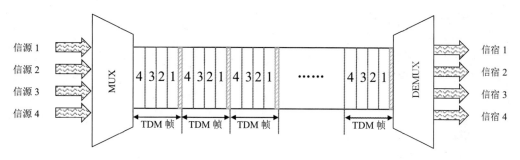

图 2-27　同步的时分复用示意图

2. 异步的时分复用

同步的时分复用可能会带来传输带宽的浪费，图 2-28 给出了示意图。图中左侧的第 1 个帧的 2、4 号时隙没有数据，第 2 个帧的 1、4 号时隙没有数据，第 3 个帧的 2 号时隙没有数据，而最右侧帧的 3 号时隙没有数据。很显然，这种情况带来了一定的带宽浪费。

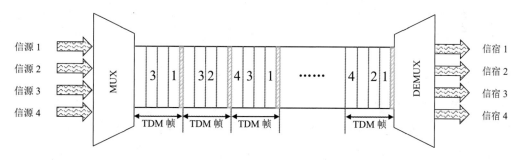

图 2-28　同步时分复用的带宽浪费示意图

为解决同步的时分复用带来的传输带宽浪费问题，人们提出了异步的时分复用，也称为统计的时分复用（STDM），图 2-29 给出了示意图。STDM 将整个信道传输信息的时间划分为一系列的 STDM 帧，每个帧有一个首部，如图 2-29 的灰色斜纹竖条所示，后面跟若干个时隙，图 2-29 示出的是包括两个时隙的 STDM 帧的情况。图 2-29 示出了 7 个 STDM 帧，每个帧的两个时隙都承载两个来自不同信源的信息。为了实现 STDM，其帧的首部除了包括 TDM 帧首部的功能，还要包括帧首部后面各时隙中信息的信源编号。

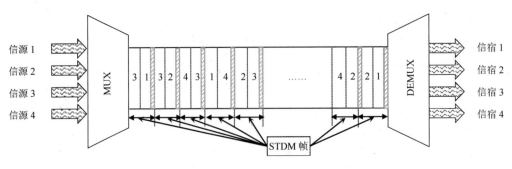

图 2-29　异步时分复用示意图

2.5.3　码分多址技术

前面讨论的 FDM、WDM 及 TDM 均是基于划分传输信道以使得信道上的各路信号相互隔离的传统思维进行信道复用的，因为在传统思维中，信号的交叠就会造成相互的干扰，而相互干扰的信号就是不可识别的信号，是应极力避免的。码分多址（CDMA）技术则基于一种革命性的思维，它允许各个站点在相同的频带上发送信号，它不再避免信号的交叠，而是利用信号的叠加来实现复用式的传输。

注：CDMA 主要用于无线传输。

CDMA 首先为网络中的各站点分配唯一的 m 位二进制数字，称为片序列或码片，这里我们取 $m = 4$。假设网络中有 A、B、C、D 四个站点，我们可以分别用二进制数 1111、0101、0011 和 0110 作为它们的片序列。CDMA 的片序列更合理的表示方式是双极性表示，上述的 4 个片序列的双极性表示分别是：+1+1+1+1、−1+1−1+1、−1−1+1+1、−1+1+1−1。

各站点的片序列并不是随机选择的，而是要遵循相互正交的规则。这里的相互正交来自线性代数，即两个向量的内积为 0。设站点 X 和 Y 的片序列分别表示为 $\boldsymbol{X} = (x_1\ x_2\ \cdots\ x_m)$ 和 $\boldsymbol{Y} = (y_1\ y_2\ \cdots\ y_m)$，则其内积为 $\boldsymbol{X} \cdot \boldsymbol{Y} = \dfrac{1}{m}\sum_{i=1}^{m} x_i y_i$，其中 $\dfrac{1}{m}$ 的作用为归一化。X 和 Y 的片序列正交指的是其内积为 0，即 $\boldsymbol{X} \cdot \boldsymbol{Y} = \dfrac{1}{m}\sum_{i=1}^{m} x_i y_i = 0$。

针对上述的片序列，我们有：

$$\boldsymbol{A} \cdot \boldsymbol{B} = \frac{1}{4}\big((+1)\times(-1) + (+1)\times(+1) + (+1)\times(-1) + (+1)\times(+1)\big) = 0$$

即 A 站点与 B 站点的片序列是正交的。我们将 A、B、C、D 四个站点的片序列两两之间均正交的验证作为习题留给读者。

CDMA 赋予了各站点片序列后，站点 X 若发送二进制数字 1 则直接发送其片序列 $\boldsymbol{X}$，若发送二进制数字 0 则发送片序列的反码，记为 $\overline{\boldsymbol{X}}$。显然，片序列 $\boldsymbol{X}$ 的反码 $\overline{\boldsymbol{X}}$ 对应的双极性码为其片序列的相反数，即 $\overline{\boldsymbol{X}} = (-x_1)(-x_2)\cdots(-x_m) = -\boldsymbol{X}$。这样，片序列与其自身的归一化内积为 +1，而与其反码的归一化内积为 −1，因为 $\boldsymbol{X} \cdot \boldsymbol{X} = \dfrac{1}{m}\sum_{i=1}^{m} x_i x_i = +1$，$\boldsymbol{X} \cdot \overline{\boldsymbol{X}} = \dfrac{1}{m}\sum_{i=1}^{m} x_i (-x_i) = -1$。站点 X 的片序列与另一个站点 Y 的片序列的反码的内积仍然是 0，这是因为 $\boldsymbol{X} \cdot \overline{\boldsymbol{Y}} = \dfrac{1}{m}\sum_{i=1}^{m} x_i (-y_i) = -\dfrac{1}{m}\sum_{i=1}^{m} x_i y_i = 0$。

CDMA 要求各个站点同步地发送信号，这样信道上的信号 **S** 就是所有站点发送的片序列或其反码的叠加。因此，只要我们用某个站点 X 的片序列与 **S** 求归一化内积，便可根据结果是+1、−1 还是 0 来判断站点 X 是发送了二进制数字 1 还是 0，或者什么也没发送。这是因为 **S** 可以表示为 $S_1, S_2, \cdots, S_n$ 对应的 n 个站点片序列或其反码的叠加，即 $\boldsymbol{S} = \sum_{i=1}^{n} S_i$。而 X 的片序列与 **S** 的归一化内积可以表示为 $\boldsymbol{X} \cdot \boldsymbol{S} = \sum_{i=1}^{n} (X_i \cdot S_i)$。根据站点片序列的唯一性，$S_1, S_2, \cdots, S_n$ 中至多有一个是 **X** 或其反码 $\bar{\boldsymbol{X}}$，由于除了 $\boldsymbol{X} \cdot \boldsymbol{X} = +1$ 和 $\boldsymbol{X} \cdot \bar{\boldsymbol{X}} = -1$，**X** 与其他任何 **S** 的内积都是 0，因此我们可以根据 $\boldsymbol{X} \cdot \boldsymbol{S}$ 的结果为+1、−1 或 0 来判断站点 X 是发送了 1 还是 0，或者什么也没发送。

图 2-30 给出了上述过程的示意图。

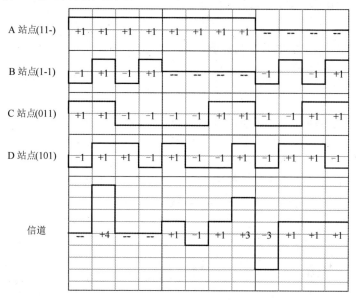

图 2-30　CDMA 示意图

图 2-30 中 A 站点、B 站点、C 站点和 D 站点的片序列就是上述的+1+1+1+1、−1+1−1+1、−1−1+1+1 和−1+1+1−1，图中所示是 4 个站点在 3 个位时间内的发送情况，其中 A 站点在位时间 1 和 2 中分别发送了 1，而在位时间 3 中没有发送，B 站点在位时间 1 和 3 中分别发送了 1，而在位时间 2 中没有发送，C 站点在位时间 1、2 和 3 中分别发送了 0、1 和 1，而 D 站点在位时间 1、2 和 3 中分别发送了 1、0 和 1。图 2-30 中右侧以方波的形式显示了各站点发送数据的双极性片序列信号，其中 A 站点前两个位时间里均是其片序列，第 3 个位时间里为0；B 站点第 1、3 个位时间里均是其片序列，第 2 个位时间里为 0；C 站点第 1 个位时间里是其片序列的反码，而第 2、3 个位时间里均是其片序列；D 站点第 1、3 个位时间里是其片序列，而第 2 个位时间里是其片序列的反码。最终，信道上的信号序列是上述 4 个站点信号的叠加序列，即 **S**=(0 +4 0 0 +1 −1 +1 +3 −3 +1 +1 +1)。如果我们将 A 的片序列与 **S** 在 3 个位时间中的值进行归一化内积就会有：

$$a_1 = \frac{1}{4}\left((+1)\times 0 + (+1)\times(+4) + (+1)\times 0 + (+1)\times 0\right) = +1$$

$$a_2 = \frac{1}{4}\left((+1)\times(+1) + (+1)\times(-1) + (+1)\times(+1) + (+1)\times(+3)\right) = +1$$

$$a_3 = \frac{1}{4}\big((+1)\times(-3)+(+1)\times(+1)+(+1)\times(+1)+(+1)\times(+1)\big)=0$$

也就是说，A 站点在前两个位时间里分别发送了 1，在第 3 个位时间里则什么也没发送。我们将其他站点的验证计算留给读者做练习。

通过上面的讨论可以看出，CDMA 将信道上的数据传输设计为严谨的数学运算，为信道复用开辟了崭新的天地。这一技术的另一个重要意义在于，只要我们加大片序列的长度就能提升信道的传输速率，这样就可以用这个技术逼近香农的信道极限速率。

当然，CDMA 技术需要严格的站点同步，这给实现带来了不小的挑战，而片序列的加长，会带来更高的片序列发送和接收要求，这也会是不容小觑的挑战。

2.5.4 ADSL 技术

非对称数字用户线路（ADSL）技术是一种典型的频分复用技术，本节我们就将它作为多路复用的一个例子进行学习。

1. ADSL 的由来

ADSL 指的是借用固定电话线路进行数字通信并实现互联网连接的一种技术。在 20 世纪末，固定电话非常普及，几乎每户居民的家中都安装一部甚至多部固定电话。

固定电话使用一对 3 类双绞线连接到专用小型交换机（PBX）上，如图 2-31 所示。PBX 是公共交换电话网（PSTN）最末端的接入设备，它通常部署在通信服务商的端局（end office）。从端局到用户电话之间的连线（一对 3 类双绞线）通常称为本地环（local loop）。本地环通常仅有 1～3km 的距离。

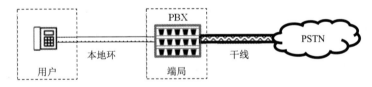

图 2-31 固定电话连接示意图[22]

在互联网出现后，人们迫切希望能够在家中连接互联网，但这个时期用户和 ISP 还负担不了重新布设线路的费用。于是，人们将目光投向了固定电话的本地环。由于人类语音信号的带宽范围仅在 300～3400Hz 之间，因此 4kHz 的带宽足以传输人类的语音。早期固定电话的 3 类双绞线能够在本地环的范围内传输 1MHz 甚至更高带宽的信号，而固定电话仅使用了其中很少的频带，为此人们基于固定电话的本地环开发了 ADSL 系统，它在保证传统电话通信的同时，实现了可观速率的因特网连接。

2. ADSL 的组成

ADSL 的基本组成如图 2-32 所示。在用户端，本地环首先经过一个分离器将信号分别导向电话和计算机。导向电话的一边要通过一个低通滤波器将本地环中低频部分的语音信号传送到电话。导向计算机的一边要通过一个高通滤波器滤除本地环中低频部分的语音信号，将高频部分的网络数字通信信号传递到 ADSL 调制解调器。ADSL 调制解调器双向工作，从本地环到计算机方向为解调操作，从计算机到本地环方向为调制操作。通常，分离器和低通及高通滤波器会集成到一个 ADSL 调制解调器中，从而实现安装的最大程度简易化。后来的 ADSL 调制解调器进一步集成了路由器、以太网交换机及 Wi-Fi 等网络功能，成为家庭和小型办公网络的核心组网设备。

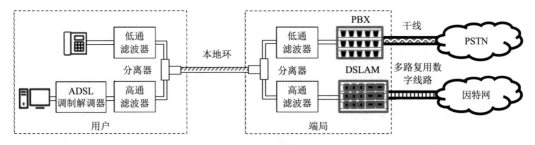

图 2-32　ADSL 的基本组成[22][23]

在端局端，本地环也要经过一个分离器将信号分别导向 PSTN 和因特网。导向 PSTN 的一边先要通过一个低通滤波器将本地环中低频部分的语音信号传送到 PBX，再由 PBX 接入 PSTN 电话系统。导向因特网的一边要通过一个高通滤波器滤除本地环中低频部分的语音信号，将高频部分的网络数字通信信号传递到数字用户线接入复用器（DSLAM）。DSLAM 双向工作，从本地环到因特网方向为多路复用操作，它将多个用户的 ADSL 数字信号复用到高速率的数字线路上，并接入因特网。从因特网到本地环方向为解多路复用操作，它将因特网传来的高速率数字信号分解为多路 ADSL 信号，并发到对应的本地环上。通常，分离器和低通及高通滤波器会集成到 DSLAM 中，从而实现安装和操作的最大程度简易化。

3．ADSL 的信道划分

ADSL 使用了称为离散多声道传输（DMT）的方法对本地环进行了频分复用。DMT 是正交频分多路复用（OFDM）的有线版。

在 ADSL 最常用的 ITU-T G.992.1 标准中，DMT 使用了本地环上约 1.1MHz 的带宽，它将该带宽划分为 256 个信道，每个信道带宽为 4.3125kHz，如图 2-33 所示。

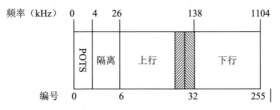

图 2-33　ADSL 的 DMT 信道划分

其中 0 号信道用于传输一路固话（POTS）信号，1～5 号信道为隔离区，用于将语音信道与数字信道安全地隔离开。其余的 250 条信道用于数字传输，其中 6～29 号间的 24 条信道（约 10%）用于上行通信，32～255 号间的 224 条信道（约 90%）用于下行通信，这就是 ADSL 中"非对称"的由来。138kHz 前的 31～32 号两个信道（见图 2-33 中标记斜纹的部分）通常不用，以实现上行数据和下行数据的安全隔离。

ADSL 的 ITU-T G.992.1 标准中，各条数字信道采用了 4000 波特的采样率，在此基础上又使用了 15 位的正交振幅调制（QAM-15）方法，这样每条信道的数据传输速率就是 60kbit/s，因而其上行传输速率为 1.44Mbit/s，下行传输速率则为 13.44Mbit/s，这能够满足早期以文字和小图片资源为主的网页和电子邮件互联网服务下几个用户的访问需求。

➡ 习题

1. 物理层通常分为哪两个子层？

2. 物理层通常具有哪些特性？

3. 吉比特以太网是如何实现 1Gbit/s 速率的？

4. 信息通信模型包括哪 6 个要素？

5. 设计 Excel 表格计算投掷一枚正面出现概率为 $p = 0.1$、0.2、0.3、0.4、0.5 的硬币一次时，分别能够得到的信息熵。

6. 对表 2-1 中的"符号值"和"概率"列设计 Excel 表格，运用公式（2-1）计算信息熵，以从数值上验证该信息熵是抛掷单枚不均匀硬币信息熵 0.47 的 3 倍。

7. 以变量 p 和 q 表示投掷 1 枚不均匀硬币时出现正面和反面的概率，试将表 2-1 中的概率值以 p 和 q 的代数式表示出来。

8. 用上题中以 p 和 q 的代数式表示的概率，计算每次投掷 3 枚不均匀硬币时的信息量，并以此证明，对任意的 p 和 q，投掷 3 枚不均匀硬币的信息量是投掷 1 枚不均匀硬币信息量的 3 倍。

9. 将上题推广为求投掷 n 枚不均匀硬币时信息量的代数式，并以此证明，投掷 n 枚不均匀硬币的信息量是投掷 1 枚不均匀硬币信息量的 n 倍。

10. 模数转换器（ADC）主要包括哪 3 个组成部分？

11. 叙述低通信号的奈奎斯特-香农采样定理。

12. 叙述带通信号的奈奎斯特-香农采样定理。

13. 叙述香农-哈特利信道极限定理。

14. 在 Excel 中完成下列计算。

（1）给定分贝数为 1、2、5、9、10、20、50、90、100 和以自己出生月日为分贝数的信噪比（如 1 月 2 日出生，则对应分贝数为 1.02，10 月 18 日出生，则对应分贝数为 10.18），设计 Excel 计算公式，计算其对应的信噪比值。

（2）设计另一个 Excel 公式，以上面算出的信噪比值反算出分贝数（近似值即可），以验证计算的正确性。

（3）针对上题的信噪比分贝数和 10kHz、10MHz、100MHz 及以自己出生月日为 MHz 数的通信带宽（如 1 月 2 日出生，则对应 1.02MHz；10 月 18 日出生，则对应 10.18MHz），在 Excel 中设计香农公式，列表计算信道的极限容量。

15. 给出传输媒体的基本分类。

16. 常用的同轴电缆有哪两种阻抗指标？

17. 说明 5 类双绞线的组成和可以达到的传输速率。

18. 光纤的什么特性奠定了其用于信息通信的理论基础？

19. 简要说明多模光纤和单模光纤，说明它们的纤芯直径的分界线。

20. 玻璃光纤中衰减较小的波段有哪 3 个波段使用 Excel 表格计算各波段对应的频率，假设光速为 $2 \times 10^8 \text{m/s}$。

21. 给出典型的多模光纤和单模光纤的物理尺寸。

22. 说明微波的频率范围。

23. 使用 GEO 卫星进行通信的典型时延是多少？

24．写出如下缩略语的中文和英文全称：ADC、SNR、UTP、GEO。

25．说出常见的线路编码。

26．请从下面的 π 值中任取连续的 5 个数，其中偶数和奇数各不少于 2 个，将其中的偶数和奇数分别变成 0 和 1，然后画出该二进制数对应的单极性编码、双极性 NRZ、双极性 NRZI、双极性 RZ、Manchester 编码和差分 Manchester 编码。

3.141592653589793238462643383279502884197169399375105820974944592307816406286208 99862803482534211706 7。

27．说明什么是 Manchester 编码和差分 Manchester 编码，列出它们的优点。

28．写出如下缩略语的中文和英文全称：RZ、NRZ、AM、FM、PM、S/N。

29．写出如下缩略语的中文和英文全称：ASK、FSK、PSK、QAM。

30．写出如下缩略语的中文和英文全称：FDM、WDM、TDM、CDMA、ADSL、DMT。

31．什么是码元？什么是波特率？如果使用频率为 f 的载波以振幅调制方式使每个码元携带 3bit，则需要有多少种振幅状态？为什么？会得到怎样的数据传输速率？

32．ADSL 采用 QAM 调制，每个波特携带 15 个二进制位。请问该 QAM 对应的星座图上会有多少个点？为什么？

33．说明 Wi-Fi 通信所使用的频段。

34．简要解释 CDMA 技术。

35．验证 2.5.3 节中 A、B、C、D 四个站点的片序列两两正交。

36．任选图 2-30 中 B、C、D 站之一，通过信道上的信号验证所选站点的数据发送。

37．用 Excel 表格实现二进制数据的双极性编码：设计 Excel 工作表，在第 1 列中输入自己名字的拼音字母，第 2 列给出十进制 ASCII 码，第 3 列给出 8 位的二进制 ASCII 码，第 4 列给出二进制 ASCII 码的双极性表示。

38．验证 ADSL 的 ITU-T G.992.1 标准中上行数据和下行数据的传输速率分别是 1.44Mbit/s 和 13.44Mbit/s。

➠ 参考文献

[1] GROTTO NETWORKING. Switch Architectures[EB/OL]. [2022-10-4]. （链接请扫书后二维码）

[2] WIKIPEDIA. Media-independent interface[EB/OL]. [2022-10-4]. （链接请扫书后二维码）

[3] CASCO. Coaxial Assemblies[EB/OL]. [2022-10-13]. （链接请扫书后二维码）

[4] WALMART. SMA Male to F Female Connector[EB/OL]. [2022-10-13]. （链接请扫书后二维码）

[5] WIKIPEDIA. Coaxial cable[EB/OL]. [2022-10-13]. （链接请扫书后二维码）

[6] ALIBABA. [EB/OL]. [2022-5-8]. （链接请扫书后二维码）

[7] WIKIPEDIA. Category 5 cable[EB/OL]. [2022-5-9]. （链接请扫书后二维码）

[8] WIKIPEDIA. Twisted pair[EB/OL]. [2022-10-13]. （链接请扫书后二维码）

[9] WIKIPEDIA. Charles K. Kao[EB/OL]. [2022-10-15]. （链接请扫书后二维码）

[10] WIKIMEDIA. Optical fiber types[EB/OL]. （2007-9-21）[2022-10-16]. （链接请扫书后二维码）

[11] WIKIPEDIA. Infrared[EB/OL]. [2022-10-25]. （链接请扫书后二维码）

[12] The Fiber Optic Association, Inc. Understanding Wavelengths In Fiber Optics[EB/OL]. [2022-10-16]. （链接请扫书后二维码）

[13] 百度百科. GYTA 光缆[EB/OL]. [2022-11-30]. （链接请扫书后二维码）

[14] MELLISH B. Wikimedia. Diagram of a single mode （SM） optical fiber[EB/OL]. Commons, （2009-4-18）[2022-10-16]. （链接请扫书后二维码）

[15] 基智地. 光缆型号及规格（光缆型号由什么构成） [EB/OL]. [2022-11-30]. （链接请扫书后二维码）

[16] WIKIPEDIA. List of WLAN channels[EB/OL]. [2022-10-18]. （链接请扫书后二维码）

[17] STALLINGS W. 无线通信与网络[M]. 何军，译. 北京: 清华大学出版社, 2004.

[18] CREAZILLA. Satellite emoji clipart[EB/OL]. [2022-10-18]. （链接请扫书后二维码）

[19] FOWLER T. Eogogics Inc. Optical Networking: Past and Future[EB/OL]. [2022-10-24]. （链接请扫书后二维码）

[20] FIBERMALL. Four types of wavelength division multiplexing（WDM）technology[EB/OL]. [2022-10-25]. （链接请扫书后二维码）

[21] ITU-T. Spectral grids for WDM applications: DWDM frequency grid[EB/OL]. [2022-10-26]. （链接请扫书后二维码）.

[22] ICONARCHIVE. Phone 3 Icon[EB/OL]. [2022-10-30]. （链接请扫书后二维码）

[23] ICONARCHIVE. Computer 2 Icon[EB/OL]. [2022-10-30]. （链接请扫书后二维码）

第 3 章 数据链路层

本章将对计算机网络体系结构的第 2 层即数据链路层进行介绍。首先，介绍差错检测方法，内容包括差错检测的一般工作原理、奇偶校验，以及校验能力强大且普遍使用的 CRC 方法；其次，介绍点对点协议 PPP，包括其协议层及报文格式，并通过这个简单的协议具体地说明网络协议的三要素；再次，介绍总线式的传统以太网，包括粗缆、细缆和双绞线以太网，重点介绍竞争总线的 CSMA/CD 协议及相配的截断二进制指数退避算法；然后，介绍 IEEE 802 的体系结构及传统以太网的帧格式，并特别说明为什么要保持最小的帧长；最后，介绍目前普遍布设的现代以太网，包括快速以太网、交换式以太网、虚拟以太网、吉比特及更高速率的以太网。

▶ 3.1 计算机网络中的差错检测方法

所有的通信链路都不会是理想的，即发送端发出的数据经过一定的通信链路到达接收端时会出现差错。而我们所实现的通信只有是可靠的才有意义，因此必须设计差错检测（error detection）甚至差错纠正（error correction）的方法来检测乃至纠正通信链路上的错误。计算机网络中常用的差错检测方法有奇偶校验（parity check）、反码算术运算（1's complement arithmetic）检验和（checksum）方法和循环冗余检验（CRC）方法，而常用的差错纠正方法有海明码（Hamming code）。本节将主要介绍奇偶校验和 CRC 方法，反码算术运算检验和方法将在讲述 IP 时介绍。海明码超出本书的范围，感兴趣的读者可查找相关资料进行学习。

3.1.1 差错检测的一般工作原理

本节首先说明通信链路上比特差错的概念，然后说明差错检测的一般工作原理。

1. 可能带来比特差错的通信链路

任何通信链路都不可能是理想的，它们在传输数据时都可能发生错误，图 3-1 给出了示意图。通信中传输的是二进制数据，最基本的单位是比特（或称为位），假设发送端发送了 d 比特的数据 D，则由于通信链路的不理想，接收端收到的将是数据 D′。尽管理论上存在发生比特丢失或多余的可能，但由于现今的通信介质都已经具有很高的质量，物理层技术也都很完善，因而通信链路上几乎不可能出现比特丢失和多余的情况，因此，差错检测均是在 D′ 与 D 具有相同比特长度的基础上进行的。

图 3-1　可能带来比特差错的通信链路

2. 差错检测的一般工作原理详述

所有的差错检测都遵循如图 3-2 所示的一般工作原理。其基本思路是在发送端给数据 D 增加一定量的冗余码 EDC（差错检测码），并将 D 和 EDC 一起通过通信链路发送到接收端，接收端对收到的 D′和 EDC′进行校验，若校验通过则认为收到的 D′是正确的数据，否则就会认为 D′是出现差错的不可信的数据。

注： 冗余码也称为检验和。

实现差错检测需要设计适宜的差错检测算法，它包括差错检测冗余码生成算法和差错判定算法两个子算法。前者在发送端运行，用于由待发送的数据 D 生成冗余码 EDC。后者在接收端运行，用于对收到的 D′和 EDC′进行判定，以确定是否发生了差错。

注 1： 差错检测的冗余码可能放在数据 D 的后面，如奇偶校验和 CRC，也可能放在数据 D 中间的某个位置上，如 TCP 和 IP 中的检验和，也可能像海明码那样分散到数据 D 中。

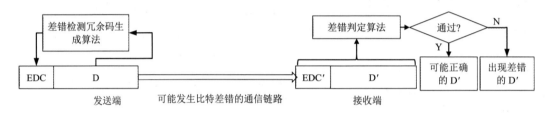

图 3-2　差错检测的一般工作原理

3.1.2　奇偶校验

奇偶校验是一种非常简单明了的差错检验方法，它被用于早期的 RS 232 串行通信，以其为基础构造的二维（2D）奇偶校验的校验能力大为增强，它也是海明纠错的基础。

1. 基本的奇偶校验

基本的奇偶校验基于很简单的原理：计算二进制数据 D 中 1 的个数，增加 1 个冗余位 EDC 使得数据中 1 的个数为奇数个或偶数个，前者称为奇校验，后者称为偶校验。表 3-1 以 7 位二进制数据给出了示例。7 位二进制数据增加奇校验位或偶校验位后就成为 8 位的二进制数据，表中用最后的带下画线的二进制位表示增加的奇校验位和偶校验位。

奇偶校验的校验能力： 显然，奇偶校验能够检测出数据中的奇数位错误，但不能检测出数据中的偶数位错误。

奇偶校验的代价： 奇偶校验仅用 1 位进行校验，因而对于 n 位的数据其校验代价为 $\dfrac{1}{n+1}$。

注： "比特"与"位"是计算机专业中常用的同义词。

表 3-1　奇偶校验示例

7 位二进制数据	1 的个数	8 位奇校验数据	8 位偶校验数据
0000000	0	00000001	00000000
0101001	3	01010010	01010011
1010110	4	10101101	10101100
1111111	7	11111110	11111111

2. ASCII 码表

奇偶校验最早用于对 ASCII 码（美国信息交换标准代码）表中的字符进行校验。鉴于 ASCII 码在计算机网络原理课程的后续内容中会有深入的应用，我们在此对其进行扼要介绍。

ASCII 码表是一个如表 3-2 所示的以 7 位二进制数对英文字符进行编码的表，其编码的二进制数范围是 0000000～1111111，十进制数范围是 0～127，十六进制数范围是 0x00～0x7F，总共有 128 个编码。表 3-2 中的每列有 16 个字符，正好是 1 位十六进制数的范围。

ASCII 字符分为控制字符和可打印字符两大类。其中控制字符有 32 个，占据 0x00～0x1F 的编码范围，这是一些功能性的字符，典型的有编码为 0x00 的空字符（NUL）、编码为 0x0A 的换行符（LF）、编码为 0x0D 的回车符（CR）、编码为 0x09 的水平制表符（HT）等。

注：编码为 0x7F 的删除（DEL）也是一个控制字符，因此准确地说 ASCII 码中的控制字符是 33 个。

ASCII 码中的可打印字符占据 0x20～0x7E 的编码范围，共有 95 个。其中 0x20 和 0x21 分别是空格和惊叹号字符的编码，0x30～0x39 为 0～9 这 10 个数字字符的编码，而 0x41～0x5A 和 0x61～0x7A 分别为 26 个大写和小写英文字母的编码，即每个小写英文字母比大写英文字母的编码值大 0x20。

注：ASCII 码用一个字节中的低 7 位对字符进行编码，字节中的最高位有时被用作奇偶校验位，这时一个字节中的所有的位都得到了充分的运用。

表 3-2 ASCII 码表

ASCII 控制字符						ASCII 可打印字符																	
Dec	Hex	字符	Dec	Hex	字符	Dec	Hex	字符	Dec	Hex	字符	Dec	Hex	字符	Dec	Hex	字符	Dec	Hex	字符	Dec	Hex	字符
0	00	NUL	16	10	DLE	32	20	空格	48	30	0	64	40	@	80	50	P	96	60	`	112	70	p
1	01	SOH	17	11	DC1	33	21	!	49	31	1	65	41	A	81	51	Q	97	61	a	113	71	q
2	02	STX	18	12	DC2	34	22	"	50	32	2	66	42	B	82	52	R	98	62	b	114	72	r
3	03	ETX	19	13	DC3	35	23	#	51	33	3	67	43	C	83	53	S	99	63	c	115	73	s
4	04	EOT	20	14	DC4	36	24	$	52	34	4	68	44	D	84	54	T	100	64	d	116	74	t
5	05	ENQ	21	15	NAK	37	25	%	53	35	5	69	45	E	85	55	U	101	65	e	117	75	u
6	06	ACK	22	16	SYN	38	26	&	54	36	6	70	46	F	86	56	V	102	66	f	118	76	v
7	07	BEL	23	17	ETB	39	27	'	55	37	7	71	47	G	87	57	W	103	67	g	119	77	w
8	08	BS	24	18	CAN	40	28	(	56	38	8	72	48	H	88	58	X	104	68	h	120	78	x
9	09	HT	25	19	EM	41	29	)	57	39	9	73	49	I	89	59	Y	105	69	i	121	79	y
10	0A	LF	26	1A	SUB	42	2A	*	58	3A	:	74	4A	J	90	5A	Z	106	6A	j	122	7A	z
11	0B	VT	27	1B	ESC	43	2B	+	59	3B	;	75	4B	K	91	5B	[	107	6B	k	123	7B	{
12	0C	FF	28	1C	FS	44	2C	,	60	3C	<	76	4C	L	92	5C	\	108	6C	l	124	7C		
13	0D	CR	29	1D	GS	45	2D	-	61	3D	=	77	4D	M	93	5D	]	109	6D	m	125	7D	}
14	0E	SO	30	1E	RS	46	2E	.	62	3E	>	78	4E	N	94	5E	^	110	6E	n	126	7E	~
15	0F	SI	31	1F	US	47	2F	/	63	3F	?	79	4F	O	95	5F	_	111	6F	o	127	7F	DEL

3. 2D 奇偶校验

我们可以用二维的方式拓展奇偶校验的校验能力，由此可构造 2D 奇偶校验。构造方法如下：在发送端，将 $m \times n$ 位的数据块构造为 m 行 n 列的二维矩阵，将每一行每一列都增加一个奇偶校验位，得到 $m+1$ 行 $n+1$ 列的矩阵，再将这些数据按行顺次发送到通信链路上；在接收端，将收到的 $(m+1) \times (n+1)$ 位的数字串构造为 $m+1$ 行 $n+1$ 列的二维矩阵，并分别进行行和列校验计算，以进行差错检测。

图 3-3 给出了 2D 奇偶校验的示例。其中图（a）所示是原始的 12 位数据；图（b）是发送端生成校验位的示意图，它将 12 位数据构造为 3 行 4 列的矩阵，然后为每一行和每一列分别增加一个偶校验位；图（c）中上面一行是图（b）中 4 行 5 列 2D 奇偶校验数据按行顺序发送得到的 20 位数据，其下面一行表示传输过程中有一个位（带下画线的 1）发生了错误；图（d）是接收端将收到的 20 位数据构造为 4 行 5 列的矩阵进行差错检测的过程，可以看出发生错误的位所在的行校验和列校验均检测到差错，因此接收端不仅据此知道数据中发生了 1 位错误，还知道错误发生的位置，因而 **2D 奇偶校验具有 1 位差错数据的纠正能力**。

$$101100101010 \Rightarrow$$

$$\begin{array}{cccc|c} 1 & 0 & 1 & 1 & 1 \\ 0 & 0 & 1 & 0 & 1 \\ 1 & 0 & 1 & 0 & 0 \\ \hline 0 & 0 & 1 & 1 & 0 \end{array}$$

$$\Rightarrow 10111001011010000110 \Rightarrow$$
$$\Rightarrow 10111011011010000110 \Rightarrow$$

$$\begin{array}{cccc|c} 1 & 0 & 1 & 1 & 1 \\ 0 & 1 & 1 & 0 & 1 \\ 1 & 0 & 1 & 0 & 0 \\ \hline 0 & 0 & 1 & 1 & 0 \end{array}$$

（a）   （b）   （c）   （d）

图 3-3　2D 奇偶校验示例

2D 奇偶校验的校验能力如下：

（1）前已述及，2D 奇偶校验具有 1 位差错数据的纠错能力；

（2）能够检测出任何的 2 位错误数据；

（3）能够检测出任何的 3 位错误数据；

（4）对于所有可能的 4 位错误数据，除构成矩形的那些情况外，其余情况均可检出；

（5）能够检测出所有可能的 $n+1$ 位突发性错误。

注 1：k 位突发性错误指的是长度不超过 k 位的错误。

注 2：上述（2）～（5）项校验能力分析将以习题的形式留给读者。

2D 奇偶校验的代价：2D 奇偶校验使用 $m+n+1$ 个冗余位对 $m×n$ 位的数据块进行校验，因而其校验代价为 $\dfrac{m+n+1}{(m+1)×(n+1)}$。

3.1.3　CRC

循环冗余检验（CRC）是一种具有数学基础且检错能力强大的差错检测算法，它被广泛地用于计算机网络数据链路层和磁盘数据存储的数据可靠性保证中。

1．CRC 的运算基础

CRC 的运算基础是二进制数据的多项式表示和模 2 运算。

图 3-4 所示为二进制数据的多项式表示。图（a）将给定的二进制数据按位置从低到高分别赋予单项的 x 幂次，图（b）中的上面一行是将各单项乘以对应的二进制数所得到的多项式，下面一行是去掉 0 项后得到的二进制数据的最终多项式表示。

1	0	1	1	0	0	1	0
x^7	x^6	x^5	x^4	x^3	x^2	x^1	x^0

$$x^7+0+x^5+x^4+0+0+x+0$$
$$x^7+x^5+x^4+x$$

（a）   （b）

图 3-4　二进制数据的多项式表示

图 3-5 给出了二进制数据模 2 加法和减法示例。在模 2 运算中，加法无进位，因而 $0+0$ 和 $1+1$ 的结果都是 0，$0+1$ 和 $1+0$ 的结果都是 1。模 2 运算的减法无借位，因而其结果与加法运算相同，即减法运算可以用加法运算来实现。

注 1：上述加法运算实际上是数学上 $(a+b)\mathrm{MOD}n$ 运算在 $n=2$ 时的特例，这就是"模 2 运算"名字的由来。这里的 MOD 为模运算，其结果就是 MOD 前的运算数对 MOD 后的运算数取模，通俗地说就是取余数，其结果是一个 $0 \sim n-1$ 的数。

注 2：二进制的模 2 运算也与异或运算（XOR）结果相同。

$$
\begin{array}{r}
1\ 0\ 0\ 1\ 1\ 0\ 1\ 1\\
+\ 1\ 1\ 0\ 0\ 1\ 0\ 1\ 0\\
\hline
0\ 1\ 0\ 1\ 0\ 0\ 0\ 1
\end{array}
\qquad
\begin{array}{r}
0\ 1\ 0\ 1\ 0\ 1\ 0\ 1\\
-\ 1\ 0\ 1\ 0\ 1\ 1\ 1\ 1\\
\hline
1\ 1\ 1\ 1\ 1\ 0\ 1\ 0
\end{array}
$$

（a）模 2 加法　　　　　　　　　　　（a）模 2 减法

图 3-5　模 2 运算示例

2. CRC 的理论表述

CRC 的关键是生成多项式，它是一种有特殊性质的二进制位串，如 1101，该位串常以前述的多项式形式表示，如上述位串就可表示为 $G(x)=x^3+x^2+1$，这个多项式就称为生成多项式。生成多项式的度 r（最高次项的指数）是其重要的属性，如上述生成多项式的度为 $r=3$，而其所对应的二进制数据的位数显然是 $r+1$。

对一串给定的二进制数据 D 进行 CRC 的冗余码计算，首先要将它表述为多项式的形式。如数据 101001 对应的多项式就是 $D(x)=x^5+x^3+1$。

CRC 冗余码的计算算法如下：

（1）将 d 位的数据 $D(x)$ 左移 r 位，也就是乘以 2^r，得 $C(x)=2^r D(x)$（注：$C(x)$ 对应的二进制数据就是在 $D(x)$ 对应的二进制数据后添加 r 个 0 构成的 $d+r$ 位的数据）；

（2）将 $C(x)$ 以模 2 运算除以生成多项式 $G(x)$ 得商 $Q(x)$ 和余数 $R(x)$，即 $C(x)=Q(x)G(x)+R(x)$，这样得到的 $R(x)$ 就是 CRC 的冗余码，它对应 r 位的二进制数据；

（3）发送端将冗余码 $R(x)$ 加到 $C(x)$ 上得到 $d+r$ 位的数据 $T(x)=C(x)+R(x)=2^r D(x)+R(x)$，并将 $T(x)$ 发送到通信链路上。

CRC 的差错判定算法如下：

（1）接收端收到可能出现差错的 $d+r$ 位的数据 $T'(x)$；

（2）接收端用 $T'(x)$ 除以生成多项式 $G(x)$，如果余数为 0，则说明数据没有差错，如果余数不为 0，则说明数据中出现了差错。

3. CRC 的正确性证明

根据模 2 运算的规则，可以很容易地证明 CRC 的正确性。

证明：假设接收方收到的数据没有错误，即 $T'(x)=T(x)=C(x)+R(x)$，则有 $T'(x)=Q(x)G(x)+R(x)+R(x)$。由于在模 2 运算下，$R(x)+R(x)=0$，因而 $T'(x)$ 如果没有发生差错，它就可以被 $G(x)$ 整除，即 $T'(x)$ 除以 $G(x)$ 的余数是 0，而当 $T'(x)$ 除以 $G(x)$ 的余数不为 0 时，它就必然发生了差错。

4. CRC 计算示例

图 3-6 给出了 CRC 的计算示例。算例中的生成多项式是 1101，数据为 101001。图 3-6（a）所示为用正常的长除法计算冗余码的示例。可以看出，所得到的冗余码为 001，因而带差错检测冗余码的数据为 101001001。图 3-6（b）所示为用长除法对 101001001 进行的 CRC 检测计算。

CRC 算法的一个重要特征就是可以使用简单的移位寄存器实现对冗余码的计算和检测判断。图 3-6（c）给出了 CRC 移位计算示例。基本思路是设一个位数与生成多项式相同（$r+1$位）的移位寄存器 S，初始时刻将左移了 r 位的数据前 $r+1$ 位移入 S，如果 S 中的最高位为 1，则进行一次对生成多项式的模 2 减法运算，如果 S 中的最高位为 0，则进行一次左移操作，将数据中的下一位移入 S，直至所有的数据位均移尽。

```
      110101
1101 /101001000
      -1101
      1110
      -1101
      0111
      -0000
      1110
      -1101
      0110
      -0000
      1100
      -1101
      001
```

（a）CRC 冗余码生成示例

```
       110101
1101 /101001001
       -1101
       1110
       -1101
       0111
       -0000
       1110
       -1101
       0110
       -0000
       1101
       -1101
       000
```

（b）CRC 差错检测示例

生成多项式		1101	
原始数据		101001	
移位数据		101001000	
序号	操作	移位寄存器 S	数据
1	移位	1010	01000
2	求差	0111	01000
3	移位	1110	1000
4	求差	0011	1000
5	移位	0111	000
6	移位	1110	00
7	求差	0011	00
8	移位	0110	0
9	移位	1100	
10	求差	0001	

（c）CRC 移位计算示例

图 3-6　CRC 计算示例

5. CRC 的校验能力

CRC 的校验能力来自生成多项式的基本特征，本节我们将先介绍这些基本特征，然后在此基础上阐述 CRC 的校验能力[1]。

1）CRC 生成多项式的基本特征

CRC 的强大差错检测能力建立在其生成多项式 $G(x)$ 如下的 3 项基本性质上：

（1）$G(x)$ 的度 $r>0$，且一定包括常数项，即它有形如 $x^r+\cdots+1$ 的形式；

（2）$G(x)$ 需要包含 $x+1$ 的因子，即应形如 $(x+1)g(x)$；

（3）上述的 $g(x)$ 应不能整除 $x^k+1(1\leqslant k\leqslant m)$，其中的 m 称为 $g(x)$ 的阶（order）或指数（exponent）。

注：上述的第（3）条性质是一个数学上可以解决的问题（基于伽罗瓦群论）。对于任意给定度数 n 的多项式，在模 2 运算下，都存在一类称为本原多项式（primitive polynomial）的多项式，它们具有 2^n-1 的阶，即它们不能整除任何形如 $x^k+1(1\leqslant k\leqslant 2^n-1)$ 的多项式。例如 $x^{15}+x+1$ 就是一个不能整除 $1\leqslant k\leqslant 2^{15}-1(32767)$ 范围内所有 x^k+1 的度为 15 的多项式。数学家已经找到了找出任何度数本原多项

式的方法，文献[2]就列出了度数在 $2 \sim 32$ 之间所有的本原多项式。

2）数据差错的多项式表示

我们将 $T'(x)$ 记为 $T'(x) = T(x) + E(x)$，并称 $E(x)$ 为差错的多项式表示，$E(x)$ 中非 0 的项就对应出现差错的位。例如，假设 $T(x)$ 对应的 1101 中的第 2 位和第 3 位出现了差错，使得接收方收到的 $T'(x)$ 对应 1011，则 $E(x)$ 就对应 110（通常去掉高位上连续的 0）。

有了上述表达后，分析 $T'(x)$ 中的差错就转换成分析 $E(x)$ 中的差错，因为 $T(x)$ 是一定可以被 $G(x)$ 整除的。

有了差错的多项式表示后，前述的 k 位突发性错误就可以表示为：

$$E_k(x) = x^{i+k-1} + \cdots + x^i = x^i \left(x^{k-1} + \cdots + 1 \right)$$

即相距 k 位的第 i 位和第 $i+k-1$ 位一定出现了差错，而中间的位可能出现差错的情况。

3）任何的奇数个位差错均将被检出

在模 2 运算中，假如 $E(x)$ 中有奇数个位出现差错，则必有 $E(1) = 1$。若 $G(x) = (x+1)g(x)$ 检不出 $E(x)$ 中的差错，即 $G(x)$ 能够整除 $E(x)$，则有 $E(x) = q(x)(x+1)g(x)$，由于右侧含有因子 $(x+1)$，在模 2 运算中，该式有 $E(1) = 0$。这与奇数个位出错时 $E(1) = 1$ 相矛盾，因而含有 $x+1$ 因子的 $G(x)$ 能够检出数据中任何的奇数个位错误。

4）任何的 2 位差错均将被检出

假如 $G(x)$ 中包括阶为 $m = 2^n - 1$ 的本原多项式，则由于任何的 2 位差错均可以表示为 $E(x) = x^i + x^j = x^j \left(x^{i-j} + 1 \right)$，其中 $0 \leqslant j < i$，因而 $G(x)$ 除不尽任何 $0 < i - j \leqslant m$ 的 $E(x)$，也就是说，任何距离在 $2 \sim m$ 间的 2 位差错均可检出。

5）所有小于或等于 r 位的突发性差错均将被检出

不超过 r 的 t 位突发性错误即 $E_t(x) = x^i \left(x^{t-1} + \cdots + 1 \right)$ 形式的差错，由于 $G(x)$ 的项数大于 1，它不可能除尽 x^i，而 $x^{t-1} + \cdots + 1$ 的位长度至少比 $G(x)$ 的位长度小 1，因而也不可能被 $G(x)$ 除尽，故这类差错一定会被全部检出。

6）绝大部分 $r+1$ 位的突发性差错均将被检出

$r+1$ 位的突发性错误即 $E_r(x) = x^i \left(x^r + \cdots + 1 \right)$ 形式的差错。由于首位和末位均为 1，这种差错共有 2^{r-1} 种形式，其中只有括号内的部分与 $G(x)$ 完全相同这一种情况检测不到，因而在差错均匀的情况下其漏检的概率仅为 $\dfrac{1}{2^{r-1}}$。

7）绝大部分大于 $r+1$ 位的突发性差错均将被检出

当 $E(x)$ 有大于 $r+1$ 位的突发性错误时，它除以 $G(x)$ 的余数将是一个 r 位的数据，总共有 2^r 种不同的情况，而只有全 0 的一种情况会检测不到，因而在差错均匀的情况下其漏检的概率仅为 $\dfrac{1}{2^r}$。

6．典型的 CRC 生成多项式

表 3-3 给出了业界采用的一些典型的 CRC 生成多项式[3]。其中 CRC-16-IBM 就是由 $x+1$ 与前述的度为 15 的本原多项式 $x^{15} + x + 1$ 相乘得到的。

表 3-3　典型的 CRC 生成多项式

名称	多项式
CRC-8-CCITT	$x^8 + x^2 + x + 1$
CRC-16-CCITT	$x^{16} + x^{12} + x^5 + 1$
CRC-16-IBM	$x^{16} + x^{15} + x^2 + 1$
CRC-32*	$x^{32} + x^{26} + x^{23} + x^{22} + x^{16} + x^{12} + x^{11} + x^{10} + x^8 + x^7 + x^5 + x^4 + x^2 + x + 1$

*: ISO 3309 （HDLC）、ISO/IEC/IEEE 802.3（Ethernet）、CRC-CCITT-32……

3.2　点对点协议 PPP

点对点协议（PPP）[4]，顾名思义就是在仅有两个通信站点的最简网络上的通信协议。它是一个数据链路层的协议。尽管在仅有两个通信站点的情况下，不需要链路的竞争和协调机制，但仍然需要封装成帧、差错检测和透明传输这些基本的数据链路层功能。此外，它还提供身份验证（authentication，也称为身份鉴别或身份认证）、数据加密及压缩等功能。PPP 尽管感觉简单，但它实际上是一个在许多类型物理链路上有着广泛应用的协议，如串行电缆、电话线路、中继链路、蜂窝移动电话、特殊的无线链路、ISDN（综合业务数字网）、类似 SONET（同步光网络）的光纤链路等。为了进行用户身份鉴别从而实现计费等服务和管理，ISP 在其 DSL（数字用户线路）因特网接入服务中普遍地采用了建立在 PPP 之上的 PPPoE（基于以太网的 PPP）。

3.2.1　PPP 层

鉴于要在一个物理网络上运行 PPP，就必须有适合该物理网络传送 PPP 报文的成帧协议来支持，我们将 PPP 所涉及的内容扩展为 PPP 层来介绍，内容包括 PPP 的基本组成、体系结构与运行流程，这些内容将使读者从宏观上认识 PPP 及其相关协议。

1. PPP 的基本组成

PPP 提供了在点对点链路上传送多种网络层协议报文的标准方法，它包括 3 个主要的组成部分[5]：

（1）一种封装多种网络层协议报文的方法；

（2）一个用来建立、配置和测试数据链路连接的链路控制协议（LCP）；

（3）一族用来建立和配置不同网络层协议的网络控制协议（NCP）。

然而，PPP 的运行离不开与具体物理网络相适配的数据链路层级协议的支持，因此我们接下来将 PPP 与这些支持协议表述为一个 PPP 层。

2. PPP 层的体系结构

PPP 层的体系结构如图 3-7 所示[4]，图的中间部分为 PPP 及相关协议的内容，就是我们所称的 PPP 层，其下面是包括数据链路层和物理层的基础网络，其上面是网络层协议。

注：一般地，PPP 层的协议是属于第 2 层即数据链路层的协议，但鉴于如图 3-7 所示的体系结构特征，也有人将其称为第 2.5 层的协议[6]。

网络层	IP		IPv6		IPX	...
PPP 层	LCP	CHAP PAP EAP	IPCP	IPv6CP	...	
	PPP 封装					
	HDLC 式的帧	POS		PPPoE		PPPoA
数据链路层与物理层	RS-232	SONET/SDH		Ethernet		ATM

图 3-7 PPP 层的体系结构

从图 3-7 可以看出，PPP 层的核心是 PPP 封装；在 PPP 封装之上是一系列辅助的协议，包括链路控制协议（LCP）及 CHAP、PAP、EAP 等身份认证协议，以及与各种网络层协议对应的网络控制协议，如 IPCP、IPv6CP 等；PPP 层的下部是一系列适合在不同物理网络上传送 PPP 封装的成帧协议，如适用于 RS-232 链路的 HDLC 式的成帧协议、适用于 SONET/SDH（同步光网络/同步数字体系）的 POS（SONET/SDH 上的分组传输协议）、适用于以太网的 PPPoE，以及适用于 ATM（异步传输模式）的 PPPoA。

注：POS 使用的也是 HDLC 式的帧。

3. PPP 的运行流程

图 3-8 所示为 PPP 的运行流程。当 PPP 不工作时，它处于静默状态；当链路上出现有效信号时，它就启动进入链路建立状态，此时它使用 LCP 进行链路配置；如果链路配置不成功，则返回静默状态；如果链路配置成功，且不要求进行身份认证，则进入网络传输状态；如果链路配置成功，且要求进行身份认证，则进入身份认证状态；如果身份认证不成功，则进入链路关闭状态；如果身份认证成功，则像不要求身份认证那样进入网络传输状态；在网络传输状态下，PPP 要根据所传输的网络层协议报文进行相应的网络层协议配置，并进行实际的报文传送；网络传输结束后，PPP 发送关闭信号，并进入链路关闭状态；链路关闭后，PPP 下线并回到静默状态。

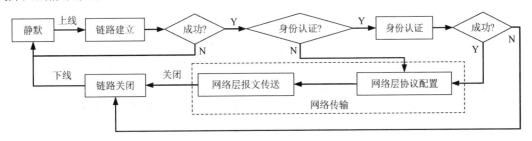

图 3-8 PPP 的运行流程

3.2.2 PPP 及其相关协议的报文格式

本节将介绍 PPP 及其相关协议的报文格式，并介绍这些协议的关键细节。

1. PPP 封装报文

PPP 封装报文的格式如图 3-9 所示，它包括协议、信息和填充 3 个字段。

注：字段后的"*"表示长度可变。

协议（8/16 位）	信息（*）	填充（*）

图 3-9　PPP 封装报文的格式

1）协议（protocol）字段

该字段的长度为 8 位或 16 位，用以说明所封装的上层报文的协议，表 3-4 给出了常用的协议字段值。通常，协议字段的长度为 16 位，以容纳如表 3-4 所示的 2 字节字段值，但可以使用 LCP 的"协议字段压缩"选项协商，将网络层报文（如 IP、IPv6、IPX 等）的协议字段压缩到 8 位。

注：在 RFC 文档中通常将 8 位的数据表述为"8 位元"（octet）。尽管"字节"（byte）通常被认为是一个 8 位的数据，但严谨地说，字节是一个计算机系统编码单个字符的二进制长度，也是计算机体系可寻址的最小存储单元，因而字节不一定是 8 位的。但本书对此不进行区分，本书中提到的字节都指的是 8 位的数据。

表 3-4　PPP 封装报文常用的协议字段值

协议名	IP	IPv6	IPX	LCP	CHAP	PAP	EAP	IPCP	IPv6CP
协议号	0x0021	0x0057	0x002B	0xC021	0xC223	0xC023	0xC227	0x8021	0x8057

2）信息（information）字段

信息即存放协议字段指定的报文的字段，它的长度可以是 0 字节，但最大不能超过 MRU（最大接收单元）。MRU 的默认值为 1500，但可以使用 LCP 的 MRU 选项进行协商。

注：MRU 是信息字段和填充字段合起来的最大长度，不包括协议字段部分。

3）填充（padding）字段

PPP 封装报文可根据低层传输需要在信息字段后增加填充字段，但填充部分与信息部分的总长度不应超过 MRU。

注：增加和区分填充部分的操作应由相关协议分别在发送端和接收端完成。

2. LCP 报文

LCP 的报文格式如图 3-10 所示，它由 4 个字段组成：

（1）代码（code）字段，用于说明报文的类型，长度为 1 字节；

（2）标识（identifier）字段，相当于报文编号，用于应答报文和请求报文的匹配，长度也是 1 字节；

（3）长度（length）字段，说明整个报文 4 个字段的总长度，长度为 2 字节，显然长度最大只能到 MRU；

（4）数据（data）字段，用于描述报文的内容，如配置选项等，其长度可以是 0，最大为 MRU－4。

注：对于含有长度可变字段的协议报文，通常会设置一个长度字段来描述报文总长度，该长度去除所有固定字段的长度便可得到可变字段的长度。

代码（1 字节）	标识（1 字节）	长度（2 字节）	数据（*）

图 3-10　LCP 的报文格式

PPP 定义了 11 种 LCP 报文，接下来我们将对与配置相关的 4 种报文进行扼要介绍，读者可阅读 PPP 的 RFC 文档[5]进行全面的学习。

1）配置请求报文（1-Configure-Request）

配置请求报文是代码为 1 的报文，发送者将要协商的所有配置选项构造为顺序的列表放在数据字段中，并发送给接收者。

2）配置确认报文（2-Configure-Ack）

配置确认报文是代码为 2 的报文。当接收端认可发送端配置请求报文中的全部选项时，它就发回配置确认报文，其数据部分要与配置请求报文完全相同。

3）配置否认报文（3-Configure-Nak）

配置否认报文是代码为 3 的报文。当接收端不认可配置请求报文中的全部或部分选项时，它就发回配置否认报文，其数据部分包括不认可的选项列表，并且注明期望的选项值。

4）配置拒绝报文（4-Configure-Reject）

配置拒绝报文是代码为 4 的报文。当接收端不能识别配置请求报文中的某些选项时，或认为一些选项不可协商时，它就发回配置拒绝报文，其数据部分包括拒绝选项及其在配置请求报文中的值。

3．LCP 的配置选项

LCP 采用选项（option）的方式实现配置操作，选项具有如图 3-11 所示的格式。它包括 1 字节的类型字段、1 字节的长度字段和可变长度的数据字段，其中长度字段描述的是 3 个字段的总长度。

注：这种类型、长度、数据 3 个字段格式是网络层报文选项的通用格式。

类型（Type）（1 字节）	长度（Length）（1 字节）	数据（Data）（*）

图 3-11　LCP 的选项格式

PPP 在其基本的 RFC 1661、RFC 1331 及 RFC 1570 文档中规定了 11 个 LCP 选项，下面我们对其中的 5 个选项进行扼要介绍，读者可阅读上述 RFC 文档进行全面的学习。

1）最大接收单元选项（1-Maximum-Receive-Unit）

本选项类型号为 1，它以 2 字节的数据协商 MRU，因而选项总长度为 4 字节，其默认值为 1500。

2）身份认证协议选项（3-Authentication-Protocol）

本选项类型号为 3，它的数据部分的前 2 字节用于说明身份认证协议的编号，后面可以附加额外的信息，因此其总长度至少是 4 字节。表 3-4 给出了 CHAP、PAP 和 EAP 的编号。

注：LCP 默认不进行身份认证，即默认情况下在配置请求报文中不包括本选项。

3）协议字段压缩选项（7-Protocol-Field-Compression）

本选项类型号为 7，它用于协商 PPP 中的字段压缩，即在 PPP 封装报文中用 1 字节而不是 2 字节描述协议。本选项没有数据部分，因而其总长度是 2 字节。

注：LCP 默认不进行协议字段压缩，即默认情况下在配置请求报文中不包括本选项。

为了实现协议字段压缩，PPP 参照 ISO 3309 的地址扩展机制来设计协议编号：协议编号最后一字节之前的各字节的最低有效位（LSB）取 0 值，只有最后一字节的 LSB 取 1 值。启用本选项后，PPP 的发送端在构造 PPP 封装报文时会检查协议字段的值，如果发现协议字段第 1 字节的值为 0，则将其压缩掉，只发送其第 2 字节的值。

从表 3-4 可以看出，PPP 将网络层协议编号的首字节都取为 0，即这些协议都是编号可压缩的，而 PPP 传输的绝大部分报文都是网络层的协议报文，因而这一压缩对于节省带宽还是很有效的。

注：通常我们将一字节的 8 位数据按由高到低的 7~0 的位号从左到右排列，其第 7 位是权重最高的位，而第 0 位是权重最低的位，这时称第 7 位为最高有效位（MSB），而称第 0 位为最低有效位（LSB），这也符合直觉。这种数据表示称为大端（big endian）法，大端表示的数据通过网络传输时会按 7~0 的位次序发送一字节中的各数据位，即从 MSB 位开始发送，最后发送 LSB 位。然而，有些串行线路会按 0~7 的位次序发送一字节的各个数据位，这种情况下就先发送 LSB 位，最后发送 MSB 位，这就使得一字节的数据按由低到高的 0~7 的位号从左到右排列，这种数据表示形式被称为小端（little endian）法。

4）地址与控制字段压缩选项（8-Address-and-Control-Field-Compression）

本选项类型号为 8。本选项没有数据部分，因而其总长度是 2 字节。

注：LCP 默认不进行地址与控制字段压缩，即默认情况下在配置请求报文中不包括本选项。

这一选项用于去除 PPP 数据链路层帧中的地址和控制字段，由于 PPP 数据链路层帧中的地址和控制字段通常是常数，因此可以将其压缩掉以节省带宽。

5）FCS 选择选项（9-FCS-Alternatives）

本选项类型号为 9。本选项数据部分为 1 字节，因而其总长度是 3 字节。在数据部分分别以 1、2、4 表示空 FCS（Null FCS）、16 位（2 字节）CCITT FCS 和 32 位（4 字节）CCITT FCS，其默认值为 2，即 16 位（2 字节）CCITT FCS。

注：16 位和 32 位 CCITT FCS 对应的 CRC 生成多项式参见表 3-3。

4. HDLC 式的帧及透明传输

图 3-12 示出了 HDLC 式的帧（RFC 1662）。该帧以 1 字节的 0x7E 作为开始和结束的标志，地址和控制分别为 1 字节的 0xFF 和 0x03，协议、信息和填充则是如图 3-9 所示的 PPP 封装报文，其中信息和填充合起来的最大值为 1500 字节，帧检验序列（FCS）为 CRC 计算的 16 位或 32 位差错检验和。其中 FCS 针对除标志外的所有字段进行差错检验。

标志 （Flag）	地址 （Address）	控制 （Control）	协议 （Protocol）	信息 （Information）	填充 （Padding）	帧检验序列 （FCS）	标志 （Flag）
0x7E	0xFF	0x03				CRC16/32	0x7E
1	1	1	1/2	*	*	2/4	1

图 3-12　HDLC 式的帧

前已说明，使用 LCP 的协议字段压缩选项可以将默认的 2 字节协议压缩为一字节，使用地址与控制字段压缩选项可以去除地址和控制字段，而使用 FCS 选择选项可以将默认的 16 位 FCS 改为 32 位 FCS。

由于 HDLC 式的帧使用了特殊的 0x7E（二进制 01111110）字节作为起始和结束标志，因而需要建立机制避免报文中含有 0x7E 值而导致帧结束的误判，这种机制就称为透明传输。根据传输的不同特征，透明传输有字节填充和位填充两种方式。

1）字节填充（octet-stuff）

当传输链路为 8-比特异步链路或 8 位元同步链路时（这两种链路均以 8 位二进制数作为基本传输单位），HDLC 式的帧使用字节填充实现透明传输。

基本思路是取 0x7D（二进制 01111101）作为转义字符，对报文中的 0x7E 和 0x7D 进行转义，RFC 1662 还默认对 0x00~0x1F 间的 32 个控制字符进行转义，还允许使用编号为 2 的异步控制字符映射（Async-Control-Character-Map）表选项商定这 32 个控制字符中需要转义的字符。所采用的转义方法还考虑减少 0x7E 和 0x7D 中较高位上连续的 1 和控制字符中较高位上连续的 0，这是通过将被转义字符与 0x20（二进制数 0010000）取异或运算（翻转）来实现的。这样数据中的 0x7E 和 0x7D 就分别转义为 0x7D0x5E 和 0x7D0x5D，而 0x03 和 0x13 则分别转换为 0x7D0x23 和 0x7D0x33。

2）位填充（bit-stuff）

当底层链路为位同步链路（以单个的二进制位作为基本的传输单位）时，RFC 1662 以位填充方式实现透明传输。其基本思路是在报文中出现的连续的 5 个 1 后填入 1 个 0，即使报文中避免出现连续的 6 个 1 的位型。

注：无论是字节填充还是位填充，都是在计算出 FCS 后进行的，而且填充是对前后两个标志之间的所有数据进行的。

⇒ 3.3　传统以太网

取名于科学史上影响深远的"以太"（ether）的以太网（Ethernet）已经成为局域网的代名词。尽管在科学上曾经被设想为无处不在的"以太"物质，后来被证明是不需要存在也确实不存在的物质，但是以太网却奠定了计算机网络的无处不在。我们将分两节，即传统以太网和现代以太网，对其进行全面详细的介绍。

3.3.1　粗缆、细缆及双绞线以太网

以太网最早起源于总线拓扑的 10Mbit/s 的粗缆以太网，后来又改进到缆线较为柔软因而更易布设的细缆以太网，再后来改进到更易布设的物理星型的集线器式双绞线以太网，它们被统称为传统以太网。尽管以太网现今已经发展为全交换式吉比特级速率的以太网，但是传统以太网特别是粗缆以太网中蕴含的智慧仍然值得我们去学习和回味，而且传统以太网的帧格式一直沿用到今天。

1．粗缆以太网

本节将介绍作为以太网起源的粗缆以太网的发明和它的物理结构及相关标准。

1）以太网的发明

以太网是由罗伯特·迈特卡尔夫（Robert Metcalfe）和大卫·博格斯（David Boggs）于 1973 年在施乐（Xerox）公司的 PARC 研究中心共同发明的。迈特卡尔夫将发明日期定在 1973 年 5 月 22 日，以太网发明的标志就是他著名的粗缆以太网草图，如图 3-13 所示[7]。该图示出了粗缆以太网的基本组成及工作原理。

2）粗缆以太网的物理结构

粗缆以太网是一种典型的总线拓扑网络，其物理结构如图 3-14 所示。其通信介质是外径为 10.3mm、阻抗为 50Ω 的 RG-8/U 型同轴电缆，它通过安装到缆线上的媒体（或称介质）触接单元（MAU）读写缆线上的电磁波信号。MAU 也就是俗称的收发器（transceiver）。连接收发器与站点的线缆称为触接单元接口（AUI）电缆。实际上，AUI 连接的是站点的网络接口卡（NIC），也就是俗称的网卡。

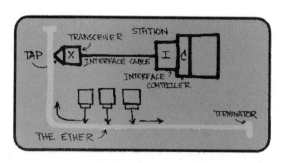

图 3-13 粗缆以太网的基本组成及原理草图

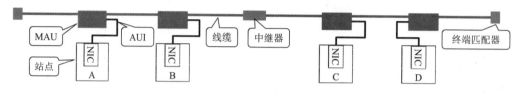

图 3-14 粗缆以太网的物理结构

粗缆以太网一个网段（segment，即一段缆线）的最大长度为 500m，超过 500m 后信号就会衰减到不可识别。可以使用中继器（repeater）连接两个网段来扩展网络，这种扩展需遵循所谓的 5-4-3 原则：最多可扩展为 5 个网段，使用 4 个中继器将它们连接起来，5 个网段中只能有 3 个网段可以接入站点，其余网段仅用来扩展网络。可见，粗缆以太网的最大覆盖距离是 2500m。

粗缆以太网要求两个站点的 MAU 间至少要有 2.5m 的距离，一个网段上最多可以布设100 个站点，因此根据上述 5-4-3 原则，一个粗缆以太网上最多可以连接 300 个站点，尽管其信道竞争机制允许站点数可达到 1024 个。此外，其 AUI 电缆的最大长度可达 50m。

3）粗缆以太网的标准

粗缆以太网的标准简称 10BASE5，它首先由数据设备公司（DEC）、英特尔（Intel）公司和施乐（Xerox）公司于 1980 年 9 月 30 日建立，此后于 1983 年 6 月 23 日被 IEEE 批准，标准号为 IEEE 802.3。10BASE5 中的 10 表示网络的传输速率是 10Mbit/s，BASE 指的是以基带信号传输数据，5 指的是一个网段的最大长度为 500m。

10BASE5 使用 Manchester 线路编码将数据转换为线路上的信号，因而其电缆上的信号频率应为 10MHz。

注：关于 10Mbit/s 位速率下 Manchester 线路编码对应的信号频率，一种说法是 5～20MHz[8]，其根据是当发送的数据是连续的 10 或 01 时，Manchester 编码对应的信号频率是时钟频率的 $\frac{1}{2}$ 倍，而当发送的数据是连续的 1 或 0 时，Manchester 编码对应的信号频率是时钟频率的 2 倍；另一种说法是10MHz[9]，其根据是 Manchester 编码实际上是一种 2 相的相位编码，10BASE5 的信号是与时钟频率相同的 10MHz 信号，但每个波形可有两种相位变化的信号，即每个波形携带一个二进制位，从而实现了10Mbit/s 的数据传输速率。作者认为第二种说法更合理，因为它基于信道极限容量的香农-哈特利定理。

2．细缆以太网

由于粗缆以太网的线缆很僵硬，不易弯曲，网络布线非常不灵活，于是人们将线缆换成柔韧性大为改善的细缆，从而发展了布线灵活度大为改善的细缆以太网。

1）细缆以太网的物理结构

细缆以太网仍然是一种典型的总线拓扑网络，其物理结构如图 3-15 所示。其通信介质选用 RG-58/U 型同轴电缆，虽然阻抗仍然是 50Ω，但外径缩小为 5mm，这使其较前面的粗缆柔软得多，因而布线灵活得多。

与粗缆以太网不同的是，细缆以太网使用 BNC 连接器（一种卡口电缆连接器）连接缆线。图 3-16（a）和（b）示出了 BNC 连接器的主要部件，图 3-16（a）中的左右两个部件分别是 BNC 连接器的插头和插座，图 3-16（b）示出的是简称"T 形头"的 BNC T 形接插件，T 形头由水平向的两个 BNC 连接器插头和垂直向的一个 BNC 连接器插座构成。

如图 3-15 所示，细缆以太网接入一个站点时，要将缆线剪断，断开的两个缆线头要分别装上 BNC 连接器的插座，再卡到一个 T 形头水平向的两端，T 形头垂直向的一端要直接卡到站点的网卡上。图 3-16（c）示出了一个同时带有细缆以太网 BNC 连接器的插头和后文要述的双绞线以太网 RJ45 插座的网卡，其上的 BNC 连接器的插头就是用来卡接 T 形头并接入作为总线的细缆的。细缆以太网的收发器在网卡上，因此它需要直接将 T 形头接到网卡上，而不像粗缆以太网那样用一条 AUI 缆线连接总线和网卡。

细缆以太网一个网段的最大长度为 185m，它也像粗缆以太网那样以 5-4-3 原则扩展网络，因而其网络的最大跨度只有 925m。细缆以太网要求两个站点的 T 形头间至少要有 0.5m 的距离，一个网段上最多可以布设 30 个站点，因此根据 5-4-3 原则，一个细缆以太网上最多可以连接 90 个站点。

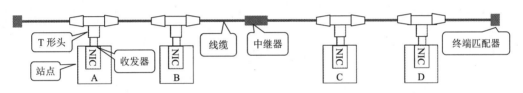

图 3-15　细缆以太网的物理结构

（a）BNC 连接器的插头和插座[10]　　（b）BNC 连接器 T 形头[11]　　（c）双接口以太网网卡[12]

图 3-16　BNC 连接器及细缆/双绞线以太网的网卡

2）细缆以太网的标准

细缆以太网的标准简称为 10BASE2，它由 IEEE 于 1988 年批准，标准号为 IEEE 802.3a。其中的 10 表示网络的传输速率是 10Mbit/s，BASE 指的是以基带信号传输数据，2 指的是一个网段的最大长度为 200m（实际上是 185m）。

10BASE2 也使用 Manchester 线路编码将数据转换为线路上的信号，因而其电缆上的信号频率也是 10MHz。

3．双绞线以太网

为了进一步改善以太网布网的灵活性，人们又发展了双绞线（twisted pair）以太网，关于双绞线的知识可参考第 2 章。

1）双绞线以太网的物理结构

双绞线以太网使用 3 类（Cat 3）无屏蔽双绞线（UTP，注：如无特别说明，今后所称的双绞线都是指 UTP）作为传输介质，其物理结构是图 3-17 所示的"物理星型、逻辑总线"式结构。居于这种网络结构核心的是一种如图 3-18（a）所示的称为"集线器"（hub）的设备，它提供若干如图 3-18（b）所示的 8P8C 型插孔（也称为插座、插口或端口），这些插孔可插入 8P8C 型插头。站点的网卡（NIC）上也要提供 8P8C 型插孔［见图 3-16（c）］，而双绞线则需要像图 3-18（c）那样在两端接上 8P8C 型插头，这样它就能将站点连接到集线器上。

注 1：3 类（Cat 3）双绞线可以有 2、3 或 4 对导线。

注 2：双绞线以太网很快便将线缆升级到了 5 类（Cat 5）双绞线。

注 3：8P8C 型插头/插座也常称为 RJ45 插头/插座，尽管这种称法不够严谨。

双绞线以太网中连接站点和集线器的 3 类双绞线段的最大长度是 100m，最小长度不能短于 2.5m，即一个集线器能够覆盖半径为 100m 的圆形区域。

注：使用 5 类双绞线可以将站点距离延长到 150m，但实践中很少有这样做的。

由于集线器本质上是一种共享总线式网络设备，假如它的数据传输速率为 R，共有 n 个端口，则其每个端口也就是每个站点可以获得的数据传输速率理论上仅是 $\dfrac{R}{n}$。因此，尽管可以像图 3-19 那样通过集线器的级联实现更大范围的网络覆盖和更多站点的连网，但当 1、2 级集线器同为 n 端口时，每个二级集线器端口最多仅能获得 $\dfrac{R}{n^2}$ 的数据传输速率。

后来人们将集线器改进为具有堆叠（stack）功能的集线器。这样的集线器上配置两个堆叠接口，使用专用的堆叠线将它们连接起来，这时的两个集线器就如同一个集线器。如果它们都是 n 端口的，则每个端口可以获得 $\dfrac{R}{2n}$ 的数据传输速率。

双绞线以太网标准允许一个网络最多支持 1024 个站点，但实践中网络的最大站点数通常控制在 200～300 个。

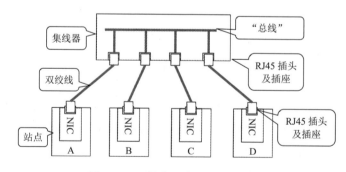

图 3-17　双绞线以太网的物理结构

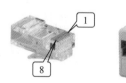

（a）以太网集线器[14]　　　　（b）8P8C 型（RJ45）插头和插孔[15][16]　　　　（c）带 8P8C 型插头的双绞线[17]

图 3-18　双绞线以太网的连网部件

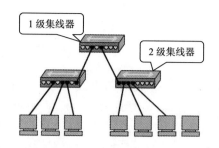

图 3-19　集线器的级联[13]

2）双绞线以太网的连线

双绞线以太网采用表 3-5 所示的 ANSI/TIA-568（T568A 或 T568B）接线标准，其中针号对应图 3-18（b）所示的 8P8C 型插头上的针序号。可以看出，双绞线以太网仅使用两对双绞线，其中 1、2 号针上的连线构成发送信号的回路，3、6 号针上的连线构成接收信号的回路。

注 1：未用的针通常不接线或以两端平行方式接线。

注 2：表 3-5"线极性"列中的"尖"和"环"来自图 3-20 耳机插头中各组成部分的称法，其中"尖"线指的是正极性（传输正电压）的线，它对应彩色与白色相间的线，而"环"线指的是负极性（传输负电压）的线，它对应纯彩色的线。

表 3-5　双绞线以太网的接线标准

针号	T568A 标准		T568B 标准		信号	线极性
	线对	线色	线对	线色		
1	3	白绿	2	白橘	TD+（Tx+）	尖
2	3	绿	2	橘	TD−（Tx−）	环
3	2	白橘	3	白绿	RD+（Rx+）	尖
4	1	蓝	1	蓝	未用	环
5	1	白蓝	1	白蓝	未用	尖
6	2	橘	3	绿	RD−（Rx−）	环
7	4	白棕	4	白棕	未用	尖
8	4	棕	4	棕	未用	环

图 3-20　耳机插头的组成[18]

注：指尖、指环和袖套来自英文的 Tip、Ring 和 Sleeve，因而耳机插头又常称为 TRS 插头

显然，如果将两个站点 A 和 B 直接相连，则 A 计算机的发送和接收线对要分别接到 B 计算机的接收和发送线对上，因此两者间的双绞线需要像图 3-21（a）那样交叉地连接到两个 8P8C 型插头上，再将 8P8C 型插头插到 A、B 站点 NIC 的 8P8C 型插座中。

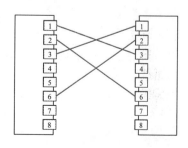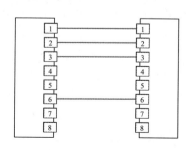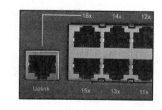

（a）交叉连接　　　　　　　（b）直连　　　　　　　（c）集线器的上连端口

图 3-21　双绞线对 8P8C 型插头的交叉连接和直连及集线器的上连端口[19]

在计算机网络中，将这种实现通信传输介质（这里是双绞线）对网络设备连接的 8P8C 型插头/插座统称为媒体（介质）相关的接口（MDI）。粗缆以太网中的 AUI、细缆以太网中的 BNC 接插件都属于 MDI。

为将双绞线对 8P8C 型插头的连接简化为图 3-21（b）所示的直连方式，双绞线以太网将其中心设备集线器（以及后来的交换机）上的接口定义为 MDI-X，即媒体（介质）相关的交叉模式接口。MDI-X 使用 3、6 号线发送信号，使用 1、2 号线接收信号。双绞线以太网中的连网设备则遵循如下规范：集线器、网桥、交换机等网络连接设备（简称连网设备）上一律配置 MDI-X 接口，而计算机、工作站、服务器等使用网络的设备（简称用网设备）上一律配置 MDI 接口。这样，将一台用网设备接到连网设备上便可使用简单的双绞线直连方式，而这也是最为常见的网络接入操作。

显然，当级联集线器时，需要连接两个 MDI-X 接口，这就需要如图 3-21（a）所示的交叉连接的双绞线。为了改进这一点，后来的集线器增加了如图 3-21（c）所示的上连（uplink）端口，该端口相当于一个 MDI 接口，使用该端口可以将集线器以直连的方式连接到上级集线器上。通常该端口关联于一个 MDI-X 端口，图 3-21（c）中的上连端口就关联于 16 号端口，如果使用了该端口，则 16 号端口就不能用了。

现代的以太网交换机的端口都设计成具有自动 MDI-X 功能，即能够根据与对方端口的连线情况决定它该是 MDI 类型还是 MDI-X 类型的接口。

3）双绞线以太网的标准

双绞线以太网的标准简称 10BASE-T，它由 IEEE 于 1990 年批准，标准号为 IEEE 802.3i。其中的 10 仍然表示网络的传输速率是 10Mbit/s，BASE 仍然指的是以基带信号传输数据，T 则指的是双绞线。

10BASE-T 仍然使用 Manchester 编码进行线路编码，因而其电缆上的信号频率仍然是 10MHz。

注：10BASE-T 使用 3 类双绞线（Cat 3），该介质的带宽为 16MHz，因而能够以 Manchester 编码支持 10Mbit/s 的位速率。

3.3.2　CSMA/CD 协议

传统以太网中的 10BASE5 和 10BASE2 均是典型的总线式局域网，即使 10BASE-T 也是"盒中的总线"。对于这种总线式网络，需要设计一种机制，使得一对站点间的通信不会受到其他站点间通信的干扰。尽管 FDM 和 TDM 可以实现这一目标，但是它们都需要一个中心站点来协调和管理，这除了增加网络的运行成本，也增加了因中心站点故障而导致的网络失败风险。为此，传统以太网的设计者提出了一种称为带冲突检测的载波监听（也称为侦听）多路访问（CSMA/CD）的分布式协调协议。正是这一协议，使得以太网逐步取代了其他各种类型的局域网，几乎成为局域网的代名词。

我们以最早的 10BASE5 粗缆以太网介绍 CSMA/CD 协议，一方面 CSMA/CD 协议的细节是为 10BASE5 量身定做的，另一方面后来改进直至今天长足发展的以太网，仍然保留了 10BASE5 以太网标准中的许多设计，特别是帧格式的设计，这是保持向后兼容的需要，更说明 10BASE5 的设计极具智慧和远见，值得学习。

1. 为站点设定地址

任何网络通信都需要有站点的识别机制，这是通过给站点赋予地址来实现的，这种地址通常在制作网卡（NIC）时写到其只读存储器（ROM）中，因此常称为硬件地址。在一种总线式局域网中，一个站点发送的信号会在整个总线上传输，因而连接到总线上的所有站点都会收到该信号。显然，正确的网络传输只允许目标站点接收信号中的报文（在数据链路层上称为帧），为此，以太网在信号所携带的帧中标上目的站点（包括原站点）的地址，这样每个网卡（NIC）接收到帧时，都先查看帧上的目的地址，如果目的地址与自己 ROM 中的地址相同，则接收该帧，否则丢弃该帧。

图 3-22 给出了上述过程的示意图。我们以站点 A、B、C、D 的编号作为站点的地址。当 B 站向 D 站发送数据时，它就在所构造的帧上标上目的站点 D 的地址（以及它自己的作为源站点的地址 B），网络上的 A、C、D 站的网卡（NIC）都会收到该帧，但只有 D 站的 NIC 判断出该帧的目的地址与其 ROM 中的地址相同，因而它会接收该帧；而 A、C 站的 NIC 会判断出该帧的目的地址与它们 ROM 中的地址不相同，因而就会抛弃该帧。

图 3-22　总线式以太网的地址机制

2. 信号的碰撞

当两个或多个站点同时发送信号，或者当一个站点发送信号尚未结束时，另一个站点可能会发送信号，则这两个信号就会在总线上相遇，这种现象被形象地称为"碰撞"（collision）。碰撞后的信号为相互叠加的电磁波，它或者是 NIC 无法识别的信号，或者是 NIC 可以识别但其中的数据已经是出现差错的数据，总之，都会导致网络通信失败。

注：所有连接到同一条总线上的站点相互之间都可能发生信号的碰撞，它们被称为属于同一个碰撞域（collision domain），有时也将它们所连接到的总线介质称为碰撞域。

图 3-23 给出了总线式以太网上信号的碰撞示意图。站点 A 发送到 B 的信号的初始部分被站点 B 正确接收，但由于信号（电磁波）会沿着总线一直传播，它就有可能与另一个站点，如站点 D 发出的信号相碰撞。碰撞后的信号会继续向两个方向传播，最终导致站点 B 收到无法识别的信号，致使网络通信失败。

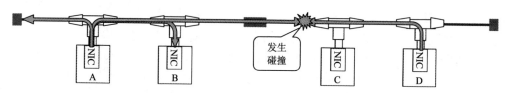

图 3-23　总线式以太网上信号的碰撞示意图

3. CSMA/CD 协议的基本思想

总线式以太网的创立者设计了一个健壮、高效率的协议，以分散控制的方式完美地实现了多站点共享争用总线的可靠网络通信机制。如前所述，该协议称为 CSMA/CD 协议，即带冲突检测的载波侦听多路访问协议，其基本思想可表达为如下易懂易记的4个要点。

1）先听后说

若一个站点有数据要发送，则要先侦听（检测或监听）信道（总线），当侦听到信道空闲时它便向信道上发送其数据帧对应的信号。

2）边说边听

边说边听即一边发送一边侦听，以确定信号发送过程中是否与其他站点的信号发生了碰撞，如果发生了碰撞，则立即停止发送。这一阶段又称碰撞检测。

3）强化冲突

如果在上一阶段检测到碰撞（或冲突），则在停止发送正常信号后，立即发送一个强化冲突信号，然后终止本次发送。强化冲突信号一般是长度为32比特的信号，它被构造成与已发送数据的CRC校验位不同的位串，这样即使一个站点认为接收到一个帧，也会因为无法通过CRC校验而抛弃该帧。有时强化冲突信号被设计成48比特的信号，这时它的后32比特构造为与已发送数据CRC校验位不同的位串。

注：以太网的NIC设计了计算CRC的移位寄存器电路，因而它能够边发送数据位串边计算CRC，这使它可以很容易地实现上述强化冲突信号生成和发送功能。

4）退避重发

若因检测到冲突而停止本次发送，则协议设计了截断二进制指数退避算法（the truncated binary exponential backoff algorithm）退避后重新发送。该算法通过让站点执行多轮次随机时间的退避来降低再次发送数据时的冲突概率。下文将给出详细的解释。

注：显然，CSMA/CD协议下的以太网是一种半双工通信网络。

4. 截断二进制指数退避算法

当两个或多个站点检测到碰撞后，它们都将在发送完各自的强化冲突信号后停止发送。如果这时它们都简单地再检测信道，发现空闲后重发，那么它们发出的信号必将再次发生碰撞。为了降低重发信号发生碰撞的概率，以太网设计了截断二进制指数退避算法，其要点如下。

当站点首次发生了碰撞时，记碰撞次数 $c=1$，并从 $0 \sim 2^1-1$ 即 0 和 1 中随机取一个数 b，等待（退避）bt_s 的时间后再检测信道，并在信道空闲时重发。

注：这里的 t_s 称为退避时隙（backoff slot time），其值为 $51.2\mu s$（这个时间的来历将在下文讲述以太网帧结构时解释）。

此后，如果再次发生碰撞，则将 c 加 1，并从 $0 \sim 2^c-1$ 中随机取一个数 b，等待 bt_s 的时间后再检测信道，并在信道空闲时重发。

当 c 的值超过 10 时，就从 $0 \sim 2^{10}-1$ 中随机取一个数 b，这可防止退避时间过长。

当 c 的值超过 16 时，站点将不再进行重发尝试，而是向高层报告传输错误。

上述退避算法每增加一次碰撞次数，决定退避时间的随机数的取值范围就翻一倍，即指数级增加，这就会迅速地降低下一轮次再次发生碰撞的概率，因而高效率地解决了重发的碰撞问题。

➡ 3.4　IEEE 802 的体系结构及以太网的帧格式

本节的重点是以太网的帧结构，但是该知识需要以 IEEE 802 的体系结构作为背景，因此我们先给出 IEEE 802 体系结构的概要介绍。

3.4.1　IEEE 802 的体系结构

IEEE 802 是 IEEE 为基于帧的物理网络制定的一个标准系列，IEEE 的 LAN/MAN 标准委员会（LMSC）负责制定和维护这些标准，该委员会下设许多个分委员会，每个分委员会负责一类具体的标准。同时，LMSC 还设计了一种标准化的体系结构，以使这些物理网络向上层提供一致的服务。

1. IEEE 802 的典型子标准

IEEE 802 是一个由众多子标准组成的庞大标准系列，表 3-6 示出了一些典型的子标准。

表 3-6　IEEE 802 的典型子标准[20]

标准号	标准内容	标准号	标准内容
IEEE 802.1	IEEE 802 LAN/MAN 体系结构、网桥互连及管理，以太网的 VLAN 等方面的标准	IEEE 802.15.1	蓝牙证书标准
IEEE 802.2	数据链路层中的逻辑链路子层（LLC）标准	IEEE 802.15.2	IEEE 802.15 及 IEEE 802.11 的共存标准
		IEEE 802.15.3	高速 WPAN 标准
IEEE 802.3	以太网标准	IEEE 802.15.4	低速 WPAN 标准
IEEE 802.10	LAN 互操作的安全标准	IEEE 802.15.5	WPAN 的网格化标准
IEEE 802.11	无线局域网（WLAN）标准	IEEE 802.15.6	体域网（BAN）标准
IEEE 802.15	无线个人区域网（WPAN）标准	IEEE 802.15.7	可见光通信标准

这些子标准中有基本的物理网络标准，如 IEEE 802.3 以太网标准、IEEE 802.11 无线局域网（WLAN）标准、IEEE 802.15 无线个人区域网（WPAN）标准等，也有 IEEE 802.2 的逻辑链路子层（LLC）标准，还有涉及体系结构、网桥互连及管理、以太网 VLAN 等综合性内容的 IEEE 802.1 标准，以及 LAN 互操作安全的 IEEE 802.10 标准等。

注：IEEE 802.2 标准已经于 1988 年被国际标准化组织（ISO）采纳，并编号为 ISO/IEC 8802-2:1998。IEEE 也从此终止了 IEEE 802.2 的相关工作，这里完全采用 ISO/IEC 8802-2 标准中的内容。

鉴于 IEEE 802.15 WPAN 标准涉及具有明显特征的不同网络形态，其下面又设了表 3-6 右侧所示的 7 个二级子标准。

2. IEEE 802 的体系结构

为了使各种异质的物理网络向网络层提供一致的服务，IEEE 802 委员会建立了如图 3-24 所示的 IEEE 802 体系结构，该体系具有如下特征：

将数据链路层分成两个子层，即逻辑链路控制（LLC）子层和媒体（介质）访问控制（MAC）子层。其中 LLC 子层屏蔽下面物理网络间的差异，它使数据链路层能够向网络层提供与物理网络无关的服务，这也是其逻辑性的由来。MAC 子层提供与媒体相关的数据链路层服务，它是具体物理网络的数据链路层部分。除了 MAC 子层，具体物理网络还包括物理层。在 MAC 子层之上的 IEEE 802.1 网桥层用于实现 MAC 子层上的物理网络互连。

注 1: LLC 子层对于除 IEEE 802.3 以太网外的其余物理网络是必需的, 但以太网可以没有 LLC 层, 直接用其 MAC 层向网络层提供服务[21]。图 3-24 中 IEEE 802.3 以太网的图形形状正是对这一特征的体现。

注 2: 尽管图 3-24 中 IEEE 802.1 网桥在图形上以介于 MAC 和 LLC 子层之间的层的形式体现, 但人们并不将它看成数据链路层的一个子层, 因为网桥是一个数据链路层上的联网设备, 它不负责向上层提供服务。

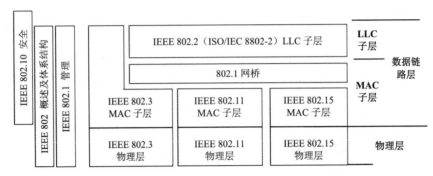

图 3-24　IEEE 802 的体系结构[22]

3.4.2　以太网的帧格式及最小帧长

前已述及, 网络协议的报文格式在很大程度上体现了网络协议的要素, 特别是语法和语义要素, 本节我们就详细介绍传统以太网的帧格式, 以使读者对以太网有具体的认知。我们还将介绍以太网最小帧长这一帧设计的由来。

1. 以太网的地址

以太网地址即其 MAC 子层协议识别站点的地址, 因而又称为 MAC 地址。该地址被设定为如图 3-25 所示的长度为 6 个 8 位元 (6 字节) 即 48 个二进制位的地址。MAC 地址要以 ROM 的形式固化到以太网的实现硬件即网卡 (NIC) 中, 因而又称硬件地址或物理地址。

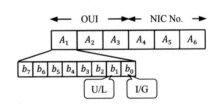

图 3-25　以太网的 MAC 地址

以太网的 6 字节地址常以其十六进制数表示。IEEE 规定了 3 种表示方法, 一是以连字符 "-" 连接的 6 组两位十六进制数表示, 如 18-29-3A-4B-5C-6D; 二是以冒号 ":" 连接的 6 组两位十六进制数表示, 如 18:29:3A:4B:5C:6D; 三是以句点 "." 连接的 3 组四位十六进制数表示, 如 1829.3A4B.5C6D。本书将采用第一种表示方法。

为了保证不同厂家生产的网卡有不同的 MAC 地址以避免冲突, IEEE 设立了一个组织唯一标识符 (OUI) 注册部, 网卡生产商需向该部门申请一个 3 字节的 OUI, 它将作为其网卡 MAC 地址的前 3 字节, 网卡 MAC 地址的后 3 字节将作为网卡的序号 (NIC No), 因此申请一个 OUI 可以生产 2^{24} (16777216) 个网卡。

为了使网卡地址有一定的灵活性, IEEE 将网卡地址第 1 字节的 LSB (图 3-25 中的 b_0) 位设定为单址/组址 (I/G) 位, 也称为单播/组播 (U/M) 位, 而将该字节的次 LSB (图 3-25 中的 b_1) 位设定为全局/本地 (或通用/专用) 管理地址 (U/L) 位。I/G 位正常为 0, 此时以该地址为目的地址的帧将被其所对应的唯一网卡 (站点) 接收; 当该位取值为 1 时, 以该地址为目的地址的帧将根据一定的成组规则被一组网卡（站点）接收，这将实现高效率的组播功能。特别地，48 位全为 1 即十六进制表示下 12 个 F 的地址（FF-FF-FF-FF-FF-FF）为广播地址，以该地址为目的地址的帧将被网络上的所有站点接收。我们将在第 4 章讲述 ARP 时介绍该地址的一个实际应用。

类似地，U/L 位正常为 0，这时地址是一个全局可用或通用的地址，它可以写进网卡的 ROM 并允许在全球任何地方使用而不用担心冲突；当该位取值为 1 时，它便是一个局部可用或专用的地址，该地址可以通过软件配置取代网卡中的 ROM 地址，以实现一些网络实验或测试，因而它只有在本地局部的范围内使用才可保证没有冲突。

I/G 位和 U/L 位的设定将以太网 MAC 地址按图 3-25 中的 b_0b_1 位分成了如表 3-7 所示的 4 种类型：00（IU）——全局单播地址；01（IL）——局部单播地址；10（GU）——全局组播地址；11（GL）——局部组播地址。

表 3-7 以太网 MAC 地址的类型

b_0 \ b_1	0	1
0	00（IU）	01（IL）
1	10（GU）	11（GL）

注 1：IEEE 的 OUI 注册部分配的 OUI 号是 b_0b_1 位为 00 的能够给出全局单播地址的 IU 类型号，因而其首字节的后 4 个二进制位就只有 0000、0100、1000 和 1100 四种情况，对应的十六进制数分别为 0、4、8 和 C[23]。

注 2：以太网在发送地址时，各字节以图 3-25 所示的 $A_1 \sim A_6$ 的顺序发送，但是每个字节中的二进制位却以 LSB 在前、MSB 在后的顺序发送，即以 $b_0b_1b_2b_3b_4b_5b_6b_7$ 的顺序发送。

2．以太网的帧结构

本节将详细介绍以太网的帧结构，这是一种兼容 DIX V2（也称为 II 型以太网，Ehternet II）和 IEEE 802.3 标准的帧结构。

1）以太网帧的基本结构

以太网的帧结构如图 3-26 所示，其中括号内的数字为相应字段的字节数，整个帧的数据从左端开始发送，图中的"以太网帧"部分是以太网的数据链路层的 MAC 层构造和使用的帧，因此也称为以太网的 MAC 帧。其前面增加的"前导"部分用于帧的同步，为了区分，我们将增加前导部分的以太网 PDU，称为"以太网同步包"。

注：以太网 CSMA/CD 协议中的"边发边听"针对的是以太网帧部分，即发送目的地址时才启动"边发边听"机制，发送前导时是不启动"边发边听"机制的。

此帧结构是一种兼容 DIX V2 和 IEEE 802.3 两种标准的结构，这两种帧的区别有两点：一是 DIX V2 同步包的前导是 8 字节，而 IEEE 802.3 同步包有 7 字节的前导和 1 字节的 SFD（帧始定界符）；二是 DIX V2 帧的 2 字节"（以太）类型"字段在 IEEE 802.3 帧中是"长度"字段。

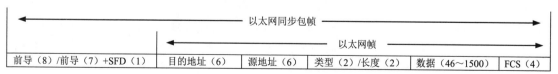

图 3-26 以太网的帧结构

2）前导字段

DIX V2 同步包的前导是由 7 字节的 10101010 和 1 字节的 10101011 组成的，前面 31 组重复"10"构成的长度为 62 的位串可使监听站点断定有效信号的到来并能使其时钟与线路上的信号同步，最后的"11"可使监听站点断定接下来的信息是帧的目的地址。IEEE 802.3 同步包的 7 字节前导与 DIX V2 同步包前导的前 7 字节相同，而其 SFD 则与 DIX V2 同步包前导的最后一字节相同，但 IEEE 802.3 同步包对 DIX V2 前导的这种拆分具有更好的概念化和抽象意义。

3）目的地址、源地址及数据字段

除类型/长度字段外，DIX V2 和 IEEE 802.3 帧包括另外相同的 4 个字段，即 6 字节长度的目的地址字段和源地址字段，46～1500 字节的数据（也称为负载，payload）字段，以及 4 字节的 FCS 字段。

目的地址和源地址分别是帧的目的接收站和源发送站的 6 字节以太网 MAC 地址，其中目的地址还可能是前述的 12 个十六进制 F 的广播地址；FCS 为 4 字节长度的差错检测冗余码，以太网运用 32 位的 CRC 实现 FCS，且采用表 3-3 最后一行的生成多项式，这里的 FCS 仅对以太网帧的 4 个字段进行校验，不包括同步包中的前导部分。

数据字段长度不能小于 46 字节，后文将详述这个最小长度的由来。数据字段最大长度也就是最大传输单元（MTU）的长度为 1500 字节，这也是 PPP 封装报文信息字段 MRU 的默认值。该数值是传统以太网在效率、公平和成本间的一种权衡[24]。尽管对以太网帧或以太网同步包（甚至任何给定格式的报文）来说，协议中开销性字段的长度是一定的，因而其所携带的数据越多，则传输效率或吞吐量就越高，但是帧中携带的数据越多，则站点一次占用信道的时间就会越长，这会影响网络的公平性，同时在传统以太网时代，存储器造价还很高，过长的帧会带来网卡成本的提升，从而影响网络的普及。综合这些因素，1500 字节的 MTU 就是较合理的折中。

4）类型/长度字段

前已述及，图 3-26 中的以太网帧结构还是一种兼容 DIX V2 和 IEEE 802.3 标准的结构，这种兼容性是通过巧妙地运用帧的最大帧长来实现的。由于以太网帧的 MTU 的长度是 1500 字节，因而其最大帧长为 1518 字节。于是，DIX V2 标准就将其类型字段的值设定为大于或等于 0x600 的值，而 0x600 对应的十进制数是 1536，一定会大于任何以太网帧的长度。因此，只要在网卡的 MAC 层设计时增加对类型/长度字段值的判断逻辑，即该字段值若小于 0x600，则以 IEEE 802.3 标准解释收到的帧，否则便以 DIX V2 标准解释收到的帧。

5）常用的以太网帧类型

实践中，大部分时候使用的是 DIX V2 帧，它用类型域说明数据字段中内容的协议类型，表 3-8 给出了标准规定的常用协议类型。

表 3-8　常用的以太网帧类型[25]

类型号	协议名称	类型号	协议名称	类型号	协议名称	类型号	协议名称
0x0800	IPv4	0x86DD	IPv6	0x8863	PPPoE 发现	0x8847	MPLS 单播
0x0806	ARP	0x8100	VLAN 标识	0x8864	PPPoE 会话	0x8848	MPLS 多播

6）帧间隙及帧结束的判断

为了使刚刚结束发送或接收的站点不会错过接下来发送给它们的帧，以太网定义了帧间隙（IFS）。对传统以太网来说，IFS 为 9.6μs，对应 96 位即 12 字节的传输时间，体现在 CSMA/CD

协议中，就是在"先听后说"阶段，当检测到信道空闲时，不是立即发送数据，而是要继续检测 IFS 的时间，只有在该时间段内信道一直空闲才开始发送。这就使得一个站点在连续发送两个帧时，两个帧之间要间隔 IFS 的时间发送。

下面我们看一下以太网接收站点如何进行帧结束的判断。由于 IEEE 802.3 以太网帧有长度字段，接收站可以很容易地判断帧的结束。尽管 DIX V2 帧没有长度字段，但由于以太网物理层采用了位中间有跳变的曼彻斯特编码，且以太网规定了站点在发送完一帧后要有 IFS 的静默期，接收站在接收完帧的最后一位后，在下一个时钟周期内就不会收到新的位，因而它可据此判断已经接收完帧的全部位，也就是帧结束了。

3. 以太网帧最小帧长的由来

从图 3-26 可以看出，以太网帧的数据字段长度不能小于 46 字节，这就使得帧的最小长度不能小于 64 字节，即 512 位，这一下限是由粗缆以太网 CSMA/CD 协议决定的。

根据 CSMA/CD 协议，站点发送数据时要"边发边听"，以检测发送数据帧的过程是否受到碰撞。"边发边听"也就意味着"不发不听"，因而，发送站所发送的数据帧必须足够长，以便能够检测到"最坏情况的碰撞"。

"最坏情况的碰撞"也就是从开始发送到接收到碰撞信号所花费的时间最长。粗缆以太网最大网段长度是 2500m，这种"最坏情况的碰撞"将发生在相距 2500m 的两个站点之间。粗缆以太网上最坏情况的碰撞如图 3-27 所示。

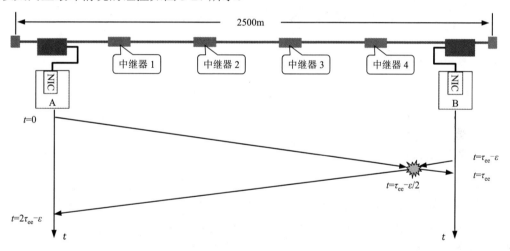

图 3-27　粗缆以太网上最坏情况的碰撞

图 3-27 中 A 与 B 是相距约 2500m 的两个站点，A、B 下的两条向下箭头的竖线表示信号传播的时间，而这两条竖线之间为信号传播的空间。设信号从 A 站发出到达 B 站的时间为 τ_{ee}（这个时间称为端到端的时延，end-to-end time），那么，"最坏情况的碰撞"将发生在 A 站发出的信号即将到达 B 站的 $\tau_{ee} - \varepsilon$ 时刻（ε 是一个几乎为 0 的时间量），B 站因检测到信道空闲而发送了信号，这样两个信号就会在 $\tau_{ee} - \varepsilon / 2$ 时刻发生碰撞。发生了碰撞的信号将沿着线缆反向向 A 站传播，A 站将在 $2\tau_{ee} - \varepsilon$ 时刻收到此信号。因此，A 站要检测到此碰撞信号就必须在 $2\tau_{ee} - \varepsilon \approx 2\tau_{ee}$ 的时间里连续发送数据，也就是说，A 站发送的帧必须足够长以确保发送时间不低于 $2\tau_{ee}$。

τ_{ee} 由信号（电磁波）在 2500m 缆线和 AUI 缆线上的传播时间、4 个中继器所带来的时延、两端收发器上的时延、编解码的时延等组成，对粗缆以太网来说，这个时间大约为 23.2μs，$2\tau_{ee}$ 也就是 46.4μs。在 10Mbit/s 的网络中，这对应 464 比特。也就是说，以太网帧的长度不能小于 464 比特。为留有足够的余地，以太网标准取最短帧长为 512 比特，即 64 字节，因而其数据部分至少要有 46 字节。如果实际发送的数据不足 46 字节，则要填充到 46 字节，填充的内容通常是值为 0 的数据。

上述的最短帧长对应 51.2μs 的发送时间，该时间又被称为以太网的争用时隙（contention slot time），简称时隙，也就是截断二进制指数退避算法中的退避时隙，即站点在检测到碰撞后需要随机等待的时间单位。

注 1：有时候也会以时隙中所能发送的数据字节数或比特数作为时隙，如上述的争用时隙也常以 64 字节或 512 比特来表述。

注 2：细缆以太网和双绞线以太网的网络覆盖范围比粗缆以太网小很多，因而它们可以用更小的帧长检测"最坏情况的碰撞"，但出于兼容性的考虑，这个 64 字节的最短以太网帧被保留了下来。即使以太网发展到下文所述的现代以太网，这个最短帧仍然被保留着。

➡ 3.5 现代以太网

传统以太网开启了局域网的以太网时代，而其后续的不断发展，逐步奠定了其在局域网领域几乎 100% 占有率的绝对优势地位，这包括快速以太网、交换式以太网、虚拟以太网、吉比特以太网及更高速率的以太网，我们将它们统称为现代以太网。

3.5.1 快速以太网

快速以太网指的是 1995 年推出的 100Mbit/s 传输速率的以太网，它对应的标准是 IEEE 802.3u。这一传输速率的显著提升使以太网的通信能力和可用性发生了质的飞跃，是计算机网络得到社会认可，得以大力发展的里程碑。

1. 快速以太网简介

快速以太网的标准包括多个子标准，其中最有代表性的是合称为 100BASE-X 的 100BASE-TX 和 100BASE-FX，其中的 100 和 BASE 分别表示 100Mbit/s 的传输速率和基带传输，而 T 和 F 则分别表示传输介质为双绞线和光纤（fibre optic），最后的 X 表示标准采用了 4B5B 方式的线路编码。

在实践中部署的快速以太网绝大部分是 100BASE-TX 标准的网络。该标准早期采用了与 10BASE-T 网络相似的结构，即以 100Mbit/s 传输速率的集线器构造物理星型逻辑总线的网络拓扑，选用 5 类双绞线作为通信介质，使用 8P8C 型插头/插座将网线连接到网卡或集线器上，也采用 ANSI/TIA-568（T568A 或 T568B）接线标准，最大网线长度是 100m。

100BASE-TX 的集线器采用与传统以太网相同的 CSMA/CD MAC 层协议，因而仍然工作在半双工模式。100BASE-TX 的 MAC 层仍然保持了传统以太网的帧结构，即最短帧长仍然限制在 64 字节（512 比特），在 100Mbit/s 速率下这使得时隙值减少到 5.12μs，网络直径也从 2500m 缩小到大约 250m，即网络仅能在一个集线器的覆盖范围内工作，无法通过级联集线器扩展网络的覆盖范围。100BASE-TX 集线器很快就被交换机取代，这时网络成为全双工网络，冲突域也就被局限在交换机到站点的 100m 双绞线上，网络也就可以通过级联交换机扩大覆盖范围。由于全双工的 100BASE-FX 的光纤长度可达 2000m，因而 100BASE-TX 和 100BASE-FX 交换机的混合级联可以覆盖若干千米的地理范围，从而可以构建覆盖一个机构总部、校园、工厂或商贸园的园区级以太网络。

100BASE-TX 的集线器及后来的交换机和网卡通常被设计为 10/100Mbit/s 自动协商（auto negotiation）模式，因而它与 10Mbit/s 传输速率的 10BASE-T 网络具有良好的兼容性，这给网络的扩展和升级改造带来了极大的便利，也节省了一定的费用。

2. 快速以太网的线路编码

前已述及，100BASE-X 采用了 4B5B 编码。从其名字就可以看出，该编码是用 5 个二进制位对 4 个二进制位进行编码的，因而是一种"块式编码"（block code）。由于 5 个二进制位共有 32 个不同的编码，因而可以通过仔细选择 4 个二进制位的 16 个编码对应的编码来实现传输信号的 DC 平衡（DC equalization）和谱形改善（spectrum shaping）。表 3-9 给出了 4B5B 编码表。4B5B 编码还利用 5 位编码的冗余性定义了一些控制码，如表 3-10 所示。

表 3-9　4B5B 编码

原始数据		4B5B 码	原始数据		4B5B 码
十六进制	二进制		十六进制	二进制	
0	0000	11110	8	1000	10010
1	0001	01001	9	1001	10011
2	0010	10100	A	1010	10110
3	0011	10101	B	1011	10111
4	0100	01010	C	1100	11010
5	0101	01011	D	1101	11011
6	0110	01110	E	1110	11100
7	0111	01111	F	1111	11101

表 3-10　4B5B 编码中的控制码

编码	描述
00100	H—停止（Halt）
11111	I—空闲（Idle）
11000	J—开始#1（Start #1）
10001	K—开始#1（Start #1）
00110	L—开始#1（Start #1）
00000	Q—静默（Quiet, loss of signal）
00111	R—重置（Reset）
11001	S—设置（Set）
01101	T—终止（End, terminate）

从表 3-9 可以看出，每一组 4 位的二进制码对应的 5 位二进制码中最多含有 2 个连续的 0 位，任何一组码的开始最多只有 1 个 0 位，且所有以 0 位开始的码都不会以两个连续的 0 位结束，这就使得任何二进制位串被编码为 4B5B 码后，新的位串中最多含有 3 个连续的 0 位，这被称为（0,3）游程长度受限（RLL）编码。显然，两组 3 个连续的 0 位之间至少间隔 7 个位。因此，4B5B 编码的数据很好地消除了数据中的连续 0 位问题，增强了接收端对传输线路上信号的同步和识别能力。

然而，4B5B 编码后的位串会包含较长的连续 1 位。例如，原始位串 01110000 的 4B5B 编码位串中就会含有 8 个连续的 1 位。为消除过多连续 1 位带来的线路信号的同步和识别问题，100BASE-X 在 4B5B 编码后又进行了 NRZI（翻转的不归零）编码。NRZI 编码是一种根据位起始边界是否有跳变对位 1 和位 0 进行编码的方式，100BASE-X 采用的是位起始边界有跳变为 1 无跳变为 0 的机制，图 3-28 以 0111、0000 和 0001 的 4B5B 编码串分别给出了双极性和单极性 NRZI 编码示例，可以看出 NRZI 编码消除了 4B5B 编码串中由连续的多个 1 位带来的位同步和识别问题。

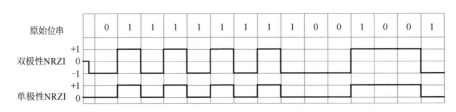

图 3-28 NRZI 示例

在 4B5B 的线路编码下，为达到 100Mbit/s 的网络速率，100BASE-X 的物理链路需要有 125Mbit/s 的传输速率。为了降低对频率带宽的要求，100BASE-TX 在 4B5B 和 NRZI 线路编码后，又进一步采用了 3 级传输编码（MLT-3）。MLT-3 使用传输链路上 0、+1 和-1 三种电平信号之间的跳变传二进制位，具体地说就是用不跳变表示 0 位，用跳变表示 1 位。链路从 0 电平开始，如遇 0 位则保持，遇 1 位则跳转到+1，此后遇 0 位则不跳变，遇 1 位则按照 +1→0、0→-1、-1→0、0→+1 的次序跳变，这样就使得链路（双绞线）上的一个波形信号能够携带 4 个二进制位，因而只要使用 $\frac{125}{4}$ MHz 即 31.25MHz 的带宽就能实现 100Mbit/s 的网络速率。图 3-29 给出了 MLT-3 编码示例，其中的原始位串取自图 3-28 中原始位串的单极性 NRZI。

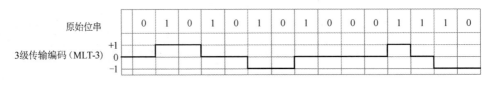

图 3-29 MLT-3 编码示例

3.5.2 交换式以太网

交换式以太网是使以太网走向可用和普及的又一个里程碑。本节就对其进行介绍，并重点讲述以太网交换机建立转发表的自学习算法。

1. 交换式以太网简介

传统的粗缆（10BASE5）、细缆（10BASE2）及双绞线（10BASET）以太网通过共享总线介质将多个站点连接成一个局域网络，各个站点以 CSMA/CD 协议争用总线，因而构成的是半双工的网络。理论上，对于 $2n$ 个站点的网络，每个站点可以获得的发送或接收速率为 $\frac{R}{2n}$，其中 R 为 10Mbit/s。但由于可能发生两个或多个站点的信号碰撞而导致退避重发，实际上每个站点可以达到的发送或接收速率远达不到 $\frac{R}{2n}$，这就使得网络的普及和可用性大受限制。

注：此处以 $2n$ 描述站点数，为的是表明 10BASET 集线器通常会有 $2n$ 个端口。

以太网交换机的引入使上述限制彻底解除，其基本机制如图 3-30 所示，而以交换机作为站点连接设备的以太网称为交换式以太网。

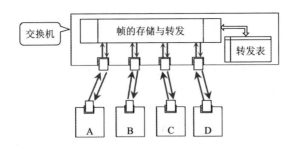

图 3-30　以太网交换机的基本机制

外观上，以太网交换机与集线器很相似，都是带有 $2n$ 个 8P8C 型（RJ45）端口的网络连接设备，但其工作机制却极不相同。其内部不再是"盒中的总线"而是结合转发表和帧的存储与转发机制实现的全双工通信。具体地说，当某个端口 X 到来一个帧时，交换机先完整地收下该帧，并进行 CRC 检验，如果检验通过则存储该帧，然后根据其目的地址查找转发表以找到该目的地址对应的端口 Y，再将该帧从端口 Y 发送出去。

交换机的"交换"指的是它可以并行地从其 $2n$ 个端口接收帧，同时能并行地向其 $2n$ 个端口发送帧，即任何一个站点 U 在向某个站点 V 发送帧的同时，也能从站点 V 接收帧。因而，有 $2n$ 个端口的快速以太网交换机同时可允许进行 n 对通信，每对通信的两个方向分别可有 100Mbit/s 的速率，即交换机的总通信速率可达 $200n$Mbit/s。

2．以太网交换机的自学习算法

从图 3-30 中可以看出，转发表在以太网交换机中处于极其重要的位置，本节我们就介绍转发表的结构及其自学习算法。

如图 3-31（a）所示，以太网交换机的转发表包括 3 列，即 MAC 地址、端口号和 TTL（生存时间）列。其中的端口号指的是交换机上的一个端口；MAC 地址指的是该端口号所连接站点上以太网网卡的物理地址；而 TTL 则表明了一个表项的有效时间，也称为寿命，它用来解决连接到端口的站点或网卡的更换带来的地址变更问题。

交换机的转发表是通过一种巧妙的自学习算法建立起来的，它不需要人工配置，以即插即用的方式工作。当一台交换机连接到网络中后，它经过一小段时间就能自动地建立转发表，这种机制也被称为交换机的透明（transparent）工作方式。

图 3-31 以例子说明了图 3-30 所示以太网交换机的自学习算法。刚接入网络的交换机的转发表是空表。在某一时刻，B 站点要发送一个帧到 D 站点，尽管交换机不知道 D 站点在哪个端口上，但是它从 B 端口来的帧上知道 B 端口对应站点的物理地址为 MACB，于是它就在转发表中填入图 3-31（a）所示的表项，其中 TTL 的单位是秒（s），这里假定系统默认的表项的最大寿命为 2min，即 120s。由于交换机不知道 MACD 地址的站点在哪一个端口上，它就将帧转发到除 B 端口外的所有端口上。显然，只有 D 端口上的站点会接收该帧。

MAC 地址	端口号	TTL
MACB	B	120

（a）

MAC 地址	端口号	TTL
MACB	B	118
MACD	D	120

（b）

图 3-31　以太网交换机的自学习算法

MAC 地址	端口号	TTL
MACB	B	58
MACD	D	60
MACA	A	120

（c）

MAC 地址	端口号	TTL
MACB	B	56
MACD	D	120
MACA	A	118

（d）

图 3-31　以太网交换机的自学习算法（续）

假如 D 站点在 2s 后对 B 站点发回应答帧，交换机收到该帧后会在转发表中查找到其目的地址 MACB 对应的端口 B，它就将该帧转发到 B 端口，同时在转发表中记下 D 端口对应着物理地址 MACD，并将 MACB 对应表项的 TTL 减 2 变成 118，如图 3-31（b）所示。

假如在 60s 后，A 站点要向 D 站点发送一个帧，交换机收到该帧后会在转发表中查找到其目的地址 MACD 对应的端口 D，它就将该帧转发到 D 端口，同时在转发表中记下 A 端口对应着物理地址 MACA，并将 MACB 和 MACD 对应表项的 TTL 减 60 分别变成 58 和 60，如图 3-31（c）所示。

假如 D 站点在 2s 后对 A 站点发回应答帧，交换机收到该帧后会在转发表中查找到其目的地址 MACA 对应的端口 A，它就将该帧转发到 A 端口，并将转发表中 MACD 对应表项的 TTL 更新为 120，同时将 MACB 和 MACD 对应表项的 TTL 减 2 分别变成 118 和 56，如图 3-31（d）所示。

注 1：当 TTL 减小到 0 时，对应的表项就会被清除，读者将会在习题中遇到这种情况。

注 2：当交换机的某个端口连接的是另一个交换机时，则转发表中同一个端口号可能会对应多个不同 MAC 地址的表项。

3.5.3　虚拟以太网

前述的以太网都是某种物理布局的局域网，虚拟以太网的出现使得局域网摆脱了这一物理束缚，组网更加灵活和实用。

1．虚拟以太网的需求示例

为了说明虚拟以太网的必要性，我们给出了图 3-32 所示的示例，图中假定一台以太网主交换机级联了 3 台次交换机，它们分别连接 3 个楼层上的 3 台机器，构成 3 个物理的局域以太网。现在 3 个部门 A、B、C 分别占用 3 个楼层上各 1 台机器，我们希望每个部门的 3 台机器能够像一个物理局域网那样相互通信，同时不希望因重新布设网络而带来新的资金花费，于是我们就需要建立一种新的机制实现这一需求，这种机制就是下文将要讲述的 IEEE 802.1Q VLAN 帧。由于这是一种逻辑意义而不是物理意义上的网络，因此它被称为虚拟以太网。尽管它是更广泛意义上的虚拟局域网（VLAN）的一个特例，但是由于以太网已经成为局域网的代名词，VLAN 也就常指虚拟以太网。

2．虚拟以太网的帧实现

为实现 VLAN，IEEE 在原来以太网帧的基础上增加了 VLAN 标签（VLAN tagging），并为此设计了 IEEE 802.1Q 标准，因而 VLAN 标签也称为 IEEE 802.1Q 标签，这使得以太网帧成为如图 3-33 所示的 IEEE 802.1Q 帧结构。

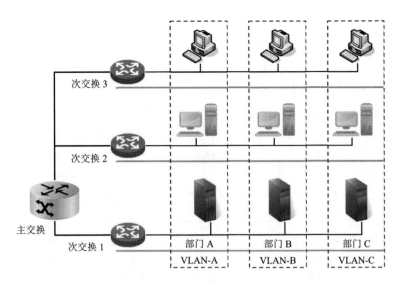

图 3-32　虚拟以太网示例[26][27]

注：图 3-33 中以太网帧各字段的长度是以字节为单位的，而 IEEE 802.1Q 标签的各组成部分则是以二进制位为单位的。

目的地址（6）	源地址（6）	IEEE 802.1Q 标签（4）	类型（2）/长度（2）	数据（42～1500）	FCS（4）

TPID（16）	TCI（16）		
	PCP（3）	DEI（1）	VID（12）

图 3-33　IEEE 802.1Q 的帧结构

从图 3-33 可以看出，IEEE 802.1Q 标签是一个插入到传统以太网帧的源地址和类型/长度字段之间的 4 字节字段，它使得以太网帧的固定部分由 18 字节增加到 22 字节，这使得数据部分的最小长度由 46 字节减小为 42 字节。

4 字节 IEEE 802.1Q 标签首先分成两部分，即 2 字节（16 位）的标签协议标识符（TPID）和 2 字节（16 位）的标签控制信息（TCI）。其中 TPID 的值为 0x8100，它不会是任何以太网的类型值，因而符合 IEEE 802.1Q 标准的网卡（NIC）能够识别出到来的帧是 IEEE 802.1Q 帧还是传统以太网帧。

16 位的 TCI 又分成 3 个部分，即 3 位的优先级码点（PCP）、1 位的可丢弃指示符（DEI）和 12 位的 VLAN 标识符（VID）。其中 PCP 用于指定帧在通信数据流中的优先级类别，DEI 用于在网络发生拥塞时确定一个帧是否可以丢弃，而 VID 则用于标识 VLAN，相同 VID 的帧属于同一个 VLAN。

VID 的 4096 个取值中，0x000 和 0xFFF 为保留值，其余 0x001～0xFFE 的 4094 个值均可用作 VLAN 标识。0x000 用于说明帧不属于任何 VLAN，即任何站点均可接收该帧，这种帧可用 PCP 和 DEI 说明优先级和可丢弃性，这时的 IEEE 802.1Q 标签就被称为优先级标签。0xFFF 是不允许发送的值，它通常用于管理性操作。

3.5.4　吉比特以太网

为进一步提高以太网的速率，IEEE 又推出了 1Gbit/s 速率的以太网标准，即吉比特以太网（GE）。这包括 1988 年推出的标准号为 IEEE 802.3z 的 1000BASE-CX、1000BASE-SX 和 1000BASE-LX，以及 1989 年推出的标准号为 IEEE 802.3ab 的 1000BASE-T，其中 1000BASE-T 是目前最为流行的吉比特以太网，本节就对 1000BASE-T 的线路编码和帧设计进行着重介绍。

1. 1000BASE-T 以太网简介

由于 1000BASE-T 使用了与 100BASE-T（快速以太网）相同的双绞线/交换机物理布网结构，以及同样的 8P8C 型插头/插口连接结构，因而可以将曾普遍流行的 100BASE-T 以太网以很低的代价升级到 1000BASE-T，从而使 1000BASE-T 迅速地取代 100BASE-T 成为新的普遍流行的以太网。

1000BASE-T 标准允许使用 5 类（Cat 5）、超 5 类（Cat 5e）或 6 类（Cat 6）双绞线以 8P8C 型插头/插口进行物理连网，一段双绞线的最大长度也是 100m。

为了达到 1000Mbit/s 的速率，1000BASE-T 以平行直连的方式使用双绞线缆中所有的 4 对双绞线。每对双绞线都以图 3-34 所示的全双工方式工作，即其两端的站点或交换机均可发送或接收数据。每对双绞线两端的发送器和接收器分别配置编码器和解码器[28]，它们又一起连接到一个混合器，此混合器运用脉冲整形、回波消除、自适应均衡等一系列高级的信号处理机制，来解决诸如噪声、回波、串扰等问题，同时将传入信号从传出信号中分离出来。

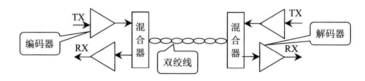

图 3-34　1000BASE-T 中一对双绞线的直连机制

2. 1000BASE-T 的线路编码

1000BASE-T 通过运用复杂的 4D-PAM5（四维 5 级脉幅调制）线路编码在极大地降低误码率的同时实现 1Gbit/s 的速率。其中 5 级脉幅调制（PAM5）体现在每对双绞线上均能双工地传输-2V、-1V、0V、+1V 和+2V 等 5 级脉冲振幅信号。粗略地讲，用一对双绞线上的 5 级 PAM 中的 4 级传输两个二进制位，这样当信号的波形速率为 125MBaud 时，每对双绞线的两个方向上就能分别实现 250Mbit/s 的网络速率，因而使用 4 对双绞线就可以达到 1Gbit/s 的双工速率，相当于作为一个整体的 4 对双绞线构成的一条双绞线电缆的波形速率为 125MBaud，每个波形携带 8 个二进制位。剩余的一个脉冲振幅级则用于实现前向纠错（FEC）。实际上，1000BASE-T 使用了远比上述粗略理解深奥和有效的 4D-PAM5 线路编码机制，这包括扰码、卷积编码、格形编码、维特比（Viterbi）解码、海明距离等。这些内容超出了本书的范围，感兴趣的同学可参阅有关资料进行学习。

4D-PAM5 将 4 条线路上的信号看成四维空间中的信号，由于每一维上的信号都有 5 个量级，该四维空间中就会有 $5^4 = 625$ 个状态点。当波形速率为 125MBaud 且每个波形携带 8 个二进制位时，有效数据的传输仅用了 $2^8 = 256$ 个状态点，因而使用适当的编码机制可以充分运用编码空间中的冗余状态点进行纠错和降低误码率，还能选取一部分状态点进行管理性的操作。

3. 吉比特以太网的帧设计

由于网络速率提高到 1Gbit/s，如果保持传统以太网 512 位的最小帧长，那么为了兼容 CSMA/CD 的碰撞检测协议，网络时隙就减小到 0.512μs，站点间的最大距离就从 10BASE5 的

2500m 减小到 25m，这使得网络的覆盖范围在实际中不可接受。为此，吉比特以太网将最小帧长扩展到 512 字节（4096 位），这使得时隙增大到 4.096μs，网络的覆盖范围也扩大 8 倍，即达到了可以接受的 200m 范围。

然而，为了保持网络的兼容性，吉比特以太网仍然需要发送最小帧长为 64 字节的帧，这时就需要如图 3-35 所示的载波扩展（carrier extension）技术。即在帧长小于 512 字节的帧后增加特别的扩展填充符号，使其长度达到 512 字节。帧长大于 512 字节的帧则正常发送。

图 3-35　吉比特以太网帧的载波扩展

需要说明的是，载波扩展是由一个冲突域的发送端 MAC 层协议自动添加再由接收端 MAC 层协议自动去除的，因而对于上层的通信是透明的。然而，载波扩展会严重地降低传输效率。在极端情况下，当发送的以太网帧均是含有 46 字节数据的最短帧时，其传输效率仅为：$\frac{46}{494} \approx 9.3\%$，这意味着吉比特以太网中 90% 以上的带宽均被浪费了，实际效果与 100Mbit/s 的快速以太网几无差别。

注：传输效率可有多种理解，上述计算考虑的是假设将载波扩展所占用的字节放入以太网帧的数据部分时，有效数据的传输效率。读者在习题中将会遇到更多的传输效率或吞吐量计算。

为了减小载波扩展带来的带宽浪费，吉比特以太网又设计了如图 3-36 所示的帧串方法。

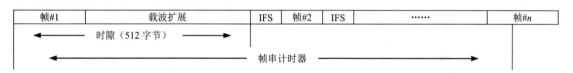

图 3-36　吉比特以太网帧串

当一个吉比特以太网站点 S 有一个发送到站点 R 的帧时，它先检测信道。当信道空闲时它就启动帧的发送且同时启动一个帧串计时器 T，将待发送的帧作为帧串的 1 号帧发送出去，如果该帧不足 512 字节，则增加载波扩展符号使其达到 512 字节。如果发送过程中没有检测到信号的碰撞，则说明 1 号帧被正确地接收，也说明目前信道已被 S 站点占用，它可以继续发送数据。如果此时 S 有下一个发到 R 的帧，则 S 先等待一个 96 位的帧间隙（IFS）时间，以便 R 站点将 1 号帧送到其上层协议，然后 S 将这个帧作为帧串的 2 号帧发送出去。此后，如果还有从 S 到 R 的帧，且 T 未减到 0，则 S 站将像发送 2 号帧那样再经过一个 IFS 后发送下一个帧，直至 T 减到 0。

注 1：吉比特以太网帧串除第一个帧外其他均不需发送前导和 SFD。

注 2：吉比特以太网标准规定帧串计时器 T 的值为 8192 字节（65536 位）[29]，即一个帧串的最大长度大约是一个标准以太网帧最大长度的 5 倍。

注 3：吉比特以太网允许最后一个帧超过 T 的限度，因而一个帧串的最大长度可以略微超过 8192 字节。

4. 10 吉比特以太网简介

为了满足更高速率的应用需求，IEEE 又开展了 10 吉比特以太网（10GE）的研究，并于

2002 年推出了第一个 10GE 标准 IEEE 802.3ae。

10GE 彻底摒弃了 CSMA/CD 协议，完全以全双工方式工作，除此之外保持了与传统以太网最大限度的兼容性，如相同的帧格式、相同的最短和最长帧长等。

注：由于 10GE 完全以全双工方式工作，因而不会像 1GE 那样存在因最短帧长而限制通信距离的问题，也就不再需要 1GE 中的载波扩展和帧串机制。

10GE 涉及很多不同的物理层子标准，这些子标准对应到 10GE 交换机上就是相应类型的端口，因此这些物理层子标准也常被说成端口类型。我们下面仅选择几个有代表性的端口类型进行介绍，感兴趣的读者可参考相关资料进行深入的了解和学习。

1）10GBASE-SR

10GBASE-SR 是 IEEE 802.3ae-2002 中一种较为常用的以太网端口类型，其中的 SR 表示"短距离"。它使用 850nm 的多模光纤作为传输介质，根据光纤的材质，可有 25～400m 的传输距离。10GBASE-SR 采用 64B/66B 的线路编码，且以串行方式进行数据传送。它使用 10.3125GBaud 的波特率来实现 10Gbit/s 的网络速率。

2）10GBASE-ER

10GBASE-ER 是 IEEE 802.3ae-2002 中覆盖范围最大的以太网端口类型，其中的 ER 表示"延伸范围"。它使用 1550nm 的单模光纤作为传输介质。对于一般的单模光纤，它可有 30km 的传输距离，较好质量的单模光纤的传输距离可达到 40km。与 10GBASE-SR 相同的是，10GBASE-ER 也采用 64B/66B 的线路编码，并以串行方式进行数据传送，因而同样使用 10.3125GBaud 的波特率来实现 10Gbit/s 的网络速率。

3）10GBASE-T

10GBASE-T 是基于双绞线的 10GE，它对应编号为 IEEE 802.3an-2006 的 IEEE 以太网标准。它使用带宽达到 500MHz 的 6A 类双绞线（Cat 6A）及 8P8C 型插头/插孔，最大线缆长度也是 100m，使用线缆中全部 4 对双绞线，因而可以很低的代价从 1000BASE-T 网络升级而来。

为了在 6A 类双绞线上实现 10Gbit/s 的网络速率，10GBASE-T 使用了如图 3-37 所示的复杂深奥的 64B/65B PAM-16 128-DSQ 线路编码机制。

首先，它将 MAC 层 10Gbit/s 媒体无关接口（XGMII）传来的数据（也可以理解为以太网帧中的数据）分割为 64 位数据块，并为它们分别增加 1 个位用于标识数据中是否包括 XGMII 控制信息，这使得每个 64 位块都转换为 65 位块。

注：在实际线路编码机制中在转换为 65 位块后还会进行扰码操作，以防止过多连续的 1 或 0 位带来的同步及直流分量问题。

其次，它用 50 个 65 位数据块以如下方式构造 10GBASE-T 帧：在帧的开始增加一个辅助信道位，该位置 1 时表示该数据块需要使用 10GBASE-T 的辅助信道传输，辅助信道是一个 3.125Mbit/s 的全双工信道，它允许在不影响正常数据传输的情况下传输管理、控制或紧急数据；此后是 50×65 = 3250 位的数据块；再后是 3250 位数据块的 8 位 CRC-8 校验码；最后是 3250 位数据块中 1723 个数据位的低密度奇偶校验（LDPC）码，此校验码共有 325 位，是一种前向纠错码。由此可得到总长度为 3584 位的 10GBASE-T 帧，如图 3-37 中有底纹的行所示。

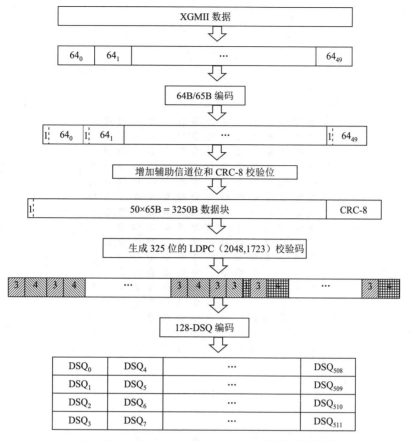

图 3-37　64B/65B PAM-16 128-DSQ 线路编码机制

注：10GBASE-T 帧中含有 3 位的右上左下的正向斜纹框是没有被 LDPC 校验编码的框，它总共有 3×512 = 1536 位；左上右下的反向斜纹框是被 LDPC 校验编码的框，它包括 430 个 4 位框和 1 个 3 位框，总共有 1723 位；这 1723 位是进行 LDPC 编码的位，LDPC 生成的编码位是网格状底纹框中的位，它们共有 1 + 4×81 = 325 位，这使得 1723 位与其校验编码位合起来共有 2048 位，因此 10GBASE-T 帧的 LDPC 编码又具体地被称为 LDPC（2048,1723）编码。

再次，10GBASE-T 帧的 128 位双方阵（DSQ）编码及双绞线对分配：10GBASE-T 帧将其 1 组未编码的 3 位码和相邻的 1 组 LDPC 校验编码（原始数据码或校验码）的 4 位码合起来，构成一个 7 位的编码，它需要 128 个状态的波形（或符号）来表示，这就是下文将要讲述的 128-DSQ 编码。3584 位的 10GBASE-T 帧可以分解为 512 个 128-DSQ 编码，这 512 个 128-DSQ 编码再按照图 3-37 中最下端的方式顺次地分配到一条双绞线电缆的 4 对双绞线上，每对双绞线将分得 128 个 128-DSQ 编码。

最后，每个 128-DSQ 编码再拆分为 1 个 3 位的 PAM-16 编码和 1 个 4 位的 PAM-16 编码，由相应的双绞线按顺序发送出去。

注：128-DSQ 编码到 PAM-16 编码是一个简单且易理解的过程，因此未在图 3-37 中注出。

下面我们解释一下 PAM-16 128-DSQ 编码。这里，PAM-16 指的是 16 级脉幅调制。对于一对双绞线，一个 16 级脉幅调制波形可以携带 4 位信息，为了降低误码率，10GBASE-T 将相邻的 t_1 和 t_2 两个时刻的波形联合起来构成一个 16×16 = 256 点的星座图，如图 3-38 所示。

然后在横纵两个方向上分别隔一点去一点，即去除图中的空心圆点，这样就得到了如图 3-39 所示的 128 个点的 PAM-16 128-DSQ 星座图，它可以看成两个相同的 8×8 方阵沿对角线平移半格叠加而成的，因而称为 PAM-16 128-DSQ 编码。

　　注：图 3-38 主要示意波形编码，因而将-1 到+1 和+1 到+2 间描画为等间隔。

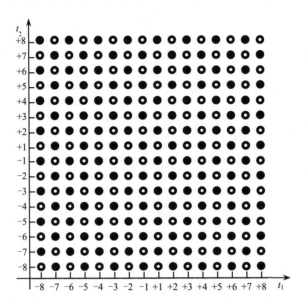

图 3-38　PAM-16 相邻两个波形构成的星座图

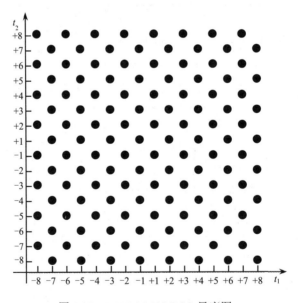

图 3-39　PAM-16 128-DSQ 星座图

　　为了尽量增大编码间的距离，PAM-16 128-DSQ 采用了如图 3-40 所示的结构化编码[30]，它将 7 位的 128 个编码点分成 8 个编码区（coset），每个编码区对应一个 7 位二进制数的高 3 位，区内的 16 个点对应 7 位二进制数的低 4 位。显然，这种结构化编码使得 7 位二进制数中高 3 位的误码率大为降低，而如前所述，低 4 位码运用了 LDPC 校验编码，因此，综合来说，

10GBASE-T 的线路编码机制极大地降低了以 7 位为单位的数据的误码率。

图 3-40　PAM-16 128-DSQ 的结构化编码

下面我们说明一下 10GBASE-T 中 10Gbit/s 速率是怎样得来的。根据前面 10GBASE-T 线路编码的分析，一个 10GBASE-T 帧中包括的有效数据（从 XGMII 传来的数据）是 50×64B = 3200B，包括此数据位的 10GBASE-T 帧被 4 对双绞线以 128 轮发送出去，每对双绞线每轮发送一个 7 位的 PAM-16 128-DSQ 编码数据，因而每轮发送的有效数据便是 3200B÷128，这样只要使每对双绞线的 PAM-16 128-DSQ 符号的波特率为 40MBaud，我们就能得到（3200B÷128）×400MBaud = 10Gbit/s 的网络速率。

由于 10GBASE-T 中的一个 7 位 PAM-16 128-DSQ 符号是由对应的一对双绞线分 3 位和 4 位两次发送的，因此双绞线上的实际波特率是 PAM-16 128-DSQ 符号波特率的 2 倍，即 800MBaud。

注：IEEE 802.3 委员会基于 10GBASE-T 技术于 2016 年推出了包括 2.5GBASE-T 和 5GBASE-T 的 802.3bz-2016 标准，它们分别在超 5 类（Cat 5e）和 6 类（Cat 6）双绞线上实现了 2.5Gbit/s 和 5Gbit/s 速率的以太网，这两类以太网使用了与 10GBASE-T 相同的线路编码机制，只是将线路的波特率分别降低到 200MBaud 和 500MBaud。

尽管 10Gbit/s 的速率已经非常高了，但是人类对更高速率以太网的追求坚持不懈。IEEE 802.3 委员会于 2010 年推出的 IEEE 802.3ba-2010 标准分别实现了 40Gbit/s 和 100Gbit/s 的以太网，该标准目前已经改进到 IEEE 802.3cd-2018 版。更进一步地，该委员会还于 2007 年推出了太拉（tera，10^{12}，即万亿）速率的以太网标准 IEEE 802.3bs，它分别实现了 200Gbit/s 和 400Gbit/s 速率的以太网，感兴趣的读者可阅读相关资料进行了解。

⇥ 习题

1. 说明数据链路层要解决的三个基本问题。

2. 画出差错检测的一般工作原理图。

3. 假定在传输 1000，2000，⋯，10000 的数据中出现了第 110，120，⋯，200 比特的错误，请在 Excel 中设计计算公式，计算误码率。

4. 将自己名字的汉语拼音字母连续地写到 Excel 表格的第 1 列中，在第 2、3、4 列中以函数或公式计算出其 ASCII 码的十进制、十六进制和二进制的值，在第 5 列中以函数或公式计算其二进制值中 1 的个数，在第 6、7 列中写出其奇校验码和偶校验码。

注：统计一个单元格中某个字符 x 的个数可使用公式=LEN（A1）–LEN（SUBSTITUTE（A1,″x″, ））；判断一个数的奇偶性可用 ISODD 和 ISEVEN 函数；一般的判断可使用 IF 函数。

5. 解释为什么 7 位的 ASCII 码只能对 128 个符号进行编码。

6. ASCII 码中的可打印字符有多少个？给出回车符、换行符和水平制表符的 ASCII 码的十进制值和十六进制值。

7. 访问 RFC-1662，在其中找到 16 位和 32 位 FCS（CRC）的生成多项式，并以降幂的形式写到纸张上。

8. 给出下列缩略语的中文和英文全称：EDC、CRC、FCS、PPP、CSMA/CD、MTU、ASCII。

9. 给出 2D 奇偶校验（2）～（5）项校验能力的分析。

10. 简要说明 CRC 的校验能力。

11. 以自己名字的汉语拼音字母的中间字母的二进制 ASCII 码为原始数据 M，以 10011 为生成多项式，计算 CRC 校验码 R（要求给出长除法过程）。

12. 将上题计算的 CRC 校验码 R 附在 M 的后面，验证其除以生成多项式 10011 的余数为 0（要求给出长除法过程）。

13. 当 PPP 帧中的数据是 IP、IPv6、LCP 和 IPCP 时，其协议字段的值分别是多少？

14. 画出 HDLC 格式的帧。

15. 说明 PPP 帧中的字节填充方法。

16. 说明 PPP 帧中的位填充方法。

17. 假设 PPP 帧中的数据部分含有 0x0A0x1A0x2A0x7D0x6D0x7E0x6E，试给出此数据片段的字节填充码序列。

18. 给出下列缩略语的中文和英文全称：MAC、NIC、CSMA/CD。

19. 说明 CSMA/CD 协议的要点。

20. Excel 作业：以太网截断二进制指数退避算法最多可以执行 16 轮，每轮站点都要从 0～n 中取一个随机数，请设计一个 Excel 表格，列出 16 轮中每轮对应的 n，要求尽最大限度使用公式。

21. 说明以太网的最小帧长为什么不能少于 64 字节？

22. 假设传统以太网能够连续地发送数据帧，请在 Excel 表中设计公式计算在最小帧长、最大帧长和载有 100、500 和 1000 字节的数据时网络的吞吐量（注意：要考虑前导和帧间隙带来的开销）。

23. 请解释 10Base5、10Base2 和 10Base-T 的意义。

24. 假设传统以太网能够连续等概率地发送 1～1500 字节的数据帧，请在 Excel 表格中设计公式计算网络的平均吞吐量（注意：要考虑前导和帧间隙带来的开销）。

25．以太网的地址占多少个字节？写出其广播地址的十六进制表示。

26．画出 DIX V2/IEEE 802.3 以太网的帧结构，并对其中的字段进行简要的解释，说明这两种类型的帧是如何实现相互间兼容的。

27．给出以太网帧中 IPv4 和 ARP 的协议号。

28．给出 10Mbit/s 粗缆以太网标准规定的争用期的时间，给出该时间内发送数据的二进制位数和字节数（要求写出计算过程）。

29．说明局域网都有哪些类型的拓扑结构。说明以太网经历了哪些类型的拓扑结构。

30．说明为什么快速以太网使用 31.25MHz 的带宽就能实现 100Mbit/s 的网络速率。

31．给出下列缩略语的中文和英文全称：TTL、VLAN。

32．画出 IEEE 802.1Q 以太网的帧结构，说明 IEEE 802.1Q 帧与 DIX V2/IEEE 802.3 帧是如何实现相互兼容的。

33．以太网 VLAN 的用户优先级共有多少级？为什么？VLAN 帧格式最多允许 4094 个 VLAN，为什么？

34．解释为什么 4B5B 编码的位串中两组 3 个连续的 0 位之间至少间隔 7 个位。

35．请解释为什么 MLT-3 编码的链路上的一个波形信号能够携带 4 个二进制位。

36．假设以太网交换机初始时刻的转发表如图 3-31（d）所示，60s 后 C 站向 A 站发送了一个帧，再过 2s 后 A 站向 C 站发回应答帧，请给出这两个时刻交换机的转发表，并给出相关解释。

37．给出 1000BASE-T 以太网 1Gbit/s 速率的计算过程，建议使用 Excel 表格计算。

38．给出 10GBASE-SR 和 10GBASE-ER 中 10Gbit/s 速率的计算过程，建议使用 Excel 表格计算。

39．对图 3-35 中"数据（46～494）"和"载波扩展（448～0）"中的数字进行解释。

40．说明吉比特以太网帧串的最大长度。

41．以计算说明为什么 10GBASE-SR 用 10.3125GBaud 的波特率可以实现 10Gbit/s 的网络速率？

➡ 参考文献

[1]　TANENBAUM A S. 计算机网络（3.3.2 检错码）[M]. 4 版. 潘爱民，译. 北京: 清华大学出版社, 2004: 164-167.

[2]　PARTOW, ARASH. Primitive Polynomial List[EB/OL]. [2022-3-8]. （链接请扫书后二维码）

[3]　WIKIPEDIA. Cyclic redundancy check[EB/OL]. [2022-3-15]. （链接请扫书后二维码）

[4]　WIKIPEDIA. Point-to-Point Protocol[EB/OL]. [2022-3-18]. （链接请扫书后二维码）

[5]　The Point-to-Point Protocol （PPP）[EB/OL]. [2022-4-6]. （链接请扫书后二维码）

[6]　WIKIPEDIA. Point-to-Point Protocol over Ethernet[EB/OL]. [2022-4-2]. （链接请扫书后二维码）

[7]　POSCH M. Ethernet at 40: From a Napkin Sketch to Multi-Gigabit Links[EB/OL]. Hack A Day.（2020-10-19）[2022-9-18]. （链接请扫书后二维码）

[8] JAMEEL L W. Manchester Coding and Decoding Generation: Theoretical and Experimental Design[J]. American Scientific Research Journal for Engineering, Technology, and Sciences（ASRJETS），2018, 42（1）: 130-138.

[9] HADEN R. Data Encoding Techniques[EB/OL]. Data Network Resource, [2022-5-22]. （链接请扫书后二维码）

[10] COAX Connectors[EB/OL]. [2022-4-28]. （链接请扫书后二维码）

[11] Riscure[EB/OL]. [2022-4-28]. （链接请扫书后二维码）

[12] eBay[EB/OL]. [2022-4-29]. （链接请扫书后二维码）

[13] CCM Benchmark. Hub[EB/OL]. [2022-5-20]. （链接请扫书后二维码）

[14] eBay[EB/OL]. [2022-5-11]. （链接请扫书后二维码）

[15] JAGElectronics[EB/OL]. [2022-5-11]. （链接请扫书后二维码）

[16] Walmart[EB/OL]. [2022-5-11]. （链接请扫书后二维码）

[17] OmniSecu[EB/OL]. [2022-5-11]. （链接请扫书后二维码）

[18] eBay[EB/OL]. [2022-5-17]. （链接请扫书后二维码）

[19] WIKIPEDIA. Medium-dependent interface[EB/OL]. [2022-5-19]. （链接请扫书后二维码）

[20] WIKIPEDIA. IEEE 802[EB/OL]. [2022-6-11]. （链接请扫书后二维码）

[21] WIKIPEDIA. IEEE 802.2[EB/OL]., [2022-6-15]. （链接请扫书后二维码）

[22] Monografias. Puentes y conmutadores LAN （西班牙语：局域网中的网桥和交换机） [EB/OL]. [2022-6-12]. （链接请扫书后二维码）

[23] WIKIPEDIA. Organizationally unique identifier[EB/OL]. [2022-6-18]. （链接请扫书后二维码）

[24] Why is the Ethernet data frame size limited to 1500 bytes? [EB/OL]. [2022-6-23]. （链接请扫书后二维码）

[25] WIKIPEDIA. EtherType[EB/OL]. [2022-6-29]. （链接请扫书后二维码）

[26] ClipArt Best[EB/OL]. [2022-8-30]. （链接请扫书后二维码）

[27] IconArchive[EB/OL]. [2022-8-30]. （链接请扫书后二维码）

[28] EGRI J. Ethernet vs. Camera Link[EB/OL]. EDN. （2006-5-1）. [2022-9-10]. （链接请扫书后二维码）

[29] MOLLE M, KELKUNTE M, KADAMBI J. Frame bursting: a technique for scaling CSMA/CD to gigabit speeds[J]. IEEE Network. 1977, 11（4）: 6-15.

[30] LANGNER P, WOODRUFF B. An Overview of 10GBASE-T[EB/OL]. Ethernet Alliance, （2006-2-8）[2022-9-17]. （链接请扫书后二维码）

第 4 章 网 络 层

前面介绍的由物理层和数据链路层构成的物理网络是因特网的基础，而网络层则是因特网成为一个网络的根本，它建立了一种将任何的物理网络连接在一起的机制，而且这种机制被实践证明具有无限的扩展能力，本章我们就介绍因特网的网络层。我们先从因特网网络层所提供的服务及路由器的基本构成讲起，接着介绍 IPv4 的地址、地址解析协议及报文结构，IP 地址的 CIDR 分配方法及基于 CIDR 的分组转发，然后介绍因特网控制报文协议（ICMP），两个因特网内部网关协议 RIP、OSPF 和一个因特网的外部网关协议 BGP-4，此后扼要介绍一下 IPv6，最后介绍虚拟专用网（VPN）和网络地址转换（NAT）。

➡ 4.1 因特网网络层所提供的服务及路由器的基本构成

本节先从较为抽象的层面上介绍因特网网络层所提供的服务，以使读者对此有一个概念化的理解，为接下来网络层具体知识的学习奠定基础。然后，本节将扼要地介绍路由器的基本构成，以使读者对实现网络层的关键设备有一个较为具体的认知。

4.1.1 因特网网络层所提供的服务

因特网的网络层通过在由物理层和数据链路层构成的物理网络之上增加因特网协议（Internet Protocol，IP）和运行该协议的路由器实现网络的互连。IP 的字面意思是"网际协议"，很自然地，因特网的网络层也常形象地称为网际层。

注 1：由于历史的原因，IP 的 PDU 被称为 IP 数据报（IP datagram），其分组交换的机制又使它常被称为 IP 分组或 IP 数据包，有时也简单地称为 IP 报文。

注 2：路由器也常称为网关或交换机，但要注意它是第 3 层的网关和第 3 层的交换机。

路由器工作在网络的第 3 层，或者说低 3 层，图 4-1 给出了示意图，图中的 N1 和 N2 是两个物理网络，它们通过路由器 R 实现互连，这使得 N1 上的主机 C 和 N2 上的主机 S 可以相互通信。图中 R 中的 1、2、3 及 C 和 S 中的 1、2、3、4、5 表示网络体系结构中的层次。路由器只需要实现网络的低 3 层就能完成网络互连，如图 4-1 所示。

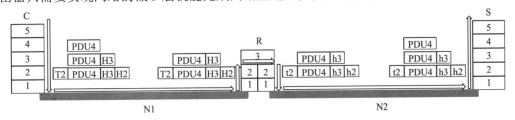

图 4-1 路由器互连网络的示意图

注 1：为了表示报文是从左到右传送的，我们将各层的首部加到了报文的右侧。

注 2：通常一个路由器会有多个端口互连多个网络，图 4-1 示意的 R 是有两个端口的情况。

主机 C 的传输层将其 PDU4 交给网络层，网络层在其前面增加首部 H3 构成网络层的 PDU，该 PDU 交给数据链路层后，数据链路层将其加上首部 H2 和尾部 T2 构成数据链路层的 PDU，再发送到物理层，物理层将其转换为比特流发送到传输介质。路由器 R 在 N1 侧的物理层从 N1 介质上接收比特流送给其上的数据链路层，数据链路层将比特流构造为帧，然后去除帧的首部 H2 和尾部 T2，获得网络层的 PDU 并将其交给网络层，网络层对首部进行必要的修改，如生存时间（TTL）减 1 并重算差错检测的检验和。记修改后的网络层首部为 h3，这样新的网络层 PDU 就由主机 C 的 PDU4 加上 h3 构成。路由器 R 再将此 PDU 交给右侧的数据链路层，该数据链路层增加首部 h2 和尾部 t2 构造为帧，并将帧交给其物理层。物理层再将其转换为比特流发送到 N2 的传输介质上。主机 S 的物理层从 N2 的介质上接收比特流并交给其数据链路层，数据链路层构造为帧，然后去除帧的首部 h2 和尾部 t2，获得网络层的 PDU 并将其交给网络层，网络层去掉其首部 h3，获得传输层的 PDU4，并将其交给传输层。于是就完成了主机 C 的传输层到主机 S 的传输层的跨网络传送。

图 4-1 示出的是两个主机通过一个路由器实现互连的情形，实际的因特网中，两个主机要通过许多个路由器实现互连。图 4-2 示出了主机 C 和主机 S 通过两个路由器 R1 和 R2 实现互连的情形。其中 R1 互连主机 C 所在的网络 N1 和中间网络 N2，R2 互连中间网络 N2 和主机 S 所在的网络 N3。这样就产生了两个概念：**间接交付**和**直接交付**。间接交付指的是报文交付给路由器的情形，而直接交付是指将报文交付给目的主机的情形。显然，因特网上主机间的一次报文传送包括若干次间接交付和最终的一次直接交付。

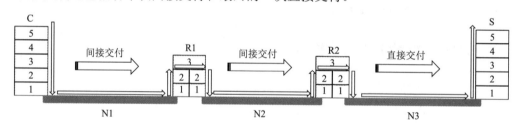

图 4-2　间接交付和直接交付

路由器对收到的分组采用了"存储－转发"的工作方式，即其第 3 层从接收端口获得 IP 分组后先存储到缓存中，再根据其首部的目的地址找到转发端口，然后将其送到转发端口的缓存中排队并最终发送到出口网络上。

因特网的网络层所提供的服务可以总结为**"尽力传递"**（best effort delivery）服务，它包括两个方面，一是**"下一站路由"**，二是不提供可靠性和时延保证。"下一站路由"指的是一个路由器仅决定分组转发的下一站，不考虑分组从源站点到目的站点的整条路径；不提供可靠性和时延保证指的是网络层不建立可靠传输机制，不能保证按序到达，也不能保证传送的及时性，即没有最小时延保证。

上述的"尽力传递"服务似乎给人以很悲观的感觉，然而它却取得了巨大成功，今天因特网的全球普及和近乎无限的可扩展能力，证明了"尽力传递"服务是一种极其科学和实践可行的设计。

总结起来，"尽力传递"服务来自其高效率。首先，"下一站路由"使得路由表得到了最大程度的简化，这也就意味着建立、更新路由表及查找路由都可以高效率地进行；其次，不提供可靠性保证使得路由器的软硬件设计逻辑大为简化，这既提高了其设计效率，也提高了其运行效率。

　　因特网是由路由器连接许许多多异构或同构的物理网络构造的，图 4-3 给出了示意图。连接到因特网上的两个主机间的通信就是主机间发送 IP 报文的通信，主机并不需要关心 IP 报文经过了哪些路由器，经过了一些什么样物理机制的网络，它们所感觉到的就是一个可以运行 IP 传送 IP 报文的网络，因此我们说路由器将众多异质或同质的物理网络连接成一个同质的虚拟的因特网或虚拟的 IP 网，如图 4-4 所示。将因特网看成一个虚拟的 IP 网是很有实际意义的，这可使对端系统间通信的研究仅基于 IP，不必考虑各种物理网络的具体细节。

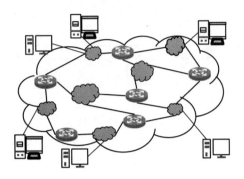

　　图 4-3　路由器互连的因特网示意图　　　　图 4-4　虚拟的因特网示意图

4.1.2　路由器的基本构成

　　路由器是支持网络层的硬件设备，它可以用普通计算机搭建，但更多的时候还是专门设计的专业设备。

1. 用普通计算机搭建路由器

　　如果手上没有专业的路由器，但是又想开展路由器有关的实验，就可以用普通的计算机搭建路由器。基本做法是，搭建两个物理网络，通常用两个以太网交换机分别连接不同的站点构成两个物理网络，然后在一台计算机上插上两个以太网网卡，每个网卡连接到不同的以太网交换机上，这台计算机便有了作为路由器（第 3 层网关）的硬件基础。图 4-5 给出了示意图。其中主机 A 和主机 B 可以安装普通的 Windows 操作系统，但路由器 R 上需要安装 Windows Server 或 Linux 操作系统。

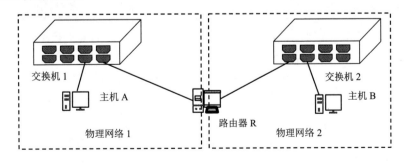

图 4-5　用普通计算机搭建路由器

图 4-5 中的路由器 R 就是插有两个网卡的作为路由器的计算机，它的第一个网卡（NIC1）与交换机 1 和主机 A 构成物理网络 1，它的第二个网卡（NIC2）与交换机 2 和主机 B 构成物理网络 2。图 4-5 所示为用路由器 R 互连左右两个物理网络的情况。

注：路由器 R 的 NIC1 和 NIC2 就是它的两个端口。

主机 A、主机 B 和路由器 R 上的 NIC1 和 NIC2 需要做如表 4-1 所示的 IP 地址、子网掩码及默认网关配置。

表 4-1 用普通计算机搭建路由器的 IP 地址、子网掩码及默认网关配置示例

	主机 A	主机 B	NIC1	NIC2
IP 地址	192.168.1.2	192.168.2.2	192.168.1.1	192.168.2.1
子网掩码	255.255.255.0	255.255.255.0	255.255.255.0	255.255.255.0
默认网关	192.168.1.1	192.168.2.1	192.168.1.1	192.168.2.1

注 1：IP 地址、子网掩码、默认网关等概念将在后文讲述。

注 2：如果系统要求提供子网前缀长度而不是子网掩码，则 255.255.255.0 对应的值是 24。

注 2："默认网关"指的是当一个报文的目的地址不是本网络的站点地址时要送往的路由器端口。

接下来需要在路由器 R 上启动路由器转发功能，Windows Server 操作系统需要打开远程访问和路由功能[1]，Linux 操作系统则需要将/etc/sysctl.conf 文件中的 net.ipv4.ip_forward 选项配置为 1。

进行了上述 IP 地址配置和路由软件设置后，主机 A 就可以与主机 B 进行通信了。例如，当在主机 A 上执行 ping 192.168.2.2 命令时，主机 A 会知道有报文发往不在本网络的主机地址 192.168.2.2，于是它就将报文发往它所在网络的默认网关 192.168.1.1，路由器 R 的 NIC1 收到报文后，就将此报文转发到 NIC2 上，NIC2 再发送到物理网络 2 中，最终该报文就被主机 2 收到。

2．专业路由器的基本构成

以普通计算机搭建的路由器仅可用于做实验，由于路由器要运行路由协议，且通常要快速转发大量的报文，而以普通计算机搭建的路由器连一般的实践需求都满足不了，实践中部署的路由器均是专门的路由器。

1）路由器的控制平面和数据平面

图 4-6 示出了路由器的基本结构，由图可以看出，路由器逻辑上包括两个平面，即**控制平面**和**数据平面**。控制平面常以软件方式实现，它用于实现路由和管理功能，它由**路由处理器**运行，路由处理器就是一台通用的计算机。其路由功能是通过与网络中的其他路由器交换特定的路由信息报文和运行特定的路由协议算法完成的，路由协议算法的运行结果是生成路由表。控制平面还要负责用路由表建立转发表，并将转发表分发到路由器的各个输入端口上，当路由表更新时，控制平面还要负责更新各端口上的转发表。转发表与路由表相似，只是表项的设置更适合转发报文。

数据平面用于实现报文的转发，因此它又称路由平面。由于报文转发的关键是转发效率，因此数据平面要用硬件实现。数据平面由**输入端口**、**交换结构**和**输出端口**三部分组成。其中输入端口、输出端口要实现物理网络功能，即要包括所连接物理网络的物理层和数据链路层。在输入端口上，物理层从传输介质上接收比特流，数据链路层将比特流构造为帧，再对帧解

封装并取出 IP 报文交给报文转发模块；报文转发模块将报文转发到适宜的输出端口；在输出端口上，数据链路层从报文队列中取出 IP 数据报，将其封装为帧，并送交物理层，物理层再以比特流形式将数据发送到出口链路上。输入端口的报文转发模块获取报文的目的地址，根据该目的地址从转发表中查找输出端口，此后将报文交付交换结构，由交换结构将报文传送到输出端口的报文队列中。输出端口的报文排队模块要选择适宜的排队策略以保证传输的公平性，当到达的报文数量即将超过排队缓存的容量时，还要选择适宜的丢包策略，以实现合理的丢包分配。

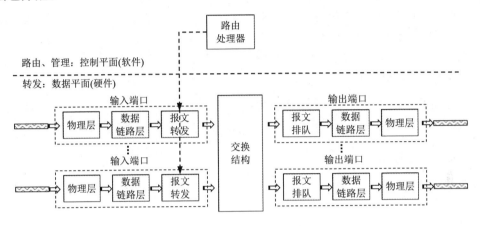

图 4-6　路由器的基本结构[2]

交换结构是转发平面的核心，也是整个路由器的核心。专业路由器常采用基于**共享存储器的交换结构**和基于**纵横交叉结构的交换结构**，下面对它们略做介绍。

2）基于共享存储器的交换结构

在基于共享存储器的交换结构中，存储器被分成 K 个段，每段由一个存储器控制器控制读写操作，如图 4-7 所示。每个输入端口和输出端口都与 K 个存储器控制器相连。当输入端口到来一个报文时，它便根据一定的调度规则确定一个存储器控制器，并通过该存储器控制器向对应的存储器写入报文。各存储器中的报文按照输出端口进行排队，输出端口根据一定的调度规则通过某个存储器控制器读取对应存储器中对应输出端口的报文队列，并将报文发送到出口链路上。

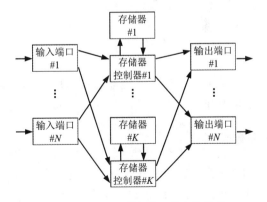

图 4-7　基于共享存储器的交换结构

与输入端口、输出端口各自设计存储器相比，共享存储器的交换结构提高了存储器的利用率，其分布式的结构也大大提高了报文转发的效率，但它需要设计复杂的调度器，这给硬件实现带来了极大的困难。

3）基于纵横交叉结构的交换结构

纵横交叉结构是一种可并行地将 N 个输入连接到 N 个输出的交换结构，如图 4-8 所示。N 个输入对应 N 条横线，N 个输出对应 N 条竖线，它们构成了一个 $N{\times}N$ 的纵横交叉矩阵，每个交叉点设置一个开关。当一个输入端口到来一个报文时，它就用报文的目的地址查找转发表得到输出端口，然后检查该输出端口对应的竖线，如果发现该竖线没有与其他横线相连，则合上该输入端口的横线与输出端口的竖线对应的开关，并进行报文转发。

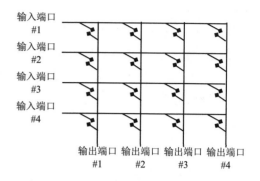

图 4-8　基于纵横交叉结构的交换结构

理想情况下，$N{\times}N$ 的纵横交叉结构可允许 N 对通信并行进行，然而由于极少存在 N 个输入端口的报文正好对应 N 个不同输出端口，因此大部分时候并非理想情况，多个输入端口同时收到发往同一个输出端口的报文的情况很常见，这时就会发生阻塞现象，因而纵横交叉结构需要配置合理的调度策略，以便当发生阻塞时能够实现公平的通信。

纵横交叉结构本身没有缓存，因而在该结构下，输入端口和输出端口都要设置缓存以实现报文的暂存和排队。

➠4.2　IP 地址及地址解析协议

IP 地址用于在网络层识别通信的站点，地址解析协议（ARP）用于根据 IP 地址获取物理地址，即数据链路层的 MAC 地址，二者都是因特网网络层的基础，因此在进一步学习网络层内容之前我们先介绍这两项内容。

4.2.1　IP 地址及其分类

本节将介绍关于 IP 地址的基本知识，内容包括 IP 地址的长度及记法、基本分类、特殊用途的 IP 地址，以及保留用于内网的 IP 地址等。

1．IP 地址的长度及记法

因特网的网络层最早设计的地址是 4 字节 32 位的地址，地址总数达到 10^9 个，这样的地址空间在 20 世纪 80 年代初已经是一个让人感觉足够用的地址空间了，这个地址被称为第 4 版的 IP 地址，简称 IPv4 地址或 IP 地址。

由于十进制数是人类最熟悉的数字，人们对 IPv4 地址采用了一种点分十进制记法，即将 4 字节地址中的每个字节都表示为 0～255 间的十进制数，并用圆点分开。

例如，二进制的 IP 地址 00110010 01100100 10010110 11001000 就可用点分十进制表示为 50.100.150.200。

2．IP 地址的基本分类

因特网设计之初就将高效率查找路由表作为重点考虑的因素，减小路由表的规模显然是最基本的提高路由查找效率的方法。为此，因特网的设计者提出了"网络号+主机号"的 IP 地址分配方法，其中网络号为 32 位 IP 地址前面的 1～3 字节，主机号为余下的字节。IP 地址按照网络号分配和配置，路由表中以网络号而不是主机号为条目，显然这样就可大大缩小路由表的规模。

为此，因特网的设计者将 IPv4 进行了如图 4-9 所示的分类。这种分类的依据是 IP 地址的高位二进制值，最高位为 0 的为 A 类，也就是说 A 类地址占用总地址的一半，高 2 位为 10 的为 B 类，B 类地址占用总地址的四分之一，高 3 位为 110 的为 C 类，C 类地址占用总地址的八分之一，高 4 位为 1110 和 1111 的分别为 D 类和 E 类，它们分别占用总地址的十六分之一。其中 A、B、C 类地址是正常使用的地址，D 类的多播地址和 E 类的保留地址则很少使用。A、B、C 类地址的网络号分别为 1、2、3 字节，主机号则分别为 3、2、1 字节。可以看出，在这种分类机制下，路由器根据目的地址的最高 1～3 位就可以判断其网络号的长度，从而可以根据网络号查找转发表并进行转发操作。

注：IP 地址的 A、B、C 分类还可以用 IP 地址的高 3 位来区分，即高 3 位在 000～011 之间的为 A 类，在 100～101 之间的为 B 类，为 110 的是 C 类。这种区分方法可以简化实际的算法设计。

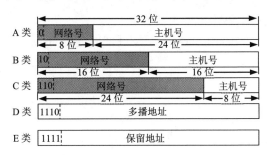

图 4-9　IPv4 地址的分类

根据上述 IPv4 地址的分类，我们可以得到如表 4-2 所示的各分类的网络号范围和个数及每个网络中主机个数的统计信息，相关解释见下文。

表 4-2　IP 地址各分类的统计

类别	网络号范围	网络数	每个网络中的主机数
A	1～126	126（2^7-2）	16777214（$2^{24}-2$）
B	128.0～191.255	16384（2^{14}）	65534（$2^{16}-2$）
C	192.0.0～223.255.255	2097152（2^{21}）	254（2^8-2）

3. 特殊用途的 IP 地址

IP 地址包括了一些特殊用途的情况，这些特殊情况列于表 4-3。下面给出相关的解释。

网络号和主机号皆为 0 的地址，即 0.0.0.0，指的是本主机，它在运行动态主机配置协议（DHCP）时，用于指定还没有获得 IP 地址的本主机。

网络号和主机号全 1（指的是每个二进制位都是 1）的地址，即 255.255.255.255，用于对本网络的广播，以这个地址为目的地址的报文会被本网络内的所有主机接收，但不会被路由器转发，否则将会带来广播风暴，导致整个因特网瘫痪。

主机号全 1 而网络号不全 1 的地址，如 A 类地址中的 1.255.255.255、B 类地址中的 128.1.255.255、C 类地址中的 200.1.1.255 等，用于对指定网络的广播，即指定网络中的所有主机均可接收以该地址为目的地址的报文。

表 4-3　特殊用途的 IP 地址

网络号	主机号	可用于源主机	可用于目的主机	说明
0	0	是	否	本主机
全 1	全 1	否	是	本网络的广播
net_id	0	否	否	本网络
net_id	全 1	否	是	指定网络的广播
0	host_id	否	是	本网络上的主机
127	host_id	是	是	本主机的回环地址

主机号为 0 而网络号不为 0 的地址，如 A 类地址中的 1.0.0.0、B 类地址中的 128.1.0.0、C 类地址中的 200.1.1.0 等，指的是一个网络。由于这一条和上一条的缘故，一个给定的网络号下，主机号全 0 和全 1 的两个地址不能分配给主机，这就是表 4-2 中最后一列每个网络中主机数减 2 的原因。

网络号为 0 而主机号不为 0 的地址，如 A 类地址中的 0.1.2.3、B 类地址中的 0.0.4.5、C 类地址中的 0.0.0.6 等，指的是本网络上的主机。

A 类网络中，网络号 127 的地址被用作回环测试地址，简称回环地址，这也是 A 类地址的网络数为 $2^7 - 2$ 即 126 的原因。回环测试地址指的是发往该地址的报文原样返回，这常用于测试当前主机的网络协议是否能正确运行。最常用的回环地址是 127.0.0.1，但网络号为 127 的任何地址都可用作回环地址。最常用的回环测试命令是 ping 127.0.0.1。

注：在 Windows 操作系统中操作网络有关的命令需要在命令窗口中输入和运行。打开 Windows 命令窗口最快捷的方式是使用 "Win+R" 组合键，并输入 cmd。

4. 保留用于内网的 IP 地址

IP 地址的设计者在 A、B 和 C 类地址中分别预留了用于内网的地址块，如表 4-4 所示。这些地址也称为私有地址，与之相对的是，A、B 和 C 类中的其他地址称为公网地址。公网地址是可以在公共因特网上使用的地址，私有地址是不能直接在因特网上使用的。

表 4-4　保留用于内网的 IP 地址

类别	网络数	网络号范围	每个网络中的主机数
A	1	10.0.0.0	16777216（2^{24}）
B	16	172.16.0.0～172.31.0.0	1048576（$16×2^{16}$）
C	256	192.168.0.0～192.168.255.0	65536（$256×2^8$）

注：主机数中没有去除全 0 和全 1 的主机号。

在 IP 地址中预留私有地址体现了因特网设计者的前瞻性，因为目前接入因特网的客户主机基本上都是在内网上运行的。使用 ipconfig 命令查看当前主机的 IP 地址时，绝大部分时候看到的将是 10 号的 A 类网络、172.16～172.31 之间的 B 类网络或 192.168.0～172.168.255 之间的 C 类网络中的某个 IP 地址。这些内网地址需要通过网络端口地址转换（NAPT）机制转换为公网地址，才能达到内网主机访问公网上主机的目的。NAPT 技术将在后文介绍。

4.2.2　地址解析协议 ARP

IP 地址是一种逻辑地址，也就是说是人为分配给主机的地址，因此我们在与某个主机 H

通信前是可以知道其 IP 地址的，然而，数据链路层却需要知道主机 H 的物理地址才能与之通信。本节介绍的 ARP 就是一个自动从已知 IP 地址中获取物理地址的协议。

1. 因特网报文传送过程中物理地址的变化

因特网报文传送过程中，源 IP 地址和目的 IP 地址始终不会改变，然而源物理地址和目的物理地址在每个物理网络上都不相同。

图 4-10 所示为 C 上的一个第 4 层报文 PDU4 经过 R1 和 R2 两个路由器传送到 S 的过程，其中 C 和 R1、R1 和 R2、R2 和 S 分别由物理网络 N1、N2 和 N3 连接。C 上的第 4 层报文传递给第 3 层时会增加第 3 层的首部 H3，H3 中要包括目的 IP 地址即 S 的 IP 地址 IP_S 和源 IP 地址即 C 的 IP 地址 IP_C。IP_S 和 IP_C 在整个报文传输过程中都不会变化，即 N1、N2 和 N3 网络上第 3 层首部 H3 中目的 IP 地址和源 IP 地址始终保持为 IP_S 和 IP_C。

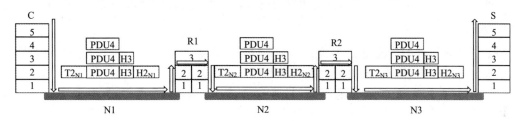

图 4-10　因特网报文传送过程中物理地址的变化

然而，数据链路层首部的源物理地址和目的物理地址在每个网络上都不相同，为了表示这种不同，我们将 N1、N2 和 N3 网络上数据链路层帧的首部分别记为 $H2_{N1}$、$H2_{N2}$ 和 $H2_{N3}$。

注：首部的不同就会导致尾部的校验码不同，我们将它们分别记为 $T2_{N1}$、$T2_{N2}$ 和 $T2_{N3}$。

发送站 C 的数据链路层会将 $H2_{N1}$ 中的目的物理地址和源物理地址分别标记为 R1 左侧端口的物理地址 HA_{R1L} 和 C 的物理地址 HA_C；该帧到达 R1 后，R1 左侧的数据链路层会去掉帧的首部 $H2_{N1}$ 和尾部 $T2_{N1}$ 获得网络层报文；网络层实体会将网络层报文交给右侧的数据链路层，该数据链路层构造新的帧首部 $H2_{N2}$，将目的物理地址和源物理地址分别置为 R2 左侧端口的物理地址 HA_{R2L} 和 R1 右侧端口的物理地址 HA_{R1R}，重新计算尾部校验码 $T2_{N2}$，并将帧发送到网络 N2；该帧到达 R2 后，R2 左侧的数据链路层会去掉帧的首部 $H2_{N2}$ 和尾部 $T2_{N2}$ 获得网络层报文；网络层实体会将网络层报文交给右侧的数据链路层，该数据链路层构造新的帧首部 $H2_{N3}$，将目的物理地址和源物理地址分别置为 S 的物理地址 HA_S 和 R2 右侧端口的物理地址 HA_{R2R}，重新计算尾部校验码 $T2_{N3}$，并将帧发送到网络 N3；该帧到达 S 后，S 的数据链路层会去除帧的首部 $H2_{N3}$ 和尾部 $T2_{N3}$ 获得网络层的 IP 数据报，该数据报的目的 IP 地址和源 IP 地址将保持为 IP_S 和 IP_C；S 的网络层实体去除 IP 数据报的首部后将 PDU4 交给其传输层，至此整个网络完成了将 C 上的 PDU4 传送到 S 的过程。

可以看到，在因特网路由器转发报文的过程中，网络层的目的 IP 地址和源 IP 地址一直保持不变，而数据链路层帧中的目的物理地址和源物理地址在每段链路上都不同。这也正体现了因特网通过增加路由器和网络层协议来实现网络互连的过程和结果。

2. ARP

我们对因特网的知识进展到网络层后，便认知到一个典型的因特网访问就是一个具有源 IP 地址的机器 C 对一个具有目的 IP 地址的机器 S 的访问，这个访问通常要经过多个路由器，就像图 4-10 示出的那样。这个过程又可以分解为若干物理网络上的通信，图 4-10 示出的是 C

和 S 间通信可分解为 N1、N2、N3 三个网络上通信的情况。每个网络上的通信都是在目的 IP 地址和源 IP 地址已知的情况下的通信。例如，图 4-10 中主机 C 通过自己的默认路由（或默认网关）获得 R1 左侧端口的 IP 地址从而知道要将数据链路层的帧送往 R1 左侧端口，而 R1 通过查找路由表就知道要将 IP 数据报封装为转发到 R2 左侧端口的帧，最后 R2 通过查找路由表知道应将报文封装为到达 S 主机的帧。

上面的分析给我们的启示是因特网上最基本的报文传递是同一个网络上已知 IP 地址的两个站点间的通信，然而已知收发双方的 IP 地址只能构造 IP 数据报，IP 数据报要封装为物理网络中的帧才能实现真正的传送，而构造帧必须知道目的站点的物理地址，那么，在知道目的站点的 IP 地址的情况下，怎样获知其物理地址呢？要知道通过人工配置 IP 地址和物理地址的对照表是不可行的，也绝对不会是网络设计者的解决之道。网络设计者给出的解决方案是以地址解析协议（ARP）让主机自动地获取已知 IP 地址站点的物理地址。

1）ARP 的报文格式

ARP 具有如图 4-11 所示的报文格式。报文以每行 4 字节（32 位）的方式表达。从图 4-11 中可以看出，ARP 的报文共有 7 行，总共 28 字节。

注 1：每行 4 字节 32 位的方式是网络协议报文的通用表达方式，后面会看到 IP 和 TCP 等协议的报文都用这种方式表达。

注 2：其实 ARP 报文的长度是随着网络层协议和数据链路层协议的地址长度的不同而变化的。严格地说，这里的 28 字节针对的是 IPv4 版的网络层协议和以太网数据链路层协议。如无特别说明，我们今后说的 ARP 报文都指的是这个 28 字节的报文。

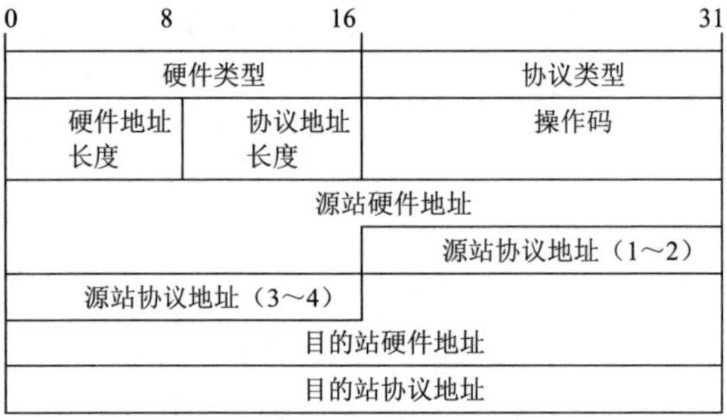

图 4-11 ARP 的报文格式

从图 4-11 可以看出，ARP 报文共包括 9 个字段。

（1）**硬件类型**：2 字节，指的是硬件地址类型，对于以太网，该字段的值为 1。

（2）**协议类型**：2 字节，指的是网络层的协议地址类型，对于 IPv4，该字段的值为 0x0800。

（3）**硬件地址长度**：1 字节，指的是硬件地址的字节数，对于以太网，该字段的值为 6。

（4）**协议地址长度**：1 字节，指的是网络层地址的字节数，对于 IPv4，该字段的值为 4。

（5）**操作码**：2 字节，指的是报文的类型，1、2 分别表示 ARP 请求和应答报文。

（6）**源站硬件地址**：指的是发出报文站点的硬件地址，对于以太网，该字段为 6 字节。

（7）**源站协议地址**：指的是发出报文站点的网络层地址，对于 IPv4，该字段为 4 字节。

（8）**目的站硬件地址**：指的是接收报文站点的硬件地址，对于以太网，该字段为 6 字节。对于 ARP 请求报文，该字段的值没有意义，通常以 0 填充。

（9）**目的站协议地址**：指的是接收报文站点的 IP 地址，对于 IPv4，该字段为 4 字节。

ARP 报文涉及网络层的地址，因而它是一个网络层的协议。然而，ARP 运行时还不能确定目的主机的物理地址，因此它不能封装在 IP 数据报中，而是要直接封装到数据链路层的帧中。DIX 以太网的数据链路层将以协议号 0x0806 封装 ARP。ARP 报文的 DIX 以太网帧封装如图 4-12 所示。

字节	6	6	2	28	18	4
	目的地址	源地址	类型	ARP 报文	填充	FCS

图 4-12　ARP 报文的 DIX 以太网帧封装

2）ARP 的运行过程

为了提高 ARP 的运行效率，每个站点的 ARP 实体都会建立一张 IP 地址与物理地址的对照表，这张表称为 **ARP 高速缓存表**，简称 ARP 表。ARP 高速缓存表类似于 3.5.2 节中介绍过的以太网交换机中的转发表，如表 4-5 所示。表 4-5（a）示出了一个空的 ARP 高速缓存表，它包括三个表列，即 IP 地址、MAC 地址（也就是物理地址）和 TTL（寿命）。对 IPv4 和以太网来说，IP 地址和 MAC 地址分别有 4 字节和 6 字节的长度，TTL 用来标记一个表项的有效期，初值可选 120s。表 4-5（b）、（c）分别是站点收到 ARP 请求报文和 ARP 应答报文后的情况，下文会根据 ARP 的运行过程对此进行解释。

表 4-5　ARP 高速缓存表

（a）ARP 空表

IP 地址	MAC 地址	TTL

（b）D 站的 ARP 表

IP 地址	MAC 地址	TTL
IP_B	MAC_B	120

（c）B 站的 ARP 表

IP 地址	MAC 地址	TTL
IP_D	MAC_D	120

下面我们用总线式以太网作为例子描述一下 ARP 的运行过程。假设一个总线式以太网如图 4-13 所示。

该网络上有 A、B、C、D 四个站点，各站点分别以 IP_A、IP_B、IP_C 和 IP_D 赋予了 IP 地址，它们的 MAC 地址分别是 MAC_A、MAC_B、MAC_C 和 MAC_D，站点之间相互知道对方的 IP 地址，但不知道对方的 MAC 地址。现在 B 站要与 D 站通信，就需要运行 ARP 获取 D 站的 MAC 地址，其过程如下。

（1）**开始时刻**：各个站点的 ARP 表都是空的，如表 4-5（a）所示。

（2）**B 站构造 ARP 请求报文**：B 站的 ARP 实体以操作码 1 构造一个 ARP 请求报文，在源站硬件地址和协议地址字段中分别填入自己的硬件地址 MAC_B 和协议地址 IP_B，目的站的硬件地址字段中填入 0，目的站的协议地址字段中填入 D 站的协议地址 IP_D。

图 4-13　ARP 请求报文的广播式发送

（3）**B 站将 ARP 请求报文封装到以太网帧中**：B 站的 ARP 实体将上述的 ARP 请求报文交给其数据链路层实体，数据链路层实体将该报文封装到一个以太网帧中，在类型字段中填入 0x0806，表明帧中的数据为 ARP 报文。最重要的是，B 站构造的以太网帧的目的地址要填成广播地址，即 12 个 F，因为 B 站不知道这个帧要发给哪个具体的站点。

（4）**B 站向网络发送携带 ARP 请求报文的广播帧**：网络上的所有站点即 A、C、D 都接收这个帧。它们的数据链路层实体从帧的类型 0x0806 判断出这是一个 ARP 报文，于是将该报文交给网络层的 ARP 实体，并发现这是一个 ARP 请求报文。

（5）**A、C 站点忽略报文**：A、C 站点的 ARP 实体看到 ARP 请求报文中的目的 IP 地址与自己的 IP 地址不相同，忽略该报文。

（6）**D 站在 ARP 表中添加关于 B 站的表项**：D 站的 ARP 实体发现 ARP 请求报文中的目的 IP 地址与自己的 IP 地址相同，于是将报文中的源站硬件地址和协议地址取出来，查找其 ARP 高速缓存表，如果表中没有对应的 IP 地址项，则在表中添加一个新的表项，如果存在对应的 IP 地址项，则更新 MAC 地址和 TTL 列，如表 4-5（b）所示。

（7）**D 站的 ARP 实体构造 ARP 应答报文**：D 站的 ARP 实体构造操作码为 2 的 ARP 应答报文，在源站硬件地址和协议地址字段中分别填入自己的 MAC 地址 MAC_D 和协议地址 IP_D，在目的站的硬件地址和协议地址字段中分别填入 B 站的硬件地址 MAC_B 和协议地址 IP_B。

（8）**D 站发回 ARP 应答报文**：D 站先将 ARP 应答报文封装为帧，置帧的类型为 0x0806，目的地址和源地址分别填为 MAC_B 和 MAC_D，此后 D 站将该帧发送到网络上，如图 4-14 所示，这次是目的地址明确的单播帧。

图 4-14　ARP 应答报文的单播式发送

（9）**B 站接收 ARP 应答报文并在 ARP 表中添加关于 D 站的表项**：只有 B 站可以接收 D 站发出的携带了 ARP 应答报文的单播帧。B 站的数据链路层实体会根据帧的类型 0x0806 识别出帧中的数据是一个 ARP 报文，并将该报文交给其 ARP 实体。B 站的 ARP 实体会根据 ARP 报文的操作码 2 识别出它是一个 ARP 应答报文，于是它就从报文中取出源站（D 站）的硬件地址 MAC_D 和协议地址 IP_D，先将 IP_D 和 MAC_D 填入其 ARP 高速缓存表中，如表 4-5（c）所示，再执行向 D 站的数据发送操作。

⇒ 4.3　IP 数据报的报文格式、分片与重装机制及差错检测算法

本节是关于 IP 数据报的详细介绍，内容包括其报文格式、分片与重装机制及所采用的差错检测算法。

4.3.1　IP 数据报的报文格式

图 4-15 示出了 IP 数据报的报文格式，这也是一个每行 4 字节 32 位的表达格式。IP 数据

报总体上分为首部和数据部分，其中的数据部分就是 IP 数据报所携带的信息，它是高层协议的 PDU。首部又分为固定部分和可变部分，其中固定部分是 5 行 20 字节。

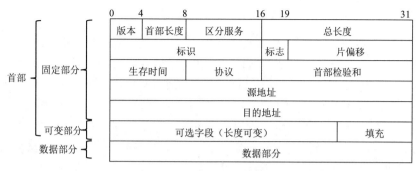

图 4-15　IP 数据报的报文格式

下面我们就给出 IP 数据报首部各字段的解释。

（1）**版本**：占 4 个二进制位，对 IPv4 来说，该字段固定为二进制数 0100，即十进制或十六进制的 4。

（2）**首部长度**（简称头长）：占 4 个二进制位，单位是 4 字节。由于 IP 数据报的固定部分是 20 字节，该字段最小值是二进制数 0101，即 5。由于该字段最大值是二进制数 1111，即十进制数 15，IP 数据报首部的最大长度是 60 字节，因而可变部分最多 40 字节。

（3）**区分服务**：占 1 字节，该字段没有使用，其值取为 0。

（4）**总长度**：占 2 字节，包括首部和数据部分的总字节数，其最大值为 65535。

（5）**标识（ID）、标志和片偏移**：总共 4 字节，这 3 个字段用于 IP 数据报的分片与重装，将在下一节进行详细介绍。

（6）**生存时间（TTL）**：占 1 字节，该字段用于避免找不到目的地的 IP 数据报在网络中兜圈子。每经过一个路由器，该字段的值就减 1，当减到 0 时路由器就会将该报文丢弃，因而该字段也常称为寿命。该字段的长度是 1 字节，这说明因特网上的 IP 数据报最多可以经过 255 个路由器。

（7）**协议**：占 1 字节。该字段用于说明 IP 数据报的数据部分对应的高层协议。常用的协议号（十进制）有：1—ICMP、2—IGMP、6—TCP、17—UDP、89—OSPF。

（8）**首部检验和**：2 字节，该字段用于首部的差错检测，将在后文进行详细解释。

（9）**源地址**：4 字节，发出报文主机的 IP 地址。

（10）**目的地址**：4 字节，接收报文主机的 IP 地址。

（11）**可选字段**：可变部分由一些可选字段组成，由于首部长度以 4 字节为单位，因此可变部分的长度必须是 4 的倍数，如果不是 4 的倍数，则要填充到 4 的倍数。

注：关于 IP 数据报中可选字段的编号方式及类型可参考文献[3]。

4.3.2　IP 数据报的分片与重装

为了解释 IP 数据报的分片与重装，我们将图 4-10 简化为图 4-16。主机 C 要将网络层的 IP 数据报传送到主机 S，它需要将数据报封装为 N1 网络上的帧，传送到 R1 路由器，R1 路由器从帧中取出 IP 数据报，封装为 N2 网络上的帧并送交 R2 路由器，R2 路由器从帧中取出 IP 数据报，封装为 N3 网络上的帧并送交目的主机 S。

图 4-16　IP 数据报的封装成帧及传送

现在的问题是每个物理网络的帧可携带的数据有最大长度限制，这个最大长度就是其最大传输单元（MTU）。例如，以太网的 MTU 是 1500 字节，IEEE 802.11 无线局域网（WLAN，即 Wi-Fi）的 MTU 是 2304 字节，而因特网允许的最小 MTU 是 576 字节。假如图 4-10 中的 N1 网络是以太网，那么主机 C 知道以太网的 MTU 为 1500 字节，本着开销最小化的原则，主机 C 构造帧时将 IP 数据报的长度定为以太网的 MTU 即 1500 字节。那么问题就来了，R1 右侧网络 N2 的 MTU 可能会小于以太网的 MTU，这就使得 R1 不能够将 C 发来的 IP 数据报封装到一个 N2 网络上的帧中，这种情况该怎样处理呢？

IP 提供了 IP 数据报的分片与重装机制来解决这个问题，这就是图 4-15 中第 2 行的标识（ID）、标志和片偏移 3 个字段的作用。其基本思路是将 IP 数据报中的数据部分拆分为较小的数据片，再将每个小数据片封装为 IP 数据报片送到较小 MTU 的网络上。各数据报片保持原 IP 数据报首部中的 2 字节标识值，这样就可以根据该标识重装原来的数据报。

IP 数据报首部中的标志字段有 3 位，其中的首位即第 0 位没有使用；第 1 位为"不允许分片位"（DF），该位通常置 0，即允许分片，置 1 时表示不允许分片；第 2 位为"更多分片位"（MF），该位通常置 0，即当前报文已是最后分片，置 1 时说明当前报文还有后续分片。

IP 数据报首部中的片偏移字段（13 位）用于标识当前报文分片中的第 1 字节在原始数据报中的位置。IP 数据报的总长度是一个 2 字节 16 位的数，IP 使用了 8 字节边界进行数据分割，这样就使得 13 位的片偏移能够对长度为 16 位的数据进行分片。

下面我们以问答（Q&A）的形式解释 IP 中的分片与重装。

Q：为什么要分片？

A：路由器的出口链路的 MTU 不能装下入口链路传来的 IP 数据报时就需要分片。

Q：在哪里分片？

A：在发现出口链路的 MTU 不能装下入口链路传来的 IP 数据报的路由器上分片。

Q：报文分片与普通 IP 数据报有何不同？如何转发？

A：各报文分片与普通 IP 数据报从格式上没有不同，分片的报文与原始报文保持相同的标识（ID）、源 IP 地址、目的 IP 地址等，路由器可对各分片像普通报文那样转发，甚至各分片可以被进一步地分片。

Q：分片后的报文在哪里重装？

A：各分片在目的主机上重装，中间路由器上不对分片的报文进行重装，这是因为各个分片可能会走不同的路径，通过不同的路由器，且可能会再次分片。

Q：怎样确定一个报文是否可以分片？

A：标志字段中有一个"不允许分片位"（DF），若该位在源主机发出的报文中置 1，则表示数据报不能分片，若置 0，则表示可以分片。

注：若报文需要分片而 DF 又是 1，则路由器丢弃该报文，并向源主机发回类型为 3（终点不可达）代码为 4（分片差错）的 ICMP 差错报告报文。

Q：怎样确定分片的报文属于同一个原始的报文？

A：分片的报文与最初的报文有相同的源 IP 地址并保持同一个标识号（ID）。

Q：怎样确定分片报文的先后次序？

A：使用片偏移，片偏移小的在前，片偏移大的在后，片偏移为 0 的是第一个分片。

Q：如何确定最后一个分片？

A："更多分片位"（MF）为 0 的分片是最后一个分片，对于前面的所有分片，MF 都应是 1。

Q：13 位的片偏移字段如何分割 16 位长度的数据？

A：片偏移以 8 字节为单位，除最后一个分片外，各分片中的数据长度都必须是 8 的整数倍。

Q：目的端如何知道数据报是分片的？

A：如果一个数据报的片偏移是 0 但 MF 是 1，或一个数据报的片偏移不是 0，则它就一定是一个分片的数据报。

Q：目的端如何知道一个数据报的所有分片都到达了？

A：某个 ID 的第 1 个报文即片偏移为 0 的报文到达了；相同 ID 的各个 MF=1 的报文的后续报文即以当前报文长度减去头长的 4 倍再除以 8 作为偏移的报文均到达了；最后一个报文即相同 ID 的 MF=0 的报文也到达了。

下面用一个例子说明 IP 数据报的分片过程。

例 4-1 假设一个 ID 为 0xA1B2、首部只包括固定部分的 IP 数据报的总长度为 1500 字节，要经过一个 MTU 为 576 字节的网络，试给出其分片报文。

解：576 字节的 MTU 去除 20 字节的 IP 数据报固定首部后还剩 556 字节，556 除以 8 得整数 69，69 再乘以 8 得 552。

1500 字节的 IP 数据报去除 20 字节的固定首部后得 1480 字节，1480 除以 552 得整数 2，余数为 376 字节。

于是，原 IP 数据报被分为 3 个片，每个片的数据部分长度分别是 552、552 和 376，MF 位的值分别是 1、1 和 0，片偏移的值分别是 0、69 和 138，详情如表 4-6 所示。

表 4-6 IP 数据报分片示例

	标识	MF	DF	片偏移	数据长度	总长度
原始数据报	0xA1B2	0	0	0	1480	1500
分片 1	0xA1B2	1	0	0	552	572
分片 2	0xA1B2	1	0	69	552	572
分片 3	0xA1B2	0	0	138	376	396

4.3.3 IP 数据报首部的差错检测算法

IP 提供了对首部的差错检测功能，这种设计主要是为了提高路由器的运行效率，因为每个路由器都要对收到的 IP 数据报进行差错检测和重新计算差错检测的冗余码，如果差错检测包括数据部分，势必给路由器带来巨大的计算负担。

IP 数据报首部的差错检测冗余码放在报文首部结构第 3 行的后两个字节中，而不是放在报文首部的最后，参见 IP 数据报的报文格式（见图 4-15）。

IP 数据报的差错检测算法采用的是 **1 的补码和的 1 的补码算法**（ones' complement of the ones' complement sum），这个名字很拗口，其意思是先对待检测的数据进行 1 的补码求和运算，再取和关于 1 的补码。由于在不考虑负数的情况下，1 的补码就是反码，上述算法也常简称反码算术运算差错检测算法，但此种称法不准确。还有直接将上述算法称为检验和算法的，但这一称法更不严谨，因为所有的差错检测算法都要计算一种差错检测冗余码，而冗余码统称为检验和。本书作者将该算法称为"**补码和的补码差错检测算法**"或"**反码和的反码差错检测算法**"可以既照顾到专业性又照顾到简洁性。

注：对 1 位二进制数来说，1 的补码和的运算法则如下：0 + 0 = 0；0 + 1 = 1；1 + 0 = 1；1 + 1 = 1。该法则可以变换为无进位时和取正常加法的和，有进位时将进位再加到和上。这个结论可以推广到任意位数的 1 的补码和运算。

基于这个理解，**IP 的差错检测算法可描述如下**：将待检测的数据也就是 IP 数据报的首部数据分成 16 位组，其中检验和的 16 位值取 0，接着对所有的 16 位值数据求和，将求和的进位再加到和的低 16 位上，至此便得到了相关数据的 1 的补码和，再将这个和取反码，即完成了 1 的补码运算，最终将得到的 16 位检验和填回 IP 数据报的检验和字段中，由此便完成了 IP 数据报首部的差错检测计算。

注 1：尽管上述算法是基于 16 位二进制数解释的，但是实际的计算过程可以基于任何进制数完成，因此很多时候，该算法的计算是基于十进制数完成的。

注 2：接收端并不需要先置检验和字段为 0 再执行算法计算出结果，最后采用将结果与检验和的值对比的方法检测差错，而是连同检验和的值一起计算补码和的补码，如果结果为 0，则认为没有差错；如果结果为 1，则认为有差错，该报文内容不可信，直接丢弃。

图 4-17 给出了 IP 数据报首部检验和在发送端和接收端的计算流程。

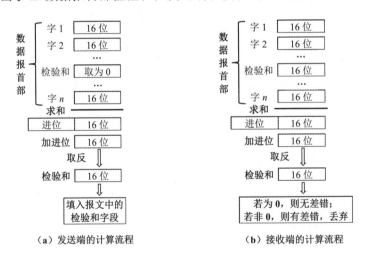

（a）发送端的计算流程　　　　　　（b）接收端的计算流程

图 4-17　IP 数据报首部检验和的计算流程

4.4　无分类域间路由与 IP 分组转发流程

将 IP 地址分为网络号和主机号两部分，以便使路由表中仅以网络号为条目是一个非常好的主意，因为这样能大幅缩小路由表的规模，显著提高路由器的查表效率。然而，网络号位数固定的 A、B、C 分类法很不灵活，也很浪费地址空间，于是人们提出了允许任意长度网络号的无分类域间路由（CIDR）方法，本节就介绍该方法及建立于其上的 IP 地址分配、路由表设计及 IP 分组的转发流程。

4.4.1　无分类域间路由 CIDR

本节先讨论无分类域间路由（CIDR）的由来，再对其进行详细解释。

1. CIDR 的由来

我们在此前介绍过分类的 IP 地址，其中正常用于因特网主机的是 A、B 和 C 三类地址。这种地址分类主要包括两个方面：一是用 IP 地址的高 3 位区别各个分类，二是将 IP 地址以"网络号+主机号"的形式分为两部分。

将 IP 地址分为"网络号+主机号"有两个优点：一是便于以网络号为单位分配 IP 地址；二是可以大大减小路由器中路由表的规模，这会带来路由器查找路由表效率的大幅提升，也会带来整个因特网运行效率的提升。

然而，IP 地址的 ABC 分类法也带来了两个严重的问题：一是很不灵活，一个仅需要几个 IP 地址的单位就会占用一个 C 类网络，且几乎没有一个单位需要 1.6×10^8 个地址的 A 类网络；二是会导致 IP 地址很快耗尽。

为解决上述问题，IETF 于 1993 年提出了 CIDR 的方法。其主要思想是使用任意长度的二进制数作为 IP 网络的网络号，这就意味着使用任意长度的二进制数作为主机号。显然，CIDR 要比此前的 ABC 分类灵活得多，实际上它达到了最好的灵活性。

2. CIDR 详解

CIDR 将 IP 地址分为"网络前缀+主机号"两个组成部分，其中网络前缀用来标识一个网络，相当于此前的网络号，很多时候人们也直接将其称为网络号，本书也将遵循这一习惯。一个网络前缀所包含的全部 IP 地址称为一个 CIDR 地址块。

注：网络前缀有时也称为子网号。

CIDR 用"斜线记法"（也称为 CIDR 记法）表示，即用地址后加斜线再加前缀所占的二进制位数来表示。例如，200.1.1.1/24 表示前 24 位（前 3 字节）为网络前缀，也就是该网络与 200.1.1.0 的 C 类网络等同，但是这里的网络号应表达为 200.1.1.0/24。

注：CIDR 仍然使用主机号为 0 的 IP 地址作为网络号，主机号全 1 的地址作为当前网络的广播地址。

对于给定的一个 CIDR 网络号，我们很容易就能获得它的地址范围，即主机号全 0 到全 1 的二进制范围。例如，200.1.1.0/24 的地址范围为 200.1.1.0～200.1.1.255。

为了获得 CIDR 中的地址前缀即网络号，引入**地址掩码**的概念和方法。地址掩码是一个 32 位数字，其前 n 位（n 为网络前缀的二进制位数）的每一位都是 1，后面的 32−n 位每一位都是 0，也就是说对应网络前缀的位都是 1，而对应主机号的位都是 0。这样，对于一个给定的 IP 地址，就可以通过将地址掩码与 IP 地址进行与运算获得该 IP 地址的网络前缀。

注：地址掩码也称为**网络掩码**或子网掩码。

例如，200.1.1.1/24 对应的地址掩码是 11111111　11111111　11111111　00000000，用十进制数表示就是 255.255.255.0。将地址掩码 255.255.255.0 与地址 200.1.1.1 进行二进制与运算，就可得到网络号 200.1.1.0/24。

再来看 CIDR 地址 200.1.1.1/25，它表示网络前缀占 25 位，主机号占 7 位。它的地址掩码是 11111111 11111111 11111111 10000000，用十进制数表示就是 255.255.255.128。用该掩码与 200.1.1.1 进行二进制与运算，结果为 200.1.1.0，因而 200.1.1.1/25 对应的网络号为 200.1.1.0/25。

尽管 200.1.1.1/24 和 200.1.1.1/25 对应的网络前缀的斜杠前的部分相同，都是 200.1.1.0，但由于斜杠后的数字不同，它们就对应不同的地址块，前者是 200.1.1.0～200.1.1.255，而后者是 200.1.1.0～200.1.1.127。

再来看 CIDR 地址 200.1.1.129/25，它同样有 25 位的网络号，因而地址掩码也是 255.255.255.128，用该掩码与 200.1.1.129 进行二进制与运算，考虑到 129 对应的二进制值为 10000001，结果为 200.1.1.128，因而该 CIDR 地址对应的网络号为 200.1.1.128/25。

特别注意的是，200.1.1.128/25 对应的地址范围是 200.1.1.128～200.1.1.255，因为主机地址的最后一个字节是 1 后面 7 个 0 到 1 后面 7 个 1。

再来看 CIDR 地址 200.1.1.1/23，它有 23 位的网络号，因而地址掩码是 255.255.254.0，用该掩码与 200.1.1.1 进行二进制与运算，结果为 200.1.0.0，因而网络号为 200.1.0.0/23，其对应的地址块为 200.1.0.0～200.1.1.255，地址数为 512（2^9）。

CIDR 地址掩码计算过程中经常涉及一个字节的从高位到低位由连续的 1 后面跟连续的 0 形成的位串，因为这种计算具有通用性，所以我们将 8 种可能的情况列在表 4-7 中。

表 4-7　单个字节范围内地址掩码的计算

连续 1 的个数	1	2	3	4	5	6	7	8
二进制值	10000000	11000000	11100000	11110000	11111000	11111100	11111110	11111111
十进制值	128	192	224	240	248	252	254	255

3．十进制转二进制的技巧

CIDR 乃至计算机网络有关的计算中，常涉及将一个字节之内的十进制值转换为二进制值的问题，尽管有程式化的除 2 方法及 Excel 等计算工具，但是掌握快捷的心算及手算技巧还是很有必要的，下面我们介绍有关的计算技巧。

首先，我们需要熟悉如表 4-8 所示的一个字节中各个二进制位对应的十进制值。

表 4-8　一个字节范围内各二进制位对应的十进制值

二进制位	7	6	5	4	3	2	1	0
2 的幂	2^7	2^6	2^5	2^4	2^3	2^2	2^1	2^0
十进制值	128	64	32	16	8	4	2	1

有了表 4-8 后，要将一个十进制数表示成二进制数，就可以先将该十进制数表示为 2 的幂次的和，再将和中含有的 2 的幂次值对应的位写为 1，其余位写为 0，如此就可得到十进制数对应的二进制数。这里的技巧是依次找出最大的 2 的幂次。

例如，前述的 129 是 128 加 1，因而有 $129 = 2^7 + 2^0$，即 $129_{10} = 10000001_2$。

又如，$200 = 128 + 64 + 8$，即 $200 = 2^7 + 2^6 + 2^3$，也就是 $200_{10} = 11001000_2$。

再如，$89 = 64 + 16 + 8 + 1$，即 $89 = 2^6 + 2^4 + 2^3 + 2^0$，也就是 $89_{10} = 01011001_2$。

4.4.2 基于无分类域间路由的 IP 地址分配

本节以一个综合性的网络互连的例子说明如何使用 CIDR 分配 IP 网络号和地址号，这一内容具有很大的实践意义。

图 4-18 示出了一个较具综合性的网络互连的例子，该例子用 R1～R5 共 5 个路由器互连了 LAN1～LAN4 和 N1～N3 共 4 个局域网络及 3 个广域网。

该互连网络具有如下三个特点：

（1）每个网络都用 CIDR 进行了 IP 网络号分配；

（2）路由器的每个端口都在其所连接的网络上分配一个 IP 地址；

（3）即使仅有两台路由器相连的点对点链路，如 R1 与 R2 和 R2 与 R3 之间的链路，也要分配一个 IP 网络，相应路由器的端口也要分配该 IP 网络上的一个 IP 地址。

注：点对点的路由器链路也可不用分配 IP 网络和地址，但这需要对路由器的路由算法和路由表进行适当调整。

表 4-9 示出了图 4-18 中各 CIDR 网络的地址掩码、地址范围和主机号范围。由于地址范围中最小和最大的 IP 地址分别对应该范围内主机号全 0 和全 1 的地址，它们都不可能作为主机号使用，因而主机号范围为去掉这两个地址后的地址范围。

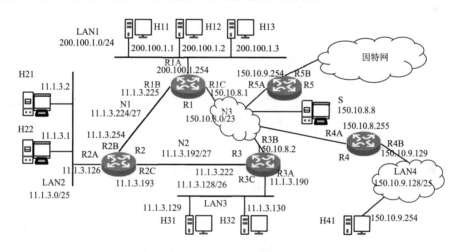

图 4-18　CIDR 网络配置示例

表 4-9　CIDR 网络的地址掩码和地址范围

序号	网络	CIDR	地址掩码	地址范围	主机号范围
1	LAN1	200.100.1.0/24	255.255.255.0	200.100.1.0～200.100.1.255	200.100.1.1～200.100.1.254
2	LAN2	11.1.3.0/25	255.255.255.128	11.1.3.0～11.1.3.127	11.1.3.1～11.1.3.126
3	LAN3	11.1.3.128/26	255.255.255.192	11.1.3.128～11.1.3.191	11.1.3.129～11.1.3.190
4	LAN4	150.10.9.128/25	255.255.255.128	150.10.9.128～150.10.9.255	150.10.9.129～150.10.9.254
5	N1	11.1.3.224/27	255.255.255.224	11.1.3.224～11.1.3.255	11.1.3.225～11.1.3.254
6	N2	11.1.3.192/27	255.255.255.224	11.1.3.192～11.1.3.223	11.1.3.193～11.1.3.222
7	N3	150.10.8.0/23	255.255.254.0	150.10.8.0～150.10.9.255	150.10.8.1～150.10.9.254

还要注意的是，CIDR 网络号中斜线前面的部分就是该网络中的最小地址，也就是主机号全 0 的地址，基于这个事实，在已知 CIDR 网络号后可以很容易地写出其地址范围的上限，也可以很容易地得出 CIDR 网络所对应的地址块。

例如，LAN3 的 CIDR 为 11.1.3.128/26，其最后一个字节的二进制数为 10000000，由于此字节的高 2 位为网络号，因而其地址范围上限的最后一个字节的二进制数为 10111111，也就是十进制数 191，即其地址范围上限为 11.1.3.191。

又如，N2 的 CIDR 为 11.1.3.192/27，其最后一个字节的二进制数为 11000000，由于此字节的高 3 位为网络号，因而其地址范围上限的最后一个字节的二进制数为 11011111，也就是十进制数 223，即其地址范围上限为 11.1.3.223。

N3 的情况需要特别注意，它的网络号是 23 位的，因而需要分析其第 3 个字节 8。该字节对应的二进制值为 00001000，该字节的最后一位属于主机号，其上限为 00001001，即十进制的 9，因此其地址范围的上限值为 150.10.9.255。这里还要注意的是，150.10.8.255 是该网络地址范围中的一个主机号，而不是广播地址。

4.4.3 路由表设计及 IP 分组的转发流程

路由表是分组转发的依据，本节先从较为抽象的层面介绍基于下一站路由的路由表结构，再分别讨论主机和路由器上的路由表，并在这个过程中讨论 IP 分组的转发流程。

1. 下一站路由与路由表的结构

因特网路由器采用了"下一站路由"的简单机制转发报文：路由器收到一个报文后，从报文首部提取出目的 IP 地址，然后从路由表中查出该 IP 地址要转发的接口（如果是直接交付）或下一站路由器（如果是间接交付），因特网的单个路由器不决定报文到达目的站的路径，仅决定路径上当前路由器的下一个路由器。

因特网路由器的路由表所包括的主要表项如表 4-10 所示。

（1）目的网络：就是 CIDR 中的网络前缀。

（2）网络掩码：就是 CIDR 对应的网络掩码。

（3）下一站：对于间接交付，"下一站"就是报文要送往的下一站路由器的入口 IP 地址，该入口一定与当前路由器的输出端口属于同一个网络；对于直接交付，"下一站"就是报文要送出的接口的 IP 地址。

（4）接口：报文要送出的端口，以端口的 IP 地址标识。

表 4-10　因特网路由器的路由表

目的网络	网络掩码	下一站	接口

有了路由表后，路由器转发分组的流程就更加具体：对于收到的一个 IP 报文，路由器将其目的 IP 地址取出，并依次与路由表中各行的网络掩码进行与运算，如果运算结果与该路由表项的目的网络相同，则从 IP 地址描述的接口送到下一站。

2. 主机上的路由表

尽管说到路由表一般指的是路由器上的路由表，但是因特网上的主机也是有路由表的，只是大部分时候主机的路由表比较简单而已。表 4-11 给出了主机 H11 的路由表。

表 4-11　主机 H11 的路由表

序号	目的网络	网络掩码	下一站	接口
1	200.100.1.0	255.255.255.0	200.100.1.1	200.100.1.1
2	0.0.0.0	0.0.0.0	200.100.1.254	200.100.1.1

注 1：为了叙述方便，增加了序号列。

注 2：绝大部分的主机都只有一个网络接口，因而其路由表中的接口列只有一个值，即主机的 IP 地址。但是，也存在一些主机有多个网络接口，甚至即使一个网络接口也可能赋予多个 IP 地址的情况，这时其路由表的接口列就会出现不同的 IP 地址。

表 4-11 中的第 1 行为到 H11 所在网络的直接交付路由，它的下一站和接口都是它自身的 IP 地址 200.100.1.1。

第 2 行为默认路由，其目的网络和网络掩码的值都是 0.0.0.0，而下一站为路由器 R1 在网络 LAN1 上接口的 IP 地址。

注 1：默认路由的网络掩码是 0.0.0.0，这样可以确保对任何 IP 地址的与运算结果都是 0.0.0.0，即都相同，这样相应的报文就都可以送到同一个下一站。

注 2：因特网上主机的默认路由器（也称为默认网关）地址，可以人工配置或自动获取。

H11 发送分组的流程很简单：

它先根据第 1 行，将报文的 IP 地址与 255.255.255.0 进行与运算，如果结果为 200.100.1.0，则为直接交付到本网络某个主机的报文，于是进行直接交付操作。

如果上述结果不是 200.100.1.0，则将 IP 地址与第 2 行默认路由的掩码即 0.0.0.0 进行与运算，此时不论目的 IP 地址是什么，结果都会是 0.0.0.0，因此报文会按第 2 条路由送到 R1 路由器。

主机 S 因为所连接的网络上有 4 个路由器，其路由表中就至少有 5 条路由，如表 4-12 所示。S 的路由表中体现了如下所述的两个重要内容。

表 4-12　主机 S 的路由表

序号	目的网络	网络掩码	下一站	接口
1	150.10.9.128	255.255.255.128	150.10.8.255	150.10.8.8
2	150.10.8.0	255.255.254.0	150.10.8.8	150.10.8.8
3	200.100.1.0	255.255.255.0	150.10.8.1	150.10.8.8
4	11.1.3.0	255.255.255.0	150.10.8.2	150.10.8.8
5	0.0.0.0	0.0.0.0	150.10.9.254	150.10.8.8

1）最长前缀匹配优先

从表 4-9 中仔细观察 N3（150.10.8.0/23）和 LAN4（150.10.9.128/25）网络，会发现 LAN4 的 IP 地址块实际上是 N3 的 IP 地址块中的一部分。我们将它们的后两个字节以二进制方式写出来，并将网络号部分加粗，这样就会清楚地看出 LAN4 的前 23 位与 N3 是相同的：

N3:　　　　**150.10.00001000**.00000000

LAN4:　　**150.10.00001001**.10000000

准确地说，LAN4 地址块是 N3 地址块中主机号最高 2 位为 11 的那部分地址，这种情况在实际的网络 IP 地址分配中是允许的。

然而，这种情况会带来一个问题：当将较小规模的地址块和较大规模地址块的掩码进行与运算时，其结果将是较大规模地址块的网络前缀。对本例来说，用 N3 的地址掩码 255.255.254.0 对 LAN4 上的任意一个 IP 地址，如 150.10.9.254，进行与运算，结果都会得到 N3 的网络前缀，即 150.10.8.0。如果不做特别处理，当较大规模的网络号在路由表中较靠前时，就会导致较小规模地址块的路由导向了较大规模地址块的路由。

为解决此问题，IP 路由表采用了最长前缀匹配优先（longest-prefix matching first）原则，即将网络前缀位数较长的表项排在前面。以上述的 N3 和 LAN4 为例，我们将 LAN4 的条目（前缀长度为 25）排在 N3 条目（前缀长度为 23）的前面，如表 4-12 中的第 1、2 行所示，这样就可以解决上述问题。

2）路由聚合

直观地看图 4-18，应该会得到一个结论：S 的路由表中应该包括 LAN2（11.1.3.0/25）、LAN3（11.1.3.128/26）和 N1（11.1.3.224/27）、N2（11.1.3.192/27）的路由表项。

但仔细地研究这些网络对应的地址块可以发现，它们可以聚合为一个较大的地址块 11.1.3.0/24。将这些网络前缀的最后一个字节以二进制方式表示出来就会看得很清楚：

LAN2： **11.1.3.00000000**

LAN3： **11.1.3.10000000**

N2： **11.1.3.11000000**

N1： **11.1.3.11100000**

从表 4-9 中的 IP 地址范围也可以看出，这四个网络合起来的十进制地址范围正好是 11.1.3.0～11.1.3.255，即对应地址块 11.1.3.0/24。

同时，这 4 个地址块都是经过 R3 路由器访问的。于是，为缩小 S 的路由表的规模，将上述 4 个表项合并为一个表项，如表 4-12 的第 4 行所示。

注：为方便本部分的学习，我们对访问一个网络需要通过哪个路由器做了硬性的设定，即给定路由表，实际运行的路由器的路由表是通过路由选择协议自动生成和更新的。

这种将多个较小的 CIDR 地址块合并为一个较大的 CIDR 地址块的方法被称为**路由聚合**（route aggregation），也称为**构成超网**，这两个术语都能形象地表达这种用一个范围较大的超级地址块取代多个范围较小的地址块的方法。

3．路由器上的路由表

表 4-13 给出了路由器 R1 的路由表。

表 4-13 路由器 R1 的路由表

序号	目的网络地址	网络掩码	下一站	接口
1	150.10.8.8	255.255.255.255	150.10.8.1	150.10.8.1
2	150.10.9.128/25	255.255.255.128	150.10.8.255	150.10.8.1
3	150.10.8.0/23	255.255.254.0	150.10.8.1	150.10.8.1
4	200.100.1.0	255.255.255.0	200.100.1.254	200.100.1.254
5	11.1.3.224/27	255.255.255.224	11.1.3.225	11.1.3.225
6	11.1.3.0/24	255.255.255.0	11.1.3.254	11.1.3.225
7	0.0.0.0	0.0.0.0	150.10.9.254	150.10.8.1

第 1 行的目的网络地址是一个完整的主机 IP 地址，对应图 4-18 中的主机 S，它不是一个 CIDR 表示的网络号，这种路由称为到特定主机的路由。当需要对一些特殊的主机（一般是服

务器）指定专门的路由以确保访问效率时，就需要在路由表中配置到特定主机的路由。

注 1：到特定主机的路由的网络掩码为 255.255.255.255，这可以使它和任何 IP 地址的与运算结果都是那个 IP 地址。

注 2：到特定主机的路由通常需要人为配置，而常规的路由条目都是通过路由选择协议自动建立的。

第 1 行的路由也是一条直接交付的路由。

第 2、3 行和第 5、6 行分别使用了最长前缀匹配优先原则，因为根据前述的分析，第 2 行的地址块 150.10.9.128/25 是第 3 行地址块 150.10.8.0/23 的一部分，而第 5 行的地址块 11.1.3.224/27 是第 6 行地址块 11.1.3.0/24 的一部分。

第 3、4、5 行分别是到 N3、LAN1 和 N1 的直接交付。

第 6 行对 N2 和 LAN3 使用了路由聚合方法，这里假定通过 R1 访问 LAN3 要走 R2 路由器。

第 7 行为默认路由。

表 4-13 所示的路由表使用条目的前后关系决定了路由查找的次序也就是报文转发的流程，即首先是到特定主机的路由，然后是最长前缀路由，接着是普通路由，最后是默认路由。实践中，当路由器中的条目很多时，还需要使用更高效率的数据结构如二叉线索树帮助提升查找效率。感兴趣的读者可参阅有关资料进行学习和探索。

▶4.5　网际控制报文协议 ICMP

尽管 IP 是一个提供"尽力传递"服务的协议，但是 IP 的设计者还是为它提供了一个辅助性的因特网控制报文协议（ICMP），它提供了差错报告和诊断两类功能。

4.5.1　ICMP 报文的格式与分类

本节首先给出 ICMP 报文的格式，然后给出常用的 ICMP 报文类型及其构造方法。

1. ICMP 报文的格式

图 4-19 示出了 ICMP 报文的格式，它的首部为固定的 8 字节，其中第 1 字节为报文的类型，第 2 字节为给定类型下的代码，第 3~4 字节为差错检验和（校验码）。ICMP 使用与 IP 报文首部相同的差错检测算法，检测的范围是整个 ICMP 报文。第 5~8 字节是与报文类型相关的内容。首部后面是 ICMP 的数据部分。

ICMP 报文要封装在 IP 数据报中传输，对应的协议号是 1，这就是在 TCP/IP 体系结构中它被画在 IP 层左上角的原因。

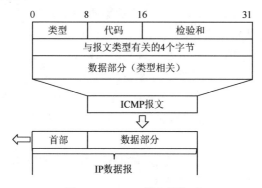

图 4-19　ICMP 报文的格式

2．ICMP 报文的类型

ICMP 报文分成两大类，即 ICMP 差错报告报文和 ICMP 询问报文。其中 ICMP 差错报告报文用于当一个路由器或主机在转发或接收报文时出现了无法转发或接收的情况时，主机或路由器向源站发回差错报告。而 ICMP 询问报文则用于一些基本的网络诊断和测试。

常用的 ICMP 报文类型如表 4-14 所示。

表 4-14　常用的 ICMP 报文类型

报文种类	类型	描述
差错报告报文	3	终点不可达（代码：0—网络不可达；1—主机不可达；2—协议不可达；3—端口不可达；4—分片差错，即需要分片但报文的 DF 值为 1。）
	11	时间超过：在某个路由器上报文的 TTL 值减到了 0
	12	参数问题 – IP 数据报首部有问题（代码：0—问题的位置；1—不存在需要的选项；2—长度错误。）
询问	8 和 0	回送请求（8）和应答（0），用于 ping 命令
报文	13 和 14	时间戳请求（13）和应答（14）

ICMP 差错报告报文用于报告 IP 数据报传输中遇到的无法进一步传输下去的问题，表 4-14 列出了 3 种常见的问题，即类型为 3 的终点不可达问题、类型为 11 的时间超过问题和类型为 12 的参数问题。当问题发生时，IP 会根据问题的情况构造相应类型的 ICMP 报文，ICMP 报文的数据部分是出了差错的 IP 数据报的首部和数据部分的前 8 字节，如图 4-20 所示。该 ICMP 报文会封装到一个 IP 数据报中，该 IP 数据报的目的地址是出错 IP 数据报的源 IP 地址，其源 IP 地址就是构造 ICMP 报文的路由器或主机的 IP 地址。

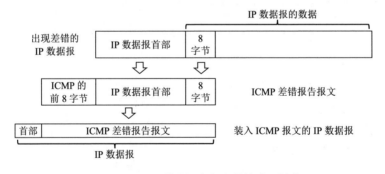

图 4-20　ICMP 差错报告报文的构造和封装

由于一个正常的 IP 数据报通常携带的是传输层的 TCP 报文或 UDP 报文，这两种报文的前 4 字节分别是源端口号和目的端口号，TCP 报文接下来的 4 字节是报文序号，UDP 报文接下来的 4 字节是长度和检验和，因此 ICMP 报文所包括的出错 IP 数据报的首部和随后的 8 字节可以很好地帮助源主机进行错误分析和排查。

为避免 ICMP 报文的泛滥，IP 规定下面四种情况不应发送 ICMP 差错报告报文：

（1）如果出错的 IP 数据报中包括协议号为 1 的 ICMP 差错报告报文，则不应再发送 ICMP 差错报告报文；

（2）如果报文被分片，则只有第一个分片的报文出错时才发送 ICMP 差错报告报文，后续分片出错时不应发送 ICMP 差错报告报文；

（3）具有多播地址的 IP 数据报出现差错时，不应发送 ICMP 差错报告报文；

（4）具有 127.0.0.1 或 0.0.0.0 等特殊目的地址的 IP 数据报出错时，不应发送 ICMP 差错报告报文。

4.5.2　ICMP 应用举例

所有网络操作系统都会提供网络实用命令 ping 和 tracert，它们就是基于 ICMP 设计的，本节将给出其扼要介绍。

1. ping 命令

ping 命令是任何支持 IP 的操作系统都会提供的一个测试网络连接的命令，使用该命令可以测试到某个主机的 IP 是否可以正常工作。

ping 命令的基本使用格式是：ping + 空格 + 主机的域名或 IP 地址

ping 命令以客户/服务器方式工作，发送 ping 命令的主机（客户机）构造类型为 8 的 ICMP 回送请求（echo request）报文发送到目的主机（服务器），目的主机构造类型为 0 的 ICMP 回送应答（echo reply）报文发回给客户机。

ICMP 回送请求/应答是网络层协议上的操作，因而上述的客户/服务器都是网络层的协议实体。

ICMP 回送请求报文的格式如图 4-21 所示，ICMP 回送应答报文的格式与此相同，只是类型字段的值是 0。报文格式的第二行包括标识和序号两个字段，它们由回送请求报文带到服务器端，服务器将它们复制到回送应答报文中，用于客户机匹配其对应的回送请求报文。负载通常是一些可打印的 ASCII 字符后面带上发出回送请求时的时间戳，负载也将被复制到回送应答报文中，客户机可以根据其中的时间戳计算往返时间。

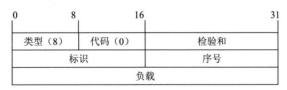

图 4-21　ICMP 回送请求报文的格式

在 Linux 操作系统中，每一个进程中的回送请求有一个固定的标识值，而序号用于标识进程中发送的各次回送请求；Windows 操作系统的每个版本有固定的回送请求标识值，序号用于标识发送的各次回送请求。

图 4-22 给出了 ping 命令执行示例。可以看出，当用 ping 命令测试域名时，它会报告域名对应的 IP 地址；默认情况下，ping 命令会进行 4 轮的回送请求和应答通信；每轮都会报告发送的数据字节数、往返时间和 TTL；最后还报告往返时间的统计值，即最短值、最长值和平均值。

通常系统会为 ping 命令提供一些参数，如"ping -n 2 127.0.0.1"就是测试 2 轮本机的 IP，这里的 127.0.0.1 还可以换成当前的主机名"localhost"。

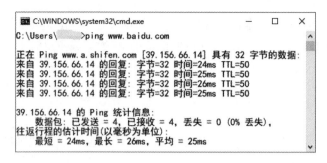

图 4-22　ping 命令执行示例

2. tracert 命令

Windows 操作系统提供了 tracert 命令，该命令使用 ICMP 时间超过差错报告报文测试到达一个目的主机所经过的路由器。

tracert 命令的基本使用格式是：tracert + 空格 + 主机的域名或 IP 地址

tracert 命令也以 C/S 方式工作，它使用 IP 报文发送 ICMP 回送请求报文，但客户端将 IP 数据报中的 TTL 值依次设为 1，2，3，…，这样 TTL 为 1 的 IP 数据报在到达第 1 个路由器时将减到 0，第 1 个路由器将发回类型为 11 的 ICMP 时间超过差错报告报文；TTL 为 2 的 IP 数据报在到达第 2 个路由器时将减到 0，第 2 个路由器将发回 ICMP 时间超过差错报告报文，以此类推，当该 IP 数据报到达目的主机时，目的主机将发回 ICMP 回送应答报文，这时客户端便知道已经到达目的主机，从而停止进一步的报文发送。

图 4-23 给出了 tracert 命令执行示例。可以看出，用 tracert 命令测试域名时，会先报告域名对应的 IP 地址；tracert 命令对路径上的每个路由器均发送 3 次 TTL 测试数据报，并报告每次的往返时间和所到达的路由器的 IP 地址；当往返时间过长时，窗口将显示"*"号；如果 3 次测试的往返时间都是"*"号，则显示"请求超时"。

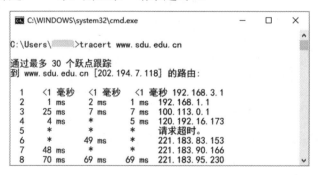

图 4-23　tracert 命令执行示例

在 UNIX/Linux 操作系统中对应命令的名字是 traceroute，而且该命令发送的不是 ICMP 回送请求报文，而是目的端口为 33434～33534 之间的 UDP 报文，它也以 TTL 值为 1，2，3，…的次序发送报文，这样中间的路由器还是会因为 TTL 减到 0 而发回时间超过 ICMP 差错报告报文，但最终的目的主机会发回类型为 3、代码也是 3 的端口不可达报文，因为不会有 UDP 服务的端口在 33434～33534 之间。

3. 路径 MTU 发现（PMTUD）

运用 3 号差错报告报文的代码 4 子类，即分片差错报告，可以实现路径 MTU 发现，即发现通信路径上最小的 MTU，以防止路由器上 IP 数据报的分片操作。

当一个路由器发生分片差错时，它就以类型 3 代码 4 向源主机发回差错报告报文，在该报文的第 7～8 字节（参见图 4-19）处放上需要分片的出口链路的 MTU，这样源主机收到此 ICMP 报文后便知道了从源主机到目的主机路径上的一个较小的 MTU。

这个过程可以被源主机主动使用来发现一条路径上的最小 MTU。方法是源主机发送一个大小刚好是其发送链路上 MTU 大小的 IP 数据报，在其中封装一个端口不可达的 UDP 报文，并将其 DF 设为 1，如果源主机收到了分片差错报告，就从其中取出那个较小的 MTU，再以较小的 MTU 构造上述数据报，这个过程一直持续，当收到端口不可达（代码为 3）的 ICMP 差错报告报文时，就获得了从源主机到目的主机整条路径上的最小 MTU。

➡ 4.6　因特网的路由选择协议

前面我们学习了 IP 层两大功能中的报文转发功能，本节我们将学习 IP 层中的另一个重要功能：路由选择功能。路由器要转发报文，需要事先有一张路由表，那么路由表是怎么来的呢？路由表是通过路由选择协议根据一定的路由算法自动建立的。本节我们就介绍建立路由表的协议和算法。

4.6.1　因特网路由选择协议概述

本节先概述路由选择协议的分类，再说明一下因特网分层次的路由选择思路及自治系统的概念。

1．路由选择协议的分类

从路由选择能否随网络的拓扑、扩展或通信量自适应地进行调整的角度来说，因特网路由选择协议可以划分为两大类，即**静态路由选择策略**与**动态路由选择策略**。

静态路由选择也称为非自适应路由选择，指由人工配置路由，其特点是简单和开销较小，但不能及时适应网络状态的变化及因特网随时的扩展。

动态路由选择也称为自适应路由选择，其特点是能够自动地适应网络状态的变化和网络的动态扩展，它通常分布式地运行于一组相互连接的路由器中。

因特网路由选择的基本理念是动态路由选择，因此说到路由选择，如无特别说明，指的都是动态路由选择。说到路由选择算法，也一定是动态路由选择算法。实际网络的路由器中，路由选择一般是由动态路由选择协议自动完成的，但有时候也需要静态路由配置来辅助。例如，一些到特定主机的路由，通常是人工静态地配置的。

2．分层次的路由选择协议及自治系统

因特网的巨大规模和属地性或区域性网络管理的特点，使得在全因特网范围的路由器上以等同的级别运行同一种路由选择协议不现实，于是人们采用了分层次的路由选择协议。

针对分层次的路由选择协议，人们提出了自治系统（AS）的概念。自治系统通常是隶属于某个单位或组织的在相同技术配置和统一管理下的一组互连的路由器，这些路由器使用一种自治系统内部的路由选择协议和统一的距离度量来分布式地计算路由。

图 4-24 给出了一个自治系统的示例。

图 4-24 中包括 3 个自治系统。其中 AS1 中的 R1A 路由器与自治系统 AS2 中的 R2A 路由器相连接，AS1 中的 R1B 路由器同时和 AS3 中的 R3A 和 R3D 路由器相连接，这些路由器被称为自治系统的边界路由器，它们负责自治系统间的路由计算和报文交换。而 AS1 中的 R1C 和 R1D，AS2 中的 R2B 和 R2C 及 AS3 中的 R3B 和 R3C 则仅负责自治系统内网络间的路由计算和报文转发，因而称为自治系统的内部路由器。注意，自治系统的边界路由器需要同时具有自治系统内部路由器的功能。

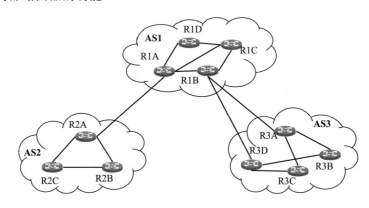

图 4-24　自治系统示例

有了自治系统的概念后，互联网的路由选择协议就可以划分为以下两大类。

（1）**内部网关协议（IGP）**：指的是在一个自治系统内部使用的路由选择协议，其中最有代表性的是 RIP 和 OSPF 协议。

（2）**外部网关协议（EGP）**：指的是自治系统之间的路由选择协议，其中最有代表性的是第 4 版的边界网关协议（BGP），即 BGP-4。

注：在因特网的早期将路由器称为网关，本书也接受这种称法。

自治系统之间的路由选择也称为**域间路由选择**，而在自治系统内部的路由选择称为**域内路由选择**。

4.6.2　内部网关协议 RIP

RIP（路由信息协议）是内部网关协议中最先得到使用的因特网标准协议，其最大优点就是简单，目前在较小规模的自治系统中仍然在广泛地应用着。本节将从三个重要方面解释 RIP，即它的距离向量属性、路由算法及报文格式。

1．RIP 的距离向量属性

RIP 是一种分布式的基于**距离向量**的路由选择协议，它要求网络中的每一个路由器都要维护从它自己到其他每一个目的网络的距离表，这个表常称为"**距离向量**"，表 4-15 给出了示例。

注：为简化描述，表 4-15 使用符号取代实际的 IP 网络号和路由器 IP 地址。

表 4-15　距离向量示例

网络	距离	下一跳
Net1	2	R2
Net2	5	R3
Net3	12	R2
Net4	8	R4

RIP 将"距离"定义为：①从一个路由器到直接连接的网络的距离定义为 1；②从一个路由器到非直接连接的网络的距离定义为所经过的路由器个数加 1。

RIP 的"距离"也称为"跳数",因为报文每经过一个路由器,常被称为"增加了一跳"。RIP 认为好的路由就是它通过的路由器的数目少,即"距离短"。RIP 允许一条路径最多只包含 15 个路由器,"距离"等于 16 时即表示网络不可达。因而,RIP 只适用于小型的自治系统。

RIP 路由器仅与其直接相邻的路由器交换路由信息,交换的信息是路由器所有可达的网络和相应的距离,由此,RIP 是一个距离向量协议。RIP 以固定的时间间隔交换路由信息,默认的时间间隔是 30s。

2.RIP 的路由算法

RIP 使用 Bellman-Ford 动态规划算法根据收到的报文更新路由信息,该算法也称为 Ford-Fulkerson 算法。算法流程如下。

(1)路由器 Rx 收到邻居路由器 Ry 发来的如表 4-15 所示的一个 RIP 报文,即 Ry 的路由表,也就是 Ry 的距离向量。

(2)Rx 修改 Ry 发来的 RIP 报文中的所有项目。

① 去掉"下一跳"为 Rx 的项目(注意:此举将避免"坏消息传播得慢"问题的发生,其实"下一跳"为 Rx 的项目在 Ry 发送时就过滤掉更有效率一些)。

② 把"下一跳"字段中的值都改为 Ry(注意:凡是 Ry 可以到达的网络,Rx 都可以经过 Ry 到达)。

③ 把所有的"距离"字段的值加 1(注意:如果 Ry 到达某个网络 N 的距离是 k,则 Rx 经过 Ry 到达该网络的距离便是 $k+1$,因为路径上又要多经历一个路由器 Ry)。

(3)Rx 根据修改后的 Ry 的 RIP 报文中的每一个项目的网络号 N(对应的距离为 d),检查自己的路由表,重复以下步骤。

① 若 N 不在 Rx 的路由表中,且 d 小于 16,则把该项目添加到 Rx 的路由表中(注意:这是 Rx 通过 Ry 知道的一个新的可达网络)。

② 否则,若 Rx 中网络 N 对应的下一跳路由器是 Ry,则用该项目中的距离 d 替换 Rx 路由表中对应项的距离 d_0(注意:不论 d 比 d_0 大还是小,Rx 都要经过 Ry 到达 N,因而都要用 d 更新 d_0;如果 $d>15$,则从 Rx 中清除该表项)。

③ 否则,若 d 小于 Rx 路由表记录的到 N 的距离,则更新 Rx 路由表中对应项的下一跳为 Ry,距离为 d(注意:这说明 Rx 到达 N 有更短的经过 Ry 的路径)。

④ 否则,若 d 大于或等于 Rx 路由表记录的到 N 的距离,什么也不做。

(4)将 Rx 中剩余的经过 Ry 的路由去掉(注意:这些路由在 Ry 的新路由表中不存在了,也就是通过 Ry 不可达了)。

(5)若给定时间内(一般 3min)收不到相邻路由器 Rz 的路由更新报文,则认为 Rz 为不可达路由器(注意:清除 Rx 中所有下一站为 Rz 的路由表项)。

下面举一个例子说明 RIP 路由算法的执行过程。

假设路由器 R1 的初始路由表如表 4-16(a)所示,某一时刻它收到了如表 4-16(b)所示的 R2 的路由表。根据 RIP 算法,R1 先将 R2 的路由表修改为表 4-16(c),然后对该表的表项进行遍历。

第 1 行为经过 R2 到 Net1 的路由,R1 的路由表中没有到 Net1 的路由,因而增加该路由项,如表 4-16(d)中的第 1 行所示。

第 2 行为经过 R2 到 Net2 的路由,距离为 4,R1 的路由表中也有到 Net2 的路由,且下一站是 R2，距离为 2，根据算法，将距离更新为新的值 4。

第 3 行为经过 R2 到 Net3 的路由，距离为 11，R1 的路由表中也有到 Net3 的路由，但下一站是 R3，距离为 5，根据算法，R1 的路由表的该表项保留不变。

第 4 行为经过 R2 到 Net4 的路由，由于距离为 16 不可达，而 R1 的路由表中也有到 Net4 的路由，且下一站也是 R2，根据算法，应该从 R1 的路由表中清除到 Net4 的路由项。

R1 的路由表中原有的经过 R4 到 Net5 的路由项保持不变。

R1 的最后一条路由是经 R2 到达 Net6 的路由，由于新的 R2 的路由表中不再有到 Net6 的路由项，该项便从 R1 的路由表中去除。

最后的结果如表 4-16（d）所示。

表 4-16　RIP 路由算法示例

（a）R1 的路由表

网络	距离	下一跳
Net2	2	R2
Net3	5	R3
Net4	12	R2
Net5	8	R4
Net6	3	R2

（b）R2 的路由表

网络	距离	下一跳
Net1	4	R5
Net2	3	R6
Net3	10	R7
Net4	15	R5
Net7	7	R1

（c）修改后的 R2 的路由表

网络	距离	下一跳
Net1	5	R2
Net2	4	R2
Net3	11	R2
Net4	16	R2

（d）更新后的 R1 的路由表

网络	距离	下一跳
Net1	5	R2
Net2	4	R2
Net3	5	R3
Net5	8	R4

RIP 算法早期存在"坏消息传播得慢"的问题。这个问题是这样的：假如路由器 R1 和 R2 是两个相邻的路由器，且 R1 有一个直接相连的网络 N，那么 R1 就有一条路由"R1：N，1，直接交付"，对应的 R2 就会有一条路由"R2：N，2，R1"。当网络 N 出现故障而不可达后，如果这时 R1 收到了 R2 的路由信息"N，2，R1"，那么 R1 会误认为经过 R2 有一条路由可以到达 N，这样 R1 就会产生一条路由"R1：N，3，R2"。而当 R1 将此条路由信息送给 R2 时，R2 就会根据路由算法，获得经过 R1 到达 N 距离为 4 的结论，即"R2：N，4，R1"。这个过程会一直继续下去，直到一方的距离达到 16 才终止。由于这个过程很长，要花费大量的时间，因而称为"坏消息传播得慢"。

我们前面描述的 RIP 算法已经解决了这个问题，首先，在（2）中的第①步让 Ry 在发送路由信息给 Rx 前，先滤除下一站为 Rx 的路由条目，这避免了两个路由器交替增加路由距离；其次，在（4）步，从 Rx 中将下一站为 Ry 而 Ry 最新更新中不存在的路由条目去除，避免了无效路由的干扰和误导。

3．RIP2 的报文格式

RIP 的最新版本是 1998 年 11 月公布的 RIP2（RFC 2453），该版本可携带网络掩码信息，因而能够支持现今流行的 CIDR 网络划分方法，其报文格式如图 4-25 所示。其首部很简单，只有 3 个字段共 4 字节，第 1 个字段是 1 字节的命令，值为 1 时为请求，值为 2 时为应答；

第 2 个字段是 1 字节的版本，RIP2 对应的值就是 2；第 3～4 字节固定为 0。

接下来是路由信息，一条路由信息由 20 字节构成，其中地址族标识符占 2 字节，对于 IP 地址，该字段取值为 2；路由标记用于标识特别的路由，如来自本自治系统之外的路由标记要取相应自治系统的编号（ASN）；其余 4 个字段都是很好理解的字段。

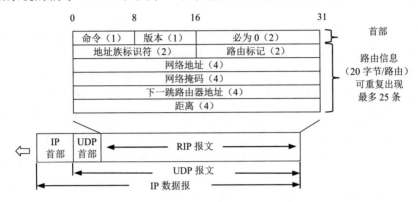

图 4-25　RIP2 报文的格式

一个 RIP 数据报中最多可以包括 25 条路由信息，因而其最大长度为 504 字节。如果要发送的路由条数超过 25 条，则要分开到 2 个或多个 RIP 报文中发送。

RIP2 还允许进行简单的鉴别操作。此功能使用第 1 条路由信息的 20 字节，它对应的地址族标识符的值为 0xFFFF（全 1），接下来是两字节的鉴别类型，目前只有一种简单鉴别类型，之后的 16 字节是明码的密码，密码不足 16 字节的在后面以 0x00 填充。RIP 中含有鉴别信息时，它所携带的最大路由条数就减少到 24 条。

RIP 数据报使用传输层的 UDP 报文封装，对应的目的端口号是 520。

4.6.3　内部网关协议——OSPF 协议

开放最短路径优先（OSPF）协议是目前因特网上使用最广泛的内部路由选择协议，它适用于从小规模到大规模的各种自治系统。

1．OSPF 协议概述

上面介绍的 RIP 尽管实现简单，但是其距离向量的特征使其收敛较慢，因此规定了其最大跳数为 15，这使它仅能适用于规模较小的自治系统。

OSPF 协议是继 RIP 后研发的路由协议，它是一种**链路状态**协议，这使它具有比 RIP 快得多的收敛速度。此外，它还具有度量的多样性、可分区运行、可迅速适应网络的变化及扩展等重要特征，因此能够适用于大规模和动态扩展的自治系统。

所谓**链路状态**，指的是一个路由器的邻居路由器及到达邻居路由器的度量，**链路状态路由协议**指的是路由器之间交换链路状态信息并用该信息建立路由表的路由协议。由于每个路由器发出的仅是网络局部的连接信息，这一信息必须发送到自治系统中所有的路由器，这样每个路由器都建立起关于全自治系统的拓扑，才能计算路由。而一旦路由器建立起关于所有相关路由器的网络拓扑，就可以使用 Dijkstra 单源最短路径算法找到网络中每个路由器的最短路径，也就能够得到每个路由器的下一站路由表。只有当某个路由器的链路状态发生变化时，它才发送它的链路状态报文，这不同于 RIP 中以固定时间间隔发送距离向量信息。

注：*此处以目的地为路由器简化叙述，所得结论可以很容易地推广到以网络为目的地的情况。*

OSPF 构建路由表的距离依据由每个接口的链路度量决定，度量可以是路由器之间的距离（大约是往返时间的一半）、链路的数据吞吐量（或带宽）、链路的有效性或可靠性等，这些度量均以无量纲的数值表示。如果存在代价相同的路由，OSPF 还能在这些路由上实现负载均衡的传输。

OSPF 提供了将自治系统划分为区域（area）的方式来简化管理和维护并优化流量和资源利用率，还帮助实现安全控制，图 4-26 给出了自治系统分区示意图。OSPF 区域以 32 位二进制数标识，并采用了与 IPv4 相同的点分十进制记法。每个自治系统必须有一个标识为 0.0.0.0 的主干区域，图 4-26 中的 A0 就是 AS1 的主干区域，其他每个区域至少要有一个区域边界路由器（ABR）连接到主干区域。例如，图 4-26 中的区域 A1、A2 和 A3 中的 R11、R21 和 R31 就分别是各自所在区域的 ABR，它们所连接的主干区域中的 R01、R02 和 R03 路由器也是 A0 区域的 ABR。非主干区域的标识可由管理员任意设定，但也常用区域中主要路由器的 IP 地址表示。

注：*实践中，区域标识符可能采用早期的 2 字节值。*

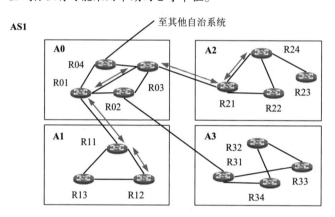

图 4-26　自治系统分区示意图

将 AS 划分区域后，每个区域中的路由器单独运行 OSPF 协议，它们的网络拓扑对外界是透明的，这一方面提高了 OSPF 的运行效率，另一方面保证了区域的安全性。

通常一个区域由其 ABR 直接连接到骨干区域，但也可以用 ABR 通过某个中转区域的路由器与某个骨干路由器建立虚拟的连接。

将 AS 划分区域后，OSPF 协议所涉及的路由器可以分为 4 种类型：

（1）内部路由器，完全在一个区域内部的路由器，它仅运行区域内的 OSPF 协议；

（2）区域边界路由器，能够连接到主干区域的路由器，它除了与区域内部路由器共同运行区域内的 OSPF 协议，还要与主干区域的路由器一起运行 OSPF 协议，以获得区域外目的网络的路由；

（3）主干路由器，位于主干区域中的路由器，它们可能是连接其他区域的路由器，也可能是主干区域的内部路由器，它们合作运行主干区域上的 OSPF 协议；

（4）AS 边界路由器，它首先是一个主干路由器，它除了与其他主干路由器合作运行主干区域上的 OSPF 路由算法，还要与其他 AS 的边界路由器一起运行外部网关协议。

划分区域后，AS 内部典型的路由器间通信，如图 4-26 中 R12 和 R24 间的通信，包括三个阶段，分别是源区域内源路由器到 ABR 的通信，源区域 ABR 到目标区域 ABR 间的通信，以及目标区域内 ABR 到目的路由器间的通信。图 4-26 以双向箭头表示了上述通信过程。其主要特征是区域间的通信，也就是区域上的 ABR 间的通信，必须经过主干区域。

OSPF 协议需要在邻接的路由器之间相互交换信息才能工作，邻接的路由器与邻居路由器是不相同的概念。如果一个 LAN 上连接了 k 个路由器，那么让它们两两之间都要交换路由信息，则需要传输 $k(k-1)$ 次。为减少路由信息的交换次数，OSPF 协议允许从这 k 个路由器中选取一个作为指派路由器，指派路由器与本 LAN 上的其他路由器都是邻接关系，但它们之间可能不是邻居关系。有了指派路由器后，LAN 上的其他路由器都先将链路状态信息传送给这个指派路由器，指派路由器再将 LAN 上所有路由器的完整链路状态信息返回给其他各路由器，这仅需要 $2k$ 次链路状态信息传送。为避免指派路由器的单点故障导致网络失败，常增设一个指派路由器的备份路由器。

2．OSPF 的报文格式

OSPF 第 2 版协议于 1998 年发布，它支持 IPv4，2008 年发布了支持 IPv6 的第 3 版。图 4-27 示出了 OSPF2 报文的格式，它由 20 字节的首部和数据部分组成。OSPF 不使用传输层协议，它的报文直接使用协议号 89 封装到 IP 数据报中。

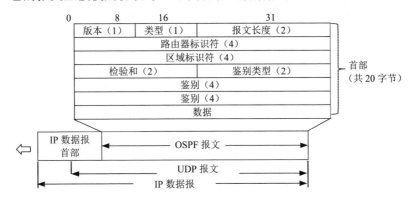

图 4-27　OSPF2 报文的格式

OSPF2 首部包括下面一些字段。

（1）版本：值为 2，占 1 字节。

（2）类型：取值 1～5，表示 5 种类型的报文，占 1 字节。

（3）报文长度：包括首部的报文长度，占 2 字节。

（4）路由器标识符：发出报文的路由器标识符，占 4 字节。

（5）区域标识符：报文所属区域的编号，占 4 字节。

（6）检验和：包括首部（但不包括 8 字节的鉴别）和数据的检验和，使用与 IP 数据报首部相同的反码和的反码差错检测算法，占 2 字节。

（7）鉴别类型：占 2 字节，有 3 种允许的取值，0 表示无鉴别，1 表示简单的口令鉴别，2 表示密码学水平上的鉴别。

（8）鉴别：鉴别的实际值，占 8 字节。

OSPF 共有如下的 5 种报文类型：

（1）类型 1，问候（hello）分组，用于发现和维护邻站的可达性。

（2）类型 2，数据库描述（database description）分组，向邻站发送自己的链路数据库中所有链路状态项目的摘要信息。

（3）类型 3，链路状态请求（link state request）分组，向邻站请求指定链路状态项目的详细信息。

（4）类型 4，链路状态更新（link state update）分组，向全网发送自己的链路状态更新信息。

（5）类型 5，链路状态确认（link state acknowledgement）分组，收到链路状态更新分组后的确认报文。

3. RIP 与 OSPF 协议的对比

为了使读者更好地掌握 RIP 和 OSPF 协议两种内部网关协议的要点，对它们进行列表对比，如表 4-17 所示。

表 4-17　RIP 和 OSPF 协议的对比

	RIP	OSPF 协议
中文名	路由信息协议	开放最短路径优先协议
英文名	Routing Information Protocol	Open Shortest Path First Protocol
路由信息类型	距离向量（DV）	链路状态（LS）
距离度量	路由器的个数（跳数）	距离、时延、带宽、费用等
发送的路由信息量	本路由器所有可达的网络和相应的距离	与本路由器相邻的路由器的链路状态信息
路由信息的发送范围	与本路由器直接相邻的路由器	本自治系统中的所有路由器
发送路由信息的频度	固定时间间隔，默认为30s	只有链路状态发生变化时才发送
路由算法	Bellman-Ford 动态规划算法，也称为 Ford-Fulkerson 算法	Dijkstra 最短路径算法
报文封装	RIP2 格式，使用传输层的 UDP 封装，端口号为520	OSPF2 格式，不构造传输层报文，直接使用 IP 数据报封装，IP 数据报对应的协议号为89
适用性	适用于规模较小的网络	适用于各种规模的网络，尤其是大型网络

4.6.4　外部网关协议 BGP-4

上面介绍了基于距离向量和链路状态的自治系统内部路由选择协议，它们均将最小代价放在第一位上，但自治系统之间的选路与自治系统内部的选路有很大的不同。首先，技术上有很大不同，距离向量协议的不稳定性和规模限制使其无法适用于自治系统之间的选路，链路状态协议需要在结点间花费巨大的通信量，而且其路由计算也很消耗资源，这使得链路状态协议也不适合自治系统间的选路。其次，一些管理和管辖性因素使得最小代价不现实。由此因特网为自治系统之间设计了专门的边界网关协议，目前用的是第 4 版，简称 BGP-4。BGP 是一种**路径向量**协议，本节先以具体例子介绍路径向量协议，再扼要介绍一下 BGP-4 的基本特点。

1. 路径向量协议

路径向量协议与距离向量协议有点类似，它在邻居间交换到达某个网络的路径，这里的路径就是经过哪些自治系统能够到达指定的网络。出于效率、安全、政治等方面的考虑，每个自治系统设置 1 个或多个进行自治系统间选路的路由器，它们被称为自治系统的**发言人**，我们在接下来的表述中将它们称为自治系统的**边界路由器**。这样其他路由器及自治系统的网络结构对外是透明的，因而能够保证自治系统的安全性。

注：读者可能会看到一些资料中强调边界路由器与发言人不完全相同，本书为了使行文更具专业性，将发言人表述为边界路由器，毕竟"发言人"术语对专业知识有所偏离。

如图 4-28 所示，AS1～AS5 五个自治系统通过边界路由器 R1～R5 相互连接，图中每个自治系统设了一个边界路由器，实践中允许一个自治系统设定多个边界路由器。边界路由器要与所属自治系统的路由器一起运行内部路由选择协议以获知本自治系统中所有的网络及其可达性。更重要的是，边界路由器要与其他自治系统的边界路由器一起运行 BGP-4，以实现自治系统之间的选路。

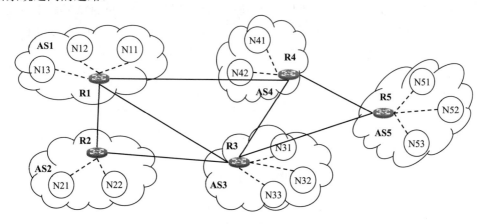

图 4-28　自治系统间路由选择示意图

下面我们以图 4-28 为例来看路径向量协议的执行过程。

1）初始化

开始时，每个边界路由器均知道自己所在自治系统中网络的可达性，它们各自的路径向量表如表 4-18 所示。

表 4-18　边界路由器路径向量的初始化

R1		R2		R3		R4		R5	
网络	路径	网络	路径	网络	路径	网络	路径	网络	路径
N11	AS1	N21	AS2	N31	AS3	N41	AS4	N51	AS5
N12	AS1	N22	AS2	N32	AS3	N42	AS4	N52	AS5
N13	AS1			N33	AS3			N53	AS5

2）分享与更新

边界路由器将自己的路径向量表与邻居分享，就图 4-28 来说，R1、R2、R3 互为邻居，因而会相互分享各自的路径向量表，此外，R3 还要和 R4 相互分享，R4 还要和 R5 相互分享。

Rx 接到邻居路由器 Ry 发来的路径向量表后，就以此更新自己的路径向量表。Rx 先排除环路，即去除 Ry 中含有 Rx 所在自治系统 ASx 的条目；然后在每条路径的前面均增加 Rx 的自治系统号 ASx，接着对 Ry 的所有条目进行遍历，如果发现一个新的网络，则直接加入 Rx，如果发现一个经过 Ry（也就是其所在的自治系统）的网络有了新的路径，则用新路径更新 Rx

中的路径。其他更新情况较复杂，此处略。

注：即使仅增加一个新的网络，也可能带来路由聚合问题。

表 4-19 示出了第一轮更新后 R2 和 R5 中的路径向量情况。

表 4-19　第一轮更新后 R2 和 R5 中的路径向量情况

R2	网络	N21	N22	N11	N12	N13	N31	N32	N33
	路径	AS2	AS2	AS2-AS1	AS2-AS1	AS2-AS1	AS2-AS3	AS2-AS3	AS2-AS3
R5	网络	N51	N52	N53	N31	N32	N33	N41	N42
	路径	AS5	AS5	AS5	AS5-AS3	AS5-AS3	AS5-AS3	AS5-AS4	AS5-AS4

经过多轮的路径向量共享和更新后，各边界路由器将达到最终的稳定状态。表 4-20 给出了稳定状态下的路径向量示例。R1 出于负载均衡的考虑将到达 N51 和 N52 的路由设成不同的路径；AS2 中的 R2 到达 AS4 的 N41 与 AS4 中的 R4 到达 AS2 中的 N21，出于各自策略的考虑选择了不同的路径；R2 到达 N51 也出于策略的考虑选择了 AS1-AS4 的路径，尽管该路径看起来比路径 AS3 更远一些。

表 4-20　稳定状态下的路径向量示例

R1		R2		R4	
网络	路径	网络	路径	网络	路径
N51	AS1-AS3-AS5	N41	AS2-AS1-AS4	N21	AS4-AS3-AS2
N52	AS1-AS4-AS5	N51	AS2-AS1-AS4-AS5	N22	AS4-AS3-AS2

2．BGP-4 的基本特点

BGP 最早于 1989 年提出，经过科学家多年的努力，于 2006 年发展为成熟的 BGP-4，一直沿用到今天。它支持 CIDR 路由和路由聚合，同时支持 IPv4 和 IPv6，因而也常称为多协议 BGP（MP-BGP）。

为了运行 BGP，每个自治系统要由管理员指定 1 台或多台路由器为"BGP 发言人"，按照上面的表述，我们称之为"边界路由器"。各自治系统的边界路由器相互连接构造出一个边界路由器网络，这个网络完成自治系统间的路由信息交换和报文转发。边界路由器中的邻居常称为**对等体**。

BGP 是一个应用层的协议，它使用传输层的 TCP，专用的端口号为 179。BGP 运行需要首先在两个对等体之间建立 TCP 连接，并且为了提高传输效率，该连接要长时间维持，维持的方法是每隔 30s 双方交换一次保活报文，故称为**半永久性连接**。

BGP 是一个路径向量协议，上面我们已经介绍了路径向量协议的基本工作过程，但是 BGP 中的路径向量更新要比上面的过程复杂和深奥得多。BGP 并不像 RIP 和 OSPF 协议那样寻求一条代价最小的路由，而仅是寻求一条比较好的路由。BGP 管理员将路由的管理、管辖回避、安全等因素设定为一些路由策略或规则集，以此约束和影响路由的更新操作和过程。

BGP 报文的格式如图 4-29 所示。报文首部为固定的 19 字节，其中开始的 16 字节为标记字段，它用于保持报文格式的兼容性，必须取全 1；接下来的 2 字节包括报文首部和主体的总字节数（长度）；再接下来是 1 字节的报文类型。报文主体为可变长度。整个报文要装入 TCP 报文段，使用的端口号是 179。最后，TCP 报文段被封装到 IP 数据报中。

BGP 的报文共有 4 种类型，分别是：打开报文（OPEN）、更新报文（UPDATE）、通知报文（NOTICIFICATION）和保活报文（KEEPALIVE）。

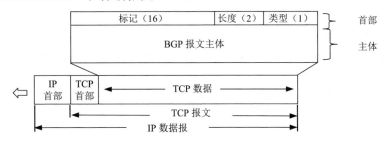

图 4-29 BGP 报文的格式

打开报文（OPEN）：在对等体间建立了 TCP 连接后，两对等体首先要发送 OPEN 报文，接收者如果认为报文可接受，则发回保活报文进行确认。OPEN 报文包括自治系统号、维持时间、BGP 标识及其他选项，其中自治系统号为发送者所属的自治系统的编号，维持时间为发送保活报文或更新报文的时间间隔，BGP 标识为发送路由器的 IP 标识（由管理员配置）。

更新报文（UPDATE）：更新报文是 BGP 的主要报文，它用于在 BGP 边界路由器间传递路由信息。边界路由器利用 UPDATE 报文排除路由环及其他异常状况。UPDATE 报文可能会包括不可行路由、路径属性及网络层可达信息等。

通知报文（NOTICIFICATION）：当两对等体的一端检测到错误时，它就会发送通知报文，并在该报文发出后立即关闭 TCP 连接。错误可能是报文首部错误、OPEN 报文错误、UPDATE 报文错误、保活计时器超时、有限状态机错误等。

保活报文（KEEPALIVE）：保活报文用于 BGP 确认两对等体间的 TCP 连接有效，它是一种仅包括 19 字节首部的报文。每个边界路由器都会为每个对等 TCP 连接设定一个保活计时器，保活报文用于保证在该计时器减到 0 之前 TCP 连接是有效的。合理的保活报文的发送间隔是不长于保活计时器时间的 $\frac{1}{3}$，但也不要少于 1s。

4.7 IPv6 简介

TCP/IP 成熟于 20 世纪 80 年代初，当时设计的网络层地址即 IPv4 地址的长度是 4 字节 32 位，这 40 多亿个地址空间在当时看来足够大。然而，因特网的迅猛发展是所有人始料不及的，仅仅在短短的几十年时间里，即到 2011 年 2 月，这个地址空间就被分配完毕。为解决 IP 地址耗尽问题，也为了使路由器以更快的速率转发分组，使更多的设备能够接入因特网，IETF 设计了 IPv6，也称为下一代因特网 IPng（IP next generation）。到今天，我们已经进入了 IPv6 时代。本节就对 IPv6 进行概要介绍。

4.7.1 IPv6 的地址设计

IPv6 将因特网主机的地址长度从 IPv4 的 4 字节 32 位提升到 16 字节 128 位，这使地址数扩展到惊人的 3.4×10^{308}（2^{128}）个，达到了地球表面每平方厘米 6.67×10^{19} 个地址，而可观测宇宙中的粒子数才仅仅 2^{270} 个[4]，可以说是一个永不枯竭的地址空间。

对于 16 字节的地址长度，再使用点分十进制记法就太长、太不方便了，为此人们采用了适宜的**冒号十六进制记法**：即用冒号间隔的 8 组 4 位十六进制数字进行地址书写。

例如，2345:6789:AABB:0458:0000:0000:CCDD:00FF。其中每组十六进制数中前面的 0 可以忽略，这样上述地址就可以简写为：2345:6789:AABB:458:0:0:CCDD:FF。连续的两个以上的 0 还可以进一步地压缩为两个冒号，因而上面的地址可进一步地缩写为：2345:6789:AABB:458::CCDD:FF。

注：一个地址中只能使用一次 0 压缩，否则将带来不唯一性。

全 0 的地址为**未指明的地址**，可以简写为"::"。当一台主机还没有配置地址时可取此地址，它不能用作目的地址。

最后一字节取 1 其余字节取 0 的地址为 **IPv6 的回环地址**，可以简写为"::1"。

IPv6 仍然采用 CIDR 地址分配方法，即将地址分成网络号（网络前缀）和主机号两部分，并且继续采用简明易理解的斜线记法，即以"<地址>/n"表示网络前缀占 n 位，主机号占 $128 - n$ 位的地址划分。

IPv6 将::FFFF:0:0～::FFFF:FFFF:FFFF 之间的地址规定为 IPv4 地址的映射地址，显然该地址块的斜线表示法为::FFFF:0:0/96。映射为 IPv4 地址的 IPv6 地址可以使用冒号十六进制和点分十进制相结合的记法，即前 96 位用冒号十六进制记法，后 32 位用点分十进制记法，例如，::FFFF.200.100.155.3。

为了高效地进行路由聚合，以减小路由表的规模，目前只有 1/8 的地址空间被正常用于因特网上的地址分配[5]，即 2000::/3，也就是最高 3 个二进制位为 001 的地址。其余地址空间中的一小部分用于特殊用途，大部分预留给未来使用。

正常使用的 IPv6 的地址被分为三种类型。

（1）**单播**（unicast）地址：指传统的一个源主机对一个目的主机的点对点通信地址。IPv6 的单播地址可划分为如图 4-30 所示的 3 段：路由前缀、子网号和接口号，其中路由前缀和子网号合起来就是 64 位的网络前缀，这里的路由前缀部分用于因特网上的路由，而子网号部分则用于机构内部的网络划分。IPv6 网络的接口号即主机号，建议为 64 位，这样就不会出现不足的情况。

字段	路由前缀	子网号	接口号
位数	≥48	≤16	64

图 4-30 IPv6 单播地址的结构

（2）**任播**（anycast）地址，此地址的范围与单播地址相同，所不同的是同一个地址可同时分配给多台主机，以任播地址为目的地址的报文总是首先到达最近的一个主机，这一特征用于实现"最近优先服务"的负载均衡机制。例如，使用百度搜索服务、根 DNS 服务器服务时，这种"最近先服务"的机制将会大大提高访问效率，并能显著降低整个因特网上的通信流量。

（3）**多播**（multicast）地址，用于实现一点对多点的通信。图 4-31 示出了 IPv6 多播地址的结构，其前缀为 8 位的 11111111，标志和范围字段可参见文献[5]，组号是 112 位的编号，可以看出 IPv6 为多播提供了充足的组号。

字段	前缀	标志	范围	组号
位数	8	4	4	112

图 4-31 IPv6 多播地址的结构

IPv6 的巨大地址空间使得地址的分配和使用游刃有余。因特网体系结构委员会（IAB）和因特网工程指导小组（IESG）授权因特网编号分配部（IANA）进行 IPv6 的地址分配，IANA会将/23 到/12 大小的地址块分配给区域因特网注册机构（RIR），RIR 通常将/32 到/19 大小的地址块分配给本地注册机构，本地注册机构再将/56 到/48 大小的地址块分配给最终用户。推荐的最终用户的 IPv6 地址块是/48，地址空间为 2^{80}，是整个 IPv4 32 位地址空间的 2^{48}（约 2.8×10^{14}）倍。

最常见的分配模式是 RIR 将每个/23 地址块分解为 512（2^9）个/32 地址块，并将每个/32地址块分配给一个 ISP，ISP 将/32 地址块分解为 65536（2^{16}）个/48 地址块，并将每个/48 地址块分配给每个用户，每个用户再将/48 地址块划分为 65536（2^{16}）个/64 地址块赋给具体的网络。

4.7.2　IPv6 报文的格式

本节分基本首部和扩展首部两部分介绍 IPv6 的报文格式。

1．IPv6 报文的基本首部格式

IPv6 报文的格式如图 4-32 所示，它由基本首部和有效载荷组成，有效载荷包括 0 个或多个扩展首部，它们的后面是数据部分。

图 4-32　IPv6 报文的格式

基本首部固定为 40 字节，包括的字段如下。

（1）**版本**：4 个二进制位，值为 6（二进制数 0110）。

（2）**通信量类型**：长度为 8 个二进制位，它被分为两部分，高 6 位为区分服务，标准的区分服务末位为 0，用于本地或实验用途时，后 2 位为 11；低 2 位为显性拥塞通知，当通信路径上某个路由器发生拥塞时，该路由器便对 IP 报文的显性拥塞通知位进行标记，目的主机在回复时将该标记发给源主机，源主机据此可知道路径上出现了拥塞，于是启动拥塞控制策略。显然，这种显性拥塞通知在报告拥塞状况方面要优于隐性的丢包–超时机制的拥塞事件。

（3）**流标号**：占 20 位。用于保证音频、视频等流式数据的服务质量，不需要流式服务保证的报文该字段置 0。结点路由器使用（源地址、目的地址、流标号）三元组唯一确定一个流。

（4）**有效载荷长度**：2 字节。它指明 IPv6 数据报除基本首部外的内容的字节数。

（5）**下一首部**：1 字节。当数据报没有扩展首部时，该字段与 IPv4 中的协议字段相同，如 6 为 TCP 报文、17 为 UDP 报文等。当数据报有扩展首部时，它就是下一个扩展首部的类型。

（6）**跳数限制**：1 字节。它等同于 IPv4 中的生存时间 TTL，其意义是限制数据报在因特网中兜圈子。数据报每到达一个路由器，该字段就减 1，当减到 0 时便被丢弃。

（7）**源地址**：16 字节。发送数据报主机的地址。

（8）**目的地址**：16 字节。接收数据报主机的地址。

与 IPv4 报文的首部相比，IPv6 报文的首部进行了如下改进。

（1）取消了首部长度，因为 IPv6 报文的基本首部固定为 40 字节。

（2）增加了流标号，用于保证流式数据的服务质量。

（3）将报文长度改为不包括固定首部的有效载荷长度。

（4）去除与分片和重装有关的字段。IPv6 数据报不允许在路由器上进行报文分片，如果路由器遇到报文长度超出出口链路的 MTU 的情况，则直接丢弃该报文。IPv6 数据报提供了分片扩展首部，用于发送主机的报文分片。

（5）IPv6 数据报取消了首部检验和，这可大大加快路由器上的报文转发速度。

（6）取消了首部的可变部分，增加了扩展首部，扩展首部可实现自定义的选项。

2．IPv6 报文的扩展首部

IPv6 允许在基本首部后有一个或多个扩展首部，各扩展首部通过"下一首部"链式地串联在一起。

表 4-21 列出了 IPv6 报文的扩展首部及高层代码，表中 2～8 号之间的类型为 IPv6 定义的扩展首部，每个扩展首部的第 1 字节都是下一首部字段，各个扩展首部均以 8 字节对齐，不足 8 字节边界的要填充至 8 字节边界。如果扩展首部中含有逐跳选项，则它必须是基本首部后的第一个扩展首部。如果一个报文仅含有基本首部和扩展首部，那么最后一个扩展首部的下一首部字段中的值应该是 59，即无下一首部。如果一个报文包括上层数据，那么最后一个扩展首部中的下一首部字段中应是上层数据报文的协议号。

表 4-21 示出了 TCP、UDP 和 ICMPv6 的协议号：6、17 和 58。

表 4-21　IPv6 报文的扩展首部

序号	类型	下一首部代码	序号	类型	下一首部代码
1	基本首部	无	7	封装安全有效载荷	50
2	逐跳选项	0	8	移动首部	135
3	目的选项	60	9	无下一首部	59
4	路由选项	43	10	TCP（上层）	6
5	分片	44	11	UDP（上层）	17
6	鉴别	51	12	ICMPv6（上层）	58

下面我们以逐跳选项说明扩展首部的基本结构。逐跳选项扩展首部是一种包括一些选项信息的扩展首部，这是一些有必要被报文传输路径上所有结点（路由器）处理的信息。

逐跳选项扩展首部的格式如图 4-33（a）所示，这也是一般扩展首部的格式。报文有 8 字节的固定部分，其中第 1 字节为下一首部，此前已经介绍过；第 2 字节为长度，这是除固定的 8 字节外的数据部分的长度，单位是 8 字节；第 3～8 字节为填充，通常取 0 值。

数据部分是一系列的选项，每个选项的一般格式如图 4-33（b）所示，即由 1 字节的类型、1 字节的长度和数据部分组成，其中长度仅表示数据部分的长度，即没有数据部分的选项的长度为 0。如果选项的总长度不是 8 字节的倍数，则要填充到 8 字节边界。如果仅缺 1 字节，则以值为 0 的单字节来填充；如果缺多字节，则以起始值为 1 的多字节格式来填充，其第 2 字节为此后要填充的字节数，其后是要填的 0 串，如图 4-33（b）所示。

（a）逐跳选项扩展首部格式

（b）选项和填充格式

图 4-33　逐跳选项扩展首部格式及选项和填充格式

4.7.3　ICMPv6 简介

与 IPv4 相似，IPv6 也不提供可靠保证，因而也设计了伴随 IPv6 的因特网控制报文协议 ICMPv6，然而 ICMPv6 却比伴随 IPv4 的 ICMP 要丰富和复杂得多，本节就对 ICMPv6 进行扼要介绍。

ICMPv6 报文将作为 IPv6 数据报的数据部分被封装，它所对应的高层协议编号为 58，报文的格式如图 4-34 所示。

图 4-34　ICMPv6 报文的格式

可以看出，其首部固定为 3 个字段 4 字节，分别是占 1 字节的类型字段、占 1 字节的编码字段和占 2 字节的检验和字段。这个格式与 ICMP 报文的格式很相似，检验和也使用了相同的反码和的反码差错检测算法，但是检验和的计算过程中需要计入伪首部。

IPv6 对所有高层数据报文（TCP、UDP 及 ICMPv6 等）的检验和规定了统一的如图 4-35 所示的伪首部，该伪首部包括 IPv6 报文 16 字节的源地址和目的地址、高层报文的总长度、3 字节的 0 填充，以及 1 字节的"下一首部"号，这通常是出现差错的 IPv6 数据报中数据部分对应的"下一首部"号。

图 4-35　检验和计算的伪首部

ICMPv6 报文分为差错报告报文和信息报文两大类，其中类型字段最高位为 0 的报文为差错报告报文，其编号范围为 0～127；类型字段最高位为 1 的报文为信息报文，其编号范围为 128～255。

常用的 ICMPv6 报文类型如表 4-22 所示。与如表 4-14 所示的 ICMP 报文类型相比较，可以看出 ICMPv6 的类型 1、3、4、128 和 129 分别对应 ICMP 的类型 3、11、12、8 和 0，其他为 ICMPv6 新增的类型。

表 4-22　常用的 ICMPv6 报文类型

类型	名称	类型	名称	类型	名称
1	终点不可达	128	回送请求	135	邻居请求
2	报文过大	129	回送应答	136	邻居广告
3	时间超过	133	路由器请求	137	重定向信息
4	参数问题	134	路由器广告		

其中，类型为 2 的报文过大类型用来报告路由器出口链路的帧装不下入口链路来的 IP 报文的情况，由于 IPv6 不允许在路由器上分片，因而增加了这一差错报告报文。类型为 135 的邻居请求和类型为 136 的邻居广告类型用于实现类似 IPv4 中的 ARP，但这里要比 ARP 复杂得多。类型为 135、136 再结合 133 的路由器请求和 134 的路由器广告还能实现 IPv6 的无状态自动地址配置功能，即不需要运行支持 IPv6 的动态主机配置协议 DHCPv6 而自动确定 IP 地址的功能。

IPv6 不允许在路由器上对报文进行分片，因而无法像 IPv4 那样使用 DF 位和 ICMP 分片差错报告报文发现路径 MTU。然而，ICMPv6 的报文过大差错报告在其选项中提供了导致报文过大的 MTU 值，该 MTU 值可帮助发现路径 MTU。

4.7.4　从 IPv4 到 IPv6 的过渡

因特网的地域、技术、设备的全球广泛性决定着不可能在极短的时间内从 IPv4 彻底地切换到 IPv6，因此在很长的一段时间内，IPv4 和 IPv6 将会共存。这种局面决定着从 IPv4 升级到 IPv6 将是一个漫长的过程，本节将介绍与这个过程相适应的两种过渡方式，即双栈方式和隧道方式。

1. 双栈方式

所谓**双栈方式**，指的是在联网设备上同时运行 IPv4 和 IPv6 的情况。图 4-36 示出了以太网上主机的双栈情况，可以看出主机的网络层同时运行着 IPv4 和 IPv6 模块，它们都能接收和封装传输层的 TCP、UDP 报文及其他报文，并将这些报文封装到数据链路层的帧中，但要用不同的协议号进行区分，IPv4 报文对应的协议号是 0x0800，而 IPv6 报文对应的协议号是 0x86DD。

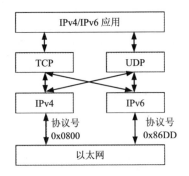

图 4-36　以太网上主机的双栈[6]情况

图 4-37 示出了因特网的双栈访问，图中有三台客户主机 C1、C2 和 C3，其中 C1 和 C2 分别运行 IPv4 和 IPv6 单栈协议，而 C3 则运行着双栈协议；图中有三台服务器主机 S1、S2

和 S3，其中 S1 和 S2 分别运行 IPv4 和 IPv6 单栈协议，而 S3 则运行着双栈协议；图中的 DNS 服务器运行着双栈协议，三台路由器也都运行着双栈协议，也就是说这些路由器既能转发 IPv4 数据报也能转发 IPv6 数据报。

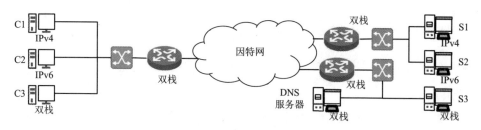

图 4-37　因特网的双栈访问[7][8]

在图 4-37 中所示的配置下，C1 可以访问 S1 和 S3，C2 可以访问 S2 和 S3，C3 可以访问 S1、S2 和 S3。针对 IPv6 上的域名，域名服务器增加了 AAAA 型记录，以区别于原来 IPv4 的 A 型记录，这样客户端通过域名解析就可以知道服务器端是 IPv4 还是 IPv6 协议栈。客户端如果运行单栈协议，则可据此判断是否可访问该服务器；如果运行双栈协议，则可据此决定使用 IPv4 还是 IPv6 网络层实体访问该服务器。

2．隧道方式

当 IPv6 数据报遇到 IPv4 网络时，就需要以隧道方式穿越该网络，如图 4-38 所示，图中的客户端主机 C 和服务器端主机 S 都具有 IPv6 单栈，它们只能以 IPv6 报文通信。然而，它们的报文需要经过 IPv4 网络传送，因此需要在 IPv4 网络的两端架设 IPv4/IPv6 双栈路由器，如图 4-38 中的路由器 R 和 T 所示。

当主机 C 的 IPv6 数据报到达路由器 R 时，R 构造一个 IPv4 报文，该报文以 R 的 IPv4 地址为源地址，以 T 的 IPv4 地址为目的地址，将 C 的 IPv6 数据报作为 IPv4 数据报的数据，协议号为 41，R 将该 IPv4 数据报发送到 IPv4 网络，该网络最终将该报文送达路由器 T，路由器 T 根据报文的协议号 41 断定其中封装着 IPv6 报文，路由器取出该报文，并以 IPv6 网络实体将它发送到目的主机 S。

注：如果主机 C 发出的 IPv6 数据报过大，就需要在 R 上进行 IPv4 数据报的分片，并在 T 上完成重装。

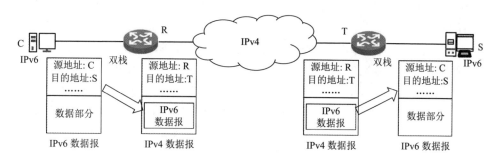

图 4-38　IPv6 数据报经隧道穿过 IPv4 网络

4.8　虚拟专用网和网络地址转换

将单位内部的网络（**内网**）与公共的因特网（**公网**）进行隔离是一种很好的安全机制，内网地址可帮助我们实现这一目标。使用虚拟专用网（VPN）可利用公共的因特网将异地的内网安全地连接为"像"一个内网一样运行的网络。内网地址可通过网络地址转换（NAT）实现与公网主机的通信。本节就将讲述这两项颇具吸引力的内容。

4.8.1 内网地址和虚拟专用网

本节将在介绍内网地址的基础上，讲述 VPN 的基本配置和原理。

1. 内网地址

如果你看一下联网计算机上的 IPv4 地址，就会发现绝大部分时候地址会是形如 10.*、172.16.*或 192.168.*的地址，如果你配置家里的小型路由器，也会发现绝大部分路由器都要求配置形如 192.168.*的地址，这些地址属于因特网的设计者专门预留的私有地址块，这些地址块的准确大小如表 4-23 所示。

注 1：表 4-23 与表 4-4 相似，在此重复列出是为了更好地讲述本节的内容。

注 2：表中的主机号数量没有去掉全 0 和全 1 的主机号。

表 4-23　IPv4 中预留的私有地址块

地址块类别	CIDR 记法	主机号范围	主机号数量
A	10.0.0.0/8	10.0.0.0～10.255.255.255	16777216（2^{24}）
B	172.16.0.0/12	172.16.0.0～172.31.255.255	1048576（2^{20}）
C	192.168.0.0/16	192.168.0.0～192.168.255.255	65536（2^{16}）

可以看出，A 类地址预留了 10 号网络作为私有地址块，因而共有约 16777216（2^{24}）个地址；B 类地址预留了网络号在 172.16～172.31 间的 16 个连续的网络作为私有地址块，因而共有 1048576（2^{20}）个地址；而 C 类地址则预留了网络号在 192.168.0～192.168.255 间的 256 个连续的网络作为私有地址块，因而共有 65536（2^{16}）个地址。

私有地址用来部署单位或家庭的私有网络（也称为内网），因此私有地址常称为内网地址。这些地址不能在公共的因特网（公网）上使用，因为公共的因特网上的路由器不会转发以这些地址为目的地址的 IP 数据报，它们可以被众多的单位和家庭重复使用任意次。配置了私有地址的内网主机如果要与公网上的主机进行通信，必须进行网络地址转换（NAT）。

2. 虚拟专用网

上文述及，一个单位的内部网络中的机器通常被赋予内网地址，用来构造内部的 TCP/IP 网络。然而，一个单位包括处于不同地理位置的部门是很常见的情况，图 4-39 就示出了一个单位包括处于不同地理位置的 A、B 两个部门的情况。两个部门各自以内网地址部署了自己的内网，希望两个内网中的机器像在一个内网中那样相互通信，而且这种通信必须有很强的安全保障。一种方法是架设或租用专用线路，这在很多时候不现实；另一种方法是利用公共的因特网实现这一需求，这就需要使用 VPN。

VPN 允许使用公共的因特网安全地连接异地的两个私有网络，图 4-39 给出了其配置示意图，在 A、B 部门的内部网络上分别架设连接因特网的 VPN 路由器 RA 和 RB，并为其因特网端分别申请公网地址，图中示出的公网地址分别是 100.110.120.1 和 200.210.220.1。

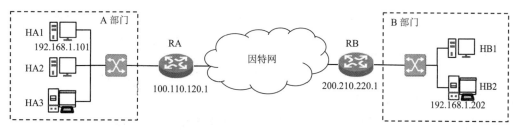

图 4-39　VPN 示意图

当 A 部门地址为 192.168.1.101 的主机 HA1 与 B 部门地址为 192.168.1.202 的主机 HB2 进行通信时，HA1 构造正常的源地址为 192.168.1.101、目的地址为 192.168.1.202 的 IP 数据报 P1，并将 P1 发送到 RA 路由器上。RA 再构造一个新的 IP 数据报 P2，其源地址和目的地址分别是公网地址 100.110.120.1 和 200.210.220.1，将整个数据报 P1 加密后作为其数据部分，然后将 P2 数据报发送到因特网上。因特网会将数据报 P2 送到 RB 路由器上，RB 从中取出其数据部分，解密后恢复数据报 P1，然后将 P1 发送到 B 部门的内网上，该数据报最终将到达目的主机 HB2。

由于数据报 P1 是以密文的形式在因特网上传送的，因而 VPN 能够确保其安全性。VPN 路由器的工作过程对于两侧内网上的主机是透明的，它们与另一部门主机间的通信就如同与本部门主机通信一样，因而 VPN 基于因特网较好地实现了异地主机间安全的"内网"通信。

VPN 也能在单独一台机器上实现，这称为远程访问 VPN。单位的职员出差在外地时也希望自己的笔记本电脑能以内网的方式访问单位的网络，这时可以在笔记本电脑上安装一个 VPN 客户端软件，该软件会与单位网络上的 VPN 路由器建立加密通道，实现安全的跨越因特网的内网访问。

4.8.2　网络地址转换

上面已经说过，因特网上绝大部分的客户端主机都被赋予表 4-23 中的内网地址，而内网地址是不能在公共的因特网上使用的，然而，这并没有妨碍我们的客户端主机访问因特网，这是什么原因呢？答案是使用了网络地址转换（NAT）。

图 4-40 左侧为 NAT 示意图，图中左侧的内网 A 上有 CA1、CA2 和 CA3 三台客户端主机，它们分别配置了内网地址 192.168.1.101、192.168.1.102 和 192.168.1.103。在内网的出口处配置了一个 NAT 路由器，其功能是进行网络地址转换，即将内网地址转换为公网地址。

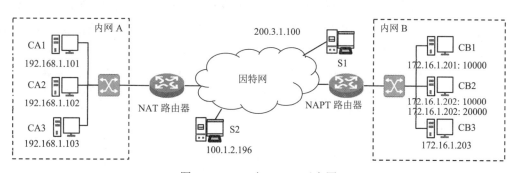

图 4-40　NAT 与 NAPT 示意图

为了实现这种转换，它首先要有一个公网地址池，我们假定该地址池中含有地址块 130.1.1.0/28，即包括 130.1.1.1～130.1.1.14 共 14 个可用的公网地址。此外，它还要维护一张形如表 4-24 的 NAT 转换表，里面包括内网地址和公网地址的映射。

表 4-24　NAT 转换表

序号	源 IP 地址	转换 IP 地址
1	192.168.1.101	130.1.1.3
2	192.168.1.102	130.1.1.11
3	192.168.1.103	130.1.1.13

当 CA1 主机访问因特网上的 S1 主机时，它就构造源 IP 地址为 192.168.1.101、目的 IP 地址为 200.3.1.100 的 IP 数据报，并将该数据报发到其出口的 NAT 路由器上，NAT 路由器检查 NAT 转换表，如果表中的源 IP 地址列不包括 192.168.1.101，它就从地址池中找一个尚未使用的 IP 地址，如 130.1.1.3，并在 NAT 转换表中增加一个源 IP 地址和转换 IP 地址分别为 192.168.1.101 和 130.1.1.3 的条目，然后将 IP 数据报的源 IP 地址修改为 130.1.1.3 并发送到因特网上。主机 S1 收到该报文后，构造源 IP 地址和目的 IP 地址分别为 200.3.1.100 和 130.1.1.3 的返回报文，该报文将会被因特网转发到内网 A 的 NAT 路由器上，NAT 路由器查找 NAT 转换表的转换 IP 地址列，找到值为 130.1.1.3 的行，并用该行中的源 IP 地址值 192.168.1.101 替换返回报文中的目的 IP 地址，此后将报文发到内网 A 中，该返回报文将最终到达 CA1 主机。

显然，如果主机 CA2 发送了一个目的地址为 100.1.2.196 的 IP 数据报，该数据报到达 NAT 路由器时，NAT 路由器发现表中已经存在一个源 IP 地址为 192.168.1.102 的条目，则 NAT 路由器直接用该条目中的转换 IP 地址值 130.1.1.11 替换 IP 数据报中的源 IP 地址，此后的操作与上段相同，不再赘述。

上述的 NAT 称为一对一的地址转换，在这种转换中，每一个内网地址都会对应一个公网地址。我们可以假定同一时刻内网上仅有 1/3 的主机访问因特网，这样就可以将公网地址池中的地址数确定为 1/3 的内网主机数。这在一定程度上缓解了 IPv4 地址消耗的压力。

后来，人们又提出了网络地址/端口号转换（NAPT）方法，这一方法大大地缓解了 IPv4 地址的消耗压力。

注：这里的端口号指的是 TCP 或 UDP 的端口号，传输层在第 5 章讲述，读者此时将端口号理解为传输层上的一路通信即可。

NAPT 的配置与 NAT 的配置很相似，图 4-40 右侧给出了示意图。内网 B 上有三台主机 CB1、CB2 和 CB3，它们分别被配置了内网地址 172.16.1.201、172.16.1.202 和 172.16.1.203。内网的出口配置了 NAPT 路由器。

假设内网主机 CB1 要使用 TCP 端口号 10000 发送一个报文到公网主机 S2 的 TCP 端口 80，那么它首先要构造一个源端口号为 10000、目的端口号为 80 的 TCP 报文，然后将它封装为 IP 数据报，其中源 IP 地址和目的 IP 地址分别是 172.16.1.201 和 100.1.2.196。该 IP 数据报将被送到 NAPT 路由器上，该路由器上配置一个或多个公网 IP 地址，这里假定配置了一个值为 193.2.1.1 的公网 IP 地址。

NAPT 路由器还要维护一张如表 4-25 所示的 NAPT 转换表，该表除序号外有 4 列，分别是源 IP 地址、源端口号、转换 IP 地址和转换端口号。

表 4-25　NAPT 转换表

序号	源 IP 地址	源端口号	转换 IP 地址	转换端口号
1	172.16.1.201	10000	193.2.1.1	10001
2	172.16.1.202	10000	193.2.1.1	10002
3	172.16.1.202	20000	193.2.1.1	10003

当上述数据报到达 NAPT 路由器时，NAPT 路由器就取出其源 IP 地址和源端口号，并在 NAPT 转换表的源 IP 地址和源端口号列中查找，如果找不到，则在表中增加一个新的条目，源 IP 地址和源端口号取 IP 数据报中的源 IP 地址 172.16.1.201 和源端口号 10000，然后在转换 IP 地址列填入 NAPT 路由器的公网地址 193.2.1.1，在转换端口号中填入一个 NAPT 尚未使用的 TCP 端口号，如 10001。此后，NAPT 路由器将报文中的源 IP 地址和源端口号分别修改为 193.2.1.1 和 10001，并发送到公网上。

公网上的主机 S2 最终会收到该报文，并构造返回报文。返回报文中 TCP 报文的源端口号和目的端口号分别为 80 和 10001，源 IP 地址和目的 IP 地址分别为 100.1.2.196 和 193.2.1.1。该返回报文将被因特网送到 NAPT 路由器，NAPT 路由器查找 NAPT 转换表，找到返回报文中目的 IP 地址 193.2.1.1 和目的端口号 10001 对应的源 IP 地址 172.16.1.201 和源端口号 10000，并用此源 IP 地址和源端口号替换返回报文中的目的 IP 地址和目的端口号。该返回报文最终到达内网主机 CB1。

与 NAT 不同，NAPT 使用公网地址及其端口号映射内网地址及其端口号，这就实现了 IP 地址上的**多对一转换**。表 4-25 就给出了这种多对一转换示例，同一公网地址 193.2.1.1 的三个端口号 10001、10002 和 10003 分别映射了内网地址 172.16.1.201 上的一个端口号 10000 和 172.16.1.202 上的两个端口号 10000 和 20000。

由于 TCP 和 UDP 的端口号都是 16 位的，其编号数为 65536，因此一个公网地址可以映射 60000 个以上的内网连接，故 NAPT 大大缓解了 IPv4 地址消耗压力，这也是至今 IPv4 还在因特网上大量使用的原因。也正是 NAPT 的这一优势，使得传统的一对一转换的 NAT 已不再被使用，而说到 NAT 一般都指的是 NAPT。

➡ 习题

1. 简述因特网的网络层所提供的服务。

2. 路由器从逻辑上可分为哪两个平面？

3. 路由器从物理上由哪四部分组成？

4. 专业路由器的交换结构通常有哪两种实现方式？

5. A 类、B 类和 C 类地址各占总地址的多少？为什么？

6. 用 Excel 实现表 4-2，其中第 2 列和第 3 列不包括括号内的部分，括号前的数据用公式算出，其中第 2 列用 2 的幂次计算，第 3 列用二进制的移位函数计算。

7. 请将下列 IPv4 地址转换为点分十进制表示：

（1）10100011 01001001 01100100 11011111

（2）11010001 01011010 01111110 11110111

8. 请将下列 IPv4 地址转换为二进制表示：

（1）226.122.5.178　（2）189.214.97.222

9. 构造两个 IP 地址：

（1）设自己生日的年（后 2 位）、月、日分别为 y、M、d，用 y、100+M、200+d 和自己身份证的最后 2 位 z 作为 4 个字节构造一个十进制的 IP 地址 IP1；

（2）设自己机器当前时间的时、分、秒分别为 h、m、s，用 200+h、100+m、100+s 和自己学号的最后 2 位 e 作为 4 个字节构造一个十进制的 IP 地址 IP2；

（3）将上述的 IP1、IP2 连同第 8 题的两个 IP 地址的每个字节记在 Excel 表格的一列中，用 Excel 公式转换为 8 位二进制值，再将每个二进制值转换为十进制值以验算。Excel 表格要按图 4-41 所示设计。

A	B	C	D	E	F	G	H	I	J	K	L	M
序号	d1	d2	d3	d4	b1	b2	b3	b4	e1	e2	e3	e4
1	100	101	102	103	01100100	01100101	01100110	01100111	100	101	102	103

图 4-41　IP 地址的进制转换

10．设第 9 题 IP1 和 IP2 的网络前缀分别是 23 位和 25 位的，试求其网络号和主机号范围。

11．为什么一个 IP 网络中的主机数是地址数减 2？

12．给出 IPv4 网络中的本网广播地址。

13．给出 2 个回环测试地址，并用 ping 命令在计算机上对这两个地址进行回环测试。

14．携带 ARP 报文的以太网帧要填充多少字节？为什么？

15．说明 ARP 报文中以太网和 IP 协议的类型号，以及请求报文和应答报文的操作码。

16．说明 ARP 高速缓存表包括的三个表项。

17．画出 ARP 报文的格式。

18．假设 A 站（IP 地址为第 9 题构造的 IP1，MAC 地址为 AAAAAABBBBBB）要通过 ARP 获得 B 站（IP 地址为第 9 题构造的 IP2，MAC 地址构造方法如下：将自己姓名的拼音连续写出，要求首字母大写，取前六个字母，不足六个字母的将最后一个字母重复补足到六个字母，然后用这六个字母 ASCII 码的十六进制值构造一个 MAC 地址）的物理地址。请分别画出 A 站发送的 ARP 请求报文和 B 站发送的 ARP 应答报文及封装这两个报文的以太网帧，说明这个以太网帧的字节总数。

19．IP 数据报首部的可变部分最多为多少字节？为什么可变部分的长度必须是 4 字节的整数倍？

20．一个 IP 数据报可能携带的最大数据量是多少？为什么？

21．画出 IP 报文的格式。

22．说明 IP 报文中 ICMP、TCP 和 UDP 的协议号，要求分别给出十进制表示和 2 位的十六进制表示。

23．假如 IP 数据报只包括固定首部，则需要对多少组 16 位数据计算检验和？为什么？

24．为什么说每个路由器都要对 IP 数据报重新计算差错检测的冗余码？

25．路由器的网络层实体收到一个 IP 数据报后，需要修改其中的哪些字段？为什么？

26．给出下列缩略语的中文和英文全称：IP、ICMP、ARP、DF、MF、MTU、CIDR、PDU、RTT。

27．IP 数据报的分片与重装涉及 IP 数据报报文中的哪些字段？IP 是如何用 13 位的片偏移对 16 位长度数据进行分片数据定位的？

28．假设例 4-1 的第 2 个报文分片要经历一个 MTU 为 200 字节的网络，请给出其进一步的分片列表。

29．将例 4-1 的计算用 Excel 实现，要求最大限度地使用 Excel 公式，将工作表命名为 1500，再创建一个名字为 3000 的工作表，在其中实现总长度为 3000 字节的 IP 数据报的分片计算。

30．IP 数据报检验和的 Excel 计算。

（1）在 Excel 工作簿中添加一个名字为 IPHeaderCheck-1 的工作表，实现如图 4-42 所示的 IP 首部检验和计算。

	A	B	C
1	**Hex**	**Dec**	
2	4500	17664	
3	0034	52	
4	3D8E	15758	
5	4000	16384	
6	4006	16390	
7	0000	0	
8	C0A8	49320	192.168
9	0191	401	1.145
10	C0A8	49320	192.168
11	0165	357	1.101
12	Sum	165646	
13	Lower 16	34574	
14	Carrier	2	
15	Add Carrier	34576	
16	Negative code	30959	
17	Hex	78EF	

图 4-42　IP 首部检验和的计算

有关说明如下：

① Hex 为原始数据的十六进制列（2 字节 16 位，4 位十六进制），Dec 为每组十六进制数字对应的十进制值；

② Sum 右侧为函数计算的所有 10 个十进制数字的和。

注： 尽管我们在用图 4-17 讲述 IP 数据报的首部检验和算法时使用的是二进制数，但是其计算完全可以用十进制数进行，因为相同数据的二进制表示求和的结果与十进制表示求和的结果是相同的。

③ Lower16 右侧为 Excel 函数或公式计算的 Sum 的低 16 位值；

④ Carrier（进位）右侧为 Excel 函数计算的 Sum 的 16 位进位值；

⑤ Add Carrier（加进位）右侧为 Excel 公式计算的 Lower 16 和 Carrier 值的和；

⑥ Negative Code（反码）右侧为 Excel 函数或公式计算的 Add Carrier 值的反码；

⑦ Hex 右侧为函数计算的 Negative Code 的十六进制值。

（2）IP 首部检验和的验算：将（1）题的 Excel 工作表复制为一个新 Sheet，并改名为 IPHeaderCheck-1y，验证（1）题的检验和，即将上题的检验和结果 78EF 填回到第 7 行的 Hex 列，验证 Negative code 和 Hex 的值确实为 0。

（3）IP 首部检验和计算-2：将 IPHeaderCheck-1 工作表复制一份，并改名为 IPHeaderCheck-2，将第 8、9 行（注：这两行对应 IP 数据报中的源 IP 地址）的 C 列值分别作为第 9 题构造的 IP1 地址前两个字节和后两个字节的十进制值，将第 8、9 行的 A 列（Hex 列）值作为对应的十六进制值，查看所获得的检验和的值。

（4）IP 首部检验和的验算-2：将（3）小题的 Excel 工作表复制为一个新 Sheet，并改名为 IPHeaderCheck-2y，验证（3）题的检验和，即将（3）题的检验和结果填回到第 7 行的 Hex 列，验证 Negative code 和 Hex 的值确实为 0。

31．CIDR 将 IP 地址分成哪两个组成部分？CIDR 采用了什么记法？试举一例说明。

32．CIDR 地址块中有哪两个不能分配给主机的 IP 地址？说明为什么这两个地址不能分配给主机。

33. 说明一个有意义的 CIDR 地址块至少要包括的地址数，并解释原因。

34. 将地址块 200.1.1.0/24 划分为网络前缀为 26 位的地址块，可以得到几个地址块？分别给出每个地址块的 CIDR 表示和可用的 IP 地址范围，说明每个地址块有多少个可用的 IP 地址。

35. 与下列掩码相对应的网络前缀各有多少位?要求给出计算过程。

（1）224.0.0.0；（2）248.0.0.0；（3）255.192.0.0；（4）255.255.255.240。

36. 已知一个 CIDR 地址块中的地址是 201.160.233.13/19，请给出这个地址块的地址掩码、最小地址和最大地址，该地址块中共有多少个地址？相当于多少个 C 类地址？

37. 打开自己计算机上的网络连接详细信息对话框，并将该对话框截屏复制到作业中，将自己计算机上的物理地址和 IP 地址手写出来，并拍照保存到作业中。

38. 请对表 4-9 中 LAN3、N1、N3 的地址范围和地址掩码进行说明，给出必要的计算过程。

39. 假定图 4-18 中 S 主机访问 N1 网络需要通过 R1 路由器，则表 4-12 主机 S 的路由表需要在什么位置添加一个什么样的表项？说明路由聚合和最长前缀匹配原则是怎样应用的。

40. 在 Excel 中给出图 4-18 中路由器 R3 的路由表，在路由表的右侧增加一个说明列，对有关表项予以扼要说明，如直接交付、间接交付、最长前缀匹配、默认路由等。

41. 假设网络使用 RIP，其中 R1 的路由表如下所示，三列数据分别是目的网络、距离和下一站路由。设 R1 收到 R2 的路由信息如下，试给出更新后的 R1 的路由表，要求尽量详细地说明更新的过程。

<table>
<tr><td colspan="3">R1 的路由表</td><td colspan="2">R2 的路由信息</td></tr>
<tr><td>N1</td><td>6</td><td>R3</td><td>N1</td><td>4</td></tr>
<tr><td>N3</td><td>4</td><td>R5</td><td>N2</td><td>2</td></tr>
<tr><td>N4</td><td>5</td><td>R4</td><td>N4</td><td>6</td></tr>
<tr><td>N6</td><td>3</td><td>R2</td><td>N6</td><td>5</td></tr>
<tr><td>N7</td><td>7</td><td>R7</td><td>N8</td><td>15</td></tr>
</table>

42. 路由表通常包括哪些表项？请对各表项予以扼要说明。

43. 简述下一站路由机制。

44. ICMP 提供了哪两种报文？

45. ICMP 使用了何种差错检测算法？它检验什么范围内的数据？

46. 为什么 ICMP 要画在 IP 层的左上角？为什么 ARP 要画在 IP 层的右下角？

47. 当对一个固定首部的 IP 报文构造 ICMP 差错报告报文时，该 ICMP 报文长度为多少字节？携带该 ICMP 报文的 IP 数据报有多少字节（假设只有固定首部）？携带该 ICMP 报文的 IP 数据报装入以太网帧后，是否需要填充？为什么？

48. IP 地址中的什么地址称为回环地址？它对应的主机名是什么？

49. ping 命令的作用是什么？它使用了哪种类型的 ICMP 报文？

50. ping 命令测试：

（1）用 ping 命令对本主机进行测试，并给出测试截图，要求使用回环地址和主机名各测试一次。

（2）用 ping 命令对 baidu.com 和 www.baidu.com 分别进行测试，并给出测试截图。

51．tracert（traceroute）命令的功能是什么？它使用了哪种类型的 ICMP 报文？

52．tracert 命令：

（1）tracert 命令构造的 IP 数据报中如何说明其中包含的是传输层的 UDP 数据报？接收该命令的路由器发回的 IP 数据报如何说明其中包含着 ICMP 报文？

（2）用 tracert 命令测试到 www.baidu.com 经过的路由器，并给出运行截图。

53．给出下列缩略语的中文和英文全称：AS、IGP、EGP、DV、LS。

54．给出因特网上两种常用的内部网关协议和一种最常用的外部网关协议，要求给出其中文名、英文名和缩略语。

55．针对 RIP 和 OSPF 协议，分别给出它们的下列属性：路由信息类型、距离度量、发送的路由信息量、路由信息的发送范围、发送路由信息的频度、路由算法、报文封装。

56．BGP 的路由信息与 RIP 及 OSPF 协议有何不同？

57．请描述 BGP 交换路由信息的结点数量。

58．用 Excel 表设计公式，计算出 IPv6 的 128 位 IP 地址对应的十进制地址数；再设计公式，分别计算将上述地址平均地分配到地球表面上时，每平方厘米和每个头发丝横截面上可以分配到的 IP 地址数，要求用 Excel 函数给出圆周率。

59．将下列的 IPv6 地址进行 0 压缩：

（1）342A:B3E2:0000:0000:0000:0809:00A4:0005

（2）0052:7AB4:00F8:0AB3:0000:0000:0000:0000

60．将下列的 0 压缩的 IPv6 地址还原为非 0 压缩的形式：

（1）5554::B3:762　　　（2）::FFEE:527:DC4　　　（3）382:A679:DCFE::

61．使用 IPv6 的回环地址对本机进行 ping 命令测试，给出测试截图。

62．IPv6 为提高路由器的转发效率采取了哪些主要措施？

63．IPv6 中的什么字段与 IPv4 中的协议字段相似？

64．从 IPv4 向 IPv6 的过渡技术有哪两种？其中的哪项技术可以穿越 IPv4 网络？

65．说明 NAT 除了修改数据报的源 IP 地址，还修改 IP 数据报中的什么字段？为什么？

66．说明 NAPT 除了修改数据报的源 IP 地址和源端口号，还修改 IP 数据报中的什么字段？为什么？

➡参考文献

[1]　CSDN. Win 服务器系统路由器: Windows server 2012 之路由功能[EB/OL]. [2022-11-2]. （链接请扫书后二维码）

[2]　GARUD J. Router Architecture[EB/OL]. Electronic Post. （2016-5-13）[2022-12-3]. （链接请扫书后二维码）

[3]　WIKIPEDIA. IPv4[EB/OL]. [2022-12-6]. （链接请扫书后二维码）

[4]　KLARREICH E. Multiplication Hits the Speed Limit[J]. Communications of the ACM, 2019, 63（1）: 11-13.

[5]　WIKIPEDIA. IPv6 address[EB/OL]. [2022-12-13]. （链接请扫书后二维码）

[6]　What Is My IP Address. "Dual-Stack" Will Deliver IPv6 Connectivity[EB/OL]. [2022-12-14].（链接请扫书后二维码）

[7]　What-When-How. Transition Mechanisms（IPv6）Part 1[EB/OL]. [2022-12-14].（链接请扫书后二维码）

[8]　What-When-How. Transition Mechanisms（IPv6）Part 2[EB/OL]. [2022-12-14].（链接请扫书后二维码）

第**5**章 传 输 层

第 4 章介绍了因特网协议栈中第三层即网络层协议，它通过路由器网络实现主机之间的通信，通常称为点对点的通信，本章将介绍因特网协议栈中的第四层即传输层协议，它在网络层之上实现应用进程之间的通信，通常称为端到端的通信。因特网的网络层提供的是不可靠的尽力传递服务，而传输层根据不同应用的需求提供了两种服务：一种是轻量级的 UDP 数据报服务，它仍然是一个尽力传递服务，但比网络层服务增加了进程支持、多路复用和差错检测等功能；另一种是重量级的 TCP 服务，它在网络层服务之上提供了连接、可靠传输、流量控制、拥塞控制及差错检测等服务。本章主要介绍 UDP 和 TCP 的内容。

注：有些教科书上将传输层表达为运输层，本书认为二者等价。

⏩5.1 传输层概述

传输层的主要功能就是将主机间的粗粒度通信转换为主机上进程之间的细粒度通信，因此 5.1.1 节将专门讨论进程间的通信问题，5.1.2 节扼要介绍因特网传输层的 UDP 和 TCP 两个协议，5.1.3 节介绍传输层的端口号，它用于传输层上的定址。

5.1.1 进程之间的通信

第 4 章介绍了因特网的网络层实现的是主机之间的通信，具体地说就是两个 IP 地址的实体间的通信，它通过在包括物理层和数据链路层的物理网络之上增加一个 IP 层来实现跨越物理网络的通信，将受地理范围和站点数限制的众多物理网络连接为一个逻辑上的网络，而且这种连接机制具有无限的动态可扩展能力，由此形成了我们今天的因特网。

两个 IP 地址间的通信是一种粗粒度的通信。计算机中执行任务的基本单位是进程，就如同 1.3.2 节中讲述的那样，通信的基本单位应该是进程间的通信。因此，我们还应该进一步开展网络设计，使它的通信粒度从 IP 地址定址的主机间的通信细化到主机的进程间的通信。

网络的设计经验告诉我们，实现这个目标就需要在网络层之上增加一个新的层，这个新的层就被称为传输层，图 5-1 给出了进程间通信的示意图。

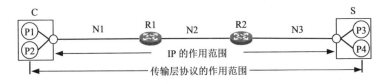

图 5-1　进程间通信的示意图

图 5-1 中示意的是主机 C 与主机 S 通信的情况。IP 使用路由器 R1 和 R2 将 N1、N2 和 N3 三个网络连接起来，使得主机 C 和主机 S 之间可以通信。这种通信的双方是 IP 定址的实

体，因为 IP 数据报中的地址是 IP 地址，它只能寻址到 IP 地址的层面。然而，我们更需要的是主机 C 中的进程 P1 或 P2 与主机 S 中的进程 P3 或 P4 间的通信，而进程间的通信已经超出了 IP 的作用范围，因而，我们需要在 IP 之上增加一个新的层即传输层来实现这个目标。

为了更清楚地表述上述过程，我们将图 5-1 表示为图 5-2 所示的协议层次图，图中的浅灰色箭头示出的是网络层服务所达到的虚通信效果，也就是从源主机到第一台路由器、路由器到路由器和最后一台路由器到目的主机的 IP 数据报传送，这是由路由器需要从数据链路层的帧中取出 IP 数据报获取目的 IP 地址再选路的网络层传送模式决定的，这种一站接着一站的顺次传送被称为点到点的传送。

要达成进程间的通信，需要在第 3 层之上增加第 4 层，即传输层，该层的报文不会在路由器上打开，它在源主机上封装后，在目的主机上打开，这被称为端到端的通信，如图 5-2 中的深灰色箭头所指出的。需要注意的是，传输层本身并不是应用进程，它是为应用进程提供服务的一个网络层。从软件执行的角度，我们可以说是应用进程调用传输层提供的服务来完成其通信需求的。

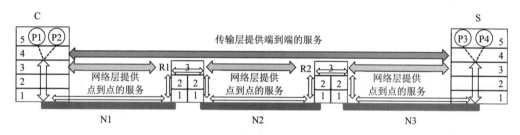

图 5-2　进程间通信的协议层次

根据我们熟知的计算机网络设计理念，增加一个新的层就需要设计相应的报文首部，新增的传输层自然就应有一个第 4 层的首部 H4，如图 5-3 所示。传输层在应用层的 PDU5 前面增加本层的首部 H4 构成本层的 PDU4，PDU4 再增加第 3 层的首部 H3 构成第 3 层的 PDU3。PDU3 的首部 H3 在路由器上会因 TTL 减 1 带来检验和的重新计算，因而每一段点到点链路上的 H3 会稍有不同。

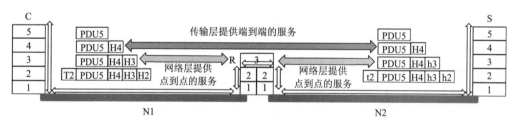

图 5-3　传输层报文封装示意图

主机与其上的进程是一对多的关系，因此传输层需要具有复用和分用功能。所谓**复用**指的是发送端同一时刻会有多个应用进程调用传输层的服务，传输层则将这些调用汇聚到相同的网络层服务上。图 5-2 中的主机 C 端示出了传输层复用 P1、P2 两个进程调用的情形。而在接收端，网络层将收到的数据报去掉首部获得传输层的 PDU 并递交到传输层，传输层再从这些 PDU 中取出应用层的数据分发给不同的应用进程，这个过程就称为**分用**。图 5-2 中的主机 S 端示出了传输层分用 P3、P4 两个进程调用的情形。由于通信是双工的，因而实际上每个主机上的传输层会同时执行复用和分用功能。

5.1.2　传输层的两个主要协议

传输层是一个建立在不可靠的 IP 层协议上的层次，它需要向上面的应用层提供服务。然而，应用层协议各种各样，有的要求必须达到通信目的，因而必须依赖于可靠传输，有的不要求必须达到通信目的，这时就可采用一次达不到再来一次的方法，因而不必须依赖于可靠传输。

为满足应用层协议的上述要求，因特网的传输层提供了两种通信协议。

一是**用户数据报协议（UDP）**：这是一个轻量级的传输层协议，它在可靠性方面没有改进，即仍然提供与 IP 相同的"尽力传递"服务，比 IP 增强的是传输层的最小服务集，即复用/分用和整个报文的差错检测。

二是**传输控制协议（TCP）**：这是一个重量级的传输层协议，它在实现基本的复用/分用和整个报文差错检测的基础上，提供了面向连接的、具有拥塞控制和流量控制的、可靠的全双工传输层服务。

注：UDP 的 PDU 被称为 UDP 数据报，而 TCP 的 PDU 被称为 TCP 报文段。

表 5-1 示出了常见的使用 UDP 和 TCP 的应用层协议。其中的 RIP，我们在第 4 章中讲述过，该协议中相关的路由器以固定的时间间隔向邻居路由器发送距离向量报文，在这种情况下并不需要邻居回复，也就不需要事先建立连接而花费不必要的资源和时间，因而使用传输层的 UDP 是较好的选择。此外，DNS 协议、DHCP、SNMP 的情况与 RIP 相似，因而都采用了传输层的 UDP 来支持。

在 HTTP、HTTPS、SMTP、Telnet、FTP 等应用层协议中，客户端发出一个请求后，服务器端应有明确的应答，即使服务器端不能够给出应答，或者应答在传输过程中丢失了，客户端也需要根据超时机制判定是重发请求还是结束通信，因此它们需要可靠的传输层协议 TCP 的支持。

表 5-1　使用 UDP 和 TCP 的应用层协议

应用	应用层协议	传输层协议
内部路由协议	RIP（路由信息协议）	UDP
名字转换	DNS（域名系统）协议	UDP
自动 IP 地址配置	DHCP（动态主机配置协议）	UDP
网络管理	SNMP（简单网络管理协议）	UDP
万维网	HTTP（超文本传送协议）	TCP
安全万维网	HTTPS（安全的超文本传送协议）	TCP
电子邮件	SMTP（简单邮件传送协议）	TCP
远程终端	Telnet（远程终端协议）	TCP
文件传送	FTP（文件传输协议）	TCP

需要说明的是，UDP 并非没有优势，它不需要建立连接，不保证可靠性等特点带来的是传输效率的提升，一方面，它的首部很短且固定，这使得首部的开销很小，因而同样传输速率的信道会获得较大的吞吐量；另一方面，它不需要建立连接，到来的报文会被直接发送，传输的时延很小，因而非常适合需要快速传递单个报文的应用。TCP 也并非全是优点，一方面，它的首部较长，且有可变部分，这会在一定程度上降低信道的吞吐量；另一方面，它在报文发送前需要先建立连接，这会造成可观的传输延迟，因而它适合可靠性要求高于时延要求的应用。

5.1.3 传输层的端口号

就如同数据链路层和网络层都需要一种地址机制为站点定址一样，传输层也需要一种定址机制来标识一路通信，这种标识被称为传输层的端口号。

传输层建立的是进程到进程的通信，尽管每台计算机对其运行的进程都有操作系统决定的编号，但是这种编号不适合标识网络中的通信，因为它们是与操作系统相关的，不具有因特网范围上的一致性。因此，人们为传输层协议确定了不依赖具体主机系统的逻辑性的端口号来标识其通信单位。

端口号是一个 2 字节十六进制的无符号数，其编号范围是 0～65535，其中 UDP 和 TCP 分别独立编号。端口号只具有本地意义，即它标识某台主机上某类传输层协议支持的一个进程，要标识因特网上的一个进程，端口号需要与协议类型和 IP 地址相结合。

端口号根据其用途可分为 3 种类型。

（1）**熟知端口号**：它是因特网编号分配部（IANA）为一些大家熟知的应用层协议分配的端口号，编号在 0～1023 之间，表 5-2 列出了一些熟知端口号。其中 FTP 的端口号 21 和 20 分别为其控制连接和数据连接的熟知端口号，DHCP 的端口号 68 和 67 分别是其客户端和服务器端的端口号。有了熟知端口号后，访问相应的服务只要说明网络层 IP 地址、传输层协议和端口号就可以在因特网上唯一地确定一个服务进程。

表 5-2 常用的熟知端口号

应用层协议	HTTP	HTTPS	FTP	Telnet	SMTP	DNS 协议	SNMP	DHCP
传输层协议	TCP	TCP	TCP	TCP	TCP	UDP	UDP	UDP
熟知端口号	80	443	21/20	23	25	53	161	68/67

（2）**注册端口号**：注册端口号的数值范围是 1024～49151，它是应用服务提供者向 IANA 申请的服务端口号，这样可避免冲突和重号，可以将它看成熟知端口号的扩充。注册端口号和熟知端口号合称为服务器端的端口号。

（3）**短暂端口号**：它是数值范围在 49152～65535 之间的端口号，也称为客户端的端口号。当一个客户端进程调用某种协议的传输层服务，访问互联网上的某个服务即发送一个请求报文时，该协议对应的实体就会为它分配一个短暂端口号，传输层报文会将此端口号标记为源端口号，其目的端口号将是一个服务器端的端口号，该报文将被封装到一个 IP 数据报中。当目的 IP 地址的服务器收到该请求报文后，就用其传输层报文的协议和端口号定位服务进程，服务进程根据请求报文中的源 IP 地址和源端口号及传输层协议，便可确定应答报文的目的 IP 地址和目的端口号，也就是客户端的进程。

5.2 用户数据报协议 UDP

本节将在概述用户数据报协议（UDP）后介绍其首部格式，重点强调其计算差错检测的检验和时所采用的伪首部机制。

5.2.1 UDP 概述

尽管因特网传输层的 UDP 只实现了传输层的最小功能集，即复用/分用功能和差错检测功能，但它仍然是一种被很多应用使用的协议，这是因为它有如下一些特点。

（1）UDP 是一种无连接的协议，即在发送数据之前不需要建立连接，这也就是说当发送数据结束时也不需要释放连接，因此明显地减少了发送数据之前的时延。

（2）UDP 保持了 IP 的尽最大努力交付的功能，即不提供可靠交付保证，因此通信的主机间不需要维持复杂的连接状态（如发送窗口、超时时间等）和发送及接收缓存，这使它仅有很小的主机资源开销。

（3）UDP 是一种面向报文的协议，发送方的 UDP 对应用进程交下来的报文添加首部后就向下交付给 IP 层。UDP 对应用层交付的报文既不合并也不拆分，而是保留这些报文的边界。也就是说，应用层交给 UDP 多长的报文，UDP 就发送多长的报文，即 UDP 发送的报文与上层交付的报文是一一对应的关系，如图 5-4 所示。相应地，接收方的 UDP 对 IP 层交上来的用户数据报去除首部后就原样地交付给上层的应用进程。也就是说，UDP 一次向上层交付一个完整的报文。为避免因报文太长而导致 IP 层传送过程中的分片和重装操作，应用进程而不是 UDP 需要选择合适大小的报文，以确保 IP 层的传输效率。但应用层报文也不能太短，太短的报文既不能充分发挥 IP 层及其下的数据链路层的传输能力，也会使 UDP 数据报和 IP 数据报的首部占比过大，从而降低从源站点到目的站点整个路径的传输效率。

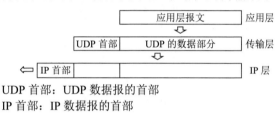

UDP 首部：UDP 数据报的首部
IP 首部：IP 数据报的首部

图 5-4　UDP 具有面向报文的特点

（4）UDP 没有拥塞控制机制，因而当网络出现拥塞时，源主机不会降低发送速率，这很适合 IP 电话、视频会议等实时应用，因为对这些应用来说，源主机以恒定速率发送数据以确保接收端接收数据的速率曲线尽量平滑是很重要的，而因网络发生拥塞丢失一点数据是容许的，UDP 正好适合这种要求。

（5）UDP 既支持一对一的通信，也支持一对多的多播通信，这是 TCP 所不具备的。

（6）UDP 的首部开销只有 8 字节，这比 TCP 固定首部的 20 字节要短得多，因而协议带来的开销也就小得多。

在没有拥塞控制机制的 UDP 下，当很多源主机同时向网络发送高速率的实时视频流时，网络就有可能发生拥塞，还可能影响因特网中基于具有拥塞控制机制的 TCP 的传输，但也不需要过度担心，因为 UDP 没有可靠保证，所以路由器上的丢包不会导致源站重发，也就不会导致因大量重发而带来的拥塞不断加重的问题，因此源站点至多以其发送速率向网络中注入流量，当注入过程结束时，拥塞也就自然地解除了。

有些使用 UDP 的应用，需要一定的可靠性保证，这就需要应用层协议设计可靠性保证机制，如前向纠错或重传丢失的报文等，当然对需要完全可靠性保证的应用，就不应该使用 UDP，而应该使用 TCP。

5.2.2　UDP 数据报的格式

与一般报文一样，UDP 数据报也包括首部和数据部分，其首部（UDP 首部）仅有 4 个字段，每个字段都是 2 字节，共 8 字节，如图 5-5 所示，各字段的含义如下。

（1）源端口：发送站的端口号，若发送站为客户端，则源端口字段为一个短暂端口号；若发送站为服务器端，则源端口字段就是一个熟知端口号或注册端口号。

（2）目的端口：接收站的端口号，若发送站为客户端，则目的端口字段就是一个熟知端口号或注册端口号，若发送站为服务器端，则目的端口字段就是客户端报文中的源端口号。

（3）长度：UDP 数据报的总长度，包括首部的 8 字节，因此长度的最小值是 8，最大值为 65535，因而最大数据长度为 65527 字节。

（4）检验和：整个 UDP 数据报及伪首部的检验和，所用的差错检测算法与 IP 数据报首部（IP 首部）的差错检测算法相同，即反码和的反码算法。

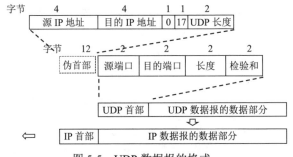

图 5-5　UDP 数据报的格式

（5）伪首部。为了增强差错检测能力，UDP 数据报在计算差错检测的检验和时，除了包括首部和数据部分，还包括伪首部。伪首部的内容如图 5-5 所示，共包括 12 字节，其中有源 IP 地址和目的 IP 地址各 4 字节，接下来的 4 字节中首字节为 0，第 2 字节为 UDP 在 IP 数据报中的协议号 17，第 3、4 字节为 UDP 数据报的长度。可见，伪首部使 UDP 报文的检验和包括了 4 项关键内容，即源 IP 地址和目的 IP 地址、UDP 的协议号，以及 UDP 报文的总长度，等于这 4 项内容各进行了 2 次差错检测，因为 IP 数据报的首部包括源 IP 地址和目的 IP 地址及 UDP 的协议号，这些内容已经被 IP 数据报首部的检验和检验过一次，而 UDP 数据报的首部已经包括了一次 UDP 报文的长度。这一"双保险"机制增强了这 4 项关键内容的可靠性。

具体 UDP 报文检验和的计算与 4.3.3 节 IP 数据报首部的差错检测算法的计算相似，也是一开始设 UDP 数据报首部中的检验和字段为 0，然后将伪首部和整个 UDP 报文的数据按照 2 字节为一个单位排成一列，如果 UDP 报文长度为奇数则在最后补上一字节的 0，然后对所有的 2 字节值求和，再将和中高于 2 字节的进位加到和的低 2 字节上，接着对这个新的和取反码，这个反码就是检验和，最后将检验和填到 UDP 数据报首部的检验和中，参见图 4-17。

接收端收到 UDP 数据报后，也是先构造伪首部，再将伪首部与 UDP 数据报按 2 字节排成一列求和，将 2 字节进位加到和的低 2 字节，再取反，若结果为 0，则通过差错检测，若结果不为 0，则表示报文有差错。

UDP 数据报有时也会出现端口不可达的错误。当接收端发现 UDP 报文的目的端口没有对应的运行着的进程时，就发生这种错误。这时，主机会丢弃收到的报文，并向源主机发回"端口不可达"的 ICMP 差错报告报文。在 4.5.2 节中，我们曾经讲到过这种差错报告报文被 tracert/traceroute 命令用来测试到达一个目的主机所经过的路由器序列。

⇒5.3　传输控制协议 TCP

TCP 是一个比 UDP 复杂得多的协议，我们将用五节的篇幅来介绍 TCP 的相关内容，本节介绍其基本特征、TCP 连接与套接字。

5.3.1　TCP 的基本特征

TCP 是 TCP/IP 体系中要素繁多的一个协议，下面先介绍其基本特征。

（1）**TCP 是一个面向连接的传输层协议**。这就是说，在真正传输应用数据之前要有一个建立（TCP）连接的过程，然后在连接上传输数据，在数据传输完毕后，还必须释放已经建立的 TCP 连接。这个通信过程与打电话很相似：在通话之前先拨号，对方听到振铃后拿起电话，这样一个通话连接就被建立起来，此后双方在该连接上进行通话，通话结束后要挂机释放连接。

（2）**TCP 是一种一对一的通信**。TCP 不支持多播。这一特性可以说是由面向连接的特性决定的，因为每一条 TCP 连接只能有两个端点，一对多的面向连接的操作远不可能由一对一的面向连接操作通过简单扩展来实现。

（3）**TCP 提供可靠的报文交付服务**。基于 TCP 连接传送的数据，不会有差错、不会丢失、不会重复，而且会按序到达。这些优点对于突发性的数据传输很适宜，但 TCP 不能保证数据到达的均匀性，因而对于实时的语音、视频传输就不理想。

（4）**TCP 提供全双工通信**。TCP 连接的两端都设有足够大的发送和接收缓存。在发送方，只要发送缓存有空间，应用进程就可将数据暂存到发送缓存，TCP 实体再根据一定的策略将缓存中的数据发送出去，但需要等到确认后才将已发送数据的缓存空间腾出来。在接收方，TCP 把收到的 IP 层交上来的报文段中的数据按序存放到接收缓存，只要接收缓存有按序存放的数据，应用进程就可以从中提取数据。

（5）**面向字节流**。这就是说，尽管应用进程以大小不等的数据块向 TCP 发送缓存中填入数据，但 TCP 将这些数据看成前后相邻的字节"流"，TCP 的接收缓存没有"块"的概念，只要数据进入缓存，它们就是连续的字节流。尽管 TCP 的接收端一次从网络层获得一个 TCP 报文段，但只要报文段中的数据在接收缓存中按序存放，TCP 就将它们看成连续到来的字节流，其中不再有报文段的痕迹。这种机制使得接收进程收到的数据块序列与发送进程发出的数据块序列毫无关系。也就是说，可以期望接收方接收到的字节顺序与发送方发送的一致，但不要期望由发送方的数据块发送机制来决定接收方的数据块接收机制。图 5-6 示出了 TCP 的字节流，为简化示意图，这里只给出了一个方向上的字节流，实际上传输的双方有两个独立的字节流。

（6）**TCP 的连接是一种逻辑上的"虚连接"**。由于 TCP 下层的 IP 是一种无连接的服务，因而 TCP 的发送端与接收端所建立的连接仅是一种逻辑意义上的"虚连接"。这种虚连接是由 TCP 收发双方的一些内存变量来定义的，这些变量包括源 IP 地址和目的 IP 地址、源端口号和目的端口号、发送方缓存指针、接收方缓存指针等。图 5-6 也给出了 TCP 虚连接的示意图，同样为了简化示意图，这里仅示出了一个方向上的虚连接，实际上虚连接也是双向的。

图 5-6 TCP 的字节流与虚连接

5.3.2 TCP 连接与套接字

TCP 是一个面向连接的传输层协议，因此连接是 TCP 的基础。然而，TCP 基于无连接的 IP 工作，就如同上文所述，这种连接是一种逻辑上的"虚连接"，本节我们继续对连接进行讨论，以使读者对此有更到位的掌握。

TCP 的连接是一对一的，因此连接需要有两个端点。显然，这两个端点既不可能仅是主机的 IP 地址，也不可能仅是传输层的端口号，因为这二者单独都描述不了一个端点。这两个端点也不可能是通信双方的应用层协议和进程，因为它们超出了传输层的范畴。

TCP 连接的端点有专有的名字，称为**套接字（socket）**或插口，它是由端口号拼接到 IP 地址构成的。套接字的表示方法是在点分十进制的 IP 地址后面写上冒号，再写上端口号，最后用圆括号包括，即套接字 socket ::= (IP 地址:端口号)。

例如，IP 地址为 200.220.100.111 而端口号是 80 的套接字就是(200.220.100.111:80)。

每一条 TCP 连接由通信两端的两个端点（两个套接字）确定。即如果通信的两个套接字分别是 socket1 ::= (IP1: port1)和 socket2 ::= (IP2: port2)，则该 TCP 连接（connection）可写为:TCPcon ::= {socket1，socket2} = {(IP1: port1)，(IP2: port2)}。

套接字和 TCP 连接都是有些抽象的概念，然而它们也有很具体的一面。当一个 TCP 客户主机 C 与一个 TCP 服务器主机 S 建立 TCP 连接时，C 上的 TCP 实体会为其申请一个短暂端口号 portC，设 C 的 IP 地址为 IPC，则它就有了客户端的套接字：socketC:: = (IPC: portC)。设 S 的 IP 地址为 IPS，S 中对应服务的熟知端口号为 portS，则 S 的服务对应的套接字为：socketS:: = (IPS: portS)。当 C 与 S 成功建立连接时，该连接就是：

TCPconC = {socketC，socketS} = {(IPC: portC)，(IPS: portS)}。

由于 S 的服务是面向很多客户端的，因而可能还会有另一个与 IP 地址和短暂端口号分别为 IPD 和 portD 的客户主机 D 的连接：

TCPconD = {socketD，socketS} = {(IPD: portD)，(IPS: portS)}。

我们上面介绍的套接字概念可以说是狭义上的套接字。套接字还有很广义的含义。例如，Java 的标准库中就提供了套接字编程，它的 java.net.ServerSocket 包和 java.net.Socket 包中就提供了创建 TCP 服务器的 ServerSocket 类和创建 TCP 客户端的 Socket（类）。而 java.net.DatagramSocket 包中提供了创建 UDP 服务器和客户端的 DatagramSocket 类。这时套接字就具有程序类和对象的意义。

⟐5.4　TCP 的报文段格式

TCP 的报文段格式如图 5-7 所示，可以看出，这个格式与 IP 数据报的报文格式很相似，也以每行 4 字节的方式表示，也由首部和数据部分组成，首部也由固定部分（20 字节）和可变部分组成。下面我们就介绍一下 TCP 报文段所包括的各个字段。

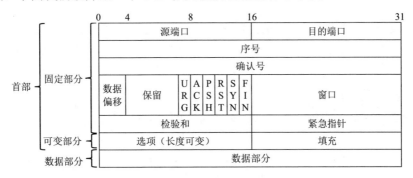

图 5-7　TCP 的报文段格式

1．TCP 报文段所包括的字段

（1）**源端口和目的端口**：各占 2 字节，对客户端来说，源端口字段为一个短暂端口号，目的端口字段是一个熟知或注册端口号；对服务器端来说，源端口字段是熟知或注册端口号，而目的端口字段则为客户端的短暂端口号。

（2）**序号**：占 4 字节，它是数据部分的第 1 字节在发送端字节流中的编号，初始序号在建立连接阶段是随机确定的。

（3）**确认号**：占 4 字节，它是报文的发送方对于按序接收到的对方字节流的确认，其确认逻辑是"期望接收的下一个字节"，即其值是已经接收到的连续字节流的最后一个字节的编号加 1，该字段只有当第 4 行中 ACK 位为 1 时才有效。而事实上，ACK 位只有建立连接的第一次握手时取 0，其他时候都会是 1，这也就是说，同一个字节号可能会被重复地多次确认。这种确认号放在报文首部中的机制称为**捎带确认**，因为它是在正常发送报文时捎带上确认号的。TCP 报文中的确认还是一种**累积确认**，即它并不是每次收到一个报文就立即发回确认的，而是稍等一段时间，在这段时间内可能会有新的连续的数据到来，这时再发确认就是累积确认，而且累积确认大部分时候是随着数据的捎带确认。

（4）**数据偏移**：占 4 个二进制位，它指的是数据部分在整个报文中的字节位置，其单位是 4 字节，它与 IP 数据报首部的长度很相似。由于首部的固定部分为 20 字节，因此数据偏移的最小值为 5，即二进制的 0101。由于它以 4 字节为单位，可变部分的长度必须是 4 字节的整数倍，不足 4 字节整数倍时要填充到 4 字节的整数倍。数据偏移的最大值是二进制的 1111，即 15，因而首部的最大长度是 60 字节，可变部分的最大长度是 40 字节。

（5）**控制字段**：占 6 个二进制位。FIN 为关闭连接的终止控制（标志）字段；SYN 为建立连接的控制（标志）字段，也称为同步字段；RST 为复位（同时关闭连接）的控制（标志）位；PSH 为请求将缓存数据推入接收进程的推送控制（标志）位；ACK 为确认号有效的控制（标志）位；URG 为确认紧急指针字段有效的控制（标志）位。

（6）**窗口**：占 2 字节，指明接收缓存中接收窗口的大小，用于流量控制。

（7）**检验和**：占 2 字节，指对整个报文的差错检测检验和，使用的是与 IP 数据报首部相同的反码和的反码差错检测算法，与 UDP 一样也需要加入图 5-5 所示的伪首部，只是这里的协议号是 TCP 在 IP 数据报中的协议号 6，且 TCP 报文段首部中没有报文长度字段，报文长度需要根据数据部分的数量和首部长度算出。

注：如果知道了 IP 数据报的总长度字段，则 TCP 报文段的长度可用 IP 报文段的总长度减 IP 数据报的首部长度的 4 倍得出。

（8）**紧急指针**：占 2 字节，当 URG 标志位置位时，这个字段有效。此时报文数据的起始部分为需要立即处理的紧急数据，紧急指针为紧急数据最后一个字节的序号加 1，也就是紧急数据的字节数。

2. TCP 报文段中的常用选项

TCP 报文段首部的可变部分由一些选项构成，图 5-8 示出了常用的选项。

（a）选项结束选项　　（b）无操作选项　　　　（c）MSS 选项　　　　　　（d）窗口比例因子选项

图 5-8　TCP 报文段首部的可变部分中的常用选项

（1）**选项结束选项**：这是 1 字节且值为 0 的选项，用于表示所有选项到此结束，但这个选项在实际中基本不使用。

（2）**无操作选项**：这是 1 字节且值为 1 的选项，用于将其他选项填充到 4 字节边界。

（3）**最大报文段长度（MSS）选项**：这是类型为 2、总长度为 4 的选项，其数据部分为 2 字节。MSS 常用数据链路层的最大传输单元（MTU）来估算，估算的方法是用 MTU 减去 IP 数据报固定首部的 20 字节和 TCP 报文段固定首部的 20 字节。如以太网的 MTU 为 1500 字节，估算的 MSS 为 1460 字节，即 0x05B4 字节。

（4）**窗口比例因子选项**：这是类型为 3、总长度为 3 的选项，其数据部分为 1 字节。TCP 报文段中用于流量控制的"窗口"项是一个 2 字节 16 位的值，其数值范围为 0～65535，即最大不超过 64 千字节。要使用更大的窗口，就需要设置窗口比例因子选项，该选项给出了窗口数值向左移位的量，即实际窗口的大小为"窗口"中的值乘以 2^f，其中 f 为窗口比例因子的数值。标准规定，f 应取 0～14 之间的值。

注：TCP 还提供了**允许选择确认、选择确认和时间戳**等选项，这些内容将在 5.5.2 节中讲述。

➡ 5.5　TCP 可靠传输的实现

本节我们先介绍可靠传输的一般原理，再说明 TCP 可靠传输的实现机制。

5.5.1　可靠传输的一般原理

可靠传输有两种实现方式：一种称为**前向纠错**（FEC），这是一种使用纠错码技术，使得接收方通过差错检测不仅能获知报文发生了错误，还能获知差错位置从而可以更正的技术，典型的纠错码有**海明纠错**，FEC 一般用在数据链路层；另一种是 TCP 使用的纠错技术，称为后向纠错（BEC），这是一种"确认+重传"的纠错方式，一般用在网络的高层。

1. 简单停等协议

我们先从简单停等协议讲起，它是最简单直观的可靠传输协议。其原理乍看起来很简单，就是发送方 S 每发送一个报文，就停下来等待，接收方 R 每收到一个报文，就发回确认报文，发送方收到确认报文后再发送下一个报文，如图 5-9（a）所示，该图从左到右是物理距离，从上到下是时间。简单停等协议包括可靠传输协议的各种要素：确认、计时器、缓存、重传、编号、丢弃等。

发送报文通常比确认报文携带更多的信息，因此我们将发送报文画得宽一些，而将确认报文画得细一些。实际上，通信都是全双工的，而且确认报文通常是捎带的，因此确认报文不一定小。但为了使讨论突出重点，我们将确认报文表达为仅传递确认信息。

如果信道是理想的，即①信道不出差错，②接收端总能跟上发送端的发送速率，那么报文传输就会按图 5-9（a）所示的发送/确认模式继续下去，直到传输结束。然而，现实中不存在理想的信道。S 发送的报文可能会在信道上丢失，这时 R 就收不到报文，也就不可能发回确认报文；R 可能收到了报文，但差错检测发现报文有差错，有差错的报文就是报文中的任何信息都不可信的报文，因此 R 也无法为该报文发回确认报文；R 可能收到了正确的报文，并发回了确认报文，然而确认报文可能在信道上丢失了，这时 S 也收不到确认报文；即使确认报文到达了 S，也有可能因为差错检测通不过，而无法断定是否收到了确认报文。

简单停等协议，或者说任何的 BEC 协议，都会采用同一种方法应对上述收不到确认报文的诸多情况，那就是 S 发送完一个报文后，就启动一个倒计时**超时计时器**，计时器的时间要比往返时间 RTT 稍大一些，这样，如果 R 的确认报文正常到达，则计时器不会减到 0，S 可继续发送下一个报文，并重置计时器。如果 S 在计时器减到 0 时没有收到确认报文，那么它认为 R 没有收到报文，它就**重传**已经发送的报文，如图 5-9（b）所示。

（a）正常情况　　　　　　　　　　　　　（b）出错+超时重发的情况

图 5-9　简单停等协议

这里，计时器时间的确定是一个很复杂的问题，首先，RTT 就是一个随网络状况变化的不好确定的量，即使 RTT 确定了，计时器时间比 RTT 长多少，也是一件需要认真考虑的事情。长得太少，就可能会在一些确认报文正常到达前就重传了报文，造成过度重传；长得太多，就会带来不必要的网络空闲期，浪费掉一些传输时间，造成信道效率的降低。TCP 采用了一种较好的自适应加权平均的 RTT 及计时器时间测量和计算方法，我们将在后文详细介绍。

上面的重传又会带来新的问题，首先是 R 在发送完 M0 后，要将 M0 放在**缓存**中，以便超时后重传，这一点很容易实现；其次，如果此前发送的报文 M0 正确地到达 R，但由于 R 的确认报文丢失，导致 S 超时重传，这时，R 就会收到重复的报文 M0，因此 R 应该能够判断一个报文是不是重复的报文，这就需要对报文进行**编号**。

对简单停等协议来说，只要使用一个二进制位的编号从 0 到 1 循环复用就够了。发送方设置一个 1 位的发送状态变量 P，初始时置 P 为 0，当发送报文时做上标记 0 使其成为 M0 报文，并进入等待 0 号确认报文的状态，当 0 号确认报文到达时，将 P 置为 1，发送标记 1 的 M1 报文，并进入等待 1 号确认的状态。

R 也设置一个 1 位的等待报文状态变量 Q，初始置 Q 为 0，表示等待 0 号报文。如果收到 0 号报文 M0，它就发回标记 0 的确认报文，将状态 T 改为 1，表示等待 1 号报文，假如这时 S 因没有收到 M0 的确认报文，而超时重发了 M0，则 R 会根据收到的报文编号为 0 判断这不是它等待的 1 号报文，于是将重复的报文丢弃，然而它仍然需要发回对 M0 的确认报文，否则 S 会因为收不到对 M0 的确认报文而不断地超时重传 M0，如图 5-10 所示。

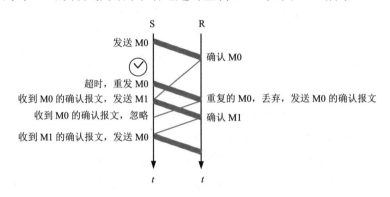

图 5-10　收到重复报文和收到重复确认报文的情况

在实践中，确认通常使用"期望收到的报文编号"逻辑，也就是说，收到 0 号报文后发送的确认报文标记编号 1，意思是 R 期望接下来接收 1 号报文，而收到 1 号报文后发送的确认报文标记编号 0，意思是接收端期望接下来接收 0 号报文。

图 5-10 还示出了 S 收到迟到确认报文的情况。当 S 在超时重发了 M0 不久，就收到了迟到的对首个 M0 的确认报文，则 S 就会立即发送下一个编号的报文，即 M1，并等待 M1 的确认报文，如果这个过程中 S 收到了对重发的 M0 的确认报文，则将其忽略。

使用上述的确认、重传、超时计时器、编号、缓存等机制，就可以在不可靠的传输网络上实现可靠的通信。由于重传不是接收方请求的，而是发送方通过计时器自动进行的，这种协议又被称为自动重传请求（ARQ）协议。

2. 简单停等协议的信道利用率

简单停等协议以一种简单、易实现的机制实现了可靠传输，但显然，它的信道利用率很低。图 5-11 给出了简单停等协议信道利用率的示意图。假设发送方和接收方之间没有中间结点，再假设接收方收到报文的处理时间可忽略不计，同时假设报文中的控制信息相对于数据量也可忽略不计，那么发送方从发送一个报文到接收完其确认报文所花的时间为：$T_D + \text{RTT} + T_A$，其中 T_D 为数据报文的发送用时，RTT 为往返时间，T_A 为确认报文的用时。由于在上述时间里只有 T_D 是用来发送数据的，因而信道利用率为：

$$U = \frac{T_{\mathrm{D}}}{T_{\mathrm{D}} + \mathrm{RTT} + T_{\mathrm{A}}} \qquad\qquad (5\text{-}1)$$

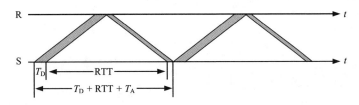

图 5-11　简单停等协议信道利用率的示意图

举个例子，假设一条链路的长度为 100km，取电磁波速度为 $2{\times}10^8$m/s，则该链路的往返时间为 200km $\div$ $(2{\times}10^8$m/s$)$ = 1ms；设发送的数据长度为 1500 字节，发送速率为 100Mbit/s，则发送时间为 1500 $\times$ 8bit $\div$ 100Mbit/s = 0.12ms。由此可得信道利用率：$U \approx 10.71\%$。可见，当信道的 RTT 远大于报文的发送时间时，信道的利用率就会很小。

注：如果再考虑到因传输差错而导致的重传情况，信道利用率会更低。

3. 连续 ARQ 协议

上文提到，简单停等协议是一个信道利用率不高甚至很低的协议，其原因就在于发送端发送了一个报文后，要等待接收端发回确认报文后才能发送下一个报文。如果发送端能够连续地发送报文，就能够提高信道的利用率，这就是连续 ARQ 协议。

连续 ARQ 协议是一种滑动窗口协议。在连续 ARQ 协议中，发送方 S 维持一个编号范围为 $0 \sim 2^k - 1$ 的 2^k 大小的报文编号空间，并设置一个大小为 $n < 2^k$ 的发送窗口，每次仅发送窗口内的报文，接收方 R 维持一个报文大小的接收缓存，以及待接收的报文编号变量 Q，初始值为 0。我们接下来介绍连续 ARQ 协议中的回退 N（GBN）协议，即当发出的某个报文的计时器超时时，从该报文开始将发送窗口中已发送报文全部重传的协议。

图 5-12 示出了 $k = 3$（$2^k = 8$）和 $n = 7$ 的情况，发送端连续地将发送窗口内 $0 \sim 7$ 号的报文全部发送出去，并为每个报文设置一个计时器。

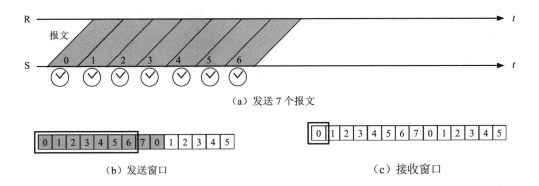

（a）发送 7 个报文

（b）发送窗口　　　　　　　　　　　　　　　　　（c）接收窗口

图 5-12　发送端发送窗口中的 7 个报文

图 5-13 示出了接收端收到了前 4 个报文并发回确认报文的情况，此时接收端的窗口定位在待接收报文号 $Q = 4$ 的位置上。发送端收到前 4 个报文的确认报文后关闭它们的计时器，并将窗口向前滑动 4 个报文。

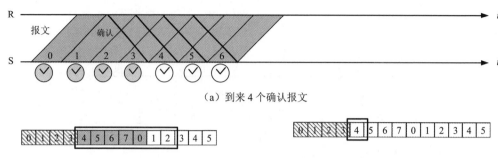

（a）到来 4 个确认报文

（b）发送窗口向前滑动 4 个报文　　　　　（c）接收窗口向前滑动 4 个报文

图 5-13　接收端收到前 4 个报文并发回确认报文

图 5-14（a）示出了 4 号报文的确认报文丢失而 5、6 号报文的确认报文正常到达的情况，图 5-14（a）同时示出了发送窗口中的 7 号和 0 号报文已经发出的情况。

图 5-14（c）示出了接收端收到 4、5、6 号报文的情况，它发出对 4、5、6 号报文的确认报文并将待接收报文号 Q 置为 7。

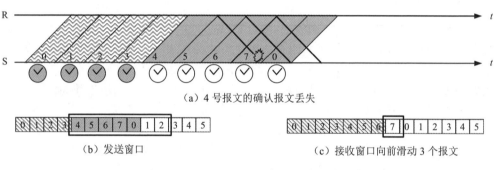

（a）4 号报文的确认报文丢失

（b）发送窗口　　　　　　　　　　　（c）接收窗口向前滑动 3 个报文

图 5-14　4 号报文的确认报文丢失的情况

图 5-15（a）给出了回退重传示意图。第一次发送的 4 号报文的确认报文丢失最终将导致该报文对应的计时器超时，于是发送端 S 就从该报文号开始重传窗口内的所有报文，即使 5、6、7、0 号报文的确认报文正常到来，它们也被重传。图 5-15（a）还发送了图 5-15（b）所示发送窗口中新到来的 1 号报文。图 5-15（c）示出了接收端收到第 1 次发出的 7 号和 0 号报文，发回确认报文并将待接收报文号更新为 1 的情况。

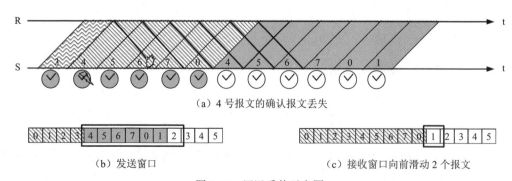

（a）4 号报文的确认报文丢失

（b）发送窗口　　　　　　　　　　　（c）接收窗口向前滑动 2 个报文

图 5-15　回退重传示意图

图 5-16 给出了所有发出报文的确认报文均到达的示意图，这时发送窗口向前移动 6 个报文，而接收窗口向前移动 1 个报文。

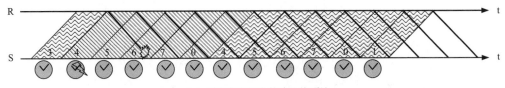

（a）所有发出报文的确认均到达

（b）发送窗口向前滑动 6 个报文　　　　　　（c）接收窗口向前滑动 1 个报文

图 5-16　所有发出报文的确认均到达的示意图

在 GBN 协议中，发送窗口的大小 n 至多是报文编号数减一，即 $n \leqslant 2^k - 1$。假如 $k = 3$，$n = 8$，就像图 5-17 所示的那样，当发送端将发送窗口中的 0～7 号的 8 个报文发出后，如果接收端收到了这些报文并发回了确认报文，那么接收端就会将待接收的报文定为下一个 0 号报文。如果接收端发送的对 0 号报文的确认报文丢失了，则发送端就会因为 0 号报文的超时而重发窗口中的 0～7 号报文，这时接收端就会认为重传的 0 号报文是新的 0 号报文而将它收下，导致协议失败。

（a）发送窗口　　　　　　　　　　　　　　　（b）接收窗口

图 5-17　发送窗口与报文编号数相等时的情况

5.5.2　TCP 的可靠传输机制

TCP 的可靠传输机制以上一节关于可靠传输的方法论为基础，也是用确认、编号、计时器、重传、窗口等概念和方法实现，本节我们就介绍一下 TCP 具体采用的可靠传输机制。

1. 以字节为单位的窗口

首先说明的是，TCP 通信是一个全双工的通信，因而通信的双方都会发送数据，也都会接收数据，同时双方都会有实现可靠传输的发送/接收缓存和窗口等机制，但是为了简化讨论，我们接下来仅考虑一方为发送方、另一方为接收方的情况，所涉及的过程和结论也将适用于双工通信。

TCP 可靠传输中的编号不是以报文为单位而是以字节为单位的。图 5-18 给出了 TCP 可靠传输的发送端的一般情况，图中的数字表示字节编号。编号小于 P1 的数据为已经按序确认的数据，它们是已经完全被发送的数据，其中 P1～P4 的区域为发送窗口，它是当前可发送的数据的字节范围，它的大小由接收端发来的窗口值确定，其中 P1～P2 的数据为已经发送但尚未确认的数据，设它们是按 3 个报文发送的，即 50～52、53～55 和 56～59，这些数据会暂存，而且设有对应的 3 个超时计时器，如果超时计时器时间到而未收到接收端的确认报文，则会发生重传，而 P2～P3 的数据为应用层交付到 TCP 缓存但尚未发送的数据。

注1：实际的发送缓存是用有限的线性存储空间构造的一个循环队列，需要处理首尾相接的问题。

注2：TCP 的字节编号长度是 4 字节 32 位，它也是循环使用的。

注3：TCP 以所发送数据的首字节编号作为其报文编号，这个编号就是其报文段首部中的序号。

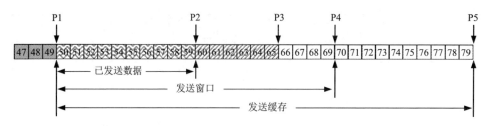

图 5-18　TCP 可靠传输的发送端的一般情况

图 5-19 给出了 TCP 可靠传输的接收端的一般情况，图中的数字表示字节编号。编号小于 Q1 的数据是已经被应用进程取走的数据，Q1 指向的数据是应用进程接下来要读取的第一字节。Q1～Q5 的区域是接收缓存，其中 Q1～Q2 的数据是按序到达的等待应用进程取走的数据，Q2 就是接收端报文段的确认号，Q2～Q5 的区域为接收窗口，也就是接收端目前的接收能力，这个窗口将会通过接收端发送的报文段中的窗口字段捎带到发送端，以避免发送端发送过量的数据，Q3～Q4 的数据是未按序到达的数据，TCP 允许将落在接收窗口范围内的未按序到达的数据接收下来以提高传输效率，TCP 在收到未按序到达的数据时，在回复报文中的确认号仍然是连续收到数据的下一字节，这里就是 Q2 的 50 号，TCP 的确认也采用了"下一个期望接收的字节号"的逻辑。

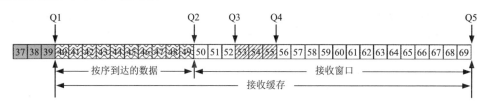

图 5-19　TCP 可靠传输的接收端的一般情况

上面提到接收端收到未按序到达的数据后发送对 Q2 = 50 号字节的确认是一个重复的确认，发送端收到重复的确认后会立即发送相应的字节块（注：TCP 规定收到 3 次重复的确认才重发未按序到达的字节块[1]，这里对示意图进行了简化），这里是 50～52 号字节块（下文会讲到，TCP 支持比 GBN 效率更好的选择重传协议），设接收端收到了这个字节块，那么接收端就会根据累积确认的规则发送对 56 号字节的确认，此时接收端就会由图 5-19 变成图 5-20 所示的状态。这是一种很简单的状况，Q1～Q5 的区域为接收缓存，而 Q1～Q2 的数据为收到的按序到达的数据，Q2～Q5 的 14 字节则为接收窗口。

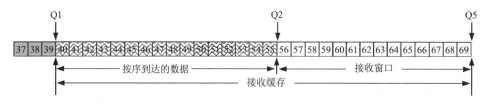

图 5-20　接收端发回累积确认后的状态

发送端收到对 56 号字节的累积确认后，假设又发送了 60～65 号字节块，并收到了应用进程交付的 66～68 号字节块，则发送端就会由图 5-18 转换为图 5-21 所示的状态。

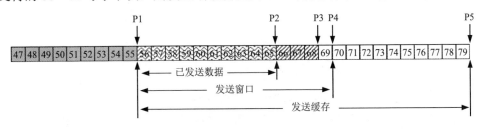

图 5-21　发送端收到累积确认后的状态

此后，发送端如果出现了对 56 号字节的超时，则会立即重传该字节。当接收端收到该字节及紧接着的 60～65 号字节块且将 40～59 号字节块交给应用进程后，接收端的状态如图 5-22 所示。

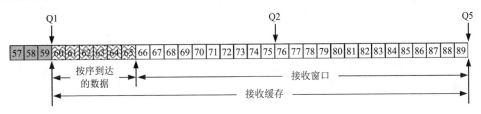

图 5-22　接收端收到 56 号字节后的状态

接收端这时发回对 66 号字节的累积确认，并通知发送端接收窗口已经增大到 24 字节，此时若发送端又接到应用进程交付的 69～92 号字节块的数据，则其状态如图 5-23 所示。其中 P1～P2 的数据为待发送数据，P1～P3 的区域为 24 字节的发送窗口，而 P1～P5 的区域为发送缓存。

图 5-23　发送端收到对 66 号字节的累积确认后的状态

需要说明的是，TCP 为了提高效率适当减少了确认的次数。即当收到一个报文时，不是立即发送确认，而是稍等一些时间再发，这样就有可能因累积确认而带来效率的提升。但是，TCP 规定推迟确认的时间不能多于 0.5s，以防发送端多余的超时重传。TCP 还规定，当收到连续的最大长度报文段时，必须每隔一个报文段就发送一个确认。

2．选择确认

TCP 为了减小重传的数据量，还提供了选择确认（SACK）功能，即 TCP 允许接收端将落在接收窗口范围内的未按序到达的字节块暂存起来以避免重传，如图 5-24 所示，图中左侧到编号 999 的字节流为按序到达的字节流，而编号为 1600～3199 和 4000～4999 的字节块为未按序到达的字节块。

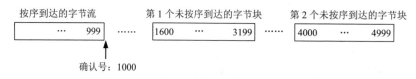

图 5-24　接收端收到未按序到达的字节块的情形

为了尽量使这些未按序到达的字节块不再重传，TCP 设计了允许选择确认与选择确认选项，如图 5-25 所示。图 5-25（a）示出了允许选择确认选项，它是类型为 4 的 TCP 选项，其长度为 2 字节，没有数据字段。如果收发双方期望使用选择确认功能，则双方在建立连接阶段要使用该选项进行协商。当双方就使用选择确认功能达成一致后，在后续的报文发送过程中，报文段首部中的确认号还是用来确认按序到达的字节号，而在报文段首部的可变部分使用图 5-25（b）所示的选择确认选项发送未按序到达的字节块。该选项是类型为 5 的选项，其数据部分用首字节号和尾字节号加 1 说明一个未按序到达的字节块。由于 TCP 的字节流编号是 4 字节的，一个块的首尾字节号要占 8 字节，因此当报文段中的选择确认选项包含 1 个块时其长度为 10 字节，包含 2、3、4 个块时其长度则分别为 18 字节、26 字节和 34 字节。由于 TCP 报文段的选项部分最多 40 字节，因此一个报文段最多可以确认 4 个未按序到达的字节块。

（a）允许选择确认选项　　　　　　　　　　　（b）选择确认选项

图 5-25　允许选择确认与选择确认选项

3．TCP 超时时间的选择

TCP 的可靠传输依赖于一种基于超时计时器的后向纠错方法，在这种方法中计时器超时时间的选择是一个很关键的问题，本节就介绍 TCP 确定计时器超时时间的科学方法。

超时时间设定的基本理念是比期望的往返时间（RTT）稍大一些，因此测定往返时间是确定超时时间的基础，然而 RTT 是一个随时间变化较大的量，因此直接使用 RTT 会引起超时时间的剧烈震荡，使得超时重传很不稳定。TCP 采用了一种**滑动加权平均**的方法来获得平滑的 RTT。具体做法是：每发送一个报文，发送端就记下它的发送时间，当该报文的确认到达时用到达的时间减去其对应报文的发送时间，将这个时间命名为样本 RTT，记为 RTT_s，我们以此为基础估算 RTT，记为 RTT_e，将首次（记为第 0 次）测量的 RTT_{s0} 直接赋给首个估算的 RTT，即 $RTT_{e0} = RTT_{s0}$，此后采用下式对 RTT_e 进行更新：

$$RTT_{en} = (1-\alpha)RTT_{en-1} + \alpha RTT_{sn} \tag{5-2}$$

其中 $\alpha = \frac{1}{8}$。由于每次 RTT_{en} 的计算较多地依赖上一次的 RTT_{en-1}，而较少地依赖本次的 RTT_{sn}，因而 RTT_{en} 的值比 RTT_{sn} 的值要平滑得多。

接下来我们计算样本 RTT 偏差的滑动加权平均值，记该偏差的估计值为 D_e，其初始值置为首次测量的样本 RTT 的一半，即 $D_{e0} = \frac{1}{2}RTT_{s0}$，此后采用下式对 D_e 进行更新：

$$D_{en} = (1 - \beta)D_{en-1} + \beta|RTT_{sn} - RTT_{en}| \qquad (5\text{-}3)$$

其中 $\beta = \dfrac{1}{4}$。可见，RTT 偏差的估计值始终为一个正值，且每次 D_{en} 的计算较多地依赖上一次的 D_{en-1}，而较少地依赖本次的偏差 $|RTT_{sn} - RTT_{en}|$，因而 D_{en} 的值比 $|RTT_{sn} - RTT_{en}|$ 的值要平滑得多。

有了 RTT 的平滑估计值 RTT_{en} 和偏差估计值 D_{en} 后，就可用 RTT_{en} 与 4 倍的 D_{en} 的和来计算计时器的超时时间 RTO：

$$RTO_n = RTT_{en} + 4D_{en} \qquad (5\text{-}4)$$

上式的计算在实践中存在一个问题，就是当一个报文被重传时，无法判断一个到达的确认是对首次发送报文的确认还是对重传报文的确认，如果硬性使用这种情况下的 RTT 样本值，就会造成 RTT 估算上较大的偏差。

卡恩（Karn）为此提出了一种方法，称为**卡恩算法**：在计算 RTT 的滑动加权平均值 RTT_{en} 时，只要报文重发了，就不再采用它所对应的 RTT 样本更新 RTT_{en}。这样就排除了这一不确定性 RTT 样本对滑动加权平均值 RTT_{en} 的干扰。

卡恩算法存在一个新的问题，即当 RTT 值因某种原因确实增大了很多，而这都伴随着报文的重传时，RTT_{en} 就得不到更新，而在这较小的 RTT_{en} 下，RTO_n 的值过小，就会导致更多的报文重传。

为此，人们提出了一种对**卡恩算法的修正方法**：报文段每重传一次，就将 RTO 值增大一些，典型的做法是增大 1 倍，当不再发生报文重传时，再恢复到正常的用公式（5-2）～公式（5-4）来计算。

测量 RTT 的一种方法是使用 TCP 报文段的时间戳选项。TCP 报文段的时间戳选项如图 5-26 所示，它是类型为 8、长度为 10 字节的选项，其数据部分包括 4 字节的时间戳值和 4 字节的时间戳回应值。在发送端发送报文时，将当前系统的时间戳填入时间戳值字段，将时间戳回应值保持为空（0 值），在接收端发送确认报文时，将收到报文中的时间戳值复制到确认报文的时间戳回应值字段，在时间戳值字段中填入自己系统当前的时间戳。这样，当确认报文到达发送端时，发送端用当前的时间戳值减去确认报文时间戳选项中的时间戳回应值，就会获得准确的 RTT 样本。

由于 TCP 通信是全双工的，发送端也可以像接收端那样将确认报文中的时间戳值复制到本方发送报文的时间戳回应值字段，使接收端能够准确地计算 RTT 样本。

图 5-26　TCP 报文段的时间戳选项

5.6　TCP 的拥塞控制方法与流量控制方法

当网络中的某个或某些路由器的出口链路的发送速率低于到达该出口的 IP 数据报的数据传输速率时，该路由器的出口缓存队列就会不断加长，这就导致缓存中的报文等待较长的时间才会被转发,严重的时候会出现因溢出而导致丢包的现象,也就是出现了拥塞。根据 TCP 的可靠传输机制,拥塞造成的丢包将导致报文计时器超时,从而带来重发,而重发使得向网络中注入的流量多于实际的数据流量,使拥塞加重,这种状况如果不进行干预,就会导致整个因特网的瘫痪。解困网络拥塞有一个专门的术语称为拥塞控制。本节我们就介绍 TCP 的拥塞控制机制和方法,并附带介绍一般意义上的拥塞控制知识。TCP 通信除了需要解决拥塞问题,还应解决接收端的接收能力适配发送端的发送速率的问题,这就是本节要介绍的第二项内容,即 TCP 的流量控制。

5.6.1 TCP 的拥塞控制方法

本节首先给出 TCP 拥塞控制的一般方法,然后以实例具体地说明 TCP 的拥塞控制过程。

1.TCP 拥塞控制概述

前已述及,因特网的拥塞是在网络的路由器上发生的,如果仅凭直觉,拥塞控制似乎应该在网络层上进行。然而,因特网对网络层最关键的要求是保证 IP 数据报的正确路由和转发效率,如果在网络层上进行拥塞控制,势必影响网络层的路由计算且会严重地降低报文的转发效率。因此,因特网将拥塞控制放在了传输层。

从广泛的意义上来说,当网络对其某一资源的需求超过了该种资源所能实现的服务量,网络的性能就会变差,这种情况就称为**拥塞**。对具体的 TCP 来说,就是网络对 TCP 报文段的传送能力达不到 TCP 发送端的发送需求。要注意的是,这里的 TCP 发送端不是某个特定的 TCP 发送端,也不是某一路特定的 TCP 端到端的通信。假定拥塞发生在某个路由器 R 的 O1 端口,也就是 R 的 O1 端口上的报文缓存队列过长甚至溢出,则所有经过 O1 端口的 TCP 连接的发送端都可能会出现计时器超时现象,因此 TCP 拥塞控制应该是一种全局性的机制。

根据计算机网络分层体系结构的思想,下层协议的细节对上层协议是透明的,因此 TCP 无法获知 IP 层某个路由器上缓存的队列长度,也无法获知路由器丢弃报文的信息,即无法从 IP 层获得直接的拥塞信号。TCP 只能从本层间接地获得拥塞信号,它将 **3 次重复的 ACK 和计时器超时**两个事件看成拥塞信号。3 次重复的 ACK 和计时器超时说明至少有一个报文严重地迟到或丢失了,只是前者的拥塞程度较后者要轻一些,因为前者说明尚有报文能够到达接收端,也有确认返回发送端,而后者意味着双方大概率没有报文到达。

2.TCP 拥塞控制的基本机制

TCP 使用拥塞控制窗口(cwnd)决定当前可以发送的数据量,为简化表述,我们仍然以报文数量度量 cwnd 的大小,并设每次发送的数据量是最大报文段长度(MSS)。有了这个假设后,TCP 就可使用下述机制进行动态的拥塞控制。

1)慢启动

发送端在开始阶段,先置 cwnd 为 1,发送 1 个报文,当确认到达后将 cwnd 翻倍到 2,然后发送 2 个报文,当确认都到达时,将 cwnd 翻倍到 4,如此直至 cwnd 达到事先设定的慢启动门限值 ssthresh,如图 5-27 所示,图中以轮次描述报文数量即 cwnd 的增加,第 1 轮 cwnd 大小为一个 MSS,发送一个报文 M0,接收方收到 M0 后发回对 M0 的确认;发送方收到 M0 的确认后,将 cwnd 增大 1 倍到 2,并开始第 2 轮,发送报文 M1 和 M2;接收方收到 M1 和 M2 后,发回对它们的确认;发送方收到对 M1 和 M2 的确认后,将 cwnd 再翻一倍到 4,并开始第 3 轮，发送报文 M3～M6，接收方收到 M3～M6 后发回对它们的确认；发送方收到对 M3～M6 的确认后，将 cwnd 再翻一倍到 8，并开始第 3 轮。以此类推，直到 cwnd 达到 ssthresh。

注 1：接收方也可能会使用累积确认，发送方可根据累积确认的 MSS 报文数对 cwnd 进行相应的增加。

注 2：由于慢启动以指数方式增长 cwnd，因此实际并不慢。

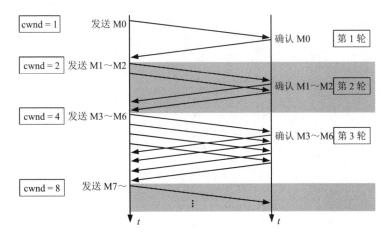

图 5-27　慢启动示意图

2）拥塞避免

当慢启动使得 cwnd 达到慢启动门限值 ssthresh 时，TCP 拥塞控制就进入拥塞避免阶段。在该阶段，每经过一轮，cwnd 就增加 1，此时 cwnd 随轮次（时间）线性缓慢地增长。

3）快重传与快恢复

在拥塞避免过程中，如果发送方收到了 3 次重复的 ACK，则 TCP 先将这些 ACK 对应的那个报文立即发送出去，以避免其超时，这就是快重传。快重传之后，TCP 还要将 cwnd 减半，并进入拥塞避免阶段，这称为快恢复。3 次重复的 ACK 说明网络有拥塞，但还能通信，因此实施将拥塞控制窗口减半的快恢复拥塞控制策略。

4）快解除

在拥塞避免过程中，如果出现了某个报文计时器超时，则说明网络出现了严重的拥塞状况，这时就需要使用快解除方法迅速地将注入网络的报文数量降下来。具体的方法是，将 ssthresh 置为当前拥塞控制窗口 cwnd 的一半，将 cwnd 置为 1，开始慢启动到拥塞避免的过程。

从上述 4 种机制可以看出，TCP 拥塞控制是一个动态变化的过程。即当没有拥塞时就缓慢增大拥塞控制窗口，而当遇到拥塞信号时，就将拥塞控制窗口减半执行拥塞避免或减到 1 执行慢启动。

3．TCP 拥塞控制的流程

根据 TCP 拥塞控制的 4 种基本机制，可以得到 TCP 拥塞控制的流程，如图 5-28 所示。该流程较上述描述增强了一点，即在慢启动过程中遇到 3 次重复的 ACK 或超时时，与处于拥塞避免状态下一样，都要分别转去执行快重传/快恢复和快解除操作。

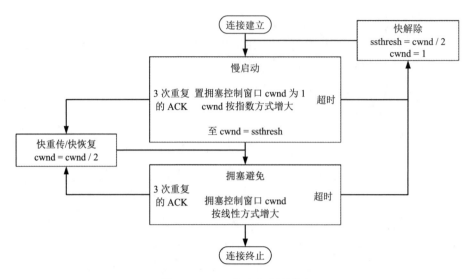

图 5-28　TCP 拥塞控制的流程

4．TCP 拥塞控制过程示例

图 5-29 给出了 TCP 拥塞控制过程的一个示例。

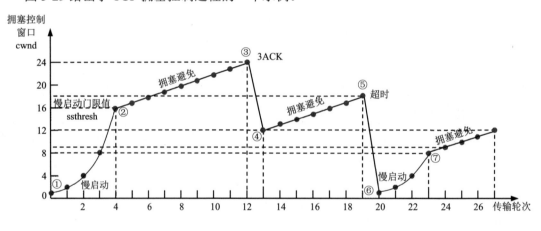

图 5-29　TCP 拥塞控制过程示例

　　该示例从 cwnd = 1 的慢启动（①）开始，以指数方式增大 cwnd 4 轮后达到慢启动门限值（ssthresh = 16）（②），然后执行拥塞避免至第 12 轮（③）后出现 3 次重复的 ACK，这时执行快重传/快恢复，使 cwnd 减半到 12（④），继续执行拥塞避免，到第 19 轮时遇到超时事件（⑤），然后将 ssthresh 置为 cwnd 的一半即 9，cwnd 置为 1，执行慢启动（⑥），慢启动执行 3 轮后 cwnd 的值达到 8（⑦），此后执行拥塞避免过程。

　　可以看出，这个例子生动地刻画了 TCP 拥塞控制过程的动态性。

5．主动队列管理

　　尽管 TCP 的拥塞控制不能直接从网络层获取拥塞信号，但是网络层的丢包策略最终会影响 TCP 的拥塞控制效果。

　　最简单的丢包策略就是弃尾策略，即当分组排满某个路由器出口缓存时，将新到达的分组丢弃的策略。但是这种策略被证明会引起**全局同步问题**。该问题是这样的：当某个路由器启动弃尾策略时，与它相关的所有 TCP 发送端就会出现同步现象，即同时收到计时器超时信号，同时进入慢启动状态，几乎同时进入拥塞避免状态，同时导致分组排满路由器出口缓存，也就差不多再次同时收到计时器超时信号，这样网络就会处于一种全局的震荡状态，即从很低传输流量到拥塞传输流量间的震荡状态。

为改善这种全局同步状态，IETF 提出了主动队列管理（AQM）方法，也就是不是简单地当路由器出口缓存全满时才进行丢包，而是在缓存队列长度达到某一警戒值时就按照某一策略丢弃部分到达的分组，这样就会使有些发送端在较早的时候就进行慢启动拥塞控制，降低网络拥塞程度，从而避免全局同步式的震荡性拥塞控制。

一种典型的 AQM 方法是随机早期检测（RED）方法，如图 5-30 所示。该方法使用 2 个参数，一个是队列最小门限 L_{min}，另一个是队列最大门限 L_{max}，然后持续地计算队列的平均长度，即在一小段时间内的队列长度的平均值（平均队列长度）L_{av}，然后根据下述 3 条原则决定是否丢弃新到来的分组：

（1）如果 $L_{av} \leqslant L_{min}$，则不丢弃任何新到来的分组，将它们加入缓存队列；

（2）如果 $L_{av} \geqslant L_{max}$，则直接丢弃任何新到来的分组；

（3）如果 $L_{min} < L_{av} < L_{max}$，则以 p 概率丢弃新到来的分组，其中 $p = \dfrac{L_{av} - L_{min}}{L_{max} - L_{min}}$。

注： 实践中，实现以 p 概率丢弃分组的方法是从 $0 \sim 1$ 中取均匀随机数 q，如果 $p \leqslant q$，则丢弃分组；如果 $p > q$，则保留分组。

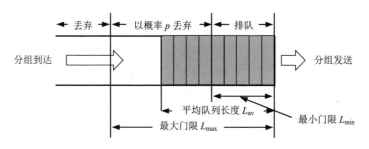

图 5-30　随机早期检测（RED）示意图

可见，RED 能够在路由器出口缓存队列的早期概率性地介入 TCP 拥塞控制，这在一定程度上缓解了 TCP 拥塞控制的全局同步问题。IETF 从 1998 年推荐在因特网路由器中使用 RED 机制（RFC 2309），但多年的实践表明，其效果并不理想。因此，在 2015 年发布的 AQM 推荐文档（RFC 7567）中已经把 RFC 2309 列为"过时的"，并且不再推荐使用 RED，但仍建议以 AQM 的方式管理路由器上的队列，但新的方法或多或少地会借鉴 RED 的方法和思路。

5.6.2　TCP 的流量控制方法

TCP 不仅提供了拥塞控制功能，还提供了流量控制功能。拥塞控制是一种全局性的操作，它涉及导致拥塞的路由器的所有 TCP 连接的发送端，而流量控制仅是一种端到端的操作，它涉及的是如何使一个 TCP 连接的接收端能够跟上发送端的发送速率。

1．TCP 流量控制方法的示例讲述

TCP 的流量控制方法是一种**接收端控制的**流量控制方法。即接收端使用 TCP 报文段中的

"窗口"字段向发送端报告自己的可接纳数据量，即接收窗口（rwnd）大小，这个值也称为通知窗口，发送端以不超过此窗口容纳量的方式发送数据，从而实现流量控制。

图 5-31 给出了 TCP 流量控制示例，图中分别以 S 和 R 表示发送端和接收端，以箭头线表示报文传送的方向，右侧给出了解释。第 1～3 行是 3 次握手建立连接的步骤，相关内容将在后文介绍。其中 R 在第 2 次握手中报告了自己的接收窗口 rwnd 为 400 字节，S 在第 3 次握手中传送编号为 100 的 100 字节的报文。接下来 S 又在第 4 步和第 5 步上分别发送了编号为 200 和 300 的各 100 字节的报文，其中编号为 300 的报文在发送过程中丢失了。R 在第 6 步中以累积确认的方式确认编号为 200 和之前的报文均收到了，同时报告接收窗口 rwnd 为 300 字节。S 在第 7、8 步中分别发送编号为 400 和 500 的两个 100 字节报文，S 在第 9 步因编号为 300 的报文计时器超时而重传编号为 300 的报文。R 在第 10 步中发送对编号为 500 和之前的报文的累积确认，同时报告接收窗口 rwnd 为 100 字节，S 在第 11 步中发送编号为 600 的 100 字节报文，R 在第 12 步中发送对编号为 600 的报文的确认，同时报告接收窗口为 0 字节。至此，S 在没有接收到新的窗口不是 0 的反馈报文时，就不会再发送报文。

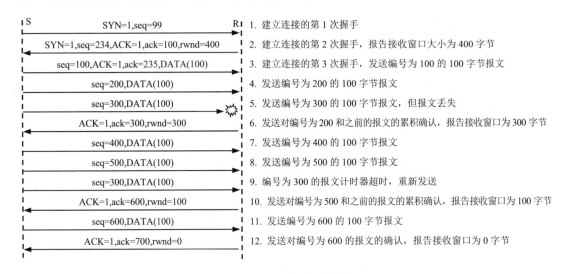

图 5-31　TCP 流量控制示例

上述流量控制协议存在**零窗口死锁问题**。即在 R 向 S 发送了零窗口的报文段后不久，R 的接收缓存又有了 400 字节的空余空间。于是 R 向 S 发送 rwnd = 400 的报文段。然而这个报文段在传输过程中丢失了。此时，S 一直等待接收 R 发送的非零窗口报文，而 R 也一直等待 S 发送的对其非零窗口报文的确认。如果没有其他措施介入，这种互相等待的死锁僵局就将一直延续下去，造成协议失败。

为了解决这个死锁问题，TCP 在每个连接的两端均设有一个**持续计时器**。只要 TCP 连接的一方收到了对方的零窗口报文，就启动持续计时器。每当持续计时器设置的时间到时，就发送一个**零窗口探测报文段**（仅携带 1 字节的数据），而对方就有机会在确认这个探测报文段时给出新的窗口值，从而打破零窗口死锁的僵局。

实践中，流量控制需要与拥塞控制一起考虑。这样，发送方的窗口上限就是流量控制窗口 rwnd 和拥塞控制窗口 cwnd 中的较小者：

$$发送方窗口的上限值 = \min(\text{rwnd}, \text{cwnd})$$

（5-5）

即当 rwnd < cwnd 时，接收方的接收能力限制了发送方窗口的上限值。而当 cwnd < rwnd 时，网络的拥塞程度限制了发送方窗口的上限值。

2. TCP 保证传输效率的机制

前已述及，TCP 不像 UDP 那样将应用进程交付的数据报一对一地交付到下层的 IP，而是要求应用进程将数据写入 TCP 的发送缓存，之后，TCP 按照自己的策略进行数据的传送。TCP 可以采取的策略如下：

（1）TCP 维持一个最大报文段长度 MSS，只要缓存中到达的数据达到 MSS 字节，就封装成一个 TCP 报文段发送出去；

（2）根据发送方应用进程的信号发送报文段，即 TCP 支持的推送操作；

（3）发送方设置一个计时器，当计时器设置的时间到后，就把当前缓存中的数据以不超过 MSS 的数据量封装为报文段发送出去。

然而，TCP 要适应的情况非常复杂，远不是单一纯粹的某个策略可以应对的。上述策略都会遇到传输及时性和效率问题。第 1 个策略可能会因等待时间过长而导致数据不能及时地发送；第 2 个策略会与 TCP 的可靠传输相冲突，如可靠传输要求立即发送数据，但应用进程没有要发送的信号；第 3 个策略中计时器设置的时间极难拿捏，计时器设置的时间短了会造成传输效率的降低，计时器设置的时间长了，则不能保证传输的及时性。

下面我们就两个很有代表性的情况说明 TCP 的数据传输策略。

假如一个交互式用户使用 Telnet 协议（传输层为 TCP）连接远程的计算机，且用户只按单字符发送数据，则 1 个字符加上 20 字节的 TCP 首部后就会得到 21 字节的 TCP 报文段。该报文段再加上 20 字节的 IP 首部，就会形成 41 字节的 IP 数据报。设接收方会立即发回确认，则确认报文将是没有数据的 40 字节的 TCP 首部和 IP 首部。若用户要求远地主机回送这一字符，则远地主机又需要发回 41 字节的 TCP+IP 报文，而本地主机又会发送 40 字节的确认 TCP+IP 报文。这样，用户仅发 1 个字符，线路上就需要传送总长度为 162 字节的 4 个报文段，显然传送效率很低。即使远地主机使用捎带确认，即用 41 字节的 TCP+IP 报文确认本地主机的报文和发回回送的 1 字符，也会为 1 字节的传送花费 122 字节的带宽。

为应对上述情况，TCP 在实践中采用了 **Nagle 算法**：若发送应用进程把要发送的数据逐个字节地送到 TCP 的发送缓存，则发送方就把第一个数据字节先发送出去，把后面到达的数据字节都缓存起来；当发送方收到对第一个数据字节的确认后，再把发送缓存中的所有数据组装成一个报文段发送出去，并继续对随后到达的数据进行缓存；只有在收到对前一个报文段的确认后才继续发送下一个报文段。

当数据到达较快而网络速率较慢时，Nagle 算法可明显地降低所用的网络带宽。Nagle 算法还规定，当到达的数据已达到发送窗口大小的一半或已达到报文段长度时，就立即发送一个报文段。这样可以有效地提高网络的吞吐量。

另一种情况称为**糊涂窗口综合征**，它会使 TCP 的性能变坏。它指的是如下情况：TCP 接收方的缓存已满，而应用进程一次只从接收缓存中读取 1 字节，这会导致接收方每次以窗口值 1 向发送方发送确认，即用 TCP+IP 共 40 字节的报文发送 1 字节的窗口通知，而发送方随之会以 TCP+IP 共 41 字节的报文发送 1 个数据字节。这个过程循环进行，就会使网络的传输效率很低。

解决这个问题的方法是：让接收方等待一些时间，当接收缓存达到一个 MSS 长度的报文段或接收缓存已有一半的空闲空间时，接收方才发出确认报文，向发送方通知当前的窗口大小；此外，发送方也不要连续发送太小的报文段，而是当数据积累到 MSS 长度，或者占到接收方缓存空间的一半时再发送。

实践中，上述方法需要考虑等待时间不能太长，并配合拥塞控制和流量控制来使用。总之，TCP 的数据发送是一个非常复杂的任务，所采取的发送策略需要同时权衡及时性、传输效率及拥塞和流量控制策略。

⇒ 5.7 TCP 的运输连接管理

TCP 是一个面向连接的协议，它开始工作之前需要先建立连接，结束工作后要释放连接，由此可见连接是其工作的基础，本节我们就介绍一下 TCP 的连接建立和释放过程。

5.7.1 TCP 连接的建立过程

TCP 使用具有 SYN 标志的报文建立连接，这个过程需要在客户机和服务器之间交换三个 TCP 报文段，因而称为三次握手。图 5-32 示出了建立 TCP 连接的过程，其中图（a）示出了建立 TCP 连接的握手过程，图（b）示出了建立 TCP 连接的流程[2]。

图 5-32（a）中左右两侧的竖线分别表示客户（C）端和服务器（S）端，而图 5-32（b）中左右两侧分别是客户（C）端的流程和服务器（S）端的流程。我们假定由客户端发起建立连接。

如图 5-32（b）所示，建立连接从客户端和服务器端的关闭（CLOSED）状态开始。服务器进程是全天候持续运行的，这里的被动打开可以理解为系统启动时自动打开，此后它就一直处于监听（LISTEN）状态，随时对到来的连接请求进行响应。客户端的客户进程平时处于关闭（CLOSED）状态，当要建立连接时它就主动打开。

客户进程在需要建立 TCP 连接时，就向 S 端发出连接请求报文段，该报文段首部中的同步标志位 SYN 置为 1，同时随机选择一个初始序号 $seq = x$，这个报文段被称为 TCP SYN 报文段。TCP 规定 SYN 报文段（SYN＝1 的报文段）不能携带数据，但要用掉一个序号。发出 SYN 报文段后，客户进程进入同步已发送（SYN-SENT）状态。

注：TCP SYN 报文段中的 ACK 位取值为 0，确认号 ack 也置为 0。整个 TCP 通信过程中，只有这个 TCP SYN 报文段的 ACK 位为 0，确认号 ack 无意义，其他所有的 TCP 报文段中的 ACK 位都会是 1，如果没有收到新的数据，则确认号 ack 将保持此前的值，即会产生重复确认。

服务器进程收到连接请求的 TCP SYN 报文段后，若同意建立连接，则向 C 端发回确认。该确认报文段中的 SYN 位和 ACK 位都置 1，同时为自己随机选择一个初始序号 $seq = y$，确认号 ack＝$x+1$，这个报文段被称为 TCP SYN/ACK 报文段。这个报文段也不能携带数据，但同样要用掉一个序号，此后 TCP 服务器进程进入同步收到（SYN-RECEIVED）状态。

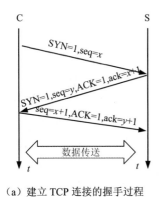

（a）建立 TCP 连接的握手过程

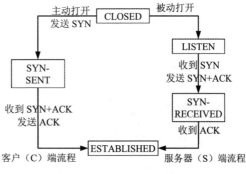

（b）建立 TCP 连接的流程

图 5-32　建立 TCP 连接的过程

TCP 客户进程收到 S 端的确认后，还要向 S 端发回确认。确认报文段的 ACK 位置 1，而自己的序号 $seq = x + 1$，确认号 $ack = y + 1$，这个报文段被称为（TCP 建立连接的）TCP ACK 报文段。TCP 规定，TCP ACK 报文段可以携带数据。但如果不携带数据则不消耗序号，这时下一个数据报文段的序号就仍然是 $seq = x + 1$。发出 TCP ACK 后，C 端的 TCP 连接即建立完成，它也就进入已建立连接（ESTABLISHED）从而可以传送数据的状态。

当 S 端收到 C 端的 TCP ACK 报文段后，它也进入建立连接（ESTABLISHED）状态。

这就是建立 TCP 连接的 3 次握手过程。那么，建立 TCP 连接为什么不是 2 次握手而是 3 次握手呢？这主要是为了防止 S 端的 TCP SYN/ACK 没有到达 C 端，或者已失效的 C 端的连接请求报文段突然又传送到 S 端，这两种情况都会造成 S 端上形成无效的"半连接"。

设 C 端发送的建立连接的报文段 TCP SYN 正常地到达 S 端，在 2 次握手的情况下，S 端就会建立自己这一端的"半连接"并发回 TCP SYN+ACK 报文段。假如 TCP SYN+ACK 丢失了，则客户端进程就会因为超时而清除本次的连接请求，重新发起建立连接的请求，由此 S 端此前的"半连接"就成为无效的连接。随着这样连接的增多，S 端的资源就会被逐渐耗尽，最终将导致 S 端宕机。

还有一种情况会导致上述问题，即 C 端发送的建立连接请求报文段 TCP SYN 到达 S 端时晚了，这也会导致 C 端进程超时而清除本次的连接请求，然而在 2 次握手的情况下，S 端会为这个迟到的 TCP SYN 请求建立无效的"半连接"，最终导致与上述相同的后果。

采用 3 次握手的策略就可以防止上述现象的发生，因为 S 端在没有收到第 3 步的 TCP ACK 时，就不会建立"半连接"，因而也就不会导致资源的无效消耗。

5.7.2　TCP 连接的释放过程

TCP 连接释放是一个两阶段 4 次握手的过程，但是该过程所经历的状态和流程远比连接建立复杂。

TCP 通信的客户（C）端和服务器（S）端中的任何一端在完成数据传输后都可发起连接释放，我们以 C 端发起连接释放为例进行解释。在该连接释放开始前，两端都处于连接建立（ESTABLISHED）状态，如图 5-33 所示，其中图（a）注重握手过程，图（b）则注重流程。C 端先发送一个连接释放报文段，该报文段首部的终止控制位 FIN 置 1，其序号为 $seq = u$，u 的值是前面已传送过的数据的最后一个字节的序号加 1。这时 C 端便进入终止等待 1（FIN-

WAIT-1）状态，等待 S 端的确认。TCP 规定，FIN 报文段不携带数据，但是它会用掉一个序号。

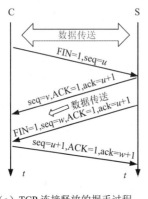

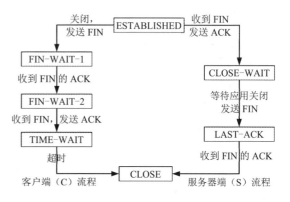

（a）TCP 连接释放的握手过程　　　　　　　　　（b）TCP 连接释放的流程

图 5-33　TCP 连接释放的过程

　　S 端收到连接释放报文段后即发回确认，确认号是 ack＝u＋1，而这个报文段自己的序号是 v，其值等于 S 端前面已传送过的数据的最后一个字节的序号加 1。然后 S 端就进入关闭等待（CLOSE-WAIT）状态，TCP 服务器进程这时就会通知高层应用进程，C 端数据已经传送完毕，从 C 端到 S 端这个方向的连接已经请求关闭，这时的 TCP 连接将处于半关闭状态，即 C 端已经不再发送数据了，但 S 端可能还会有数据发送。

　　C 端收到 S 端发回的对其 FIN 报文的确认后，就进入终止等待 2（FIN-WAIT-2）状态，该状态可以继续接收 S 端发送的数据，并予以确认，但更重要的是等待 S 端发出的连接释放报文段。

　　若 S 端已经没有向 C 端发送的数据，则其应用进程就通知 TCP 连接释放。这时 S 端发出 FIN＝1 的连接释放报文段，其序号为 w（在上次的序号 v 之后又发送了一些数据，使序号由 v 变成了 w），该报文的确认号必须是上次对 C 端 FIN 报文的确认号，即 ack＝u＋1。此后，S 端就进入最后确认（LAST-ACK）状态，等待 C 端的确认。

　　C 端在收到 S 端的连接释放报文段后，必须发出确认，在确认报文段中 ACK 位置 1，确认号 ack＝w＋1（FIN 报文段会用掉一个序号），而自己的序号则为 seq＝u＋1，然后进入时间等待（TIME-WAIT）状态。要注意的是，现在 TCP 连接还没有释放掉。在 TIME-WAIT 状态下，C 端设置值为 2MSL 的时间等待计时器（简称 2MSL 计时器），该计时器时间到了后 C 端才进入关闭（CLOSED）状态。

　　MSL 称为最长报文段寿命，TCP 建议 MSL 的值为 2min，但对于目前的网络，这个时间就太长了，TCP 允许根据具体的情况设置更小的 MSL 值。

　　那么，为什么 C 端在 TIME-WAIT 状态下还必须等待 2MSL 的时间呢？

　　这是为了保证 S 端能够收到 C 端发送的最后的 ACK 报文段。这个 ACK 报文段有可能丢失，使处在 LAST-ACK 状态的 S 端收不到对其 FIN 报文段的确认，S 端就会因为超时重传其 FIN 报文段，而 C 端就能够在 2MSL 的时间内收到这个重传的 FIN 报文段，并重传一次确认，之后重新启动 2MSL 计时器。

　　这个措施会使 C 端和 S 端最终都按照正常步骤进入关闭（CLOSED）状态。如果 C 端在

TIME-WAIT 状态下不等待一段时间，而是在发送完对 S 端 FIN 的 ACK 报文段后立即释放连接，就无法收到 S 端可能重传的 FIN 报文段，也就不会再次发送确认报文段。这样，S 端就无法按照正常步骤进入 CLOSED 状态。

除了时间等待计时器，TCP 还设有一个**保活计时器**。它用来解决如下问题：客户端已主动与服务器端建立了 TCP 连接，但后来客户端的主机突然出现故障，致使服务器端以后无法再收到客户端发来的数据，这将造成服务器端无效的"半连接"。

保活计时器就能解决这一问题。服务器端每次收到客户端的数据，就重新启动保活计时器，TCP 建议的时间是 2h。若 2h 内没有再收到客户端的数据，服务器端就发送一个**探测报文段**，如果客户端还处在活动状态，它就会对探测报文段进行确认，服务器端收到该确认后，就认为该连接还是有效的。如果 75s 内收不到确认，则再发一次探测报文段。若连续发送 10 个探测报文段后仍未得到客户端的确认，则服务器端就认为客户端出现故障，它就会将这个连接作为无效连接而关闭。

➠ 习题

1. 传输层是什么部分的最高层？是什么功能中的最低层？
2. 请解释网络层的通信是一种点到点的通信，而传输层的通信是一种端到端的通信。
3. 分别列出 3 个使用 UDP 和 TCP 的应用层协议。
4. 请用一句话较全面地概括 TCP 的特点。
5. 传输层的端口号是多少位的？其数值的十进制范围是多少？十六进制范围是多少？
6. 扼要说明传输层端口号的分类。
7. UDP 实现了哪两项传输层服务？
8. 画出 UDP 的报文结构。
9. 假设网络的数据链路层是以太网，IP 报文只有固定首部，请给出不会导致网络层分片的最大 UDP 报文的数据量，并说明计算依据。
10. UDP 报文的差错检测使用了什么算法？差错检测的数据范围是什么？描述一下差错检测增加的伪首部。
11. UDP 检验和的 Excel 计算：

（1）设计名字为 UDP-1 的如图 5-34 所示的 Excel Sheet，输入 Bin1 和 Bin2 列的全部二进制数据，为 Dec1 和 Dec2 列设计公式，将 Bin1 和 Bin2 列的二进制数据转换为十进制数据，Dec 列利用公式计算以 Dec1 列为高字节、Dec2 列为低字节的 2 字节十进制整数值，Sum、Lower16、Carrier、Add Carrier、Negative code 与第 4 章 IP 首部检验和计算中意义相同，BinH 和 BinL 分别是用公式根据 Negative code 后面的 2 字节数据计算出的高字节和低字节对应的 8 位二进制数值。

注：Bin1 和 Bin2 的 2~7 行是伪首部数据，8~11 行是 UDP 的首部数据，12~14 行和 15 行的第 1 个字节是 UDP 的数据部分，15 行的第 2 个字节是为计算检验和而增加的值为 0 的字节。

（2）将上题的 Sheet 复制为 UDP-1Check，将 BinH 和 BinL 后面的数据复制到检验和位置上，即第 11 行的 Bin1 和 Bin2 中，验证检验和为 0。

（3）将 UDP-1 Sheet 复制为 UDP-2，将其中 7 个数据字节的最高位全部置为 1，查看其检验和。

（4）将上题的 Sheet 复制为 UDP-2Check，将 BinH 和 BinL 后面的数据复制到检验和位置上，即第 11 行的 Bin1 和 Bin2 中，验证检验和为 0。

	A	B	C	D	E	F
1	Bin1	Bin2	Dec1	Dec2	Dec	
2	10011001	00010011	153	19	39187	
3	00001000	01101000	8	104	2152	
4	10101011	00000011	171	3	43779	
5	00001110	00001011	14	11	3595	
6	00000000	00010001	0	17	17	
7	00000000	00001111	0	15	15	
8	00000100	00111111	4	63	1087	
9	00000000	00001101	0	13	13	
10	00000000	00001111	0	15	15	
11	00000000	00000000	0	0	0	
12	01010100	01000101	84	69	21573	
13	01010011	01010100	83	84	21332	
14	01001001	01001110	73	78	18766	
15	01000111	00000000	71	0	18176	
16				Sum	169707	
17				Lower 16	38635	
18				Carrier	2	
19				Add Carrier	38637	
20				Negative code	26898	
21				BinH	01101001	
22				BinL	00010010	
23						

UDP-1　UDP-1Check　UDP-2　UDP-2Check

图 5-34　UDP 检验和的计算

12．给出传输层套接字的描述方法，并举例说明；给出 TCP 连接的描述方法，并举例说明。

13．画出 TCP 报文段的格式。

14．给出下列缩略语的中文和英文全称：SYN、PSH、ACK、FIN。

15．说明为什么 TCP 选项占据的字节数必须填充到 4 字节的整数倍？

16．分别给出长度为 1、2、3、4 字节的一种 TCP 选项，说明其意义，要求有图示。

17．请解释 TCP 的捎带确认和累积确认。

18．TCP 计算检验和的伪首部和 UDP 计算检验和的伪首部有哪些相同点和不同点？

19．为什么对于数据链路层为以太网的情况，MSS 的值通常为 0x05B4？

20．针对 TCP 的序号重复问题，有如下说法：对于 1.5Mbit/s 的网络，序号重复需要 6h 以上，但是对于高速的 2.5Gbit/s 的网络，则不到 14s 就会重复。试设计 Excel 公式进行计算，以证实上述说法。

21．说明（基于后向纠错的）可靠传输的基本思想及必需的辅助要素。

22．给出简单停等协议信道利用率的计算公式，并对其中的量进行简要说明。

23．简单停等协议信道利用率的 Excel 计算：假定 1200km 的信道的往返时间为 $RTT = 20ms$，分组长度是 1200bit，发送速率是 1Mbit/s。若忽略处理时间和 T_A（T_A 一般远小于 T_D），则可算出信道的利用率 $U=5.66\%$。但若把发送速率提高到 10Mbit/s，则 $U=5.96\times10^{-3}$。试设计 Excel 公式，验证以上两个 U 的计算结果。

24．给出下列缩略语的中文和英文全称：TCP、UDP、ARQ、RTT、GBN、MSS、MTU、RTO。

25．为什么一个 TCP 报文段的 SACK 选项最多可以说明 4 个数据块？给出 1、2、3、4

个数据块对应的 SACK 选项的长度。

26．设 TCP 运行过程中连续 4 轮测量的 RTT 值分别是 22ms、25ms、20ms 和 27ms，请按照 TCP 超时时间计算的方法设计 Excel 表格，计算各轮的超时时间。

27．叙述基于时间戳选项的 RTT 测量方法。

28．说明 TCP 采用的流量控制策略和具体的流量控制方法。

29．TCP 是怎样实现大于 16 位的流量控制窗口值的？

30．在使用窗口比例因子的情况下，TCP 报文段的窗口值最大为多少？

31．TCP 通过检测哪两个事件来判断网络出现了拥塞？

32．TCP 拥塞控制包括哪些策略？（只回答策略的名字即可）

33．表 5-3 给出了一个 TCP 客户端报文的发送轮次 n 及拥塞控制窗口 cwnd 大小的变化情况，请绘制 cwnd 随轮次变化的曲线图。

表 5-3　TCP 报文发送轮次及拥塞控制窗口变化情况

n	1	2	3	4	5	6	7	8	9	10	11	12	13
cwnd	1	2	4	8	16	17	18	19	20	21	22	1	2
n	14	15	16	17	18	19	20	21	22	23	24	25	26
cwnd	4	8	11	12	13	14	15	16	8	9	10	11	12

（1）解释 TCP 拥塞控制的慢启动机制，说明表 5-3 中哪些轮次属于慢启动，并给出它们对应的慢启动门限值。

（2）说明触发 TCP 拥塞控制的两种事件，以及 TCP 针对这两种事件分别采取了怎样的措施，说明表 5-3 中何时发生了何种拥塞控制事件。

（3）说明 TCP 拥塞控制中的拥塞避免机制，以及表 5-3 中哪些轮次属于拥塞避免阶段。

34．TCP 建立和释放连接分别使用了报文中的哪个控制位？

35．画出 TCP 建立连接的三次握手的示意图。

36．画出 TCP 释放连接的两阶段四次握手的示意图。

➡️ 参考文献

[1] WIKIPEDIA. Transmission Control Protocol[EB/OL]. [2022-12-27]. （链接请扫书后二维码）

[2] The TCP/IP Guide. TCP Operational Overview and the TCP Finite State Machine （FSM），[2023-1-1]. （链接请扫书后二维码）

第**6**章 应 用 层

本章我们介绍计算机网络体系结构的最高层，即应用层。我们将介绍典型的、普遍使用的应用层协议。首先，介绍的是 DNS 协议，它帮助我们解决了记忆主机 IP 地址的难题；其次，介绍网络中传输文件的协议——FTP 和以远程终端方式访问网络服务器的 Telnet 协议，以及普遍使用的因特网应用层协议——HTTP；再次，介绍电子邮件及其相关协议，以及用于自动 IP 地址配置的 DHCP；最后，介绍简单网络管理协议（SNMP）。

▶ 6.1 DNS 协议

根据前面学习到的内容，访问一台因特网上的主机需要知道其 IP 地址，然而让人类记忆 IPv4 中 4 字节 32 位的地址是不现实的，记忆逐渐普及的 16 字节的 IPv6 地址更是一件不可能的事情。为了方便记忆，人们开发了域名系统（DNS），它提供了一种因特网上以符号命名主机的完整解决方案。

6.1.1 DNS 的命名体系

因特网上的主机很多，而且每时每刻都在不断增加，因此平面的非层次化的命名体系不能满足要求。域名系统（DNS）就是一个分层次的结构化的分布式的命名体系。DNS 不只是一套名字系统，它还包括一套自动实现将域名转换为 IP 地址（名字解析）的协议和分布式服务器系统。

域名系统是以域（domain）为单位构成的，它是一个层次结构的系统。域名由句点隔开的一系列域组成，按层次由低到高书写，如 sdnu.edu.cn 就是一个典型的域名，其中最后的域 cn 为最高层次的域，表示"中国"，称为顶级域；edu 为二级域，表示"教育系统"；而 sdnu 为三级域，表示"山东师范大学"。

对每个域名的描述又称为标号，标号一般由英文字母（不区分大小写）和数字组成，可以包含连字符"-"（短横杠），但不能再有其他的标点符号。标准规定，每个标号不能超过 63 个字符，但为了方便记忆，最好不要超过 12 个字符。著名的免费词典站 thefreedictionary.com，尽管其二级域名达到了 17 个字符，但因为有很好的语义和记忆性，也是一个很好的域名。中国移动和阿里巴巴网站的域名分别是 10086.cn 和 1688.com，其二级域名全由数字构成，而且是易于记忆的数字组合。

低层次的域称为其上层次域的子域。标准对于一个域的子域数量和域的层次深度没有限制，但规定一个完整域名的总字符数不能超过 255。

最低级的域常常对应一个服务器，如 mail.sdnu.edu.cn 中的 mail 对应 sdnu 域中的电子邮件服务器，www.10086.cn 中的 www 对应 10086 域中的万维网服务器。

因特网的域名系统是一个高度自主可扩展的系统。一个组织申请了域名后，它就可以根据自己的需要任意规划其子域的数量和深度。例如，山东师范大学申请了 sdnu.edu.cn 域名后，就可以在 sdnu 域下设置 4 级域名，如 ischool.sdnu.edu.cn 和 kjc.sdnu.edu.cn 就分别是学校中信息科学与工程学院和科学技术处的域名。

注 1：域名中的点与 IP 地址中的点没有关系，更广泛地说，域名与 IP 地址没有一种公式化或规则化的对应关系，它们之间的对应关系只在对照表中体现，表格中包括两列，一列是域名，另一列是 IP 地址。

注 2：使用 ping 命令或 tracert 命令可以获得一个域名对应的 IP 地址。

表 6-1 给出了域名、机构名和 IP 地址的对照示例（注：IP 地址可能会变化）。

表 6-1　域名、机构名和 IP 地址的对照示例

域名	机构名	IP 地址
www.sdnu.edu.cn	山东师范大学网站	210.44.8.67
www.10086.cn	中国移动网站	117.136.190.162
www.thefreedictionary.com	免费词典网站	45.34.10.165

域名最右边也就是最末端的域称为顶级域（TLD），顶级域可分为如下三大类。

1）国家或地区顶级域（nTLD）

这类域对应的国家或地区由 ISO 3166 标准规定。例如，cn 表示中国，ca 表示加拿大，us 表示美国，uk 表示英国，hk 表示中国香港等。

2）通用顶级域（gTLD）

这类域对应某个类属的顶级域，常见的通用顶级域有：com（公司或企业，如 baidu.com），net（网络服务机构，如 whois.net），org（非营利性组织，如 wikipedia.org），edu（教育机构，如 harvard.edu），gov（政府部门，如 whitehouse.gov）。

3）基础结构域

这类域只有一个，即 arpa，用于反向域名解析，因此又称反向域。

其中常用的顶级域是前两类，第三类一般由互联网内部使用。

一个组织申请了顶级域后，就可以在顶级域下自主地设置二级域、三级域等，如 baidu.com 就下设了百度百科（baike.baidu.com）和百度地图（map.baidu.com）等二级域。

我国在顶级域 cn 下将二级域划分为"类别域"和"行政区域域"两大类。

"类别域"共 7 个，分别为：ac（科研机构，如中国科学院：cas.ac.cn），com（工、商、金融等企业，如国家电网有限公司：sgcc.com.cn），edu（中国的教育机构，如山东大学：sdu.edu.cn），gov（中国的政府机构，如中华人民共和国外交部：mfa.gov.cn），mil（中国的国防机构，如中国人民革命军事博物馆：jb.mil.cn），net（提供互联网服务的机构，如中国互联网信息中心：cnnic.net.cn），org（非营利性的组织，如中国科学技术馆：cstm.org.cn）。

"行政区域域"适用于我国的各省、自治区、直辖市的域名，如 bj.cn（北京市）、sd.cn（山东省），等等。

6.1.2　域名服务器

有了域名后，用户在进行互联网资源访问时，就只需要指明与某个域名的服务器通信就可以了。然而，互联网的网络层通信必须使用 IP 地址，因此，必须设计一套由域名转化为 IP

地址的自动化机制。

域名转化为 IP 地址的自动化机制包括两个组成部分：一是实现域名与 IP 地址对应的服务器系统；二是实现由域名解析出 IP 地址的协议。

实现域名与 IP 地址对应的服务器系统就是域名服务器系统。

前已述及，因特网的域名系统是一个高度自主可扩展的系统，因此不可能用一个中心服务器实现所有的域名与 IP 地址的对应关系。为此，因特网采用了一种分布式的域名服务器系统，其中的域名与 IP 地址的对照就构成了一个分布式的数据库系统。

该域名服务器系统也是一种层次性结构的系统。由图 6-1 可以看出，域名服务器可分为根域名服务器、顶级域名服务器和权威域名服务器三大类。

注：域名服务器与域名间存在一定的对应关系，但并不是严格地一一对应的。

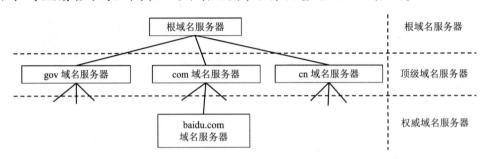

图 6-1　域名服务器的分类

1）根域名服务器

根域名服务器是最高层次的域名服务器，所有的根域名服务器都知道所有的顶级域名服务器的域名和 IP 地址。也就是说，从任何一个根域名服务器开始，最终都会找到某个域名对应的 IP 地址。

因特网上共设置了 13 组根域名服务器，它们分别用大写字母 A、B……M 标识，分别对应域名 a.rootservers.net、b.rootservers.net……m.rootservers.net。每一组中都有若干服务器分布于全球各地，它们具有相同的域名和 IPv4、IPv6 地址，这些 IP 地址都是任播地址，也就是说，服务器的访问者总能访问组中距离访问者最近的那个服务器。

编号为 F、I、J 和 L 的一组根域名服务器就在北京市布设[1]。

根域名服务器的这种广泛布设，使得任何一个本地域名服务器都能实现对它的就近访问，从而使互联网域名解析的开销大为降低，极大地提高了互联网的整体运行效率。

根域名服务器是最重要的域名服务器，因为不管哪一个本地域名服务器（代理主机进行 DNS 查询的域名服务器）要对互联网上任何一个域名进行解析（转换为 IP 地址），且自己无法解析时，都要首先访问一个根域名服务器。

2）顶级域名服务器

顶级域名服务器中存放着对应顶级域的所有二级域的域名服务器的 IP 地址。

例如，.com 顶级域名服务器中存放着 baidu.com、microsoft.com 等二级域的域名服务器的 IP 地址；而.cn 顶级域名服务器中存放着 bj.cn、sd.cn、com.cn、edu.cn 等二级域的域名服务器的 IP 地址。

3）权威域名服务器

权威域名服务器指的是保存着一些具体主机（通常是服务器）的域名和 IP 地址的对照表

的域名服务器。

注 1：之所以称这类服务器为权威域名服务器，是因为它们具有对一个具体主机服务器域名，如 www.baidu.com、www.sdnu.edu.cn、email.sdnu.edu.cn、xiaoban.sdnu.edu.cn 等的最终的也就是权威的解释权。为了提高域名解析的效率，本地域名服务器或主机中通常提供一些域名-IP 地址对的缓存机制，这种缓存机制会提高域名解析的效率，但缓存中的域名-IP 地址对就不是权威的了。

注 2：权威域名服务器不只对二级域名进行解析，也可能对三级或更低级域名进行解析。

权威域名服务器是可以根据用户的需要进行扩展的，这就保证了因特网域名系统的可扩展性。

6.1.3　域名的解析方法

从一个域名获得其对应的 IP 地址的过程称为域名解析。DNS 提供了两种域名解析方法，即迭代式解析方法和递归式解析方法。迭代式解析方法类似程序设计中的 for 循环方法，而递归式解析方法类似程序设计中的递归函数调用法。

1．域名的迭代式解析方法

图 6-2 所示为域名的迭代式解析方法，图中客户端主机 C 想要解析域名为 z.happy.com 的资源服务器的 IP 地址。所涉及的域名服务器包括本地域名服务器、根域名服务器、顶级域名服务器和权威域名服务器。本地域名服务器提供域名解析服务但不提供新的域名-IP 地址映射。

注：图中将资源服务器与其权威域名服务器画在了一个网络中，这符合大部分情况，但也有将权威域名服务器设在与资源服务器不同网络的情况。

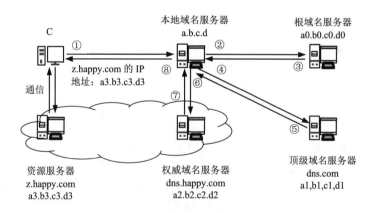

图 6-2　域名的迭代式解析方法

主机 C 要进行域名解析，它就必须知道一台本地域名服务器的 IP 地址。操作系统都会提供网络的首选和备用 DNS 配置，这里配置的就是当前机器在进行 DNS 解析时，首先要访问的本地域名服务器。本地域名服务器可以人工配置，也可以自动获取。本地域名服务器可以是接入互联网的 ISP 提供的，也可以是通用的 DNS 服务器。使用 ipconfig/all 命令可以报告当前机器的 IP 地址和 DNS 配置。

设客户端主机 C 想要获得域名为 z.happy.com 的资源服务器的 IP 地址，则以迭代式解析方法进行域名解析的步骤如下（见图 6-2）。

第 1 步，主机 C 启动其上的 DNS 客户端进程，发送 DNS 请求报文到本地域名服务器，请求解析域名 z.happy.com 的 IP 地址，C 事先知道本地域名服务器的 IP 地址 a.b.c.d，且本地域名服务器上运行着 DNS 服务进程。

第 2 步，本地域名服务器中的 DNS 服务进程收到 C 的 DNS 请求报文后，启动一个 DNS 客户端进程，构造一个 DNS 请求报文，其中包括对顶级域名服务器 IP 地址进行解析的请求，发往离其最近的 IP 地址为 a0.b0.c0.d0 的根域名服务器。

注： 本地域名服务器事先知道各根域名服务器的 IP 地址，这一般都是通过系统预置的，因为根域名服务器的 IP 地址是固定的。

第 3 步，根域名服务器收到本地域名服务器发来的请求后，会根据请求报文中说明的顶级域，本例中为 .com 域，从其域名/IP 地址表中查找该顶级域名服务器的域名和 IP 地址（如 dns.com，a1.b1.c1.d1），并用这些信息构造 DNS 应答报文返回给本地域名服务器。

第 4 步，本地域名服务器收到根域名服务器发来的应答报文，获知顶级域名服务器 dns.com 的 IP 地址 a1.b1.c1.d1 后，再次构造 DNS 请求报文，其中包括对二级域 happy.com 的域名服务器 IP 地址进行解析的请求，并将该报文发到 IP 地址为 a1.b1.c1.d1 的顶级域名服务器 dns.com 上。

第 5 步，.com 顶级域的域名服务器 dns.com 收到本地域名服务器发来的对 happy.com 二级域请求解析的报文，从其域名/IP 地址表中查找该二级域的域名服务器（通常是一个权威域名服务器）的地址，包括域名和 IP 地址（如 dns.happy.com，a2.b2.c2.d2），并用这些信息构造 DNS 应答报文返回给本地域名服务器。

第 6 步，本地域名服务器收到顶级域名服务器 dns.com 发来的应答报文，获知二级域 happy.com 的域名服务器 dns.happy.com 的 IP 地址 a2.b2.c2.d2，并再次构造 DNS 请求报文，其中包括对域名 z.happy.com 的具体服务器 IP 地址进行解析的请求，并将该报文发到 IP 地址为 a2.b2.c2.d2 的 happy.com 二级域的域名服务器 dns.happy.com 上。

第 7 步，happy.com 二级域的域名服务器 dns.happy.com 收到本地域名服务器发来的对域名 z.happy.com 请求解析的报文，从其域名/IP 地址表中查找该域名对应的 IP 地址（如 a3.b3.c3.d3），并构造 DNS 应答报文返回给本地域名服务器。

第 8 步，本地域名服务器收到 happy.com 二级域的域名服务器 dns.happy.com 发回的应答报文，从该报文中获得域名 z.happy.com 对应的 IP 地址 a3.b3.c3.d3，并用该地址构造 DNS 应答报文，发回给主机 C。主机 C 收到该报文后，便获知了域名 z.happy.com 对应的 IP 地址 a3.b3.c3.d3。此后，主机 C 便可以使用 IP 地址为 a3.b3.c3.d3 与域名为 z.happy.com 的服务器进行 TCP/IP 通信，构造 TCP 报文段和 IP 数据报。

2. 域名的递归式解析方法

图 6-3 所示为域名的递归式解析方法，从中可以看出，递归式解析的关键是：根域名服务器收到本地域名服务器发来的查询请求时，不是立即向本地域名服务器返回顶级域名服务器的 IP 地址，而是直接向顶级域名服务器发送查询请求，而顶级域名服务器收到根域名服务器的查询请求后，也不立即向根域名服务器返回权威域名服务器的 IP 地址，而是直接向权威域名服务器发送查询请求，权威域名服务器对域名 z.happy.com 进行解析，得到 IP 地址 a3.b3.c3.d3，返回给顶级域名服务器，顶级域名服务器再将此查询结果返回给根域名服务器，根域名服务器将该结果返回给本地域名服务器，最终本地域名服务器将最终结果返回给主机 C。

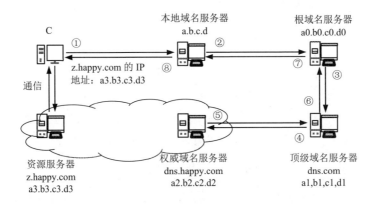

图 6-3　域名的递归式解析方法

3．DNS 协议的报文格式

DNS 协议是一个应用层的协议，它的报文格式如图 6-4 所示。它的首部包括 6 个字段，每个字段 2 字节，共 12 字节。

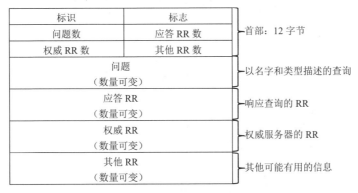

图 6-4　DNS 协议的报文格式

第 1 个字段是 2 字节的标识字段，它在请求报文中创建，在应答报文中复制传回，发送端据此确定应答报文对应的请求报文。

第 2 个字段是标志字段，它包括多种标志（以不同位置上的二进制位表示）：查询/应答标志，0—查询报文，1—应答报文；权威服务器标志，1—应答报文来自权威服务器，0—应答报文不来自权威服务器；请求递归式查询标志，1—请求域名服务器以递归方式进行查询，0—域名服务器以默认的迭代方式进行查询；递归有效标志，1—发回应答的域名服务器有递归查询功能，0—域名服务器不允许递归查询。

第 3~6 个字段为数量字段，对于查询报文，最常见的情况是问题数为 1，其余 3 个字段为 0，相应地，后面的内容中，只有问题不为空，其他均为空；而对于应答报文，最常见的情况是应答 RR 数为 1，其余 3 个字段为 0，相应地，后面的内容中，只有应答 RR 不为空，其他均为空。

注：RR 为 DNS 的资源记录，其格式将在下面说明。

首部后的数据部分分成 4 个变长的数据块，分别是问题块、应答 RR 块、权威 RR 块和其他 RR 块，每一块中的数据条数由首部相关字段中的值确定。

问题块中问题的格式如图 6-5 所示，它包括 3 个字段，分别是变长的查询名，2 字节的查询类别和 2 字节的查询类属。

查询名（变长）	查询类别（2 字节）	查询类属（2 字节）

图 6-5　问题的格式

查询名以"字符数"后跟"字符串"的方式分段表示一个域名[2]，如 z.happy.com 就被表示为：1z5happy3com0，其中的数字加了下画线，表示它们不是 ASCII 字符，而是数值。常用的查询类别如表 6-2 所示。查询类属通常取值为 1，表示因特网类属。

表 6-2　常用的查询类别

代码	名称	描述	代码	名称	描述
1	A	IPv4 地址	12	PTR	指针记录
2	NS	域名服务器	15	MX	邮件交换记录
5	CNAME	规范域名	28	AAAA	IPv6 地址

DNS 资源记录（RR）的格式如图 6-6 所示，其中各字段括号中的数字为字段的字节数，且域名、类别、类属三个字段与图 6-5 中的查询名、查询类别和查询类属三个字段的取值方式基本相同。TTL 为 RR 可以缓存的时间长度，单位为秒，默认值为 2 天。

域名（变长）	类别（2）	类属（2）	TTL（4）	资源数据长度（2）	资源数据

图 6-6　DNS 资源记录（RR）的格式

DNS 的 RR 中最重要的字段有 3 个，即名字 Name（域名）、值 Value（资源数据）和类别 Type。关于(Name,Value,Type)这个三元组说明如下：

（1）若 Type=A，则 Name 是一个主机域名而 Value 是其对应的 IP 地址，如(www.xyz.com, 145.37.93.126,A)。

（2）若 Type=NS，则 Name 是一个域，而 Value 则是该域对应的权威域名服务器的域名，如(xyz.com,dns.xyz.com,NS)。

（3）若 Type=NS，则通常会有一条辅助的类型为 A 的 RR，用于说明权威服务器的域名与 IP 地址的映射关系，如(dns.xyz.com,145.37.99.254,A)。

（4）若 Type=CNAME，则 Name 是主机名或域名的别名，而 Value 则是其所对应的规范的主机名，如(foo.com,relay1.bar.foo.com,CNAME)。

（5）若 Type=MX，则 Name 是一个邮件服务器的主机名或域名的别名，而 Value 则是其所对应的规范的主机名，如(foo.com,mail.bar.foo.com,MX)。

4．DNS 协议报文采用传输层的 UDP 传送

DNS 查询请求和查询应答报文是使用 UDP 传送的，其服务器端的端口号为 53。使用 UDP 传送 DNS 协议报文可以大大减小域名解析的开销。如果使用 TCP，则建立和维护连接需要额外的时间，这将显著降低 DNS 协议的效率。

注：DNS 客户端每发送一个请求报文，就为该报文设置超时计时器，如果超时计时器时间到了没有收到应答报文，则 DNS 客户端会重新发送一个请求报文。

为了提高 DNS 查询效率，减轻各域名服务器的负荷和减小因特网上 DNS 查询报文的总开销，在域名服务器中广泛地使用了**高速缓存**。

高速缓存用来存放最近查询过的域名/IP 地址映射，以及从哪个域名服务器获得的该域名-IP

地址映射。

名字到地址的绑定可能会改变，尽管这不太经常发生。因此，为保持高速缓存中绑定（映射）的正确性，域名服务器为每项缓存的绑定设置 TTL。过期的绑定将被重新获取或删除。

当权威域名服务器应答一个查询请求时，在响应中通常会指明绑定的有效期，即 TTL。

为进一步提高域名的查询效率，主机通常会维护一个自己的域名-IP 地址映射的高速缓存。

操作系统一般都会提供一个名字为 nslookup 的应用程序，用于以命令方式进行域名查询。操作系统也常用带有 displaydns 参数的 ipconfig 命令显示当前主机高速缓存中的域名-IP 地址映射。

➠6.2　文件传输协议与远程终端协议

文件传输协议（FTP）和远程终端协议（Telnet）是因特网中两个应用层协议，它们都属于较为简单的协议，本节就对它们进行扼要介绍。

6.2.1　文件传输协议 FTP

在因特网上将文件从一个主机传送到另一个主机是很自然的需求，使用 TCP/IP 传送文件却没有想象中那样简单，因为不同的操作系统在文件存储方式、文件目录结构、文件访问权限控制方面都存在差异，所以需要设计专门的 FTP 来实现这一需求。

1. FTP 概述

FTP 注重的是文件传输，而不是文件共享和访问控制，因而不能奢求它具有文件共享访问的功能。例如，客户端如果想在服务器端的某个文件的最后增加一个字符，它必须先用 FTP 将该文件传送到本地，在本地文件的最后增加一个字符，再将新的文件传送到服务器上，当文件很大时，这个过程效率很低。

FTP 以客户/服务器方式工作，如图 6-7 所示。在运行 FTP 的客户机和服务器上分别安装和运行 FTP 的客户端和服务器端软件。

注：FTP 既指 TCP/IP 协议族中的一个应用层协议，也指调用该应用层协议的应用软件，还指运行在客户机和服务器上的 FTP 程序，读者应该从上下文区分其所代表的含义。

FTP 服务器端软件应具有读写服务器端远程文件系统的功能，而 FTP 客户端软件应具有读写客户端本地文件系统的功能，还应提供一个用户界面。

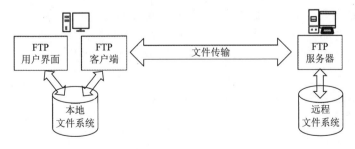

图 6-7　FTP 的工作方式

FTP 使用传输层的 TCP 工作，其突出特点是工作过程中使用两个 TCP 连接，一个是 21 号端口上的控制连接，另一个是 20 号端口上的数据连接，如图 6-8 所示。在控制连接上传输文件操作的命令，它在整个通信期间一直保持打开状态，而在数据连接上则传输数据文件。客户端先通过 21 号端口与服务器建立连接，当要进行文件传送时，双方在服务器的 20 号端口上建立数据连接并进行文件内容的传送，文件内容传送完毕，则关闭数据连接。

注：FTP 的这种工作方式称为控制信息带外传输。

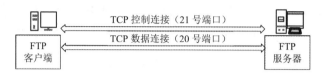

图 6-8　FTP 使用的两个 TCP 连接

2．FTP 的命令和响应

FTP 将客户端的请求设计成命令形式，而将服务器的应答信息设计为代码+短语的形式。命令和应答信息均以 7 位 ASCII 码表示，每个命令和应答信息均以 CRLF 结束。

每个 FTP 命令以不超过 4 个字符的大写 ASCII 字符表示，下面是常用的 FTP 命令。开头的大写字母为命令的名字，命令名后以空格与命令的参数隔开，参数后要以 CRLF 结束。

USER username：用户名命令。

PASS password：口令命令。

LIST：文件及子目录列表命令，列表信息用数据连接传输，此命令无参数。

RETR filename：检索（retrieve）即下载一个文件。

STOR filename：存储（store）即上传一个文件。

FTP 的应答格式：3 位数字+空格+可选的描述短语。

典型的 FTP 应答有以下几种：

`331 Username OK, password required.`

这是对 USER 命令的响应，表示用户名存在，需要发送口令。

`125 Data connection already open; transfer starting.`

这是对 RETR 命令的响应，表示数据连接已经打开，传输开始。

`425 Can't open data connection.`

这是对 RETR 或 STOR 命令的出错响应，表示不能打开数据连接。

`452 Error writing file.`

这是对 STOR 命令的出错响应，表示写文件错误。

操作系统一般都会提供一个名字为 ftp 的 FTP 客户端程序，它使用命令操作 FTP 服务器。其中的用户名和口令命令通常保持 USER 和 PASS，下载和上传文件则分别采用 get 和 put 命令。另外，也有许多非常好用的具有图形用户界面的 FTP 客户端软件，如 FileZilla、leapftp、cuteftp、smartftp、wsftp 等。

典型的 FTP 服务器有 IIS FTP、Serv-U FTP 等。

大部分 FTP 站点都支持匿名访问，就是以 anonymous 作为用户名，以任何有效的电子邮件地址作为口令。

6.2.2 远程终端协议 Telnet

远程终端协议 Telnet 用于在 TCP/IP 的因特网上建立一种通用的客户端访问服务器端的机制，这种访问以命令为基础。

Telnet 以客户/服务器方式工作，它在客户机（终端）上设计一个 Telnet 客户端程序，在服务器上设计一个 Telnet 服务器端程序，两端建立连接后，在客户端上输入的字符会传递到服务器端，由服务器端解释成在服务器上运行的命令，服务器端再将命令运行的结果信息返回给客户端，客户端将这些信息显示在屏幕上，以便用户查看命令的执行结果。图 6-9 为 Telnet 工作机制示意图。

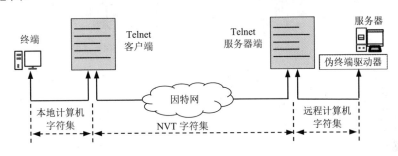

图 6-9 Telnet 工作机制示意图[3]

由于客户端系统与服务器端系统的命令格式不同，因此从客户端输入的命令需要转换为服务器端系统所需要的格式。然而，因特网上的系统种类太多，用一对一的转换设计 Telnet 是不现实的。人们采用了一种科学的方法，即网络虚拟终端（NVT）的设计方法。NVT 采用了标准的 7 位 ASCII 码，以高位置 1 作为控制字符。有了 NVT 后，客户端和服务器端的 Telnet 设计就大为简化，客户端只要实现将本地计算机的字符集转化为 NVT 字符集即可，而服务器端只要实现将 NVT 字符集转换为远程计算机的字符集即可，如图 6-9 所示。其中，服务器端还要实现一个伪终端驱动器以使 Telnet 服务器端适配远程计算机中各种不同的应用程序。

Telnet 使用传输层的 TCP 工作，其默认端口号是 23。

尽管现在已经有了更多功能更强大、界面更丰富的远程操作软件工具，但是 Telnet 因其便捷性依然受到许多网络管理人员的喜爱。

▶6.3 万维网与 HTTP

万维网推动了因特网的发展，可以说它使得因特网无处不在，这得益于它所基于的超文本传送协议（HTTP）。

6.3.1 万维网概述

万维网（WWW，也常简称 Web）是建立在因特网之上的一个资源网络，它以超文本乃至超媒体的方式将信息表达为网站中的网页乃至服务资源，并以超链接的方式将网页或资源联系起来，使得它们构成了一个资源网络。图 6-10 为万维网的示意图。

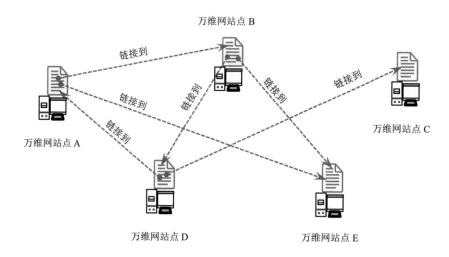

图 6-10　万维网的示意图

万维网是由英国计算机科学家蒂姆·伯纳斯·李（Timothy Berners-Lee）于 1989 年发明的。他因此在 2012 年伦敦夏季奥运会开幕式上被英国女王授予了"万维网发明人"的荣誉，并获得了 2016 年的图灵奖。

具体地说，万维网是由用超文本标记语言（HTML）编写的网页，通过超链接连接而成的一个分布式的超文本（超媒体）资源网络。

所谓超文本，就是指包含指向其他文档的超链接的文本。所谓超媒体，是指包含文本信息及图形、图像、声音、动画、视频等多媒体信息的超文本。这些超文本或文档通常以网站的形式组织。

万维网是基于因特网的应用层协议 HTTP 建立的，因而尽管都称为"网"，但万维网与因特网有本质的不同。因特网是一个基础设施网络，而万维网则是一个运行于因特网之上的资源和服务性网络。

万维网也以客户/服务器方式工作。万维网的客户机就是浏览器，常用的有谷歌 Chrome、Microsoft Edge、Mozilla Firefox、Apple Safari 及 360 浏览器等；常用的万维网服务器（Web 服务器）有 IIS、Apache、Tomcat、Jetty 等。

万维网的基本工作过程是：①浏览器向 Web 服务器发出对某个网页文档或服务的请求；②Web 服务器向浏览器送回请求的文档或服务的内容；③浏览器在其窗口内显示网页文档。

万维网要正常工作，必须解决以下 4 个问题。

（1）怎样标识万维网文档？

（2）如何传输万维网文档？

（3）如何设计万维网文档？特别是如何标识网页间的链接？

（4）如何使用户很方便地找到所需的信息？

为了解决第 1 个问题，万维网使用统一资源定位符（URL）来标识万维网上的各种文档。

为了解决第 2 个问题，万维网使用超文本传送协议（HTTP）。

为了解决第 3 个问题，万维网使用超文本标记语言（HTML）设计万维网上的文档，使用超链接标识网页间的链接。

对第 4 个问题，用户可使用搜索引擎在万维网上方便地查找所需的信息。

下面我们详细阐述解决前 3 个问题的方法和技术。关于第 4 个问题，即搜索引擎，相信大家平时使用得很多，基本情况不需要介绍，而深层次的内容又超出本书的范围，因而这里不做介绍。

6.3.2　统一资源定位符 URL

统一资源定位符（URL）用于解决万维网要正常工作的第 1 个问题，即怎样标识万维网文档。

URL 就是俗称的网址，它为万维网上的所有资源（网页及任何的多媒体文档或服务）提供了一种通用的标识方法。

URL 的一般形式包括 4 个组成部分，即<协议>://<主机>:<端口>/<路径>。

例如，山东师范大学徽标网页的 URL 为 http://www.sdnu.edu.cn/overview/logo.htm，而其中一个徽标图片的 URL 为 http://www.sdnu.edu.cn/images/bslogo.png。

《艾伦·图灵传》（*Alan Turing: The Enigma*，又名《如谜的解谜者》）英文版的简要介绍的 URL 为 https://www.turing.org.uk/book/index.html，而其中 2012 版的封面图片的 URL 为 https://www.turing.org.uk/book/icons/2012image.jpg。

协议是访问资源所用的协议名称，包括 http、https、ftp 等。

主机一般是网站的域名，也可以是 IP 地址。

注 1：提供万维网服务的主机的域名，即完整域名中的最低层次的域名，通常取为 www。

注 2：用 nslookup 或 ping 命令可以获知一个域名的 IP 地址。

端口是万维网服务的 TCP 端口号（以十进制形式表示），默认的端口号是 80，但允许 Web 服务器的管理员配置为其他的登记端口号，如 8080、8088 等。

路径是斜杠分隔的路径加文件名，html 文档的默认文件名是最新推荐的*.html 或传统的*.htm，当只有路径没有文件名时，Web 服务器就会取默认的文档名，通常是 index.html，它可由服务器管理员配置，且允许有多个默认文档名。

6.3.3　超文本传送协议 HTTP

超文本传送协议（HTTP）解决万维网要正常工作的第 2 个问题，即如何传输万维网文档的问题。

1．HTTP 概述

HTTP 定义了万维网的客户进程（浏览器）怎样向 Web 服务器进程请求万维网文档，以及 Web 服务器进程怎样把文档传回给客户进程的网络交互过程。HTTP 确保了在万维网上能够可靠地交换文档（包括文本、声音、图像等各种多媒体文件）。

HTTP 使用传输层的 TCP，默认端口号是 80。

HTTP 标准由因特网工程任务组（IETF）和万维网联盟（W3C）联合研发。1999 年 7 月发布的 RFC 2616 定义了 HTTP/1.1。RFC 2616 于 2014 年 6 月被一套新的 HTTP/1.1 RFC 取代，包括 RFC 7230、RFC 7231、RFC 7232、RFC 7233、RFC 7234 和 RFC 7235 等。由此可看出 HTTP 的复杂性。2015 年 5 月发布了 HTTP/2，标准是 RFC 7540。但目前应用最广泛的还是 HTTP/1.1。

2．HTTP 的工作过程

HTTP 基于传输层的 TCP 工作，因而其工作过程与 TCP 的运行过程密切相关，如图 6-11 所示。

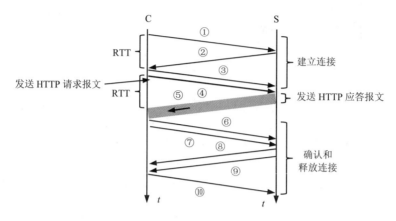

图 6-11　HTTP 的工作过程

TCP 是一个面向连接的协议，因此 HTTP 的工作过程就分为 3 个阶段，即连接建立、数据传输和连接释放。图 6-11 中的第①、②、③步表示 TCP 建立连接的 3 次握手，它由客户端 C 发起。在第 3 次握手发出后，客户端 C 就可以发送第④步的 HTTP 请求报文，请求报文中要包括所请求万维网文档（Web 文档）的 URL。当 HTTP 请求报文到达服务器端 S 后，S 找出所请求的 Web 文档，构造 HTTP 应答报文，并在第⑤步将应答报文送往客户端 C，客户端以⑥号报文作为确认报文。如果所请求的文档中没有其他相关的文档，则客户端将启动关闭连接过程，它是一个两阶段 4 次握手的过程，如图 6-11 中的第⑦～⑩步所示。从图 6-11 可以看出，HTTP 请求一个 Web 文档所花费的最少时间是 2 个 RTT 加 Web 文档的发送时间。

注 1：TCP 连接的第 3 次握手也可以同时发送 HTTP 请求报文，这时图 6-11 中的第③、④号报文就合并为一个报文。

注 2：如果请求的 Web 文档的 URL 中含有域名，而客户机不知道该域名对应的 IP 地址，则在建立 TCP 连接之前客户端要先运行 DNS 协议请求本地域名服务器查询域名对应的 IP 地址，而本地域名服务器中如果没有该域名-IP 地址映射的缓存项，则还需要以迭代或递归的方式展开 DNS 的查询过程。

3．持续性连接与流水线方式

通常一个典型的网页 Web 文档除了主文档，还包括一些其他文档。例如，前述的山东师范大学徽标网页中就含有多幅图片，如图 6-12 所示。当 Web 文档也就是 HTML 文档中包括图片时，文档中有的仅是图片 URL 而不是图片的内容，因此当客户端收到 HTML 文档时，如果发现其中包括图片 URL，则它还需要向服务器请求图片 URL 对应的图片内容。

在 HTTP/1.0 中，这需要客户端再次与服务器端建立 TCP 连接，在新的连接中发出对图片 URL 的请求，以获取服务器端对于图片的应答报文，因而效率很低。HTTP/1.1 提供了持续性连接功能，即当 Web 客户端与服务器端建立起一个 TCP 连接并下载完网页主文档后，它会将该连接保持一段时间，这样接下来该网页中的图片或其他文档（指的是在该服务器上的图片或其他文档）的 HTTP 请求与应答操作就继续在该连接上进行，从而有效地改善了 HTTP 传输效率和网页加载速度。

图 6-12　山东师范大学徽标网页的局部截图

注意：持续性连接不局限于一个网页的主文档与其从属文档，对同一个服务器上另一个网页主文档的 HTTP 请求与应答都可能会在持续性的 TCP 连接上进行。

HTTP/1.1 的持续连接还支持流水线方式。当一个网页主文档中有多个在同一个服务器上的图片或其他从属文档时，在非流水线方式下，这些图片或从属文档会以"停等方式"传送，即 Web 客户端发送对一个图片文档的请求后就等待，当该请求的应答到来后，再进行下一个图片文档的请求/应答操作。而在流水线方式下，当一个网页的主文档下载后，就连续地发出对从属的图片等文档的 HTTP 请求，显然这会提高网络效率和网页加载速度。

图 6-13 为持续性连接和流水线方式的示意图。图中的前 5 个报文与图 6-11 相同，我们将④、⑤号报文分别表述为对 HTML 主文档的 HTTP 请求和应答报文。我们假设 HTML 主文档中有 3 幅图片，则接下来的⑥、⑦、⑧号报文就是在持续性连接上以流水线方式顺次发出的 3 个获取图片的 HTTP 请求报文。服务器端发出的⑨、⑩和⑪号报文则是在持续性连接上以流水线方式顺次发送的 3 幅图片内容的 HTTP 应答报文。

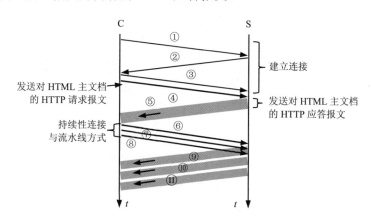

图 6-13　持续性连接与流水线方式示意图

4．HTTP 请求报文的格式

HTTP 报文分为请求报文与应答报文两种，本节先介绍 HTTP 请求报文。HTTP 报文是面向文本的，也就是说其中的内容即字段及字段间的间隔都是一些可打印的 ASCII 字符，但各个字段的长度都是不确定的，这种不确定性就需要特别的字段名或字段值的结束标志符号，HTTP 选择了空格作为字段间的分隔符，而以回车换行（CRLF）作为行结束符。

图 6-14 所示为 HTTP 请求报文的格式，它有如下要点：

（1）报文整体由首部和实体主体组成，其中首部又由 1 个开始行（也称为请求行）和多个首部行组成，开始行和各首部行均以回车换行（CRLF）结束，而最后一个首部行后会有一个仅包含 CRLF 的行，表示首部结束，接下来是实体主体（如果有的话）。

（2）开始行包括方法、URL 和版本三个字段，各字段间用空格隔开。常用的方法主要有 GET、POST、PUT 和 DELETE，其中通过网址访问某个资源时使用 GET 方法（这时一般没有实体主体部分），填写网页表单并提交时则使用 POST 方法（这时需要用实体主体传输填写的表单内容），上传文件会用到 PUT 方法（这时需要用实体主体传输文件内容），删除服务器上的文件会用到 DELETE（这时没有实体主体部分）。HTTP 请求报文中的方法如表 6-3 所示。

表 6-3　HTTP 请求报文中的方法

方法	意义	方法	意义
GET	请求服务器传输指定 URL 文档的内容	HEAD	请求 URL 所指定文档的基本信息
POST	请求服务器读取或写入指定的内容	OPTION	请求一些选项信息
PUT	将携带的内容存储为 URL 指定的文档	TRACE	HTTP 的回环测试
DELETE	删除 URL 指定的文档	CONNECT	用于通过代理服务器建立隧道连接

开始行中的 URL 为完整 URL 中的路径和文件名部分，完整 URL 中的域名部分将以首部行的形式出现，对应的首部字段名为 Host。

版本：目前的版本是 HTTP/1.1，将来会是 HTTP/2.0。

（3）首部行以 CRLF 结尾，每行的格式为"首部字段名+冒号+空格+首部字段值"。常见的首部字段有 Host、Connection、User-agent、Accept-language 等。

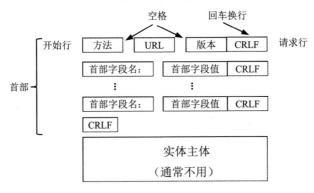

图 6-14　HTTP 请求报文的格式

假设一个 HTTP 请求用 GET 方法获取网址为 http://www.sdnu.edu.cn/overview/logo.htm 的网页文档，则我们可有如下所示的 HTTP 请求报文：

```
GET /overview/logo.htm HTTP/1.1
Host: www.sdnu.edu.cn
Connection: Keep-Alive
User-agent: Mozilla/4.0
```

```
Accept-language: cn
（额外的 CRLF）
```

该请求报文有如下特点：

（1）请求行中的 URL 为完整 URL 中的路径和文件名部分；

（2）完整 URL 中的主机域名（或 IP 地址）体现在 Host 首部行中；

（3）首部行 Connection 的值为"Keep-Alive"，表示客户端要求建立持续性连接，这是 HTTP/1.1 的默认选项；该值为"Close"时，表示客户端要求建立非持续性连接。

5．HTTP 应答报文的格式

HTTP 应答报文与请求报文具有相似的格式，如图 6-15 所示，其要点如下：

（1）报文整体由首部和实体主体组成，其中首部又由 1 个状态行和多个首部行组成，状态行和各首部行均以回车换行（CRLF）结束，而最后一个首部行后会有一个仅包含 CRLF 的行，表示首部结束，接下来是实体主体（如果有的话）；

（2）状态行包括版本、状态码和短语三部分，各部分间以空格间隔。版本：目前的版本是 HTTP/1.1，将来会是 HTTP/2.0。状态码和短语用来描述服务器对请求的响应情况，下文还将详细解释。

（3）首部行的解释参见 HTTP 请求报文。

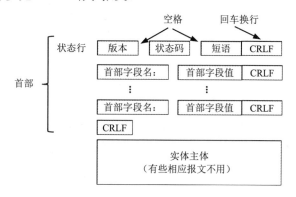

图 6-15　HTTP 应答报文的格式

HTTP 的状态码是一个三位的数字，分为 5 大类 33 种。

（1）1xx 表示通知信息，如请求收到了或正在进行处理等。

（2）2xx 表示成功类信息，如状态行 HTTP/1.1 200 OK 中的 200 为状态码，OK 为短语，表示操作成功。

（3）3xx 表示重定向等操作，重定向指的是请求的 URL 已经搬移到新的 URL 中，如：

```
HTTP/1.1 301 Moved permanently
Location: http://www.xyz.edu/ee/index.html
```

表示请求的 URL 已经移到了新的地址，并在下一行（Location 首部行）给出了新的地址。

HTTP/1.1 304 Not Modified 是条件 GET 的一种回复，表示文档自上次发送后未有修改。

（4）4xx 表示客户端的差错，如请求中有错误的语法：HTTP/1.1 400 Bad request 表示请求无法解释；而 HTTP/1.1 404 Not found 表示不存在对应请求的 URL 文档。

（5）5xx 表示服务器端的差错，如服务器失效无法完成请求等：505 HTTP Version Not Supported 表示不支持的 HTTP 版本。

下面是一个 HTTP 应答报文的例子：

```
HTTP/1.1 200 OK
Connection: Keep-Alive
Date: Wed,01 Apr 2020 10:00: 15 GMT
Server: Apache/1.3.0 (Unix)
Last-Modified: Sun, 01 Mar 2020 09:23:24 GMT
Content-Length: 6821
Content-Type: text/html
(data data data data data...)
```

该报文的要点如下：

（1）"HTTP/1.1 200 OK"为状态行，状态码 200 表示请求获得了正常响应；

（2）"Connection: Keep-Alive"首部行表示服务器端允许持续性连接；

（3）"Date"首部行表示响应报文的发出时间；

（4）"Server"首部行表示 Web 服务器的类型和版本号；

（5）"Last-Modified"首部行表示被请求文档的最后更新时间；

（6）"Content-Length"首部行说明响应报文实体主体（也就是所请求的文档）的长度（以字节为单位）；

（7）"Content-Type"首部行说明所请求文档的类型及格式，"text/html"表示所请求的文档为 html 文档，并以正文（text）的形式表达在应答报文的实体主体中。

6. Cookie 技术

HTTP 本身是一种无状态的协议，也就是说，它不记录上次访问的位置，从而没有"接着上次的访问而进行下一次访问"的说法，每一次的访问都是独立的，上文提到的持续性连接只是客户端在同一个连接上发起的独立访问，HTTP 服务器端不认为这些访问之间相互有什么联系。然而，为客户端提供连续操作服务是万维网极其现实的服务需求，为此因特网工程任务组于 1997 年提出了 Cookie 技术（RFC 2109，最新版是 2011 年的 RFC 265），以实现 HTTP 的状态性。Cookie 允许服务器站点维护用户的访问状态，也就是跟踪用户的访问轨迹。目前，绝大部分的 Web 应用网站、门户网站、电子商务站、会员式站点等都在使用 Cookie 技术。

Cookie 技术包括以下四个要点：

（1）提供 Cookie 服务的服务器端发送的应答报文中包括一个 Set-Cookie 首部行，如 Set-cookie: 314159；

（2）服务器端发送应答报文后，客户端的所有请求报文中都要包括一个 Cookie 首部行，如 Cookie: 314159；

（3）用户的浏览器要建立并维持一个 Cookie 文件，每个网站域名对应一个 Cookie 文件，每个 Cookie 文件最大为 4KB；

（4）服务器中要有用户身份的永久存储机制，通常使用数据库来存储。

Cookie 有如下的运行过程：

（1）用户访问一个要求 Cookie 功能的站点；

（2）站点为该用户创建唯一标识，如 314159，并保存到后台数据库中；

（3）站点服务器发回带有"Set-cookie:"首部行的应答报文，如"Set-cookie: 314159"；

（4）浏览器收到此报文后，在所管理的 Cookie 库文件中增加一个与当前站点相对应的

Cookie 文件，并在其中保存 Cookie 标识；

（5）此后，客户端向服务器端发送的所有请求报文中都包括 Cookie 首部行"Cookie:Cookie 值"，从而服务器能够识别出这是某一个用户的连续请求。

Web 站点使用 Cookie 就可以跟踪用户的活动，记录用户访问过的页面及频率和次序，以及提供购物车、自动跳转到用户偏好的页面或上次访问的页面等功能。

如果用户注册了账号和口令，则服务器会将它们与 Cookie 标识关联起来。这可实现用户自动登录等功能。

用网络分层的语言，我们可以说 Cookie 在无状态的 HTTP 之上增加了一个有状态的会话层。

Cookie 的使用存在用户隐私的侵犯问题，欧盟专门制定了 Cookie 法（European Cookie Law），该法律对 Cookie 的服务提供者提出了严格的法律要求，因此国际化的 Web 站点若使用 Cookie 均会在用户首次访问站点时提醒用户站点使用 Cookie 技术，只有用户同意后才能访问依赖 Cookie 的服务。

例如，顺丰速运网站[4]顶部就有如图 6-16 所示的 Cookie 提醒和确认栏。

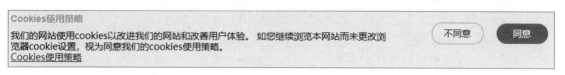

图 6-16　顺丰速运网站上的 Cookie 提醒和确认栏

6.3.4　安全的超文本传送协议 HTTPS

到目前为止，我们讲述的网络协议都没有涉及安全性问题。然而，因特网要真正改变人类社会，必须深入人类的各种高级活动，如网络购物、网上交易、网络金融、隐私和保密信息传送等，而这些高级活动需要安全的网络传输，这包括信息的不可窃取、身份鉴别、信息的完整性、信息重放等。

本节将以安全的超文本传送协议（HTTPS）为例，介绍基于 SSL/TLS 的因特网安全体系，想要深入学习网络安全知识的读者还需要阅读专门的网络安全书籍和资料。

SSL 是安全套接字层的缩略语，它是网景（Netscape）公司于 1994 年开发的为其网景浏览器提供安全保障的协议，是在 TCP 层之上添加的一个网络安全层。网景公司于 1995 年将 SSL 提交给 IETF 希望将其标准化。IETF 在 SSL 3.0（1996 年推出）的基础上设计了传输层安全（TLS）协议，并于 1999 年、2006 年、2008 年和 2018 年相继推出了 TLS 1.0、TLS 1.1、TLS 1.2 和 TLS 1.3，其中 TLS 1.0 和 TLS 1.1 已经于 2021 年废止。由于这段历史，人们习惯将上述安全协议称为 SSL/TLS 协议，然而，SSL 协议已经于 2015 年废止。

图 6-17 所示为增加 SSL/TLS 协议层后的网络体系结构，它是在图 1-20 的基础上绘制的。从这个层次化体系结构可以看出，SSL/TLS 安全协议层可以为任何的应用层协议提供安全保障，而不只是 HTTP。

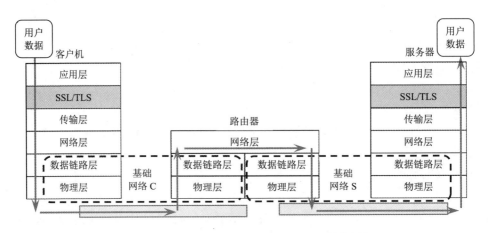

图 6-17　增加了 SSL/TLS 协议层的网络体系结构

图 6-18 示出了 SSL/TLS 在浏览器和 Web 服务器间建立会话的扼要过程。

第①步：浏览器 B 向 Web 服务器 S 报告它所支持的加密算法（包括所支持的 SSL/TLS 协议的版本号及其他参数）。

第②步：Web 服务器 S 选择一种加密算法并向浏览器 B 反馈其选择。

第③步：Web 服务器 S 向浏览器 B 发送包括其公钥的数字证书。

第④步：浏览器 B 使用该证书的认证机构 CA 公开发布的公钥对该证书进行验证，验证通过后，产生一个秘密数并由秘密数生成会话密钥。

注1：秘密数通常是一个很大的随机数。

注2：浏览器通常内置所有可信 CA 机构的公钥。

第⑤步：浏览器 B 用 Web 服务器 S 的公钥将秘密数加密并发送给 Web 服务器 S。

第⑥步：Web 服务器 S 用与浏览器 B 相同的方法由秘密数生成与浏览器 B 相同的会话密钥。

第⑦步：Web 服务器 S 向浏览器 B 报告会话密钥生成完毕。

第⑧步：双方以会话密钥进行加密通信。

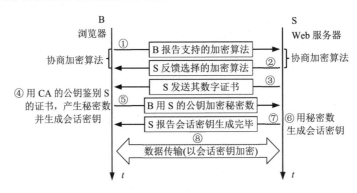

图 6-18　SSL/TLS 在浏览器和 Web 服务器间建立会话的扼要过程

6.3.5　万维网的文档——HTML 文档

超文本标记语言（HTML）用于解决万维网要工作的第 3 个问题，即怎样设计万维网文档和如何标识网页间链接的问题。HTML 及相关的技术内容丰富，本书将用尽量短的篇幅给读者做一个入门性的介绍。

1. HTML 基础

现今流行的 HTML 是第 5 版的 HTML，简称 HTML5，我们就按 HTML5 讲述。HTML是一种结构化的文档，下面给出了一个基本的 HTML 文档（HTMLDemo.html）示例。

```
1.    <!DOCTYPE html>
2.    <html>
3.    <head>
4.        <meta http-equiv="Content-Type" content="text/html; charset=UTF-8" />
5.        <title>HTML Demo</title>
6.    </head>
7.    <body>
8.        <h3>HTML 示例网页</h3>
9.        <p>这是一个 HTML 示例网页。</p>
10.   </body>
11.   </html>
```

注 1：HTML 及 JavaScript、层叠样式单（CSS）等网页相关技术对应的文档都是源代码性的文本文件，对它们进行编辑和修改需要使用一个良好的支持源代码的文本编辑软件。Notepad++就是一个广受欢迎的简洁的源代码编辑软件，它支持各种源代码的高亮显示（源代码中不同种类的内容显示为不同的字体和颜色）。

注 2：HTML 文档的页面显示效果需要使用浏览器查看，尽管浏览器有多种，但从学习网页设计技术的角度最好选用谷歌的 Chrome 浏览器或微软的 Edge 浏览器。HTML 文档可以用浏览器从一个普通的文件夹中打开，但最好从 Web 服务器中打开。Windows 系统自带的 IIS Web 服务器就是一个很好的进行 HTML 练习的 Web 服务器。使用时，可以关闭其默认文档功能，打开目录浏览功能，这样就可以用 http://localhost 访问网站中的文档。

下面，我们根据上面的 HTMLDemo.html 说明 HTML5 文档的要点。

（1）文档的第 1 行即"<!DOCTYPE html>"标识这是一个 HTML5 文档。

（2）HTML 文档为一种结构化的纯文本文件，即其中的内容是一行一行的可读字符。

（3）HTML 的基本构件是 HTML 元素。HTML 元素由 html 标签定义；文档的尖括号中的 html、head、meta、title、body、h3、p 等都是标签，标签可以小写、大写或大小写混合，但小写是大家普遍遵循的规范；元素由起始标签（尖括号括起来的标签）、结束标签（尖括号括起来的"/标签"）和起始标签与结束标签之间的内容组成；元素之间可以嵌套，即一个元素可以完整地包含另一个元素。

（4）HTML 文档的基本结构。除了第 1 行的文档标识，一个 HTML 文档以 html 起始标签开始，以 html 结束标签结束，即一个 HTML 文档就是一个 html 元素；html 元素包括两部分内容，即 head 元素和 body 元素；head 元素中的内容通常是一些文档的控制性信息，其中的 meta 元素用于说明这是一个可包含任何字符的 UTF-8 编码的文档，而 title 元素中的内容将显示在浏览器窗口的标题栏中；body 元素中的内容是显示在浏览器窗口中的内容，如前面的 HTMLDemo.html 文档在浏览器中的显示如图 6-19 所示。其中 h3 元素表示以 3 号标题形式显示元素中的文字；p 元素表示以段落形式显示元素中的文字。

注：第 4 行的 meta 元素已经成为 HTML 文档的固定内容。该元素的格式有些特别，它在起始标签中以"属性="值""的方式说明属性的状态，它在起始标签和结束标签间没有内容，因而以"/>"的简约

形式表示结束标签。此 meta 元素可以避免浏览器默认字符编码不当而造成网页显示乱码的情况。

对显示在浏览器中的网页，可以使用浏览器的"查看网页源代码"功能查看其 HTML 源代码，如图 6-20 所示。

图 6-19　HTML5 示例网页

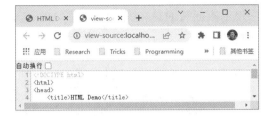

图 6-20　HTML5 示例网页源代码

2．在网页上显示图片

在网页上显示图片需要使用 img 元素，下面给出了一个 HTML 代码（WWWInvention.html）示例，为避免烦琐，代码只选择了 HTML 文档中的 body 部分。该 HTML 文档在浏览器中的显示情况，如图 6-21 所示。

```
1.    <body>
2.        <h3>万维网的发明</h3>
3.        <p>万维网<img src="images/W3C_Icon.png"/>是由蒂姆·伯纳斯·李<img
4.        src="https://www.thefamouspeople.com/profiles/images/tim-berners-lee-5.jpg"
5.        height="164"/>发明的。</p>
6.    </body>
```

图 6-21　HTML 图片示例

HTML 图片元素的要点如下。

（1）图片元素对应的标签是 img，该元素属于在起始标签和结束标签之间没有内容的元素，因而可以使用简化记法，即不必完整地写出结束标签，而是在起始标签的右括号前加斜杠，如上面 WWWInvention.html 的代码所示。

（2）WWWInvention.html 显示出了两个图片元素，它们均嵌套在 p 元素中；图片元素使用 src 属性指出图片文件的网址，属性用等号指定值，等号后的内容放在双引号或单引号中，src 属性的值就是图片文件的 URL。

（3）第 1 个图片元素（W3C 的 logo 图片）使用了相对地址的 URL，它指的是当前 HTML 文档所在文件夹中 images 子文件夹中的图片文件 W3C_Icon.png；第 2 个图片元素（蒂姆·伯纳斯·李的照片）使用了完整的 URL（绝对地址），引用了互联网上已经有的图片。

注 1：这里展示了 HTML 的神奇之处，即可以在一个 HTML 文档中引用网络其他站点中的图片，而不必将这些图片保存在自己的网站中。

注 2：在 Chrome 浏览器中，右击网页中的一个图片，可以看到一个"复制图片地址"的快捷菜单项，点击该菜单项，可以获得图片的网址。

（4）第 2 个图片元素还使用了 height 属性指出图片显示在浏览器中的高度，对应地可使用 width 属性指出图片显示的宽度，当仅说明 height 属性时，浏览器会将图片按比例缩放。

3．HTML 超链接

HTML 超链接是使得万维网成为一个"网"的关键。为了简洁地说明 HTML 超链接，我们设计了一个 HTMLHyperLink.html 文档。该文档的 body 部分如下所示，它在浏览器中的显示如图 6-22 所示。

```
1.    <body>
2.      <h3>求学路线图</h3>
3.      <p>我正在<a href="http://www.sdnu.edu.cn"><img src="images/sdnulogo-red.png"
4.        height="50"/></a>进行本科学业学习。</p>
5.      <p>我将力争去<a href="https://www.sdu.edu.cn/" target="_blank">山东大学</a>攻读
硕士学位，
6.        去<a href="https://www.pku.edu.cn">北京大学</a>攻读博士学位。</p>
7.    </body>
```

图 6-22　HTML 超链接示例

HTMLHyperLink.html 文档及 HTML 超链接的要点如下。

（1）文档在两个 p 元素中展示出了 3 个 HTTP 超链接。HTTP 超链接元素对应的是 a 标签，是英文 anchor（锚）的缩写，设计者一方面用"锚"表达超链接是"链的抓手位置"；另一方面将其简化为英文的第一个字母，彰显其重要性和使用上的便捷性。

（2）a 标签用 href 属性指明超链接的目的网页；超链接的起始标签<a href="URL">和结束标签</a>之间的内容是显示在浏览器窗口中的内容，鼠标停留在这些内容上时会显示为一个手指的形状，指明这里是一个超链接，可以点击并跳转，同时浏览器的状态栏会显示该超链接的目的地址。

（3）文档中第一个超链接嵌套着一个 img 元素，它表示在浏览器上显示一个图片，并且可以点击该图片实现超链接跳转。

（4）文档中的第二、三个超链接对应的显示内容是普通文字，浏览器默认以下画线的方式将这些文字显示为蓝色。

（5）第二个超链接使用了 target 属性，当该属性的值取"_blank"时，点击超链接将在新的窗口中打开跳转到的网页，没有 target 属性时，浏览器会在当前窗口中用跳转到的网页取代当前网页。

（6）三个超链接的 href 中的内容都仅是网站的域名，实际访问时对应的网站服务器都会在应答报文中返回网站默认的网页，也就是网站的主页。

⮞ 6.4　电子邮件及其相关协议

电子邮件是因特网上最早的服务之一，它也是直至今天还在广泛应用的服务。电子邮件涉及两类协议，一类是传送邮件的简单邮件传输协议（SNMP），另一类是邮件收取协议，如第 3 版邮局协议（POP3）和因特网报文访问协议（IMAP）。本节将介绍这些协议，以及现今电子邮件中普遍使用的多用途互联网邮件扩展（MIME）技术。

6.4.1　电子邮件基础与电子邮件礼仪

本节先从非技术的层面对电子邮件进行简要说明，然后给出电子邮件所涉及的协议，最后说明使用电子邮件应遵循的基本礼仪。

1．电子邮件简介

电子邮件（email），就是以数字方式发送和接收的邮件。不过这种说法太笼统，不具有专业性。本书将从专业的角度介绍电子邮件。

在没有电子邮件之前，说到"邮件"指的都是写到纸张上装到信封里的邮件，它们通过传统的邮局靠人力收取、分拣和递送。在电子邮件诞生了几十年的今天，人们说到邮件指的就是电子邮件了，而传统的邮件由于远远慢于电子邮件，被戏称为"蜗牛邮件"（snail mail）。事实上，除非特别情景，一般没有人再以传统信函方式传递信息。这些特别情景包括：国家领导人之间通过代表官员递交亲笔信以示礼仪和互相的尊重；国内大学生或研究生的录取通知书还以传统信函寄送；需要签字盖章的合同文本通常以邮政特快专递（EMS）的方式传递。总之，传统信函在目前的邮政系统中的业务量已经极少，包裹业务已经成为邮政系统的主要业务。

之所以"邮件"术语变迁到"电子邮件"，是因为电子邮件比传统邮件具有巨大的优越性。首先，它传递速度快，通常发送者发送邮件后，接收者在几秒钟内就能接收到邮件；其次，它能以 HTML 格式携带各种多媒体信息，还能以附件形式携带各种不同的电子文档；再次，它可被永久存储、容易进行分类汇总和统计并便于搜索。这些特点都是传统邮件所无法比拟的。

在便利快捷的即时消息大行其道的今天，电子邮件依然是一种广泛使用的通信方式。它的可永久存储性、过程可追溯性和适合正式通信的优雅性，使其成为一种无可取代的商务、公务和正式通信方式。

电子邮件以"@"格式表示地址，"@"前面是邮箱的名字，后面是域名。邮箱名可以是字母或数字，其中字母不区分大小写。虽然邮箱名允许使用一些特殊字符，如!、#、$、%、&、'、*、+、-、/、=、?、^、_、`{|等，但一般不要使用这些特殊字符。下面是两个符合格式的电子邮件地址：zhangming@baidu.com、ligang2000@sdnu.edu.cn。

2．电子邮件所涉及的协议

同其他互联网服务一样，电子邮件服务也是在协议的支持下运行的。与一般服务不同的是，电子邮件服务是一种多协议支持的服务。根据邮件客户端的不同，电子邮件有两种机制，一种是传统的客户端机制，另一种是基于浏览器的客户端机制，分别如图 6-23 和图 6-24 所示。

传统客户端机制下，电子邮件用户通过在自己的计算机上安装专门的电子邮件客户端软件使用电子邮件，这种客户端软件又称为电子邮件的用户代理（UA）。较常用的邮件 UA 有微软 Office 中的 Outlook 及 Foxmail 等。软件使用者需要知道自己邮箱所在邮件服务器的邮件发送和收取地址，并将这两种地址配置到 UA 中。UA 使用不同的协议发送和收取邮件，其中发送邮件使用简单邮件传输协议（SMTP），收取邮件则使用第 3 版邮局协议（POP3）或因特网报文访问协议（IMAP）。当邮件从客户端发送到邮件服务器后，邮件服务器就会将其传送到接收方的邮件服务器。邮件服务器之间传送邮件使用的也是简单邮件传输协议（SMTP）。

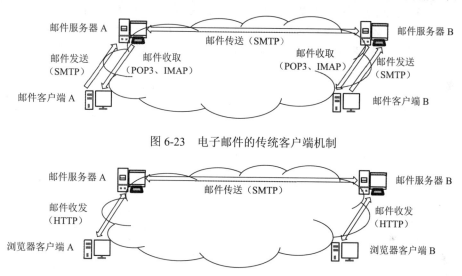

图 6-23　电子邮件的传统客户端机制

图 6-24　电子邮件的基于浏览器的客户端机制

基于浏览器的客户端机制指的是直接使用浏览器访问电子邮件系统的机制，这样的电子邮件系统又称为 Web 邮件系统，这时可以将浏览器看成收发邮件的 UA。此 UA 使用 HTTP 访问电子邮件服务器。

注：目前，几乎所有的 Web 邮件系统均使用安全的 HTTP 即 HTTPS 进行访问。

当前，几乎所有的专业邮件系统均同时支持传统客户端机制和基于浏览器的客户端机制，而且这两种客户端机制目前都在被广泛地使用着。基于浏览器的客户端机制可以在任何计算机终端上运行，因而具有极大的便利性；而传统客户端机制可以用一个邮件客户端软件管理许多个邮件账户上邮件的收发，因而更适用于正式的商务或办公环境。

3．电子邮件礼仪

使用电子邮件不应该随意，而应该遵循一定的礼仪，这既是一种礼貌，可表现一定的风度和优雅，又是正式通信所应有的礼节。下面对电子邮件的格式礼仪和人文礼仪进行扼要介绍。需要说明的是，礼仪范围很广且某些方面与场景和文化有关，我们在这里强调的是读者使用电子邮件时要将礼仪作为一个重要方面考虑，并在撰写邮件时体现出来。然而，邮件礼仪并没有特别的标准，读者应在实践中学习和灵活运用。

1）电子邮件的格式礼仪

我们先从邮件格式方面介绍使用电子邮件应遵循的基本礼仪。

首先，电子邮件应该有一个"见名知义"的地址，也就是说应形如"name@abc.com"，其中 name 应该与自己的名字相一致，对于中文环境就是与自己名字的汉语拼音相一致，如张小明的电子邮箱可以是"zhangxiaoming@abc.com"或"xiaomingzhang@abc.com"，或者将拼音简化一些，或者在遇到名字重复时增加地域、数字或其他的区别字符。QQ 邮箱是一个最典型的情况，腾讯提供的 QQ 服务是一种因非常好用而得到广泛使用的即时通信服务，而且 QQ 还免费提供了邮箱服务，然而该邮箱默认的地址是 QQ 号码，如"54362389@qq.com"，直接使用该地址发送电子邮件就不具备良好的礼仪。腾讯公司考虑到了这个问题，因而在 QQ 邮箱设置功能的"账户"页中，提供了"注册 qq.com 英文账号"的功能，启用该功能，系统打开英文邮箱名的输入框，并提供可用性检测功能，输入可用邮箱名后点击"下一步"按钮即可完成设置。这样注册的英文 QQ 邮箱与 QQ 号码邮箱是同一个邮箱。除了这项功能，QQ 邮箱也与其他邮箱一样允许为账户设置昵称，通常昵称就是自己的真实姓名。设置拼音或英文邮箱名及昵称的目的就是使邮件接收者快速识别出邮件发送人的身份，这是一种基本的礼仪。

其次，邮件要有标题，没有标题的邮件属于不遵循基本礼仪的邮件。标题应与邮件内容相贴合，而且应该简洁，使人一看到标题便知道邮件所涉及的内容。有了合理的标题后，就可以从一个邮件列表中很容易地识别出感兴趣的邮件。

再次，邮件要有抬头和落款，这是对收件人最起码的尊重，也就是最基本的礼仪之一。

最后，邮件内容应该言简意赅，既不要使用冗赘的文字过度占用收件人的时间和精力，也不要用很突兀让人摸不着头脑的文字，导致收件人不必要的费心思索。英文邮件内容通常顶格书写，但段落前后要留有空行。中文邮件内容可以采用常规的首行空两字的方式，也可以顶格书写，段落前后最好留空行。

此外，邮件在界面格式上要尽量简洁，不要对文字、图片或其他多媒体元素进行过度的修饰。

2）电子邮件的人文礼仪

中华文化源远流长，华夏大地为礼仪之邦，信函礼仪已经成为我国礼仪文化的一个重要组成部分，电子邮件作为一种较为正式的网络通信方式，也应该遵循和传承长久以来形成的信函礼仪文化。

首先，要本着谦虚谨慎认真礼貌的态度撰写电子邮件，保证邮件文字通顺、没有错别字和错误的标点符号，这是对收件人最起码的尊重，也是最起码的礼仪。

其次，"您"字是汉语言文字中特有的对人表示尊重的文字，在电子邮件中要适当地多用和善用"您"字，尤其是给长辈、尊者写邮件时。公务和商务信函中也需要经常用"您"字以示对对方的尊重和信函的正式性。

再次，要学习一些我国传统文化中的信函礼仪用语，以提升信函的行文水平。例如，中文传统书信常以"敬语"结束，最常见和普通的敬语是"此致 敬礼"，其中"此"代表信函的主体内容。"此致"常单独占一行，前面空几格，"敬礼"则另起一行顶格。比"此致 敬礼"更有文化韵味的有"敬请 春安""敬请 夏祺""顺颂 秋绥""顺颂 冬祉"等。

此外，需要用英文或其他外文电子邮件与国外邮件接收者联系时，还应学习一些外语语言中邮件的基本格式和礼仪，以使通信具有较好的人文性。

6.4.2 简单邮件传输协议 SMTP

本节先扼要介绍 SMTP，再讲述电子邮件的报文结构。

1. SMTP 基础

SMTP 是邮件客户端向服务器发送邮件的协议，也是邮件服务器之间相互传送邮件的协议。它使用传输层的可靠传输协议 TCP，服务器端的熟知端口号为 25（对于安全的 SMTP，服务器端使用的熟知端口号为 587 或 465）。

SMTP 采用客户/服务器工作模式，当 TCP 经过 3 次握手在邮件客户机和服务器间建立起连接后，客户机发出 SMTP 命令，服务器则做出响应。

SMTP 的命令由 4 个大写字母或由 4 个大写字母开头的短语组成，下面是 SMTP 必须实现的最小命令集。

HELO：客户机向服务器报告自己的身份，通常是其域名。

MAIL FROM：声明发送者的地址。

RCPT TO：声明接收者的地址，可以有多行。

DATA：声明要传送邮件的正文。

RSET：重置本次传输事务，清空缓存。

NOOP：确认服务器正常工作。

QUIT：结束会话。

服务器的响应信息由 3 位数字和响应短语组成，其基本分类为：2XX—成功信息；3XX—提示性信息；4XX—暂时的持续通信失败信息；5XX—不可挽救性失败信息。下面是一些常见的响应信息。

```
211 System status, or system help reply
220 <domain> Service ready
354 Start mail input; end with <CRLF>.<CRLF>
421 <domain> Service not available, closing transmission channel
452 Requested action not taken: insufficient system storage
500 Syntax error, command unrecognized
501 Syntax error in parameters or arguments
504 Command parameter not implemented
```

下面是一个典型的 SMTP 会话过程[5]。其中第 1 行是在 TCP 使用 3 次握手建立连接后服务器向客户端发送的就绪信息，其中的 smtp.example.com 说明了邮件服务器的域名，ESMTP 说明邮件服务器实现了扩展的 SMTP，Postfix 用于说明邮件服务器的类型；第 2 行是客户端发送的 HELO 命令，它向服务器报告自己的域名；第 3 行是服务器端对 HELO 命令的欢迎响应，表示允许客户端开始邮件通信；第 4 行客户端发送 MAIL FROM 命令，向服务器端声明发送者的邮箱地址；第 5 行是服务器的认可响应；第 6 和 8 行是客户端发送的 RCPT TO 命令，它向服务器声明邮件接收者的邮箱地址，一封邮件允许有多个接收者；第 7 和 9 行是服务器对 RCPT TO 命令的认可响应；第 10 行是客户端发送的 DATA 命令，它向服务器表示接下来要发送邮件数据了；第 11 行是服务器端对 DATA 命令的响应，它表示允许客户端发送数据，并且数据要以<CR><LF>.<CR><LF>结束；第 12~21 行是客户端发送的邮件数据；第 22 行是单独的一个圆点，从编码来说它后面带<CR><LF>字符，再结合结束上一行（第 21 行）的<CR><LF>字符，就形成了邮件数据结束的符号组合<CR><LF>.<CR><LF>；第 23 行是服务器收到邮件数据结束符后给出的应答信息；第 24 行客户端发送的 QUIT 命令，表示要结束本次邮件会话；第 25 行是服务器对结束会话的认可响应；第 26 行说明服务器关闭 TCP 连接。

注：尽管第 12~25 行的 From、To 和 Cc 后的邮箱地址与第 4、6、8 行中相同，但它们属于邮件通信中不同的内容，前者是邮件正文中的内容，而后者则是邮件会话命令中的内容。

```
1.   S: 220 smtp.example.com ESMTP Postfix
2.   C: HELO relay.example.org
3.   S: 250 Hello relay.example.org, I am glad to meet you
4.   C: MAIL FROM:<bob@example.org>
5.   S: 250 Ok
6.   C: RCPT TO:<alice@example.com>
7.   S: 250 Ok
8.   C: RCPT TO:<theboss@example.com>
9.   S: 250 Ok
10.  C: DATA
11.  S: 354 End data with <CR><LF>.<CR><LF>
12.  C: From: "Bob Example" <bob@example.org>
13.  C: To: "Alice Example" <alice@example.com>
14.  C: Cc: theboss@example.com
15.  C: Date: Tue, 15 Jan 2008 16:02:43 -0500
16.  C: Subject: Test message
17.  C:
18.  C: Hello Alice.
19.  C: This is a test message with 5 header fields and 4 lines in the message
body.
20.  C: Your friend,
21.  C: Bob
22.  C: .
23.  S: 250 Ok: queued as 12345
24.  C: QUIT
25.  S: 221 Bye
26.  {The server closes the connection}
```

2. 电子邮件的报文结构

电子邮件的报文由首部（header）和体部（body）组成，首部和体部中的内容均须是 7 位的 US-ASCII 码。首部和体部以空行（CRLF）间隔。

首部由一系列的首部域（也称为头部域）组成，其格式为：域名+冒号+域体+CRLF。

域名由除冒号外的可打印的 US-ASCII 字符即 ASCII 码值在 33~126 之间的字符组成，域体由可打印的 US-ASCII 字符与空白字符即 ASCII 码值为 32 的空格和为 9 的水平制表符组成。头部域包括主要头部域和次要头部域。

注："域"也称为"字段"。

主要头部域包括以下内容。

From：发送人邮箱地址。

To：接收人地址列表，以逗号为间隔。

Subject：邮件主题。

Date：发出邮件的本地时间（由邮件代理程序自动生成）。

Message-ID：由邮件服务程序自动生成的标识码，可避免重复发送和标识回复。

次要头部域包括以下内容。

Cc（Carbon copy）：抄送人列表。

Bcc（Blind carbon copy）：暗送人列表（这些收件人地址其他人看不到）。

Content-Type：体部信息的类型，用于接收端代理选择合适的显示或打开工具。

Importance：设置邮件的重要性等级。

In-Reply-To：回复，包括原始邮件的 Message-ID。

体部由 ASCII 码值在 32～126 之间的字符和 CR、LF 组成，且 CR、LF 如果出现，必须以 CR、LF 成对方式连续地出现。

头部域和体部行的最大长度为 1000 个字符，一般不超过 80 个字符。

6.4.3 邮件收取协议

本节将扼要介绍传统电子邮件客户端收取邮件所涉及的两种协议，即 POP3 和 IMAP，Web 邮件使用的协议 HTTP 已在 6.3 节介绍，此处不再赘述。

1. 第 3 版邮局协议 POP3

POP3 是一种邮件客户端读取邮件服务器上邮件信息的应用层协议，它的服务器端使用熟知端口号 110。安全的 POP3 的服务器端使用熟知端口号 995。

POP3 的客户端与服务器端连接后，就从服务器端的邮箱中下载最新的电子邮件，并在下载后从服务器的邮箱中将邮件删除。这在连接速率较低且价格昂贵的互联网的早期是非常实用的，因为邮件下载到客户端后，用户就可以关闭互联网连接，在本地查看邮件。

注：POP3 也允许配置为下载邮件后继续在邮箱中保存邮件而不删除的方式。

为保证邮件识别的唯一性，POP3 可以在每个会话期内赋予邮箱中邮件唯一的编号，也可以全局性地为每个邮件设定唯一编号。

POP3 也将命令设计为用 4 个大写字母表示，常用的命令有用户名命令 USER、密码命令 PASS、邮件列表命令 LIST、获取邮件命令 RETR、删除邮件命令 DELE 和结束会话命令 QUIT 等。

当 POP3 的客户端与服务器端建立起 TCP 连接后，客户端便发送用户命令，如 USER zhangming，接着发送密码命令，如 PASS ****。

用户名和密码验证通过后，客户端可发送 LIST 命令，获取邮件的列表，服务器端会返回邮件列表，每个邮件有一个编号和一个长度值，如下所示：

```
+OK 2 messages
1 1322
```

2 397

客户端此后可发出 RETR 2，获取第 2 个邮件，然后可发出 DELE 2，删除第 2 个邮件，但服务器不会立即删除该邮件，而是等到客户端发出结束会话命令 QUIT 时，一次删除本次会话所有 DELE 命令所涉及的邮件。

2. 因特网报文访问协议 IMAP

由于 POP3 的功能过于简单，IETF 又设计了 IMAP，目前使用的是第 4 版的 IMAP，即 IMAP4，它实现了多个邮件客户端同时对邮箱的全面管理，客户端下载邮件后会默认将邮件继续保存在邮箱里，只有用户显式地发出邮件删除命令，邮件才会被从邮箱中删除。

IMAP 也是用传输层的 TCP 工作，服务器端的熟知端口号为 143，安全的 IMAP 的服务器端则使用熟知端口号 993。

POP3 的典型应用是连接到服务器后快速下载邮件并断开，IMAP 将此改进为连接到服务器后保持在线连接，这样客户端就可以实时地获知邮箱中的邮件状态，从而实现对邮件消息的即时响应。

IMAP 也以客户/服务器方式工作，客户机发出命令，服务器做出响应。下面是一个简化了的客户/服务器交互过程[6]。

以 "*" 开头的信息为服务器的一般响应信息，客户机的命令常用一个标签，如 a001 开始，服务器以该标签标识命令的结束。

在客户机发起的 TCP 连接建立完成后，服务器回应服务就绪，如第 1 行所示；客户机在第 2 行以 login 命令发出登录请求，服务器在第 3 行回应登录成功；客户机在第 4 行发出 select 命令请求获取收件箱中的邮件列表，服务器以第 5~8 行响应；客户机在第 9 行发出 fetch 12 full 命令获取 12 号邮件的基本信息，服务器以第 10~12 行响应；客户机在第 13 行发出 fetch 12 body[header]命令获取第 12 号邮件的 body（含 header），服务器以第 14~20 行响应；客户机在第 21 行发出 store 命令为第 12 号邮件增加删除标记，服务器以第 22~23 行响应；最后，客户机在第 24 行发出 logout 命令结束会话，服务器以第 25~26 行响应。

```
1.  S:  * OK IMAP4rev1 Service Ready
2.  C:  a001 login mrc secret
3.  S:  a001 OK LOGIN completed
4.  C:  a002 select inbox
5.  S:  * 18 EXISTS
6.  S:  * FLAGS (\Answered \Flagged \Deleted \Seen \Draft)
7.  S:  ···········
8.  S:  a002 OK [READ-WRITE] SELECT completed
9.  C:  a003 fetch 12 full
10. S:  * 12 FETCH (FLAGS (\Seen) INTERNALDATE "17-Jul-1996 02:44:25 -0700"
11. S:  ···········
12. S:  a003 OK FETCH completed
13. C:  a004 fetch 12 body[header]
14. S:  * 12 FETCH (BODY[HEADER] {342}
15. S:  Date: Wed, 17 Jul 1996 02:23:25 -0700 （PDT）
```

```
16.  S:   From: Terry Gray <gray@cac.washington.edu>
17.  S:   Subject: IMAP4rev1 WG mtg summary and minutes
18.  S:   To: imap@cac.washington.edu
19.  S:   ............
20.  S:   a004 OK FETCH completed
21.  C:   a005 store 12 +flags \deleted
22.  S:   * 12 FETCH (FLAGS (\Seen \Deleted))
23.  S:   a005 OK +FLAGS completed
24.  C:   a006 logout
25.  S:   * BYE IMAP4rev1 server terminating connection
26.  S:   a006 OK LOGOUT completed
```

6.4.4　多用途互联网邮件扩展

SMTP 传输的邮件是内容为 7 位 ASCII 码的邮件，然而邮件越来越广泛的应用需要它具备传输任何 8 位字节字符的能力。这包括目前已经成为统一字符编码（unicode）标准的 UTF-8 编码（8 位统一变换格式），各种图片、视频、音频等多媒体格式，以及任何格式的文档。

1. MIME 及 Base64 编码

为了保持兼容性，也就是保持已经大量部署且广泛地被人们使用的 SMTP 邮件系统不被断崖式地替换，IETF 提出了多用途互联网邮件扩展（MIME）技术，无缝地解决了以传统 SMTP 传输任何 8 位字节字符的问题。

这个巧妙的解决方法是通过在含有任何 8 位字节字符邮件和 SMTP 之间增加一个 MIME 转换功能实现的，如图 6-25 所示。

MIME 的核心是使用一种编码将任何 8 位字节的字符转化为 SMTP 允许的 7 位 ASCII 码。在发送端，MIME 模块将含有任意 8 位字节值的原始邮件转换为 7 位 ASCII 码的 SMTP 邮件；在接收端，MIME 模块执行相反的操作，即将 7 位 ASCII 码的 SMTP 邮件还原回本来的 8 位邮件信息。为了表达哪些 SMTP 字符是转换来的和怎样转换的，MIME 增加了新的首部行。由于发送邮件是双向的，因此 MIME 模块应同时具有编码和解码功能。

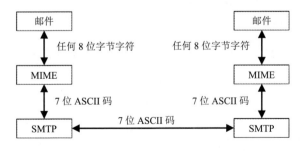

图 6-25　使用 MIME 的邮件编码转换

最常用的转化方法是 Base64 编码。Base64 编码就是用 64 个 7 位 ASCII 码构成一个 64 进制的编码系统，如表 6-4 所示，从表中可以看出，选择的 64 个 7 位 ASCII 码包括 26 个大写字母、26 个小写字母、10 个数字，以及 "+" 和 "/"。

表 6-4　Base64 编码表

编号	字符	编号	字符	编号	字符	编号	字符	编号	字符	编号	字符	编号	字符	编号	字符
0	A	8	I	16	Q	24	Y	32	g	40	o	48	w	56	4
1	B	9	J	17	R	25	Z	33	h	41	p	49	x	57	5
2	C	10	K	18	S	26	a	34	i	42	q	50	y	58	6
3	D	11	L	19	T	27	b	35	j	43	r	51	z	59	7
4	E	12	M	20	U	28	c	36	k	44	s	52	0	60	8
5	F	13	N	21	V	29	d	37	l	45	t	53	1	61	9
6	G	14	O	22	W	30	e	38	m	46	u	54	2	62	+
7	H	15	P	23	X	31	f	39	n	47	v	55	3	63	/

Base64 是一种 6 位的编码系统，用它对 8 位字节字符编码时，每 4 个 Base64 字符可对 3 个 8 位字符进行编码。

例如，汉字"您"的 UTF-8 编码为 3 字节的 0xE682A8。

注：查看汉字的编码可先使用 Notepad++ 软件编辑含有汉字的 .txt 文件，再用 HxD 软件查看其编码。

其二进制编码为 11100110、10000010、10101000。

将二进制编码拆分为 4 个 6 位组：111001、101000、001010、101000。

它们对应的十进制编码为 57、40、10、40。

查表 6-4 可得它们对应的 Base64 符号是 5、o、K、o。

也就是说，Base64 编码会将汉字"您"以 4 字节的 ASCII 码"5oKo"来编码，即当电子邮件中发送汉字"您"时，将以发送 ASCII 码"5oKo"来代替。

8 位字节字符编码转换为 Base64 编码时需要考虑字符个数不是 3 的整数倍的情况，如果最后剩余 1 个字符，则将其编码补 4 个 0，转换为 2 个 Base64 字符，后面再补 2 个"="号；如果最后剩余 2 个字符，则将其编码补 2 个 0，转换为 3 个 Base64 字符，后面再补 1 个"="号。

接收端收到 Base64 编码的"5oKo"后，会从表 6-4 中依次查出 5、o、K、o 对应的编码，分别以 6 位二进制数表示并连接为 24 位的位串，再将该位串截为 3 个 8 位的字节，最后将这 3 个 8 位的字节对应为 UTF-8 编码的字符"您"。

2．MIME 引入的邮件首部字段

为了使 MIME 在 SMTP 上顺利工作，MIME 引入了 4 个邮件首部字段。

1）版本字段 Mime-Version

版本字段用于说明当前邮件使用了 MIME，目前的版本为 1.0，其格式为：

```
Mime-Version: 1.0。
```

2）内容类型字段 Content-Type

内容类型字段用于说明邮件内容的媒体类型，以类型/子类型形式描述。

简单文本信息（默认）：text/plain。

混合多部分内容：multipart/mixed。

包含同一内容的不同表达方式：multipart/alternative。

各种媒体和应用：image/jpeg, audio/mp3, video/mp4, application/msword。

3）内容传送的编码方式 Content-Transfer-Encoding

内容传送的编码方式即邮件内容的编码形式，最常用的编码形式是 Base64，其他还有 7 位码（7bit）和引号界定的可打印字符码（quoted-printable）等。

4）内容处置方式 Content-Disposition

内容的显示或打开方式：一种是正常页内显示方式（inline）；另一种是附件方式（attachment），它允许指明一个文件名，如 attachment; filename=genome.jpeg;。

注：关于 MIME 及 Base64 编码的示例请参阅 8.2 节。

⇒6.5　动态主机配置协议 DHCP

根据前面的学习，一个 IP 的站点要正常工作，首先需要获得一个 IP 地址及其对应的子网掩码，以及默认路由器（也就是默认网关）的地址。此外，大部分时候应用层访问某个主机是根据其域名进行访问的，因而 IP 的站点还需要获得默认的 DNS 服务器的 IP 地址。

尽管所有这些参数都可通过手工进行静态配置，但是这在大部分时候是不现实的，因为手工配置对网络使用者的要求很高，而且容易出现错误或冲突，对于基于笔记本电脑的移动式办公和智能手机、PAD 等小型设备，这种手工配置更是不可行的。TCP/IP 的设计者也绝对不会让网络用户通过这么烦琐的操作使用网络，于是他们设计了动态主机配置协议 DHCP，实现了自动的 IP 和 DNS 参数配置。

图 6-26 示出了单个网络上 DHCP 的运行状况，其中 C1、C2 和 C3 是 3 个需要 IP 配置的客户机，S1 和 S2 是两个 DHCP 服务器。当某个客户机如 C1 的 IP 进行初始化时，它就会调用本机上的 DHCP 客户端，DHCP 客户端会发送 DHCPDISCOVER 报文（DHCP 发现报文），网络上的两个 DHCP 服务器在收到 DHCPDISCOVER 报文后，都会发送提供 IP 配置的 DHCPOFFER 报文（DHCP 提供报文），客户机 C1 会选择一个 DHCPOFFER 报文（如 S2 发来的）中的 IP 地址，并发送 DHCPREQUEST 报文（DHCP 请求报文），以请求使用 S2 提供的 IP 配置，S2 收到 C1 的 DHCPREQUEST 报文后，再发回 DHCPACK 报文（DHCP 确认报文），这是基本的 IP 参数获取过程，DHCP 的基本运行过程如图 6-27 所示。

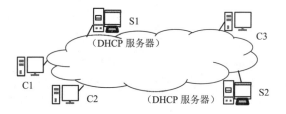

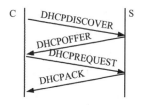

图 6-26　单个网络上 DHCP 的运行状况　　　　图 6-27　DHCP 的基本运行过程

DHCP 使用传输层的 UDP 工作，其客户端和服务器端均使用熟知端口，端口号分别是 68 和 67。由于 DHCP 工作时，客户端还没有 IP 地址，也不知道服务器的 IP 地址，因而协议工作过程中目的 IP 地址要使用本网的广播地址 255.255.255.255，当源为客户端时，源地址取为 0.0.0.0。

注：DHCP 服务器有明确的 IP 地址，因而它发出报文时，源 IP 地址是明确的。

下面对 DHCP 的工作过程进行扼要的说明，要了解其详细工作过程，可参考文献[7][8][9]。

客户端发送 DHCPDISCOVER 报文时，该报文的源 IP 地址和目的 IP 地址分别取为地址 0.0.0.0 和广播地址 255.255.255.255，但要在 DHCP 报文的客户端硬件地址（CHADDR）和客户端标识（client-identifier）处分别标上客户机的物理地址（通常是以太网地址）。服务器端发回 DHCPOFFER 报文时，源 IP 地址和目的 IP 地址分别取为服务器的 IP 地址和广播地址 255.255.255.255，并使 CHADDR 的值与 DHCPDISCOVER 报文中 CHADDR 的值相同，这样就只有该 DHCPDISCOVER 报文的发出者才能接收此 DHCPOFFER 报文，该 DHCPOFFER 报文的"你的 IP 地址"（YIADDR）会提供一个可用的 IP 地址，同时提供子网掩码、默认网关等信息，且服务器会冻结所提供的 IP 地址。客户端可能会收到多个 DHCPOFFER 报文，它选取其中一个所提供的 IP 地址等数据作为自己的参数，并发送 DHCPREQUEST 报文，该报文的源 IP 地址和目的 IP 地址依然分别取为地址 0.0.0.0 和广播地址 255.255.255.255，CHADDR 和客户端标识处依然标上客户机的物理地址，请求地址（requested address）处标上选择的 IP 地址，服务器标识（server identifier）处标上选定 IP 地址对应的 DHCP 服务器的 IP 地址，这样所有的 DHCP 服务器都可以收到此 DHCPREQUEST 报文，只有服务器标识与自己的 IP 地址一致的服务器才认可客户端的请求，并发回 DHCPACK 报文，该报文的源 IP 地址和目的 IP 地址分别是服务器自己的 IP 地址和广播地址 255.255.255.255，CHADDR 处依然标识客户机的硬件地址，这样只有该硬件地址上的客户机才接收这个 DHCPACK 报文，并最终确定下来使用选定的 IP 地址。其他收到 DHCPREQUEST 报文的服务器会发现，客户机没有选定自己提供的 IP 地址，于是它们就收回被此前 DHCPOFFER 报文冻结的 IP 地址。

客户机被允许使用一个 IP 地址是有租用期的，这会在 DHCPOFFER 报文的 IP 地址租用期（IP address lease time）T 中说明，DHCPOFFER 报文同时会说明 IP 地址的更新时间（renewal time）T_1 和再次绑定时间（rebinding time）T_2。通常 $T_1=0.5T$、$T_2=0.875T$。当租用时间达到 T_1 时，客户机需要发送 DHCPREQUEST 报文要求更新租用期，服务器端如果发回确认 DHCPACK 报文，则客户机更新租用期；如果服务器发回 DHCPNACK 报文（DHCP 否认报文），则客户机要终止使用该 IP 地址，并重新发送 DHCPDISCOVER 报文。

如果服务器对客户机在 T_1 时刻发送的 DHCPREQUEST 报文没有响应，则客户机会在 T_2 时刻再次发送 DHCPREQUEST 报文，如果仍然无响应，则当租用期结束后会立即发送 DHCPDISCOVER 报文。

客户机也可主动终止 IP 地址的租用，这时它只要发送一个 DHCPRELEASE 报文（DHCP 释放报文）即可。

为了避免在多个网络上部署 DHCP 服务器带来的 IP 地址池的划分和不均衡使用，实践中常在某个网络上部署一个 DHCP 服务器，而在其他网络上部署 DHCP 中继代理（DHCP relay agent），其示意图如图 6-28 所示。

图 6-28 中在网络 N2 上部署了一个 DHCP 服务器 S，在 N1 和 N3 网络上分别部署了 DHCP 中继代理 DRA1 和 DRA2，它们都被配置为指向 DHCP 服务器 S。这样当 N1 网络上有机器发送 DHCPDISCOVER 报文时，DRA1 就将该报文以单播的方式转发到 N2 网络上的 DHCP 服务器 S 上，S 会以单播的方式向 DRA1 发送 DHCPOFFER 报文，DRA1 再在 N1 网络上广播 DHCPOFFER 报文。对 N1 网络上的客户机 C1 和 C2 来说，DRA1 是透明的，即它们并不知道是中继代理参与了 DHCP 服务，因而它们可以按照正常的方式执行 DHCP，从而得到期望的服务。

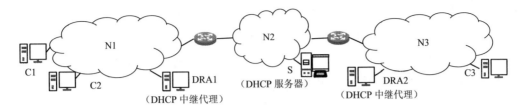

图 6-28 DHCP 中继代理示意图

6.6 简单网络管理协议 SNMP

在今天的网络化时代，每个单位都有大量的以 TCP/IP 联网的网络和计算设备，大型的信息中心和数据中心更是有成千上万台 24h 不间断工作的网络和计算设备，为使这些可能来自不同厂商的设备的运行得到有效的管理和监控，需要采用一致的管理技术，简单网络管理协议（SNMP）就是为此设计的。SNMP 是一个"名不副实"的协议，因为它既不简单，也不是一个单纯的网络协议，实际上它是一种非常复杂的网络管理体制，本节仅对其进行扼要介绍，想深入掌握 SNMP 的读者还需要阅读相关的书籍和资料。

6.6.1 SNMP 的配置与组成

本节将从宏观上向读者介绍 SNMP 在实际应用中的配置，以及 SNMP 所包括的基本组成部分。

1. SNMP 在实际应用中的配置

在实际的网络管理应用中，SNMP 具有图 6-29[10]所示的配置。通常在网络中心设置一台或多台网络管理工作站（NMS），在该工作站上安装功能强大的具有图形用户界面的网络管理软件（简称网管软件），网络管理员通过使用 NMS 上的网管软件进行实际的网络管理操作。

在被管理的网络设备上，需要安装与被管理部件（硬件或软件）有关的网络管理代理（agent，简称网管代理），网管软件通过向网管代理发送 GET 请求来获取被管理部件的状态，网管代理以 GET 应答反馈。网管软件也可能通过修改被管理部件的状态实现对被管理部件的控制，这时它就向网管代理发送 SET 请求，网管代理以 SET 应答反馈修改是否成功。

被管理部件的某些状态有时会超出警戒限度，这时网管代理就会以陷阱方式向网管软件中的陷阱接收器报告，网管软件会以一定的告警方式通知网络管理员，要求立即处理这一严重的网络事件。

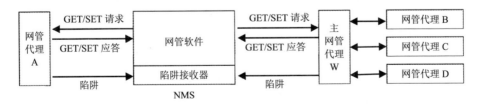

图 6-29 SNMP 在实际应用中的配置

实践中，为了方便管理和配置，网管代理还常被组织成不同的层次，图 6-29 示出了两层网管代理的情况。在网管代理 B、C 和 D 上面增加了一层主网管代理 W，它与所辖的各网管代理之间具有双向通信机制，它与 NMS 上的网管软件间则具有与普通网管代理（如左侧的网管代理 A）相同的通信协议，这样它就可以完全代替所辖的网管代理与网管软件进行通信。

2．广义的 SNMP 的组成

广义的 SNMP 由管理信息结构（SMI）、管理信息库（MIB）、SNMP 和安全认证 4 部分组成，如图 6-30 所示[11]。该图证实了前述的断言，即 SNMP 并不是一个单纯的网络协议。

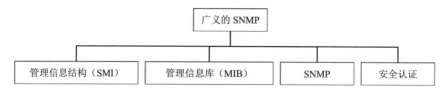

图 6-30　广义的 SNMP 的组成

注：图 6-30 意味着 SNMP 具有两个层次的含义，在狭义的层面上它是一个单纯的协议，在广义的层面上，它由图 6-30 所示的 4 个部分组成，有些论述中将这个广义的 SNMP 称为 SNMP 框架。本书将不对此进行严格区分，因为读者从上下文可以很容易地获知 SNMP 的含义。

1）管理信息结构

为了使各种不同的设备在网络管理方面具有互操作性，我们需要一种描述设备特性的方式，在计算机科学中，这样的描述方式称为数据定义语言（DDL）。SNMP 中的管理信息结构（SMI）就是用来定义网络设备的信息结构、语法和特性的数据定义语言。SMI 包括 3 个组成部分，即被管对象的命名体系、被管对象的数据类型和被管对象数据的编码方法。

（1）SMI 被管对象的命名体系。

网络中的被管对象数量众多、类别多样，需要有一套科学、严谨、易用又具有良好扩充性的命名方法。为此，SMI 采用了 ISO 的对象命名机制，并在此基础上进行了网络被管对象的扩充。该命名机制的结果是一棵如图 6-31 所示的被管对象的命名树（简称对象树）。

对象树的每一个结点是一个对象，每一个对象有一个文字描述的名字和一个数字描述的编号。一个对象如 ip 可以用名字描述，如 iso.org.dod.internet.management.mib-2.ip，也可以用编码描述，如 ip 的编码描述为：1.3.6.1.2.1.4。

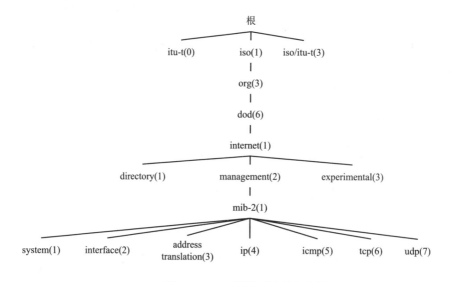

图 6-31　SMI 被管对象的命名树

（2）SMI 被管对象的数据类型。

SMI 使用 ISO 抽象语法标记 1（ASN.1）来定义被管对象的数据类型，因为 ASN.1 很严格，用它定义的数据不存在任何可能的二义性。SMI 后来根据需要在 ASN.1 的基础上进行了一些扩展。SMI 将数据类型分为简单类型和结构化类型，表 6-5 示出了主要的简单数据类型。

表 6-5　SMI 中主要的简单数据类型

类型	大小	描述	类型	大小	描述
INTEGER	4 字节	在 $-2^{31} \sim 2^{31}-1$ 之间的整数	IPAddress	4 字节	由 4 个整数组成的 IPv4 地址
Integer32	4 字节	同上	Counter32	4 字节	可从 0 增加到 2^{32} 的整数；达到最大值时就归 0
Unsigned32	4 字节	在 $0 \sim 2^{32}-1$ 之间的无符号数	TimeTicks	4 字节	时间计数值，以 1/100s 为单位
OCTET STRING	可变	不超过 65535 字节的字节串	BITS	—	比特串
OBJECT IDENTIFIER	可变	对象标识符	Opaque	可变	不解释的串

SMI 的结构化类型包括 sequence 和 sequence of 两种。前者相当于 C 语言中的 struct，即一些简单数据类型的组合；后者则是关于简单类型数据或 sequence 数据的列表。

（3）SMI 被管对象数据的编码方法。

SMI 采用了 ASN.1 中指定的基本编码规则（BER）对被管对象的数据进行编码。BER 使用如图 6-32 所示的 T-L-V 方式进行编码，其中 T 字段为数据的类型标记，L 字段为 V 字段的长度即字节数，V 字段为数据的值。

字节	1	可变	可变
数据字段	T（数据的类型标记）	L（V 字段的长度）	V（数据的值）

图 6-32　BER 中的 T-L-V 编码方式

表 6-6 列出了常见数据类型的 T 字段标记值。L 字段的长度可能是 1 字节，也可能是多字节，当其最高位为 0 时，它为 1 字节，它的值就是数据值 V 的字节数；当其最高位为 1 时，它就是多字节，这时它第 1 字节的后 7 位说明 L 字段的后续字节数，而后续字节的值说明了数据值 V 的字节数，后续字节按照高字节在前、低字节在后的方式排列。数据值 V 如果是整数，则也按照高字节在前、低字节在后的方式排列。

表 6-6　常见数据类型的 T 字段标记值

数据类型	标记 T	数据类型	标记 T	数据类型	标记 T	数据类型	标记 T	数据类型	标记 T
INTEGER	0x02	OBJECT IDENTIFIER	0x06	Sequence, Sequence of	0x30	Counter	0x41	TimeTicks	0x43
OCTET STRING	0x04	NULL	0x05	IPAddress	0x40	Gauge	0x42	Opaque	0x44

2）管理信息库

所谓管理信息，就是指在因特网的网络管理框架中被管对象及其状态和控制信息的集合，在 SNMP 中，这些信息被称为管理信息库（MIB）。每个对象维护自己的管理信息，SNMP 通过读取和修改这些管理信息来实现网络管理。

注：MIB 并非一般意义上的数据库，因为它不刻意遵从数据库的 ACID（原子性、一致性、隔离性与持久性）特性，也没有相应的查询语言，而且分布在不同的被管对象中。

SNMP 所管理的对象是图 6-31 所示对象树中 mib-2 下的子树，为便于区分，我们将 mib-2 子树下的非叶结点称为 MIB 对象，而叶结点称为 MIB 变量。表 6-7 示出了 ip 和 tcp 对象下的一些变量。

注：MIB 对象和变量常以驼峰表示法取名。

表 6-7   ip 和 tcp 对象下的一些 MIB 变量

MIB 变量	所属对象	描述	MIB 变量	所属对象	描述
ipDefaultTTL	ip	TTL 字段的默认值	ipFragOKs	ip	分片的数据报数量
ipInReceives	ip	收到的数据报数量	ipRoutingTable	ip	IP 路由表
ipForwDatagrams	ip	转发的数据报数量	tcpRtoMin	tcp	TCP 允许的最小重传时间
ipOutNoRoutes	ip	路由选择失败的次数	tcpMaxConn	tcp	TCP 允许的最大连接数量
ipReasmOKs	ip	重装的数据报数量	tcpInSegs	tcp	TCP 收到的报文段数量

大部分的 MIB 变量，如 ipDefaultTTL、tcpRtoMin 等，都是整数类型的简单变量，但也有像 ipRoutingTable 那样表格式的复杂的变量。需要说明的是，作为 MIB 变量的 ipRoutingTable 与路由器中的路由表在内容上是一致的，但是在格式上差别很大，因为 ipRoutingTable 需要在 SNMP 通信传输后还能被正确地解析。

6.6.2   SNMP 的基本操作和报文格式

本节对 SNMP 进行扼要介绍，内容包括 SNMP 的基本操作和基本报文格式。

1. SNMP 的基本操作

SNMP 的功能是实现对网络对象的管理，其操作包括网络对象的信息获取和参数设置两个方面。SNMP 以探询和"陷阱"两种方式实现对网络对象的信息获取，其中探询方式是主要的工作方式，在该工作方式下，NMS 周期性地向所管辖的代理发送 MIB 信息的读取命令。陷阱方式指的是当某个网络对象的某个指标值超出一定限度时，网管代理主动向 NMS 发送相关信息的命令。

SNMP 为每种操作都设计了相应的报文，主要的报文如下：

GetRequest 报文：NMS 发送的从网管代理获取一个或一组变量值的报文，在报文中有关的 MIB 变量会以其在对象树上的编号进行标记。

GetNextRequest 报文：当读取的变量数据是一个列表时，可以先发送一次 GetRequest 报文获取列表中的第 1 条数据，再发送若干次 GetNextRequest 报文，获取列表中后续的数据条目。

GetBulkRequest 报文：上述的 GetRequest/GetNextRequest 报文在获取数据条目较少的列表数据时比较可行，但是当列表中的数据量很大时，上述方式的效率较低，GetBulkRequest 报文可以一次获取一个列表中的全部或部分数据，以解决上述效率较低的问题。

Response 报文：此报文是网管代理对 NMS 的 GetRequest、GetNextRequest 和 GetBulkRequest 报文的应答报文，其中包括所请求对象及其数据，以及对象不存在或数据无法获取等特殊情况的报告。

SNMPv2Trap 报文：网管代理向 NMS 发送的"陷阱"报文，其中包括超过限度的 MIB 对象及其值。

2．SNMP 的基本报文格式

像其他协议一样，SNMP 也有其规定的报文格式，然而 SNMP 的报文格式是用 SMI 语法描述的，因而它非常复杂，不像其他协议的报文那样可以用一个明确的结构图表示出来。在此我们仅给出其轮廓性的描述，想详细学习的读者可参考专门的网络管理教材及相关的 RFC 文档。

图 6-33 示出了 SNMP 报文的嵌套层次。SNMP 报文先封装为传输层的 UDP 报文，再封装为网络层的 IP 数据报。与其他协议不同，SNMP 报文与 SNMP PDU 是不同的，SNMP 报文嵌套了 SNMP 上下文 PDU，SNMP 上下文 PDU 又嵌套了 SNMP PDU。

注：图 6-33 示出的是 SNMPv3 报文的嵌套关系，SNMPv3 是 SNMP 的最新标准。

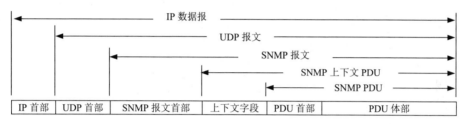

图 6-33　SNMP 报文的嵌套层次

图 6-34 示出了 SNMP 报文的格式。其中报文版本为 3；报文标识用于表明应答报文所对应的请求报文；最大报文长度用于说明报文发送者可以接收的最大报文长度，其最小值为 484。

图 6-34　SNMP 报文的格式

报文标志是一个 1 字节的字段，用于说明报文的报告、私有和认证标志；MSM 指的是报文安全模型，它是一个 4 字节的整数值，默认值为 3，即基于用户的安全模型；报文安全参数是长度可变的字段，用于说明报文安全模型需要的参数。

SNMP 报文的体部是一个 SNMP 上下文 PDU。

图 6-35 示出了 SNMP 上下文 PDU 的格式。上下文是一个很复杂的概念，简单的理解就是希望获取或配置 MIB 对象的应用程序。SNMP 上下文 PDU 包括上下文引擎 ID 和上下文名称两个上下文相关的字段，它们都是长度可变的字段，其中上下文引擎 ID 用于说明处理 PDU 的应用程序标识，而上下文名称是该应用程序的名字描述。

图 6-35　SNMP 上下文 PDU 的格式

图 6-36 示出了 SNMP PDU 的一般格式。其首部主要包括 4 个字段，它们的长度都是 4 字节，其中 PDU 类型有如下定义：0—GetRequest，1—GetNextRequest，2—Response，3—SetRequest，5—GetBulkRequest，7—Trapv2；请求标识用于标记应答报文所对应的请求报文；错误状态用于说明应答报文是否有错误发生，0 表示没有错误，如果有错误则说明是何种错误；错误索引用于在错误状态不是 0 时，说明发生错误的变量在 SNMP PDU 的体部中的位置。

SNMP PDU 的体部是一个变量名-变量值的列表，对于请求报文，它罗列 NMS 希望获取到值的 MIB 变量，这时的值取空值；对于应答报文，它反馈请求报文中 MIB 变量的值或错误状态。

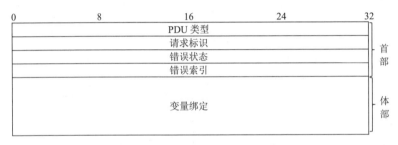

图 6-36　SNMP PDU 的一般格式

➦ 习题

1. 给出 4 个国家域名和 4 个通用顶级域名。

2. 因特网上共设置了多少组根域名服务器？它们对应什么样的域名？

3. 域名系统中包括哪几类域名服务器？其中的哪类域名服务器只提供域名解析功能，不提供实质的域名/IP 地址映射？说明根域名服务器共有多少组。

4. 在自己的计算机上运行 ipconfig/all 命令，写出该命令报告的 DNS 服务器的 IP 地址。

5. 画出迭代式域名解析的示意图。

6. 画出递归式域名解析的示意图。

7. 画出 DNS 协议报文的格式。

8. DNS 使用哪种传输层协议？说明其熟知端口号。

9. 使用 nslookup 命令查询两个自己喜欢的域名的 IP 地址。

10. 在自己的计算机上运行 ipconfig/displaydns 命令，并分别截取命令给出的两组类型为 A 和两组类型为 CNAME 的 DNS 记录结果。

11. 在自己的机器上运行 tracert 命令，命令后跟一个自己喜欢的网站域名，将命令窗口截屏。

12. 给出下列缩略语的中文和英文全称：DNS、TLD、RR、FTP。

13. FTP 使用哪种传输层协议？它包括哪两种连接？给出它们对应的端口号。

14. Telnet 使用哪种传输层协议？说明其熟知端口号。

15．Telnet 采用什么机制实现客户端与服务器端命令格式的转换？

16．说明万维网和因特网的不同。

17．万维网作为一个网络的连接部件是什么？

18．说明什么是超文本？什么是超媒体？

19．分别给出 3 种常用的浏览器和 Web 服务器的名称。

20．URL 由哪几部分组成？给出 URL 中三个协议的名称，说明 Web 服务的默认端口号。

21．选择你喜欢的两所国内著名高校，给出它们网站的域名和对应的 IPv4 地址。

22．为什么说 HTTP 请求一个 Web 文档所花费的最少时间是 2 个 RTT？

23．解释 HTTP 的持续性连接和流水线方式。

24．分别给出一个以 2、3、4 打头的 HTTP 状态码和对应的短语。

25．一个完整的 URL 中会包括服务器端的主机名（或 IP 地址）、端口号和文档目录及文档名，请问这三项内容在 HTTP 的运行过程中是怎样体现的？

26．举例说明在什么情况下浏览器访问一个网页时需要运行 DNS 协议。

27．分别给出空格、冒号、回车符和换行符的十进制和十六进制 ASCII 码。

28．画出 HTTP 请求报文的结构。

29．HTTP 请求报文包括哪些方法？

30．给出 HTTP 请求报文中常用的 3 个首部字段。

31．画出 HTTP 应答报文的结构。

32．说明 Cookie 技术中服务器端和客户端用到的头部行的名字，每个 Cookie 文件最大为多少字节？

33．HTTPS 具体用到什么安全协议？说明在协议层次上 HTTPS 所处的位置。

34．用什么属性指定 HTML 图片文件名？用一个完整的图片元素举例说明。

35．用什么属性指定 HTML 超链接的目标？用一个完整的超链接元素举例说明。

36．给出 HTML 文档的基本结构。

37．制作一个网页，其中包括两个图片，一个图片为使用相对路径的本地图片，另一个为使用绝对路径的互联网图片；其中包括两个超链接，一个是图片超链接，另一个是文字超链接。要求不能使用本书前面章节用到的图片和超链接网址。要求在 Word 文档中给出所制作网页的两个截图，一个是网页在浏览器中显示的截图，另一个是用浏览器的"查看源代码"功能能打开的 HTML 源代码截图。

38．电子邮件涉及哪两类协议？给出具体的协议名称。

39．电子邮件报文包括哪些主要头部域和次要头部域？

40．电子邮件中为什么要引入 MIME？图示说明 MIME 在电子邮件中的编码转换作用。

41．MIME 引入了哪些邮件首部行？

42．Base64 编码的 Excel 计算：在 Excel 工作簿中建立两个 Excel 工作表，第一个为图 6-37（a）所示的 Base64 编码查询表，表名为 Base64Chars，表中包括两列，第 1 列列名为 No，内容是 0～63 的序号，第 2 列列名为 char，对应第 1 列编号的 Base64 编码符号；第二个是表名为"您"的 Base64 编码计算和验算表，如图 6-37（b）所示，其中"十六进制字节值"后是直接输入的汉字"您"的 UTF-8 编码，"二进制字节值"是从上面十六进制值转换的 8 位二进制值，“二进制串”是将上面 3 个 8 位二进制值顺次连接的串，“6 位二进制串”是将上面的 24 位串分割成的 4 个 6 位串，“Base64 序号”是上面 6 位二进制串对应的十进制值，“Base64 字符”是根据上面的 Base64 序号查“Base64Chars”表得到的符号，查表命令为 VLOOKUP（C7, Base64Chars!$A$2:$B$65,2），“Base64 编码”是将上面的 4 个符号连接而成的串。接下来是验算过程，“分解 Base64 字符”是将上面的 4 字符串分解得到的 4 个独立的字符，“反查 Base64 字符”是使用公式 FIND（C10, CONCAT（Base64Chars!$B$2:$B$65））-1 得到的十进制值，“转 6 位二进制串”是将上面的十进制数字转化成的对应的 6 位二进制数字，“连接为二进制串”是将上面的 4 组 6 位二进制数字连接成的 24 位二进制串，“分解为 8 位二进制串”是将上述的 24 位二进制串分解成的 3 个 8 位的二进制串，最后将 3 个 8 位的二进制串转换为 3 个 2 位的十六进制数字。此表除了汉字“您”下的“十六进制字节值”是人工输入的，其余都应设计 Excel 公式，通过计算得出。

No	Char
0	A
1	B
2	C
3	D
4	E
5	F
6	G
7	H
8	I
9	J
10	K
11	L
12	M
13	N

Base64Chars

（a）

序号	描述	数据			
0	原信息	您			
1	十六进制字节值	E6	82	A8	
2	二进制字节值	11100110	10000010	10101000	
3	二进制串	111001101000001010101000			
4	6位二进制串	111001	101000	001010	101000
5	Base64序号	57	40	10	40
6	Base64字符	5	o	K	o
7	Base64编码	5oKo			
8	分解Base64字符	5	o	K	o
9	反查Base64序号	57	40	10	40
10	转6位二进制串	111001	101000	001010	101000
11	连接为二进制串	111001101000001010101000			
12	分解为8位二进制串	11100110	10000010	10101000	
13	转16进制字节值	E6	82	A8	

Base64Chars　您

（b）

图 6-37　Base64 编码的 Excel 计算

43．将上题的“您”工作表复制为“好”，将其中的“原信息”→“您”替换为“好”，将其下的十六进制字节值替换为“好”的 UTF-8 编码，即 E5、A5、BD，查看其转换成的 Base64 编码，并验算结果是否正确。

44．给出 DHCP 中 4 种主要报文的名字。

45．说明 DHCP 中继代理的作用。

46．DHCP 的 RFC 2312 规定 IP 地址的租用期字段为 4 字节，单位为秒，因而租用期最长可以达到 136 年，试设计 Excel 公式验证该说法。

47．给出下列缩略语的中文和英文全称：WWW、URL、HTTP、DNS、FTP、DHCP。

48．SNMP 由哪 4 部分组成？

49．SNMP 中的 SMI 采用了什么组织的对象命名机制？使用了什么样的语法标记来定义被管对象的数据类型？

50．给出 5 个 SMI 的简单数据类型和两个结构化类型。

51．SNMP 以哪两种方式实现对网络对象的信息获取？

52．SNMP 的操作使用了哪 5 种主要的报文？

➡ 参考文献

[1] DNSWATCH. Root Server Technical Details: Locations[EB/OL]. [2023-1-2].（链接请扫书后二维码）

[2] Flylib.com. 14.3 DNS Message Format[EB/OL]. [2023-1-3].（链接请扫书后二维码）

[3] JAVATPOINT. Telnet[EB/OL]. [2023-1-4].（链接请扫书后二维码）

[4] 顺丰速运[EB/OL]. [2023-1-6].（链接请扫书后二维码）

[5] WIKIPEDIA. Simple Mail Transfer Protocol[EB/OL]. [2023-2-14].（链接请扫书后二维码）

[6] Wikipedia. Internet Message Access Protocol[EB/OL]. [2023-2-17].（链接请扫书后二维码）

[7] What Is DHCP? [EB/OL]. [2023-2-25].（链接请扫书后二维码）

[8] DHCP （Dynamic Host Configuration Protocol） Basics[EB/OL]. [2023-2-25].（链接请扫书后二维码）

[9] WIKIPEDIA. Dynamic Host Configuration Protocol[EB/OL]. [2023-2-25].（链接请扫书后二维码）

[10] WIKIPEDIA. Simple Network Management Protocol[EB/OL]. [2023-2-28].（链接请扫书后二维码）

[11] KOZIEROK C M. TCP/IP Internet Standard Management Framework Architecture and Protocol Components[EB/OL]. The TCP/IP Guide. [2023-2-28].（链接请扫书后二维码）

第 **7** 章 无 线 网 络

如果你带着一个笔记本电脑、一个平板电脑或一个智能手机到某个办公室、会议室、旅馆或餐馆，你就会在墙上或某个卡片上看到 Wi-Fi 连接的名称及密码，有时服务人员会告诉你这些信息，有时你需要问询一下服务人员这些信息。不仅如此，打印机、摄像头等设备也都已经被设计成带有 Wi-Fi 模块的，可以无线方式连接到网络，这比有线方式方便了很多。这些都得益于 IEEE 802.11 无线网络技术的不断发展和普及。另外，更小设备的便利联网得益于蓝牙技术的普及，戴上一个蓝牙耳机就能方便地接听和拨打电话、收听音乐、收看视频，甚至用语音指令对智能手机或平板电脑进行操作，智能手表、眼镜等也都已经通过蓝牙技术为运动健康、视觉辅助等提供了诸多方便。本章将对这两个方面的技术进行介绍，以使读者对身边的网络技术有所掌握。

➠ 7.1　IEEE 802.11 无线局域网

为了对以无线方式构造局域网进行深入研究并制定相应的网络标准，IEEE 802 局域网委员会专门设立了 IEEE 802.11 无线分委员会，该分委员会负责制定无线局域网（WLAN）介质访问控制（MAC）和物理层（PHY）的协议标准，这些标准简称 IEEE 802.11 标准。本节将对这些标准所涉及的技术进行阐述。

7.1.1　IEEE 802.11 无线局域网概述

本节将从连网方式、标准体系及体系结构等方面对 IEEE 802.11 无线局域网进行概要的介绍。

1．IEEE 802.11 无线局域网的连网方式

从网络连接方式上来说，IEEE 802.11 无线局域网可分为有固定基础设施的无线网络和无固定基础设施的无线网络两类。

1）有固定基础设施的无线网络

有固定基础设施的网络指的是由无线访问点（AP，也就是基站）和移动站（STA）构成的网络，如图 7-1 所示。这种网络的最小单位是基本服务集（BSS），它包括一个 AP 和若干移动站，任何一个移动站要与本 BSS 中的其他移动站进行通信必须通过 AP。安装 AP 时，管理员要为它设置一个不超过 32 字节的服务集标识（SSID）及密码。SSID 就是该 BSS 对应的 WLAN 的名字，一个移动站要加入该网络需要首先搜索到此 SSID 并输入密码。一个 BSS 所覆盖的地理范围称为一个基本服务区（BSA），其直径一般不超过 100m。

一个 BSS 可以是孤立的，也可以通过 AP 连接到一个分发系统（DS），最常用的分发系统是以太网。多个 BSS 可以连接到同一个分发系统构成一个扩展服务集（ESS），图 7-1 示出了两个 BSS 即 BSS1 和 BSS2 构成一个 ESS 的情况。ESS 的作用有两个：一是实现其所包含

的多个 BSS 中移动站之间的通信，例如图 7-1 中的 ESS 可实现 B 站和 E 站间的通信，但这种通信需要经过两个 AP，即 B⟷AP1⟷AP2⟷E；二是使得多个 BSS 对上层的表现与一个 BSS 相同。

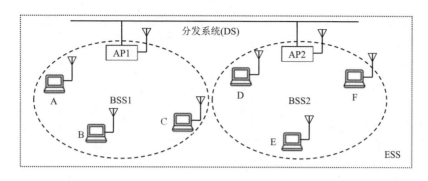

图 7-1　有固定基础设施的无线网络

2）无固定基础设施的无线网络

IEEE 802.11 还允许以无固定基础设施的方式组建无线网络，这种网络常称为自组织网络即 ad hoc 网络。由于自组织网络中的站点都是可移动的，因而这种网络也常称为移动自组织网络。这种网络没有一个固定的接入点 AP，而是由一些处于平等状态的移动站通过相互通信共同组建的网络，如图 7-2 所示。移动自组织网络中的每一个站点都必须具有路由功能，这种路由功能是使得它们构成一个网络的关键。图 7-2 示意了 A 站要与 G 站通信，它需要使用其他多个站点如 B、D 和 E 顺次提供的路由服务。

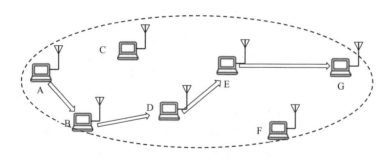

图 7-2　移动自组织网络

移动自组织网络通常由相距较近的无线信号相互覆盖的移动站点相互发现而组成，由于各个站点均处于移动状态，因而其路由发现和维护极其复杂。另外，安全问题也非常突出。

移动自组织网络的一类典型代表是无线传感器网络（WSN），它是大量分布在一定地理范围内的传感器通过无线通信技术构成的自组织网络，它在环境（深山、矿井和有毒化学物质覆盖区域）监测和保护，以及军事上有着极大的应用潜力。

2．IEEE 802.11 无线局域网的标准体系

随着社会对无线局域网需求的不断增长，IEEE 802.11 分委员会对于无线网络通信技术进行了持续不断的探索，使得无线局域网技术得到了深入的发展，传输速率也在不断提升。在这个过程中，IEEE 802.11 的标准版本及其修订版形成了一个庞大的标准体系，这个体系已经成为全世界最广泛采用的无线计算机网络标准。表 7-1 示出了主要的 IEEE 802.11 标准[1]，其

中最早的 IEEE 802.11 标准已经废弃，而 IEEE 802.11be 预计在 2024 年发布，其余的 IEEE 802.11b、IEEE 802.11a、IEEE 802.11g、IEEE 802.11n、IEEE 802.11ac 和 IEEE 802.11ax 都是目前在广泛使用的标准。

表 7-1　主要的 IEEE 802.11 标准

IEEE 802.11 标准	Wi-Fi 标准	发布年代	最大传输速率（Mbit/s）	无线频段（GHz）	物理层技术
IEEE 802.11be	Wi-Fi 7	（2024 年）	1376～46120	2.4/5/6	MIMO OFDMA
IEEE 802.11ax	Wi-Fi 6E	2020 年	574～9608	6	MIMO OFDMA
	Wi-Fi 6	2019 年		2.4/5	
IEEE 802.11ac	Wi-Fi 5	2014 年	433～6933	5	MIMO OFDM
IEEE 802.11n	Wi-Fi 4	2008 年	72～600	2.4/5	MIMO OFDM
IEEE 802.11g	（Wi-Fi 3）*	2003 年	6～54	2.4	OFDM
IEEE 802.11a	（Wi-Fi 2）*	1999 年	6～54	5	OFDM
IEEE 802.11b	（Wi-Fi 1）*	1999 年	1～11	2.4	DSSS
IEEE 802.11	（Wi-Fi 0）*	1997 年	1～2	2.4	DSSS FHSS
* Wi-Fi 0、Wi-Fi 1、Wi-Fi 2、Wi-Fi 3 没有商标化。					

注：表 7-1 中无线频段指的是 ISM 频段，其频率范围如下，2.4GHz：2.4～2.5GHz（带宽 100MHz）。5GHz：5.725～5.875GHz（带宽 150MHz）。6GHz：5.925～7.125GHz（带宽 1.2GHz）。表中的物理层技术将在下文介绍。

无线局域网也常称为 Wi-Fi，Wi-Fi 也指一族基于 IEEE 802.11 协议族的无线网络协议，用于将各种无线设备连接为局域网，实现它们对因特网的访问。从技术的角度，IEEE 802.11 和 Wi-Fi 这两族协议没有区别，表 7-1 给出了 IEEE 802.11 和 Wi-Fi 标准号的对照。Wi-Fi 是 Wi-Fi 联盟的商标，Wi-Fi 联盟为通过 Wi-Fi 互操作认证测试的产品加贴"Wi-Fi 认证"标签。Wi-Fi 联盟主导了无线局域网标准的采纳和市场推广工作。目前全世界已经有上千个商家加入了 Wi-Fi 联盟，全球每年有上百亿个 Wi-Fi 认证的产品出货。

3．IEEE 802.11 无线局域网的体系结构

图 7-3 示出了 IEEE 802.11 WLAN 的体系结构，其物理层包括表 7-1 中的各种标准。其 MAC 层有两个子功能，即分布式协调功能（DCF）和点协调功能（PCF）。标准要求 DCF 必须实现，而 PCF 则可以有选择地实现。

注 1：IEEE 802.11 将各站点决定谁可以使用信道发送信号的过程称为"协调"。

注 2：图 7-3 仅给出了 IEEE 802.11 WLAN 体系结构的主要组成部分，该体系结构实际上很复杂，还包括同步、节电、信标、分片与重装、有线等效加密（WEP）、安全扩展、QoS 扩展等，感兴趣的读者可查阅相关资料进行学习。

DCF 是一种各个站点机会均等的协调功能，它没有中心控制，各个站点通过使用带冲突避免的载波监听多路访问（CSMA/CA）协议竞争信道，获得信道使用权的站点才可发送数据。由于无线网络中无法以"边发边听"的方式监测发送是否成功，CSMA/CA 还要结合简单停等

协议及退避算法才能实现数据的传送。

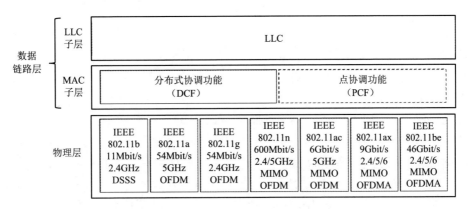

图 7-3　IEEE 802.11 WLAN 的体系结构

注： CSMA/CA 协议将在下文介绍。

PCF 是以接入点 AP 作为中心站点协调信道使用的机制，因而它适用于有固定基础设施的网络，不适用于自组织网络。PCF 中的 AP 使用轮询的方法，依次询问各个站点是否有数据要发送，如果遇到一个站点有数据发送，则将信道使用权交给该站点，当该站点数据发送完毕后，AP 再次获得控制权，询问下一个站点。显然，这种轮询机制避免了信道争用，也就避免了信号的碰撞。

7.1.2　IEEE 802.11 无线局域网的物理层技术

本节将首先介绍导致无线传输复杂化的多径干扰问题，接着介绍解决该问题的各种扩频技术。

1．多径干扰问题

无线网络环境远比有线网络环境复杂，导致无线信号难以接收的因素有很多，其中多径干扰是影响无线网络信号质量的重要因素之一，图 7-4 为多径干扰示意图[2]。

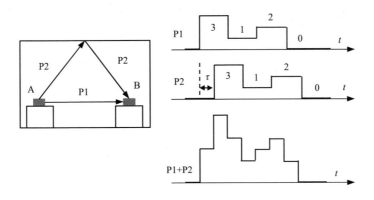

图 7-4　多径干扰示意图

图 7-4 中左侧示意的是有两个无线站点 A 和 B 的房间，P1 是从 A 发送到 B 的无线信号经历的直线路径，它也是 A 到 B 间最短的信号路径，P2 是从 A 发送到 B 的无线信号经历天花板反射的路径。假设 A 发送 3、1、2、0 的数字序列到 B，则 B 通过 P1 路径接收的信号将

如图右侧上部的波形图所示，而 B 通过 P2 路径接收的信号则会如图右侧中部的波形图所示，它比 P1 的波形推迟了 τ 的时间，最终 B 接收的信号是这两个信号的叠加，结果如图右侧下部的波形图所示。可见，叠加的波形使得 B 很难识别出 A 发送的数据，这就是无线网络的多径干扰现象。实际中，A 发送的信号通常通过许多条路径到达 B，而每条路径的信号相对直达信号推迟的时间是不同的，这就使得 B 难以辨认信号中符号的边界，这种情形被称为符号间干扰（ISI）。

2. 直接序列扩频（DSSS）与跳频扩频（FHSS）

为了应对无线网络中的各种干扰因素，特别是多径干扰，人们提出了扩频技术。扩频技术是将特定带宽信号人为地在频率域扩展，使其变成较宽带宽信号的技术，图 7-5 给出了扩频操作示意图[3]。带宽为 B 的信号经过扩频操作变成了比原来带宽大得多的带宽为 B_{SS} 的信号。其中，扩频操作需要输入扩频码，扩频码通常是随机生成的编码，但在接收端需要使用相同的扩频码进行解扩频操作，以恢复实际传输的数据。扩频码通常设计为具有冗余特征，这样它就能在一定程度上应对多径衰减。它也能够增强通信的安全性、增强信号对噪声和自然及人为干扰的抵抗能力并能抵御信号探测攻击，还能够实现多址通信。这些特征使得它在无线网络通信中被广泛地使用。

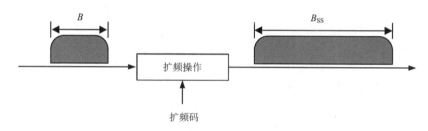

图 7-5　扩频操作示意图

常用的扩频技术有直接序列扩频（DSSS）和跳频扩频（FHSS）。DSSS 直接对输入的数据进行编码变换，如图 7-6 所示，图中周期为 T、频率 $f = \dfrac{1}{T}$ 的用户数据使用周期为 $T_C = \dfrac{1}{4}T$、频率 $f_C = \dfrac{1}{T_C} = 4f$ 的扩频码进行扩频，扩频后的传输信号由用户数据和扩频码经异或运算生成，扩频后的每个信号称为一个码片。接收方使用与发送方相同的扩频码，对收到的信号进行异或运算就可以恢复用户数据。

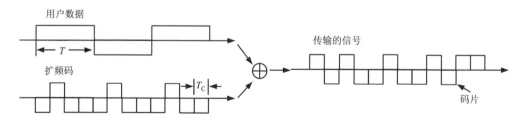

图 7-6　直接序列扩频（DSSS）示意图

IEEE 802.11b 就采用了 DSSS 技术，它使用补码键控（CCK）作为调制技术，补码集选用的是原为 OFDM 设计的码长为 8 的补码集。IEEE 802.11b 具有传输速率自适应性，它能根据信道的质量对传输速率在 11Mbit/s、5.5Mbit/s、2Mbit/s 和 1Mbit/s 间进行自动的适应性调整。它将 2.4GHz（2.4000～2.4835GHz）的 ISM 频段划分为 11 个相互交叠的带宽为 22MHz 的信道，这些信道的中心频率间隔为 5MHz，频率范围如表 7-2 所示，可以看出相邻频道有较大的交叠，交叠幅度达到了 17MHz。相互之间没有交叠的信道至少要间隔 5 个信道，即中心频率的差为 25MHz。可见，最多可以有 1、6、11 三个不相互交叠的信道，也就是说，IEEE 802.11b 允许在同一个覆盖区域内存在完全不相互干扰的 3 个网络，这使其最大网络速率可以达到 33Mbit/s。图 7-7 为 IEEE 802.11b 信道的直观示意图。

表 7-2　IEEE 802.11b 的信道划分

信道号	中心频率（GHz）	频率范围（GHz）	信道号	中心频率（GHz）	频率范围（GHz）
1	2.412	2.401～2.423	7	2.442	2.431～2.453
2	2.417	2.406～2.428	8	2.447	2.436～2.458
3	2.422	2.411～2.433	9	2.452	2.441～2.463
4	2.427	2.416～2.438	10	2.457	2.446～2.468
5	2.432	2.421～2.443	11	2.462	2.451～2.473
6	2.437	2.426～2.448			

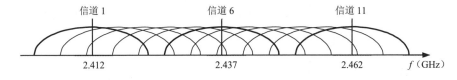

图 7-7　IEEE 802.11b 信道的直观示意图

图 7-8 为跳频扩频（FHSS）示意图。给定的带宽被划分为一些较小的子带并顺序进行 k-比特的编号，比特模式模块随机地产生 k-比特序列，序列中的每一个 k-比特组对应一个频率子带，该频率子带即为当前传输周期或时隙使用的频带，下一个传输周期将随机地选择另一个频率子带进行数据传输。由于子带的选择是随机的，FHSS 在安全性和抵抗多径及其他干扰方面均具有良好的表现。

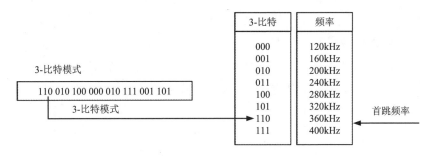

图 7-8　跳频扩频示意图

3．正交频分多路复用（OFDM）技术

从表 7-1 可以看出，IEEE 802.11 局域网标准广泛地使用正交频分多路复用（OFDM）技术。我们在第 1 章中介绍过频分多路复用（FDM）技术，它将可用带宽划分为相互不重叠的

子带，各个子带并行地进行载波通信。为避免各个子带相互干扰，子带间要留有足够宽度的保护带，如图 7-9 上半部分所示[4]。

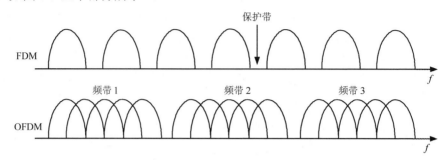

图 7-9　FDM 与 OFDM 的频带划分

OFDM 是对 FDM 更加科学和深入的探索和挖掘，它将可用带宽划分为相互正交的子带，这些子带可以部分地相互重叠，图 7-9 的下半部分为 3 个频带的 OFDM 子带划分情况。OFDM 的发送端将串行的单路信号转换为并行的多路频域信号，并行的多路频域信号通过逆向快速傅里叶变换（IFFT）转换为时域的信号在线路上传输。在接收端，时域的信号使用快速傅里叶变换（FFT）转换为频域的多路信号，再通过并行到串行的转换恢复为原来的数据。

注：OFDM 的原理涉及 IFFT 和 FFT 等很有深度的内容，感兴趣的读者可查阅专门资料进行学习。

由于 OFDM 划分的频率子带形成一定程度的交叠，因而其信道利用率比单纯的 FDM 要高得多。OFDM 将串行的单路通信转换为较低速率的并行的多路通信，这大大减小了多径干扰的影响。各个子带间的正交性也大大降低了子带之间的相互干扰。但是 OFDM 的正交性要求各个子带信号严格地同步，因而系统需要更复杂的软硬件技术来实现。

从 2008 年的 IEEE 802.11n 开始，WLAN 又引入了多入多出（MIMO）技术，该项技术在发送端和接收端都使用多条天线，这样的天线系统能够在收发之间构造多个信道，从而能够更加充分地利用频谱，实现信道容量的进一步提升。

7.1.3　IEEE 802.11 无线局域网的 MAC 层技术

本节介绍无线局域网的 MAC 层技术，首先说明传统总线以太网中的 CSMA/CD 协议无法适用于无线局域网，然后介绍适用于无线局域网的多路访问协议。

1. 隐藏站与暴露站问题

由于无线网络中的信号会随着距离的增加而衰减，因而传统总线以太网中的 CSMA/CD 协议无法适用于无线网络。图 7-10 所示的隐藏站问题就说明了这一情况，假设图中的 A 站正在向 B 站发送数据，而 B 站处在 A 站信号有效的最远位置，因而 C 站监测不到 A 站发出的信号，如果这时 C 站有数据向 B 站发送，则 C 站会认为信道空闲而向 B 站发送信号，而 C 站的信号会与 A 站发往 B 站的信号发生碰撞，从而导致发送失败。这种发送失败是由有效信号覆盖不到 C 站的 A 站引起的，因而称为隐藏站问题。显然，隐藏站问题使得 CSMA/CD 协议的"先听后说"策略失效。此外，在 B 站发生了碰撞的信号传送到 C 站时，也会因强度过低而无法识别，这使得 CSMA/CD 协议中用"边说边听"来实现碰撞监测的策略也会失效。

图 7-10 还示出了暴露站问题，假设 C 站要向 D 站发送数据，而此时 B 站正在向 A 站发送数据，由于 C 站处在 B 站的有效信号范围内，因而它会监测到信道正忙而放弃发送，这种

情况被称为暴露站问题，因为 B 站暴露在 C 站可监测的信号范围内。然而，由于 C 站处在 B 站信号有效的最远位置，因而它可以向 D 站发送数据且可由 D 站正确接收。

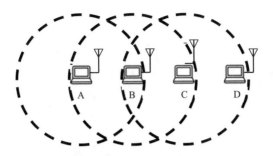

图 7-10 隐藏站与暴露站问题

2. 带冲突避免的载波监听多路访问协议（CSMA/CA）

上文已经说明，隐藏站问题使得无线网络中无法使用 CSMA/CD 协议实现多路访问。IEEE 802.11 无线网络提出了带冲突避免的载波监听多路访问协议（CSMA/CA）来实现其 MAC 层的多点接入。其基本思路是实现一种尽可能地避免冲突的 MAC 层协议。这一协议很复杂，包括帧间间隔（IFS）、简单停等协议、基于请求发送（RTS）/允许发送（CTS）的信道预约机制、信道争用与退避机制等。

1）帧间间隔

为了尽可能地避免碰撞，IEEE 802.11 规定任何的站点在完成一次发送后，必须等待一小段时间且监听到信道空闲时，才能发送下一帧，这段时间统称为帧间间隔。帧间间隔的长短由接下来要发送的帧的优先级决定，高优先级的帧对应较短的帧间间隔，低优先级的帧对应较长的帧间间隔。如果同一时刻有的站点有高优先级的帧要发送，而有的站点有低优先级的帧要发送，那么上述机制就能保证持有高优先级帧的站点具有优先发送的权利。当持有低优先级帧的站点等待了它的帧间间隔后，就会监测到信道忙而推迟发送它的帧。IEEE 802.11 根据协议需要定义了 3 种主要的帧间间隔。

短帧间隔（SIFS）：它是最短的帧间间隔，其长度仅需要保证一个站点从发送状态切换到接收状态。SIFS 是最高优先级的帧对应的帧间间隔，最高优先级的帧包括 ACK 帧、CTS 帧及由过长的 MAC 帧分片后的帧。

点协调功能帧间间隔（PIFS）：它是 PCF 下 AP 获取信道控制权的等待时间。

分布式协调功能帧间间隔（DIFS）：它是 DCF 下站点发送数据帧或管理帧的等待时间。

上述 3 种帧间间隔间有如下关系：PIFS = SIFS + SlotTime，DIFS = PIFS + SlotTime。

其中 SlotTime 为系统退避等待的时隙时间。

表 7-3 示出了 IEEE 802.11b/a/g 中的 SlotTime、SIFS、PIFS 和 DIFS 的值[5]。

表 7-3 IEEE 802.11b/a/g 中的时隙和帧间间隔数值

标准	SlotTime（μs）	SIFS（μs）	PIFS（μs）	DIFS（μs）
IEEE 802.11b	20	10	30	50
IEEE 802.11a	9	16	25	34
IEEE 802.11g	9/20	10	19/30	28/50

由于 SIFS < PIFS < DIFS，PCF 的 AP 将在 ACK、CTS 等最高优先级的帧之后和 DCF 站

点的数据帧和管理帧之前获得信道的使用权。

图 7-11 为 SIFS、PIFS 和 DIFS 的使用示意图。当信道上完成一轮数据发送，即一个 ACK 帧发送完毕后，各个站点根据自己要发送帧的类型确定等待的帧间间隔。ACK、CTS 及分片帧对应最小的 SIFS，因而它们将首先获得发送权。如果没有站点有 ACK、CTS 及分片帧，则 PCF 帧将获得发送权，因为它们等待次小的 PIFS。如果没有站点有 ACK、CTS、分片帧及 PCF 帧，则等待 DIFS 后，持有 DCF 数据帧和管理帧的站点可以开始竞争信道。

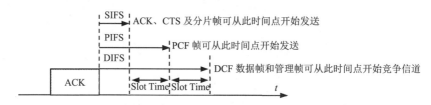

图 7-11　SIFS、PIFS 和 DIFS 的使用示意图

2）简单停等协议

由于无线网络无法以"边说边听"的方式判断发送是否成功，IEEE 802.11 MAC 层采用了发送+确认（ACK）即简单停等协议的方式判断一个帧是否发送成功，即发送方发送完一个数据帧后便处在等待 ACK 帧的状态，而接收方收到一个数据帧后，就应向发送方发回 ACK 帧。发送方在数据帧发送结束后如果没有及时地收到 ACK 帧，则会认为发送不成功，就会在退避一段时间后重发该数据帧。

图 7-12 为 IEEE 802.11 中的简单停等协议示意图。

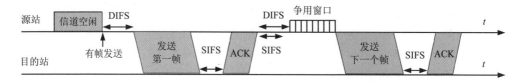

图 7-12　IEEE 802.11 中的简单停等协议示意图

源站有数据帧要发送且监测到信道空闲，则再等待 DIFS，若信道仍空闲，则向信道上发送第一帧。目的站收到该帧后，等待 SIFS 向源站发回 ACK 帧。源站接收完 ACK 帧后，如果还有后续的帧要发送，则要再次等待 DIFS 时间，如果信道仍空闲，则进入争用窗口期，此时源站将根据退避算法选取随机的等待时隙数 k，若在 k 个时隙过后发现信道仍然空闲，则发送下一个帧。

注 1：IEEE 802.11 的 MAC 层采用了简单停等协议，说明它是一个可靠的数据链路层协议，这与以太网不同，因为以太网是一个不提供可靠性保证的数据链路层协议。

注 2：图 7-12 将 IEEE 802.11 简化为只实现 DCF 而不实现 PCF 的情况，因而在争用窗口前未示意PIFS。

3）信道预约机制

为了更好地避免碰撞，IEEE 802.11 设计了请求发送（RTS）/允许发送（CTS）协议机制，该机制结合网络分配向量（NAV）使信道中发生碰撞的概率大为降低。

图 7-13 给出了 RTS 帧与 CTS 帧的发送示意图。

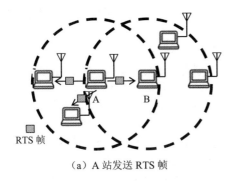
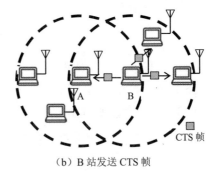

（a）A 站发送 RTS 帧　　　　　　　　　　（b）B 站发送 CTS 帧

图 7-13　RTS 帧与 CTS 帧的发送示意图

当 A 站要向 B 站发送数据帧时，它先发送一个请求发送帧即 RTS 帧，RTS 帧上携带了 A 站接下来要占用信道的总时间 T_{RTS}，这样 A 站信号覆盖范围内的站点都将收到此 RTS 帧，并获知信道将被占用的总时间 T_{RTS}，除了 B 站，这些站点在接下来的 T_{RTS} 时间内就不会执行发送操作，也就避免了与 A、B 站通信信号的碰撞；B 站收到 RTS 帧后，会发回一个允许发送帧即 CTS 帧，CTS 帧上携带了信道将被占用的总时间 T_{CTS}，这样 B 站信号覆盖范围内的站点都将收到此 CTS 帧，并获知信道将被占用的总时间 T_{CTS}，除了 A 站，这些站点在接下来的 T_{CTS} 时间内就不会执行发送操作，也就避免了与 A、B 站通信信号的碰撞。

注：T_{RTS} 和 T_{CTS} 被称为持续时间。

可见，RTS/CTS 机制使得通信双方实现了一种通信时间的预约，因而又称信道预约机制。

更进一步地说，RTS/CTS 机制是结合网络分配向量（NAV）来运行的，如图 7-14 所示。RTS 中携带的时间 T_{RTS} 对应 A 站的信号所覆盖区域内站点所需要等待的时间，即 NAV_A，CTS 中携带的时间 T_{CTS} 对应 B 站的信号所覆盖区域内站点所需要等待的时间，即 NAV_B。NAV 可以看成信道上已经被分配给某对站点的一段时间，其他站点得知 NAV 信息后，就不会在 NAV 的时间段内使用信道。这种机制就好像是其他站点在 NAV 的时间里一直监测到信道是忙的，因而也被称为虚拟载波监听。

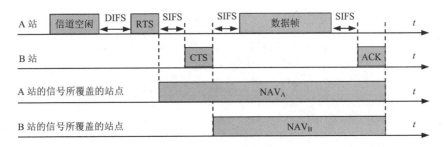

图 7-14　RTS/CTS 与 NAV 的结合

从图 7-14 也可得出 T_{RTS} 和 T_{CTS} 的准确计算公式：

$$T_{RTS} = SIFS + CTS + SIFS + 数据帧 + SIFS + ACK$$

$$T_{CTS} = SIFS + 数据帧 + SIFS + ACK$$

当网络的通信量较低时，站点间发生碰撞的概率较小，RTS/CTS 机制会使得 IEEE 802.11 MAC 层的通信效率有所下降。RTS 和 CTS 帧很短，分别只有 20 字节和 14 字节，因而所导致的效率下降很有限。然而，当网络通信量较高而使得站点间发生碰撞的概率较大时，使用

RTS/CTS 机制会使碰撞概率大大降低，这也就大大减少了数据帧的重发，由此带来的通信效率的提升将远大于其开销所导致的效率下降。

IEEE 802.11 对 RTS/CTS 机制的使用提供了灵活的选择。用户可以选择使用 RTS/CTS 机制，也可以选择不使用 RTS/CTS 机制，还可以选择当数据帧的长度超过某个数值 L 时使用 RTS/CTS 机制，低于 L 时不使用 RTS/CTS 机制。

4）信道争用与退避机制

在 DCF 下，如果一个站点有数据帧要发送则要先监测信道，当信道空闲后，再监测 DIFS 的时间，如果该时间内信道依然是空闲的，则进入信道争用阶段。为了使参与争用的站点尽可能以不冲突的方式获得信道，IEEE 802.11 采用了二进制指数退避算法，该算法与传统以太网中的二进制指数退避算法相似，但有所不同。由于即使站点争到了信道，其数据发送依然可能会因碰撞或其他因素而失败，因而信道争用需要设计为允许多轮。一个站点在第 k 轮争用时，将从 $0 \sim 2^{2+k}-1$ 中随机取一个整数 m（称为退避时隙数），并每隔一个时隙监测一次信道，如果在 m 个时隙后仍然监测到信道空闲，则该站点认为信道可用并发送数据帧。为了使信道争用更加公平，IEEE 802.11 还引入了冻结机制，即当退避值为 m 的站点在不到 m 的第 p 个时隙监测到信道忙时，就冻结剩余的 $q = m - p$ 个时隙，并在下一个争用窗口中以 q 个时隙进行信道监测，即当 q 个时隙过后信道仍然空闲，则站点将占用信道发送数据。

图 7-15 为上述 IEEE 802.11 的信道争用与退避机制的示意图，为了简化，图中示出的是不使用 RTS/CTS 机制的情况。图中假定有 3 个站点 A、B、C 争用信道。最开始的时候，A 发送一个数据帧，在发送过程中，B 和 C 分别生成了待发送的数据帧，如图中①和②处向上的箭头所示。B 和 C 分别从时刻 $t_①$ 和 $t_②$ 监测信道，在 A 的数据帧及其 ACK 帧的发送过程中，B 和 C 会一直监测到信道是忙的，即使在数据帧发送结束的 SIFS 时间段内监测到信道空闲，由于空闲时间不超过 DIFS，因此两个站点依然会在 ACK 帧发送期间继续监测，而且获得信道忙的结果。

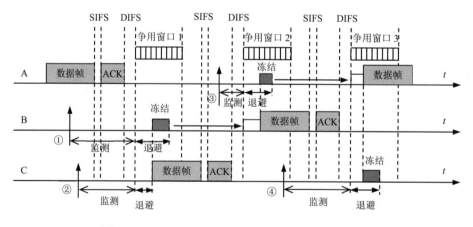

图 7-15　IEEE 802.11 的信道争用与退避机制的示意图

当 A 接收完 ACK 帧时，B 和 C 将监测到信道是空闲的，假设这时没有站点有高优先级的帧要发送，则 B 和 C 便能够在 DIFS 时间后仍然监测到信道是空闲的，于是它们进入争用窗口 1，它们将分别取一个随机的退避时隙数 m_{B1} 和 m_{C1}，假设 $m_{C1} < m_{B1}$，则 C 将获得数据发送权并发送其数据帧，B 则会因监测到信道忙而冻结其剩余的退避时隙数 $m_{B1} - m_{C1}$。

假设在 C 接收 ACK 帧的过程中的 $t_③$ 时刻 A 又有了待发送的数据，则 A 和 B 将在 C 接收完 ACK 帧后的 DIFS 时间后进入争用窗口 2，A 取一个随机的退避时隙数 m_{A2}。假设 $m_{A2} > m_{B1} - m_{C1}$，则 B 将获得信道的发送权并发送其数据帧，A 冻结其剩余的退避时隙数 $m_{A2} - (m_{B1} - m_{C1})$。

假设在 B 发送数据帧的过程中的 $t_④$ 时刻 C 又有了待发送的数据，则 A 和 C 将在 B 接收完 ACK 帧后的 DIFS 时间后进入争用窗口 3，C 取一个随机的退避时隙数 m_{C3}。假设 $m_{C3} > m_{A2} - (m_{B1} - m_{C1})$，则 A 将获得信道的发送权并发送其数据帧，C 冻结其剩余的退避时隙数 $m_{C3} - [m_{A2} - (m_{B1} - m_{C1})]$。

注：IEEE 802.11 允许的最大退避时隙数为 255，这对应第 6 轮的退避。

7.1.4　IEEE 802.11 无线局域网的服务

为了实现与有线网络相同的通信效果，IEEE 802.11 无线局域网提供了 9 种服务，如表 7-4 所示。

表 7-4　IEEE 802.11 所提供的服务

服务	提供者	支持
认证	站点	LAN 的接入和安全
取消认证	站点	LAN 的接入和安全
MSDU 传送	站点	MSDU 的传送
保密	站点	LAN 的接入和安全
关联	分发系统	MSDU 的传送
重新关联	分发系统	MSDU 的传送
取消关联	分发系统	MSDU 的传送
分发	分发系统	MSDU 的传送
集成	分发系统	MSDU 的传送

9 种服务中的 4 种是站点需要提供的服务，5 种是分发系统需要提供的服务即分发服务。站点提供的服务要在包括接入点（AP）的所有 IEEE 802.11 站点中实现。分发服务可能在 AP 中实现，也可能在接入分发系统的专门设备中实现。

9 种服务中的 3 种即认证、取消认证和保密服务用于控制网络接入的安全性，其余 6 种服务用于支持站点间的数据传送，这些被传送的数据被称为 MAC 服务数据单元（MSDU）。它们是用户期望无线网络的 MAC 层传送的数据，通常是 LLC 层的 PDU。如果 MSDU 太大，无法用一个 MAC 帧传送，它将被分片，并用一组 MAC 分片帧传送。帧的分片将在下一节介绍。

下面给出 9 种服务的介绍。

1. 认证服务

有线网络可以通过限定对网络物理线路的接入来阻止非授权用户访问网络，这在无线网络中是不可行的，因为无线网络的媒体没有精确的边界。IEEE 802.11 采用了认证服务来控制网络的接入，所有的 STA 均可通过该服务获知与它们通信的 STA 的身份。如果两个 STA 没有进入一种交互式的可接受的认证状态，那么它们之间将无法建立关联，也就无法进行通信。

IEEE 802.11 支持开放系统认证和共享密钥认证两种认证方式，其中后者使用有线等价保密（WEP）算法。

2．取消认证服务

当要终止已经建立的认证时，就需要调用取消认证服务。取消认证服务可由任何一个关联实体发起，它不是一种请求应答服务，而是一种通知服务。一方发出取消认证通知后，另一方不能拒绝，必须接受。取消认证同时解除通信双方的关联。

3．MSDU 传送服务

在站点间传送 MSDU 是无线网络存在的理由，因此在站点（STA 或 AP）间实现 MSDU 传送服务是必要的。

4．保密服务

要使无线网络是安全的，除了接入的站点要经过认证以确保授权的站点才可以访问网络，还应该保证通信过程中的数据不被窃取，这就需要提供对通信数据进行加密的保密服务。IEEE 802.11 提供了 WEP 算法来实现保密服务。

5．关联服务

为了在由分发系统（DS）连接的 BSS 构成的 ESS 中实现站点间的通信，DS 需要知道一个站点所在的 BSS，这是由关联服务完成的。一个 STA 在通过 AP 发送或接收数据前，必须先与 AP 建立关联，这项服务提供了 STA 到 DS 的某个 AP 的映射。一个 STA 某一时刻仅能与一个 AP 关联。

6．重新关联服务

当一个 STA 从 ESS 中的一个 BSS 移动到另一个 BSS 时，它就需要建立与新 BSS 中 AP 的关联，这项服务就是重新关联服务。重新关联服务不仅支持站点在 BSS 间的移动，还支持与同一个 AP 的重新关联，这能帮助改变关联的属性。

7．取消关联服务

取消关联服务用于解除 STA 到 AP 的关联，解除后就不能再向 STA 发送信息。关联的双方均可发起取消关联服务，该服务也是一种通告型服务，即不需要应答，且被通告方不能拒绝该服务。

8．分发服务

当 ESS 中 BSS1 中的站点 STA1 向 BSS2 中的站点 STA2 发送数据帧时，STA1 首先将帧发送给 BSS1 的 AP1，AP1 再发送给 BSS2 的 AP2，最后由 AP2 将帧发送给目的站 STA2。这里从 AP1 到 AP2 的帧发送要调用分发服务，它是由 DS 提供的。

9．集成服务

IEEE 802.11 WLAN 可以通过 DS 与一个 IEEE 802.x LAN 相连接，以实现 IEEE 802.11 WLAN 中的站点 STA1 与 IEEE 802.x LAN 中站点 y 的通信。这时 STA1 发往 y 的帧需要先发送到 STA1 所在 BSS 的 AP1 上，AP1 再通过 DS 将帧发给 y，而 y 发给 STA1 的帧则需要先通过 DS 发送到 AP1 上，再由 AP1 发给 STA1。这里从 AP1 发往 y 和从 y 发往 AP1 的操作都需要调用集成服务。集成服务负责不同机制网络间的地址转换、帧转换和媒体访问变换逻辑等。

7.1.5 IEEE 802.11 无线局域网的帧结构

本节我们学习 IEEE 802.11 无线局域网的帧结构，确切地说是其 MAC 帧的结构。IEEE 802.11 MAC 帧共分为三种类型，即数据帧、控制帧和管理帧。本节将详细介绍数据帧的结构，并以 RTS、CTS 和 ACK 帧为例介绍控制帧的结构，想学习管理帧结构的读者可阅读其他资料。

1. IEEE 802.11 数据帧的基本结构

IEEE 802.11 数据帧的基本结构如图 7-16 所示。其首部由 7 个字段组成，共占 30 字节，其数据部分可有 0～2312 字节，即其 MTU 为 2312 字节，帧的尾部是 4 字节的 FCS，因此该帧的最小长度为 34 字节，最大长度为 2346 字节。

注：IEEE 802.11 MAC 帧的 FCS 使用表 3-3 中的"CRC-32*"作为生成多项式。

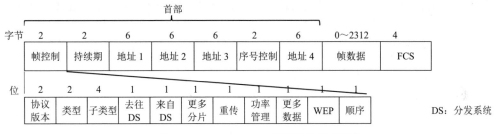

图 7-16　IEEE 802.11 数据帧的基本结构

2. 帧控制字段

帧控制字段占 2 字节 16 位，该字段又被分成 11 个子字段。

（1）协议版本：2 位，IEEE 802.11 规定该字段的值为 0。

（2）类型：2 位的类型用来定义帧所属的大类，00 为管理帧、01 为控制帧、10 为数据帧，11 保留。

（3）子类型：4 位的子类型用于定义帧在某个大类中所属的小类。如管理帧中的 0000、0001、0010、0011、0100 和 0101 分别指的是关联请求帧、关联响应帧、重新关联请求帧、重新关联响应帧、探测请求帧和探测响应帧；控制帧中的 1011、1100 和 1101 分别指的是请求发送（RTS）帧、允许发送（CTS）帧和确认（ACK）帧；数据帧中的 0000 指的是一般的数据帧。

（4）去往 DS 与来自 DS：这两个字段仅用于数据帧，在管理帧和控制帧中它们的值是 0。在数据帧中，去往 DS 置 1 表示该帧是发送给 DS 的，来自 DS 置 1 则表示该帧是从 DS 发来的。这两个字段共有 4 种组合：当二者都是 0 时，表示在一个 BSS 内两个 STA 间的直接通信；当去往 DS 为 1、来自 DS 为 0 时，表示该帧是从 STA 发送到 AP 的；当去往 DS 为 0、来自 DS 为 1 时，表示该帧是从 AP 发送到 STA 的；当二者都是 1 时，表示该帧是一个从 AP 分发到 AP 的无线分发系统帧。

（5）更多分片：该字段在控制帧中不用，取值为 0。在数据帧和管理帧中，若该字段为 1，则表示本帧是一个分片的帧，且后面还有分片。

（6）重传：该字段在控制帧中不用，取值为 0。在数据帧和管理帧中，若该字段为 1，则表示本帧是一个重传的帧。

（7）功率管理：在 AP 发出的帧中，本字段取值为 0。在 STA 发出的帧中，如果该字段置 1，则说明站点接下来将工作在节能模式，不能再进行通信。

（8）更多数据：在 AP 发给某个处于节能状态的 STA 的数据帧或管理帧中，若该字段置1，则说明 AP 还有缓存的关于该站的数据，这使得一旦 STA 醒来可立即响应接收数据。

（9）有线等效加密（WEP）：如果一个数据帧或管理帧中的鉴权子类帧的数据部分被加密，则该字段置1，且其他帧该字段都要置0。

（10）顺序：如果一个数据帧中该字段置1，则表示相应帧序列要顺序处理，对于管理帧和控制帧，该字段要置0。

3. 持续期字段

持续期字段用于指明在当前帧后信道将被持续占用的时间，它占 2 字节 16 位。RTS 和 CTS 帧中的持续时间已经在上一节 RTS/CTS 机制中讲述过，数据分片帧及 ACK 帧中的持续时间将在下文帧分片内容中讲述。

注：持续期字段为持续时间时，其值应在 0～32767 之间，因为该字段最高位为 1 时表示其他功能。

4. IEEE 地址字段

IEEE 802.11 数据帧中有 4 个地址字段：地址 1、地址 2、地址 3、地址 4，它们与帧控制中的去往 DS 和来自 DS 子字段中的值有关[6]。

（1）去往 DS 和来自 DS 都是 0：此为一个 STA 向另一个 STA 发送帧的情况。地址 1 为帧的目的地址，地址 2 为帧的源地址，地址 3 为站点所在 BSS 的标识（BSSID），也就是 BSS 中 AP 的地址，地址 4 未用，取 0 值。

（2）去往 DS 为 0 来自 DS 为 1：此为 AP 向 STA 发送帧的情况。地址 1 为帧的目的地址，地址 2 为帧的发送地址，也就是 AP 的地址，地址 3 为帧的源地址，地址 4 未用，取 0 值。

（3）去往 DS 为 1 来自 DS 为 0：此为 STA 向 AP 发送帧的情况。地址 1 为帧的接收地址，即 AP 的地址，地址 2 为帧的源地址，地址 3 为帧的目的地址，地址 4 未用，取 0 值。

（4）去往 DS 和来自 DS 都是 1：此为 AP 向 AP 发送帧的情况。地址 1 为帧的接收地址，即接收 AP 的地址，地址 2 为帧的发送地址，即发送 AP 的地址，地址 3 为帧的目的地址，地址 4 为帧的源地址。

5. 序号控制字段

序号控制字段就是提供帧和分片序号的字段。本字段占 16 位，其中 12 位用于帧序号，其值从 0 顺序增加，到 4095 后就再转回 0；4 位用于分片编号，当对一个帧进行分片时，帧序号在各个分片帧中保持不变，各个分片从 0 开始编号，最大为 15。

由于无线信道的通信质量较低，无线网络中的数据帧不应太长（因为数据帧太长会降低帧发送成功的概率）。假设信道的误码率（一位出错的概率）为 p，则长度为 n 位的帧可以正确传送的概率为 $P = (1-p)^n$。当 $p = 10^{-4}$ 时，IEEE 802.11 的最长帧即携带 2302 字节数据的帧可以正确传送的概率仅有约 15%；而携带 576 字节数据的帧可以正确传送的概率就达到 61%；携带 200 字节数据的帧可以正确传送的概率则可达到 83%。因此，当信道误码率较高时，就应该将较长的帧划分为多个较短的帧，这称为帧的分片。IEEE 802.11 允许在一次 RTS/CTS 信道预约后连续地发送分片的帧，各个分片仍然使用简单停等协议，在收到确认后才能发送下一个分片。为保持信道预约机制，除了最后一个分片，前面的各个分片及其 ACK 帧均须携带下一个分片的持续时间，如图 7-17 所示。其中下一个分片的持续时间包括下一个分片帧、ACK 帧及它们之前的 SIFS 所占的时间。

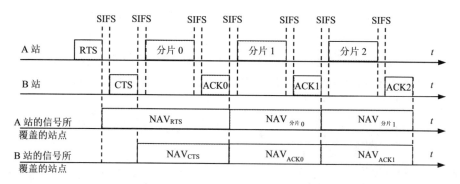

图 7-17 IEEE 802.11 中的帧分片及其对应的 NAV

6．典型的控制帧

IEEE 802.11 中典型控制帧的格式如图 7-18 所示。其中图 7-18（a）示出了 RTS 帧的格式，它只有帧控制、持续期、接收地址、发送地址和 FCS 5 个字段，共 20 字节；图 7-18（b）示出了 CTS 和 ACK 帧的格式，它们只有帧控制、持续期、接收地址和 FCS 4 个字段，共 14 字节。可以看出，IEEE 802.11 对控制帧进行了最大程度的简化，极大地减少了它们对信道资源的占用。

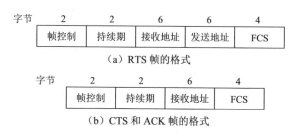

图 7-18 IEEE 802.11 中典型控制帧的格式

⟱ 7.2 蓝牙网络

蓝牙是一种短距离、低功耗、低速率的无线网络通信技术，它最早于 1994 年由瑞典移动电话制造商爱立信开发，之后又得到了英特尔、诺基亚和东芝等公司的支持。目前，蓝牙已经成为无线个人区域网络（WPAN）的主流技术。蓝牙的技术标准是一个超过 1500 页的很复杂的体系，本节仅对蓝牙网络技术进行概要介绍，想深入学习这项技术的读者，可阅读其他更专门和详细的资料。

1．WLAN 与 WPAN

WLAN 与 WPAN 有着非常不同的设计目的和应用场景。WLAN 的设计目的是以无线 LAN 取代有线 LAN，即从速率和安全性上要达到有线 LAN 的水平，它的接入设备可以有较大的功率，覆盖范围需要达到 100～500m 甚至更大的范围，速率要达到 100Mbit/s 甚至 Gbit/s 级别。WLAN 除可工作在 2.4GHz 的 ISM 频段上外，还可工作在 5GHz 或 6GHz 的频段上。WLAN 对应的标准是 IEEE 802.11 标准系列，负责推广它的组织是 Wi-Fi 联盟。

WPAN 是面向个人范围也就是 10m 左右覆盖范围的网络，它允许低功率的设备接入和工作，这些设备和应用需要的传输速率不会太高，能达到几兆比特/秒即可满足需要，因而相对于 WLAN，WPAN 是一个轻量级的无线网络。WPAN 只工作在 2.4GHz 的 ISM 频段上，目前的支持技术主要是蓝牙技术，对应的标准是 IEEE 802.15.1，负责推广它的组织是蓝牙特别兴趣组（Bluetooth SIG）。

Bluetooth SIG 由 IBM 和爱立信于 1998 年 5 月创立，当时的成员还包括英特尔、诺基亚和东芝，目前成员企业数已经超过 35000 家。

2. 蓝牙网络的组成

基本的蓝牙网络由一个主设备和多个从设备组成，这种基本网络被称为皮克网，多个相互覆盖的皮克网可以通过共享主设备或从设备组成一个扩散网，如图 7-19 所示，图中 M1 和 M2 分别是两个皮克网中的主设备，S 为从设备，P 为停泊设备。停泊设备是当前不参与网络通信的设备。一个皮克网中可同时工作的从设备最多有 7 个，最多可以有 255 个停泊设备。

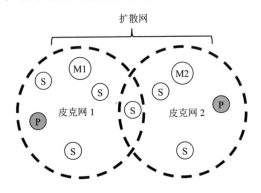

图 7-19　蓝牙网络的组成

3. 蓝牙网络的通信信道

蓝牙使用跳频扩频（FHSS）技术，它取 2.4GHz（2.4000～2.4835GHz）的 ISM 频段中的 2.402～2.480GHz 作为工作频段，这样在低端和高端分别留出 2MHz 和 3.5MHz 的充分安全的保护带。蓝牙将 2.402～2.480GHz 划分为 79 个信道，每个信道的带宽为 1MHz。蓝牙的 FHSS 技术设定为 1600 跳/s，即每 625μs 一跳。低功率蓝牙则使用 2MHz 的带宽，其信道数为 40。

最早的蓝牙信道使用高斯频移键控（GFSK）调制，可实现 720kbit/s 的速率，瞬时速率可达 1Mbit/s。增强速率（EDR）的蓝牙能够使用 π/4-差分 4 相相移键控（π/4-DQPSK）和 8-相差分相移键控（8-DPSK）技术，可以达到 2Mbit/s 和 3Mbit/s 的速率，它们简称 EDR2 和 EDR3。

蓝牙是一种基于分组的主从体系结构的协议。在一个皮克网中的从属结点均使用主结点提供的时钟，主结点使用周期为 312.5μs 的时钟，这样两个时钟组成一个 625μs 的时隙，两个时隙可构成一个 1250μs 的时隙对。最简单的分组是单时隙分组，主结点在偶数时隙上发送、奇数时隙上接收，而从结点在奇数时隙上发送、偶数时隙上接收。分组也可能有 3 或 5 个时隙长，但网络必须遵守主结点偶数时隙发送、从结点奇数时隙发送的规则。

4. 蓝牙的协议栈

蓝牙的协议栈如图 7-20 所示[7]，这是一个分层次的协议栈。

图 7-20　蓝牙的协议栈

下面给出蓝牙协议栈中主要协议的解释。

（1）物理无线电：包括建立传输无线电的物理结构和规范，定义空中接口、频带、跳频规范和调制模式等。

（2）基带：本层负责搜寻其他设备，定义地址机制、帧结构、时序及电源控制算法等，也负责指派站点的主/从角色。

（3）链路管理器：用来建立和管理链路，也负责链路的认证和加密。

（4）LLC 适配协议（L2CAP）：本层是整个协议栈的核心，用来实现上下层的通信，它通过修改上层的报文来适配下层的协议或通过修改下层的报文来适配上层的协议。

（5）电话控制协议：是一个面向比特的协议，它为蓝牙设备间的语音呼叫定义呼叫控制信令。

（6）射频通信（RFCOMM）协议：它通过提供虚拟的串行接口使需要串行接口的应用解除电缆依赖，它也被称为电缆替代协议。

（7）服务发现协议（SDP）：用于发现链路建立后相互连接的蓝牙设备上提供的服务。

图 7-20 右侧给出了蓝牙协议栈到 OSI 网络分层的映射。物理无线电和基带的一部分可映射为物理层；基带的另一部分和链路管理器及 LLC 适配协议可映射为数据链路层；电话控制、射频通信和服务发现等协议可以映射为中间件层，蓝牙并不是一个接入互联网的协议，因而不需要网络层和传输层；顶层的应用/模式可映射为应用层。

5．蓝牙的应用模式

为了适应蓝牙设备微型化而资源受限的特征，也为了以高效率运行特定的应用，蓝牙标准定义了大量的应用模式，这些应用模式使相关应用仅按需要实现有关的协议，也因具有针对性使得相关设备上的应用参数化和服务启动过程大为简化。图 7-21 所示为文件传输和拨号联网两种典型的蓝牙应用模式，可以看出这两种应用模式以 L2CAP 为基础，均使用了RFCOMM 协议和 SDP。

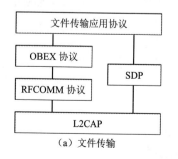

（a）文件传输

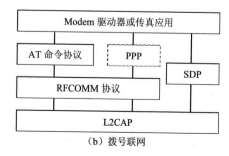

（b）拨号联网

图 7-21　典型的蓝牙应用模式

（1）文件传输：该应用模式支持文本、图像和流媒体格式的文件的传输，也支持在远程设备中浏览文件夹。其中的 OBEX 协议是对象交换协议，它是由红外数据协会开发的会话层协议，其功能与 HTTP 相似，但更为简单。

（2）拨号联网：一台 PC 可以使用此应用模式通过一部移动电话或无绳 Modem 实现拨号接入互联网，或者实现传真功能。对于拨号联网，AT 命令协议实现对移动电话或 Modem 的控制，而 RFCOMM 协议上的 PPP 则实现数据传输。对于传真功能，传真软件直接在 RFCOMM 协议上操作。

➟ 习题

1. IEEE 802.11 无线局域网有哪两种组网方式？

2. 说明 BSS 是怎样构成的。

3. 说明 ESS 是怎样构成的。

4. 说明 IEEE 802.11b/802.11a/802.11g/802.11n/802.11ac 分别使用了什么频率段，其物理层分别采用什么技术，它们分别可以达到多少的传输速率。

5. IEEE 802.11 的 MAC 层包括哪两个子功能？

6. 扼要解释扩频、直接序列扩频和跳频扩频。

7. 解释符号间干扰（ISI）。

8. 说明为什么 IEEE 802.11b 可以在同一个信号覆盖区域内实现 33Mbit/s 的速率。

9. 说明 OFDM 和 FDM 的主要区别。

10. 简要解释多入多出（MIMO）技术。

11. 说明隐藏站问题，说明它是如何使得 CSMA/CD 协议失效的。

12. IEEE 802.11 有哪 3 种主要的帧间间隔？给出它们之间的数值关系。

13. 给出 RTS 帧和 CTS 帧中持续时间的计算公式。

14. 说明 IEEE 802.11 中退避时隙的产生方法及退避时隙的冻结机制。

15. IEEE 802.11 无线局域网提供了哪 9 种服务？哪些服务是站点系统提供的，哪些服务是分发系统提供的？

16. 画出 IEEE 802.11 数据帧的结构，并说明其 MTU、最小帧长和最大帧长。

17. 说明 IEEE 802.11 管理帧、控制帧和数据帧的类别号，说明 RTS、CTS 和 ACK 帧的子类号。

18. 说明 IEEE 802.11 帧中持续期字段值的范围。

19. IEEE 802.11 数据帧的帧序号和分片号分别占多少位？分别说明其取值范围。

20. 7.1.5 节的序号控制字段部分说当信道的误码率为 10^{-4} 时，携带数据量 2302、576 和 200 字节的帧一次成功发送的概率分别是 15%、61% 和 83%，请设计 Excel 表格，验证上述概率。如果信道误码率为 10^{-5}，请用 Excel 公式计算上述数据量的帧一次成功发送的概率。

21. 当 IEEE 802.11 分片帧及其 ACK 帧携带后续分片帧的信道占用时间时，其持续期是如何计算的？

22. 画出 IEEE 802.11 协议中 RTS 和 CTS（ACK）帧的格式，说明它们所占的字节数。

23. 蓝牙的一个皮克网中最多可有多少个同时工作的从设备？

24．蓝牙工作在什么频段上？其跳频使用了多少个频道？各频道的带宽是多少？每秒有多少次跳频？一次跳频的时间有多长？

➡ 参考文献

[1] WIKIPEDIA. IEEE 802.11[EB/OL]. [2023-1-14].（链接请扫书后二维码）

[2] SLIDESERVE. Multipath fading and reflections[EB/OL]. [2023-3-16].（链接请扫书后二维码）

[3] THUNEIBAT S. Direct Sequence Spread Spectrum with Barker Code and QPSK[J] IOSR Journal of Engineering, 2016, 6（6）: 62-67.

[4] DEVOPEDIA. Orthogonal Frequency Division Multiplexing[EB/OL]. [2023-3-16].（链接请扫书后二维码）

[5] 博客园. 802.11 协议帧间间隔-SIFS, DIFS, PIFS, EIFS[EB/OL]. [2023-3-28]. （链接请扫书后二维码）

[6] CISCO COMMUNITY. 802.11 frames : A starter guide to learn wireless sniffer traces[EB/OL]. [2023-3-30].（链接请扫书后二维码）

[7] WIKIPEDIA. Bluetooth[EB/OL]. [2023-3-31].（链接请扫书后二维码）

第 **8** 章 报 文 分 析

本书前面的内容偏重计算机网络原理知识阐述，本章将以报文分析的形式将前述的部分理论知识落地。这种落地从广度上说，所涉及的知识很广泛；从深度上说，所涉及的知识既有协议三要素的具体体现，又有协议设计深邃思想的揭示，这将使读者对理论知识有更加到位的理解和掌握。本章的撰写思路、理念、方式体现了一种知识教和学的方法论，那就是以精心设计的有一定规模和内涵且在一般教学资源和教师精力投入下具有可操作性的教学案例，实现课程中有相当广度和深度的知识的落地解析。相信教师和学生通过本章的学习会对计算机网络原理有更深层次的体会和掌握。

➡8.1 HTTP 协议栈上的报文捕获与分析

我们前面循着网络协议体系结构由物理层学习到应用层，从学习过的有代表性的协议来看，有数据链路层的以太网协议、网络层的 IP、传输层的 TCP 和应用层的 HTTP。TCP/IP 的分层体系结构表明，要运行 HTTP，至少需要 TCP、IP 和以太网协议，我们将 HTTP 及其下三个层次的支持协议 TCP、IP 和以太网协议合称为 HTTP 协议栈。本节我们设计了一个针对 HTTP 协议栈的截包案例，通过这个截包案例有关的报文分析，使关于以太网、IP、TCP 和 HTTP 的知识落地。

8.1.1 报文捕获实验设计

本实验以 192.168.3.3 主机访问 http://47.104.238.3/CD/test/indexb.html 为例，进行网络截包实验，以实现对于本书前面学习的以太网的帧结构、IP 数据报的报文结构、TCP 报文段的报文结构，以及 HTTP 请求和应答报文结构在具体网络通信过程中的落地，这将大大加深读者对网络原理知识的理解。

indexb.html 的浏览器显示如图 8-1 所示。

图 8-1 indexb.html 的浏览器显示

indexb.html 的 HTML 代码如图 8-2 所示。为了将代码中所有的字符都表示出来，图中以方括号表示特别的字符，如以[CR][LF]表示每行末尾的回车符和换行符，以[tab]表示水平制表符等，图中还以"␣"表示空格字符。

注：Notepad++是一款非常好的查看和编辑源代码文件的工具。

```
1.  <html>[CR][LF]

2.  <head>[CR][LF]

3.  <title>HTML␣Demo</title>[CR][LF]

4.  </head>[CR][LF]

5.  <body>[CR][LF]

6.  ␣␣␣␣<h3>A␣Page␣Demo</h3>[CR][LF]

7.  [tab]<p>This␣is␣only␣a␣simple␣demo␣page.</p>[CR][LF]

8.  </body>[CR][LF]

9.  </html>[CR][LF]
```

图 8-2 indexb.html 的 HTML 代码

为了更好地理解访问 indexb.html 所涉及的报文，我们需要从存储编码的意义上理解该文档，这需要借助文档编码查看工具。HxD 软件就是一个很好的文档编码查看工具，用 HxD 查看 indexb.html 文档编码，如图 8-3 所示。其中的第 1 行即 Offset 行给出了每一行上字节的列编号，每行 16 字节，以十六进制的 00～0F 表示，第 1 列 Offset 列以十六进制数给出了每一行上第 1 字节的编号。

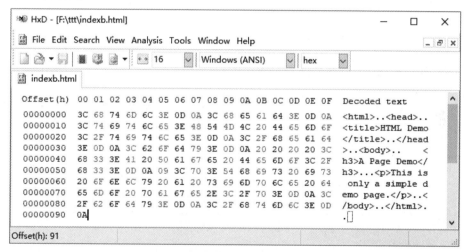

图 8-3 用 HxD 查看 indexb.html 文档编码

窗口中间的部分即为 indexb.html 的文档按字节的编码。可以看出，文档除 Offset 行共包括 9 行加 1 字节，即 145 字节，这与 indexb.html 的实际文件长度相符。窗口右侧即"Decoded text"（解码的文本）部分为各字节对应的 ASCII 字符显示，可以看到，它就是图 8-2 中 indexb.html 的各行 HTML 字符组成的 ASCII 字符流。

我们来看几个标志性的字符。首先，第 0 行第 0 个字符是 ASCII 码为 0x3C 的"<"字符，然后是 html 对应的 ASCII 码 0x68、0x74、0x6D 和 0x6C，再是 ASCII 码为 0x3E 的">"字符，接下来是 ASCII 码为 0x0D 和 0x0A 对应的回车符 CR 和换行符 LF，这两个字符在右侧区域的对应位置上以圆点"."显示。

接下来看空格的 ASCII 码，第 0x10 行的 0B 列字符是 ASCII 码为 0x20 的空格字符，它对应 HTML 中第 3 行上 title 元素中"HTML Demo"中的空格；第 0x30 行上 0B～0E 列间的 4 个 0x20 对应 HTML 中第 6 行上开头处的 4 个空格。

再接下来看制表符的 ASCII 码，第 0x50 行的 05 列字符是 ASCII 码为 0x09 的水平制表符 tab，它对应 HTML 中第 7 行上开头处的 tab 字符。

我们再用 HxD 查看图标文件 favicon.ico 的编码，如图 8-4 所示。考虑到篇幅，我们只给出了前 7 行（除 Offset 行）的代码。我们看到，前 4 行有较多的值为 0 的字节，这些是该图标文件的头部信息，从第 5 行开始，各字节的值在较大范围内变化。给出 favicon.ico 编码的目的是便于后面与其所对应的报文相对照。

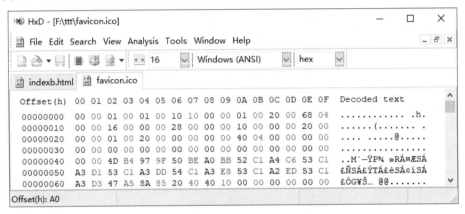

图 8-4　用 HxD 查看图标文件 favicon.ico 的编码

8.1.2　使用 Wireshark 进行报文捕获

Wireshark 是最为流行的网络协议分析器[1]，它是一款非营利的开源软件，我们的报文捕获实验就是用该软件实现的。该软件的操作比较复杂，我们在此处仅给出扼要的介绍，想要学习该软件的读者可阅读官网资料或其他资料。Wireshark 的开始界面如图 8-5 所示。

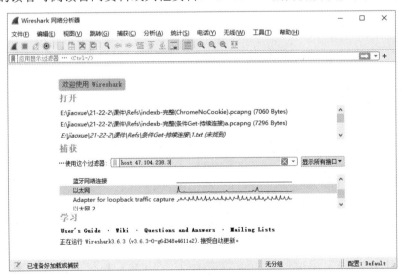

图 8-5　Wireshark 的开始界面

先在开始界面上选中网络（实际是网卡），图 8-5 中是以太网，再输入过滤器，图 8-5 中是 host 47.104.238.3，点击工具栏上的"开始捕获分组"按钮，Wireshark 就会开始工作。这时要用浏览器打开 http://47.104.238.3/CD/test/indexb.html 网页，Wireshark 就会进入其主界面显示与打开该网页有关的报文，如图 8-6 所示。

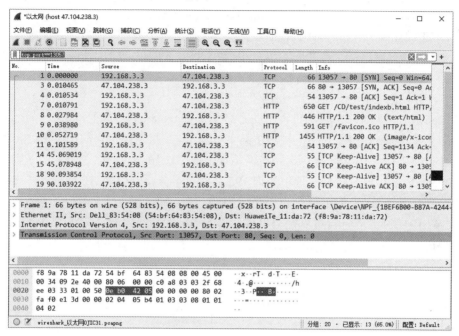

图 8-6　Wireshark 的主界面显示相关报文

由于网络通信的复杂性，同一时刻会有许多通信在进行，使用 Wireshark 时应仔细选择过滤器，以找出感兴趣的数据包。对上述的 indexb.html 网页的访问，可以从 Wireshark 中发现浏览器一开始连续发送了两个建立连接的报文，从其中一个连接发出了后续的关于 indexb 和 favicon 的 HTTP 请求操作报文。在 Wireshark 的主界面的过滤栏中输入 tcp.port==13057，便可以使列表中仅显示期望的报文。

Wireshark 的主界面的上部是捕获的报文列表，选中一个列表项，中间的信息栏就会给出该报文的解释，下部的代码栏中就会给出其所对应的字节数据。

点击"停止捕获分组"按钮可停止捕获过程，这时可以把捕获的报文以期望的格式保存为磁盘文件，以便后续的离线分析和学习。

在主界面上可以进行各种操作，如点击"捕获"菜单下的"选项"命令可打开"捕获选项"对话框，在其中选择或设定捕获选项和过滤器。

8.1.3　捕获报文的列表

我们实验的目的就是演示从向 IP 地址为 192.168.3.3 的机器的浏览器的地址栏中输入地址 http://47.104.238.3/CD/test/indexb.html，到浏览器的页面上显示如图 8-1 所示的网页内容的过程中，计算机网络内部都传送了哪些报文。

实验使用的截包工具是前述的 Wireshark 截包软件，所捕获的每一个包都是一个以太网帧，每个帧中都会包括一个 IP 数据报，而每个 IP 数据报中都会包括一个 TCP 报文段，每个

TCP 报文段可能没有数据，也可能包括 HTTP 请求报文或应答报文。为避免冗赘，我们在接下来的叙述中将以太网帧也称为报文。

　　需要说明的是，192.168.3.3 是一个内网地址，该地址上的机器 C 可以向公网地址 47.104.238.3 上的服务器 S 发送 IP 数据报，但 C 的数据报必须进行网络地址转换（NAT）后才能在公网上传输，即源 IP 地址为 192.168.3.3、目的 IP 地址为 47.104.238.3 的 IP 报文需要经过某个 NAT 路由器 NAT_x，将源 IP 地址变换为某个公网地址 IP_{PUB} 后，才能经过公共互联网的传输到达 S。只有这样，当 S 向 C 发回 IP 数据报时才能以 47.104.238.3 为源 IP 地址，以 IP_{PUB} 为目的 IP 地址构造回复 IP 报文，该报文在到达 NAT_x 后，其目的地址 IP_{PUB} 将被改写为 192.168.3.3，并发向 C 所在的内网，最终到达 C。

　　使用 tracert 命令可以找出 NAT_x。在机器 C 上执行 tracert 47.104.238.3 命令的部分结果如图 8-7 所示。可以看到，192.168.3.3 机器访问 47.104.238.3 机器路径上的第 1 个路由器是内网地址上的 192.168.3.1，第 2 个路由器是内网地址上的 192.168.1.1，第 3 个路由器则是公网地址上的 100.95.0.1。因此，我们有理由相信 192.168.1.1 机器是一个 NAT 路由器，它将从内网发出的 IP 数据报的源 IP 地址变换成一个与 100.95.0.1 属于同一个网络的公网地址 IP_{PUB}。IP_{PUB} 使得 47.104.238.3 服务器可以构造以其为目的地址的可在公网上传输的 IP 数据报。

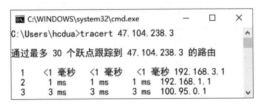

图 8-7　tracert 命令的执行结果（部分）

　　我们的报文捕获操作是在 192.168.3.3 机器上进行的，因而截得的发出 IP 报文的源 IP 地址和目的 IP 地址分别是 192.168.3.3 和 47.104.238.3，收到的 IP 报文的源 IP 地址和目的 IP 地址分别是 47.104.238.3 和 192.168.3.3。若我们在 47.104.238.3 机器上进行截包操作，那么收到的 IP 数据报的源 IP 地址就不会是 192.168.3.3 而应该是 IP_{PUB}，而发出的 IP 数据报的目的 IP 地址也将不是 192.168.3.3 而应该是 IP_{PUB}。

　　我们在 Wireshark 中设定了适当的过滤条件，以找出仅与 192.168.3.3 机器访问 47.104.238.3 机器上的 indexb.html 有关的数据包。最后得到的是表 8-1 所示的 18 个报文。其中的"序号"列是报文的流水顺序号，"时间"列是以第 1 个报文为基准的报文发送或收取的相对时间，"源 IP 地址"和"目的 IP 地址"列是报文中 IP 数据报中的源 IP 地址和目的 IP 地址，"长度"列是不包括最后 4 字节 FCS 的以太网帧的长度，"协议"列是帧中所包括的最高层次报文的协议，"描述"列给出了帧中最高层次协议报文的简要描述。

　　注：表 8-1 中的报文序号是不连续的，这是因为在截包过程中 192.168.3.3 机器还进行其他网络通信。

表 8-1　实验报文列表

序号	时间	源 IP 地址	目的 IP 地址	长度	协议	描述
1	0.000000	192.168.3.3	47.104.238.3	66	TCP	SYN
3	0.009323	47.104.238.3	192.168.3.3	66	TCP	SYN, ACK

续表

序号	时间	源 IP 地址	目的 IP 地址	长度	协议	描述
4	0.009409	192.168.3.3	47.104.238.3	54	TCP	ACK
7	0.013451	192.168.3.3	47.104.238.3	608	HTTP	GET indexb.html
8	0.024243	47.104.238.3	192.168.3.3	446	HTTP	text/html
9	0.043779	192.168.3.3	47.104.238.3	549	HTTP	GET favicon.ico
10	0.055735	47.104.238.3	192.168.3.3	1455	HTTP	image/x-icon
11	0.0108493	192.168.3.3	47.104.238.3	54	TCP	ACK
14	45.062399	192.168.3.3	47.104.238.3	55	TCP	Keep-Alive
15	45.071482	47.104.238.3	192.168.3.3	66	TCP	Keep-Alive, ACK
18	68.939188	192.168.3.3	47.104.238.3	677	HTTP	GET indexb.html
22	68.969482	47.104.238.3	192.168.3.3	219	HTTP	304 Not Modified
23	69.023848	192.168.3.3	47.104.238.3	54	TCP	ACK
26	113.971453	192.168.3.3	47.104.238.3	55	TCP	Keep-Alive
27	113.980614	47.104.238.3	192.168.3.3	66	TCP	Keep-Alive, ACK
30	158.993310	192.168.3.3	47.104.238.3	55	TCP	Keep-Alive
31	159.002488	47.104.238.3	192.168.3.3	66	TCP	Keep-Alive, ACK
32	188.261858	47.104.238.3	192.168.3.3	60	TCP	RST, ACK

表 8-1 的 18 个报文中,序号为 1、3、4 的报文是 TCP 建立连接的 3 次握手的报文,它是由 IP 地址为 192.168.3.3 的客户机 C 向 IP 地址为 47.104.238.3 的服务器 S 发起的。7 号报文是 C 发出的对 S 上 indexb.html 的 HTTP 请求报文。8 号报文是服务器 S 对该请求的应答报文,其中包括 indexb.html。9 号报文是客户机 C 发出的获取服务器 S 的 favicon 的请求报文,它同时捎带着对 8 号报文的确认。10 号报文是对 9 号报文的 HTTP 应答报文,其中包括 favicon.ico 图标。11 号报文是客户机 C 对 10 号报文的确认报文,由于这时客户机 C 没有要发向服务器 S 的数据,就发送了一个单独的确认报文。

注:任何一个网站都应该在其根文件夹中放置一个体现站点特征的 favicon.ico,简称 favicon。访问站点的浏览器都会自动发送对 favicon.ico 的 HTTP 请求报文,服务器将在对该请求报文的应答报文中返回 favicon.ico 图标文件,浏览器将在标题栏的左端显示该图标。图 8-1 中浏览器标题栏左侧的三维"D"字图标就是 http://47.104.238.3 网站的 favicon。

14 号报文是客户机 C 发出的一个 TCP 连接保活(Keep-Alive)报文,它距离上次通信过去了 45s,也就是说,45s 内一个 TCP 连接上没有通信,客户机就会主动向服务器发送一个保活报文。15 号报文是服务器 S 对 14 号保活报文的应答报文。

此后的第 69s,客户机 C 再次发送了一个对 indexb.html 的请求报文,即 18 号报文,其中会在 HTTP 的首部行中以 If-Modified-Since(条件 GET)说明上次获取 indexb.html 时该文档的最后修改时间,服务器 S 以 22 号报文应答,由于 indexb.html 自上次访问后没有改变,22 号报文以状态码 304 应答,其对应的短语是"Not Modified.",即文档没有修改过,这样 22 号报文中就不包含 indexb.html 文档,客户机 C 由此可知只要将缓存中的 indexb.html 调入浏览器页面显示即可。此后的 23 号报文是客户机 C 对 22 号报文的确认报文。

注:浏览器每次从服务器获得一个静态文档后都会在其缓存中缓存一段时间,这样不久后对该文档的再次访问就可以使用 If-Modified-Since(条件 GET)机制,这时如果服务器上的文档没有更新过,服务器就以"304 Not Modified."应答。这一方面提高了当前客户/服务器的 HTTP 请求/应答效率,另一

方面由于因特网上所有的浏览器访问都使用该机制，因此整个因特网上的通信流量大大降低，从而能够从全局上提高因特网的运行效率。

此后，再过大约 45s，客户机 C 会再次发送一次保活报文，报文号为 26，服务器 S 以 27号报文应答。再过 45s 后，客户机 C 又会发送一次保活报文，报文号为 30，服务器 S 以 31 号报文应答。

在此后的 30s 时间里，服务器 S 发现该 TCP 连接一直处在空闲状态，于是就发送一个RST 报文，即 RST 控制位置 1 的 TCP 报文段，这表示服务器 S 强行关闭该 TCP 连接，客户机 C 收到该 RST 报文后，也只能关闭该 TCP 连接。

8.1.4　捕获报文的分析

下面我们就根据以太网的帧结构和 IP、TCP、HTTP 的报文格式对捕获的报文进行详细分析。我们将逐字节地对 1 号帧进行分析，后续的帧就仅给出对其不同地方的说明。

1. 1 号帧（TCP SYN）的报文分析

1 号帧的报文内容如下，它是 TCP 建立连接的 3 次握手中的第 1 次握手报文，即 TCPSYN 报文，它是客户机发往服务器的报文。

```
      00 01 02 03 04 05 06 07 08 09 0A 0B 0C 0D 0E 0F
0000  f8 9a 78 11 da 72 54 bf 64 83 54 08 08 00 45 00   ..x..rT.d.T...E.
0010  00 34 8d 74 40 00 80 06 00 00 c0 a8 03 03 2f 68   .4.t@........./h
0020  ee 03 0b 8b 00 50 ec 96 64 d4 00 00 00 00 80 02   .....P..d.......
0030  fa f0 e1 3d 00 00 02 04 05 b4 01 03 03 08 01 01   ...=............
0040  04 02                                             ..
```

该报文内容的格式与 HxD 中显示文件代码的格式相同，也是第 1 行以十六进制的 00～0F 给出每一行上各字节的十六进制编号，第 1 列以十六进制数给出对应行的第 1 字节的编号，中间的主要区域是报文内容的十六进制字节值，右侧区域是报文字节对应的 ASCII 字符，字节值超出 7 位 ASCII 码即高于 0x7F 的字符和 ASCII 控制字符显示为圆点。

报文第 0 行的前 6 字节用连字符连起来就是 f8-9a-78-11-da-72，它是帧的目的地址，然而这不是目的 IP 地址 47.104.238.3 对应的机器的物理地址，因为源主机 192.168.3.3 与目的主机不在同一个物理网络上。帧的目的地址应该是源主机 192.168.3.3 所在网络的出口路由器即192.168.3.1 对应的以太网地址。

接下来的 6 字节即 54-bf-64-83-54-08 为帧的源地址，也就是源主机 192.168.3.3 的以太网地址。

接下来的 2 字节 0x0800 为以太网帧的类型字段值，它表示帧中的数据是一个 IP 数据报。

接下来的 1 字节 0x45 是 IP 数据报的第 1 字节，其中的 4 表示 IP 数据报的版本为 IPv4，5 表示 IP 数据报的首部只包括固定部分的 20 字节。

接下来的字节 0x00 为区分服务，00 表示没有启用区分服务。

接下来的 0x10 行开头的 2 字节 0x0034 是 IP 数据报总长度的十六进制值，其对应的十进制值是 52，这表示 IP 数据报的数据部分有 32 字节。

接下来的 2 字节 0x8d74 为 IP 数据报的标识。

接下来的 2 字节 0x4000 为标志和片偏移，其中的标志对应的位值是 010，这表示 DF 位被置位，即报文不允许分片，片偏移对应的值显然是 0。

　　注：建立连接的报文不应该被分片，事实上该报文很短，也用不着分片。

　　接下来的 1 字节是 IP 数据报的 TTL，其值为 0x80，表示该 IP 数据报最多可以经历 128 个路由器。

　　接下来的 1 字节是 IP 数据报的协议，其值为 06，说明 IP 数据报中的数据部分是 TCP 报文段。

　　接下来的 2 字节 0x0000 是 IP 数据报的首部检验和，这里值为 0 表示尚未计算检验和。这表示网卡启用了"检验和卸载"（checksum offload）[2]功能，即将检验和推迟到网卡发送帧的时候计算，这会减轻 CPU 的运算压力，但会使 Wireshark 捕获不到计算的检验和。

　　接下来的 4 字节 0xc0、0xa8、0x03、0x03 是源 IP 地址 192.168.3.3 对应的十六进制值，而 0x2f、0x68、0xee、0x03 则是目的 IP 地址 47.104.238.3 对应的十六进制值。

　　至此，IP 数据报的首部结束。

　　接下来第 0x20 行的值为 0x0b8b 的 02、03 字节是 TCP 报文段的起始 2 字节，也就是源端口号，这是一个客户端的端口号。

　　接下来的 2 字节 0x0050 是 TCP 报文段的目的端口号，它所对应的十进制值为 80，是 HTTP 的熟知端口号，说明本次通信对应的应用层协议是 HTTP。

　　接下来的 4 字节 0xec9664d4 是 TCP 报文段的序号，也就是建立连接的第 1 次握手中的序号 x。再接下来的 4 字节 0x00000000 是 TCP 报文段的确认号，由于是建立连接的第 1 次握手，还没有需要确认的报文，因而取 0 值。

　　接下来的 1 字节 0x80 中的 8 是 TCP 报文段的数据偏移，也就是首部长度，由于首部长度的单位是 4 字节，可知 TCP 报文段的首部长度是 32 字节，由于 IP 数据报的数据部分是 32 字节，因而此 TCP 报文段没有数据部分。

　　接下来的 02 表示 TCP 报文段的 SYN 控制位置位而 ACK 控制位未置位，说明该 TCP 报文段是第一次握手的报文段。

　　接下来的 2 字节 0xfaf0 是 TCP 报文段的窗口字段的值，用来进行流量控制。

　　接下来的 2 字节 0xe13d 应该是 TCP 报文段的检验和，但经验算此 TCP 报文段含伪首部的检验和并不是 0xe13d，这表明该字段也会以"检验和卸载"的方式推迟到网卡发送帧的时候计算，目前的值仅是随意填上的一个数值。

　　接下来的 2 字节 0x0000 是 TCP 报文段紧急指针的值，由于 URG 控制位没有置位，该字段没有意义。

　　至此，TCP 报文段首部的固定部分结束，接下来从 0x30 行的 06 开始的 12 字节是其首部的可变部分，它包括 3 个选项描述，每个选项及其填充字节构成一个 4 字节组。

　　第 1 个选项是开始的 4 字节，即 0x020405b4，其中的 02 表示 2 号选项，即最大报文段长度（MSS）选项，04 表示该选项总共占 4 字节，0x05b4 是该选项的值，它所对应的十进制数是 1460，正好是以太网的 MTU（1500 字节）减去 IP 数据报和 TCP 报文段首部固定部分长度（40 字节）的值。

　　第 2 个选项对应的字节值是 0x030308，其前面的 0x01 是 1 字节的填充选项。该选项的类型号是 3，即窗口比例因子选项，该选项的总长度是 3 字节，其数据值为 08，说明要将此前的窗口大小 0xfaf0 左移 8 位，即扩大 2^8 倍。

　　第 3 个选项对应的字节值是 0x0402，其前面的 2 个 0x01 是 2 个 1 字节的填充选项。该选项的类型号是 4，表示允许选择确认（SACK-permitted），该选项的总长度是 2 字节，没有数据部分。

至此，1 号帧全部分析完毕。

需要说明的是，以太网帧最后 4 字节的帧检验序列（FCS）也是在网卡发送帧的时候计算的，因而也是 Wireshark 捕获不到的。

2. 3 号帧（TCP SYN ACK）的报文分析

3 号帧的报文内容如下，它是 TCP 建立连接的 3 次握手中的第 2 次握手报文，即 TCP SYN ACK 报文，它是服务器端发往客户端的报文。

```
        00 01 02 03 04 05 06 07 08 09 0A 0B 0C 0D 0E 0F
0000    54 bf 64 83 54 08 f8 9a 78 11 da 72 08 00 45 00    T.d.T...x..r..E.
0010    00 34 3a da 40 00 74 06 ea d2 2f 68 ee 03 c0 a8    .4:.@.t.../h....
0020    03 03 00 50 0b 8b 7b ed 39 31 ec 96 64 d5 80 12    ...P.{.91..d...
0030    20 00 5b b3 00 00 02 04 05 84 01 03 03 08 01 01    .[..........
0040    04 02                                              ..
```

可以看出，此帧的数据部分也是一个 IP 数据报，而 IP 数据报的数据部分也是一个 TCP 报文段。帧的目的物理地址和源物理地址正好是 1 号帧的源物理地址和目的物理地址，其中 IP 数据报的源 IP 地址和目的 IP 地址正好是 1 号帧的目的 IP 地址和源 IP 地址，而其 TCP 报文段的源端口号和目的端口号正好是 1 号帧的目的端口号和源端口号。

IP 数据报首部只有固定部分，其总长度也是 0x34 即 52 字节。TCP 报文段的首部长度也是 32 字节，因而也没有数据部分。

IP 数据报中的标识为 0x3ada，这是服务器端第 1 个 IP 数据报的标识，与客户端不相干。TCP 报文段中的序号为 0x7bed3931，这是服务器端第 1 个 TCP 报文段的序号，也与客户端不相干。

IP 数据报的 TTL 值为 0x74，假如服务器发出数据报时的 TTL 值为 0x80，那么该数值说明该数据报在到达客户端之前经历了 8 个路由器。

TCP 报文段的控制位的值为 0x12，表明这是一个 TCP SYN ACK 报文，即 TCP 建立连接的第 2 次握手的报文。其确认号为 0xec9664d5，正好是客户端发出的 TCP 报文段的序号加 1。

帧中 IP 数据报的首部检验和 0xead2 和 TCP 报文段的检验和 0x5bb3 都是正确计算的检验和，读者可以验算一下。

TCP 流量控制的窗口大小为 0x2000，由于选项部分有数值为 8 的 3 号（窗口比例因子）选项，窗口大小要扩大 2^8 倍。

TCP 报文段中的最大报文段长度（MSS）选项的数据部分为 0x0584，说明服务器端期望的 MSS 为 1412 字节，比客户端的 1460 字节要小一些。

TCP 报文段也有字节值是 0x0402 的第 3 个选项，它表示服务器端同意客户端提出的使用允许选择确认的协商请求。

3. 4 号帧（TCP ACK）的报文分析

4 号帧的报文内容如下，它是 TCP 建立连接的 3 次握手中的第 3 次握手报文，即 TCP ACK 报文，它是客户端发往服务器端的报文。

	00 01 02 03 04 05 06 07 08 09 0A 0B 0C 0D 0E 0F	
0000	f8 9a 78 11 da 72 54 bf 64 83 54 08 08 00 45 00	..x..rT.d.T...E.
0010	00 28 8d 76 40 00 80 06 00 00 c0 a8 03 03 2f 68	.(.v@........./h
0020	ee 03 0b 8b 00 50 ec 96 64 d5 7b ed 39 32 50 10	.....P..d.{.92P.
0030	04 01 e1 31 00 00	...1..

可以看出，此帧的数据部分也是一个 IP 数据报，而 IP 数据报的数据部分也是一个 TCP 报文段。帧的目的物理地址和源物理地址、IP 数据报的源 IP 地址和目的 IP 地址、TCP 报文段的源端口号和目的端口号均与 1 号帧相同。

IP 数据报首部只有固定部分，其总长度为 0x28 即 40 字节。TCP 报文段的首部长度为 20 字节，也没有数据部分。

IP 数据报中的标识为 0x8d76，比 1 号帧中 IP 数据报的标识多了 2，应该是客户端在发送 1 号帧和本帧之间还发送过别的帧。TCP 报文段中的序号为 0x9664d5，为 1 号帧中 TCP 报文段的序号加 1，确认号为 0x7bed3932，是 3 号帧中 TCP 报文段的序号加 1。

TCP 报文段的控制位对应的字节值为 0x10，即只有 ACK 控制位被置位，因而本报文仅是一个 TCP ACK 报文。

IP 数据报的首部检验和字段也是 0x0000，说明此检验和也使用了"检验和卸载"功能，连同 TCP 报文段的检验和都被推迟到网卡发送帧的时候计算。

由于此帧中 IP 数据报的总长度只有 40 字节，少于 46 字节（以太网帧数据部分要求最少 46 字节），因此该 IP 数据报在装入以太网帧时，需要填充 6 字节的数据，通常以 6 字节的 0 来填充。

4．7 号帧（HTTP GET indexb.html）的报文分析

7 号帧中包含着客户端对 indexb.html 的 HTTP 请求报文，其报文内容如下。

	00 01 02 03 04 05 06 07 08 09 0A 0B 0C 0D 0E 0F	
0000	f8 9a 78 11 da 72 54 bf 64 83 54 08 08 00 45 00	..x..rT.d.T...E.
0010	02 52 8d 78 40 00 80 06 00 00 c0 a8 03 03 2f 68	.R.x@........./h
0020	ee 03 0b 8b 00 50 ec 96 64 d5 7b ed 39 32 50 18	.....P..d.{.92P.
0030	04 01 e3 5b 00 00 47 45 54 20 2f 43 44 2f 74 65	...[..GET /CD/te
0040	73 74 2f 69 6e 64 65 78 62 2e 68 74 6d 6c 20 48	st/indexb.html H
0050	54 54 50 2f 31 2e 31 0d 0a 48 6f 73 74 3a 20 34	TTP/1.1..Host: 4
0060	37 2e 31 30 34 2e 32 33 38 2e 33 0d 0a 43 6f 6e	7.104.238.3..Con
0070	6e 65 63 74 69 6f 6e 3a 20 6b 65 65 70 2d 61 6c	nection: keep-al
0080	69 76 65 0d 0a 50 72 61 67 6d 61 3a 20 6e 6f 2d	ive..Pragma: no-
	⋮ ⋮ ⋮ ⋮ ⋮ ⋮	⋮ ⋮
0250	74 68 32 74 6e 33 6b 72 76 77 72 62 0d 0a 0d 0a	th2tn3krvwrb....

报文中帧的首部与 4 号帧完全相同。

IP 数据报的首部与 4 号帧中的 IP 数据报的首部基本相同，只是报文总长度为 0x0252，即 594 字节，报文标识由 0x8d76 变成了 0x8d78。

TCP 报文段的首部与 4 号帧中的 TCP 报文段的首部基本相同，特别是序号、确认号和窗口值均相同，重要的变化是控制位由 0x10 变成 0x18，即除了确认位 ACK 被置位，推送位

PSH 也被置位，表示发送端要求接收端将本报文中的数据立即推送到应用进程。

从 0x30 行的值为 0x47（ASCII 字符 G）的 06 字节开始是 TCP 报文段的数据部分，也就是 HTTP 请求报文。其前 3 字节 0x47、0x45、0x54 即为请求行中的 GET 方法，接下来的 0x20 是空格，再接下来的内容是含路径的 indexb.html 文档，即/CD/test/indexb.html，再接下来的 0x20 是空格，再接下来的 HTTP/1.1 是版本，再接下来的 0x0d 和 0x0a 标志着请求行的结束。

从 0x50 行的 09 字节开始是 HTTP 请求报文的首部行。报文中列出了 Host: 47.104.238.3 和 Connection: keep-alive 两个完整的首部行。其中 Host 首部行说明待访问站点的 IP 地址（或域名），Connection 首部行说明是否使用持续性连接，这里的 keep-alive 表明使用持续性连接。

首部行到 0x250 行最后的两个 0x0d、0x0a 结束。我们看到整个以太网帧（不含 FCS）包括 0x000 行到 0x250 行，总共有 0x26 行，也就是 38 行，每行 16 字节，总共 608 字节，去掉以太网帧的目的地址、源地址和类型所占的 14 字节，正好是 IP 数据报的总长度 594 字节。因此，帧中的 HTTP 请求报文只有请求行和首部行，没有体部。

5. 8 号帧（HTTP indexb.html OK）的报文分析

8 号帧中包含着服务器端对 indexb.html 请求的 HTTP 应答报文，其报文内容如下。

```
        00 01 02 03 04 05 06 07 08 09 0A 0B 0C 0D 0E 0F
0000    54 bf 64 83 54 08 f8 9a 78 11 da 72 08 00 45 00    T.d.T...x..r..E.
0010    01 b0 3a dc 40 00 74 06 e9 54 2f 68 ee 03 c0 a8    ..:.@.t..T/h....
0020    03 03 00 50 0b 8b 7b ed 39 32 ec 96 66 ff 50 18    ...P..{.92..f.P.
0030    02 00 09 6d 00 00 48 54 54 50 2f 31 2e 31 20 32    ...m..HTTP/1.1 2
0040    30 30 20 4f 4b 0d 0a 43 6f 6e 74 65 6e 74 2d 54    00 OK..Content-T
0050    79 70 65 3a 20 74 65 78 74 2f 68 74 6d 6c 0d 0a    ype: text/html..
0060    4c 61 73 74 2d 4d 6f 64 69 66 69 65 64 3a 20 54    Last-Modified: T
0070    68 75 2c 20 30 38 20 4e 6f 76 20 32 30 31 38 20    hu, 08 Nov 2018
0080    31 32 3a 31 36 3a 32 32 20 47 4d 54 0d 0a 41 63    12:16:22 GMT..Ac
  ⋮       ⋮      ⋮      ⋮       ⋮        ⋮        ⋮      ⋮
0110    20 47 4d 54 0d 0a 43 6f 6e 74 65 6e 74 2d 4c 65    GMT..Content-Le
0120    6e 67 74 68 3a 20 31 34 35 0d 0a 0d 0a 3c 68 74    ngth: 145....<ht
0130    6d 6c 3e 0d 0a 3c 68 65 61 64 3e 0d 0a 3c 74 69    ml>..<head>..<ti
0140    74 6c 65 3e 48 54 4d 4c 20 44 65 6d 6f 3c 2f 74    tle>HTML Demo</t
0150    69 74 6c 65 3e 0d 0a 3c 2f 68 65 61 64 3e 0d 0a    itle>..</head>..
0160    3c 62 6f 64 79 3e 0d 0a 20 20 20 20 3c 68 33 3e    <body>..    <h3>
0170    41 20 50 61 67 65 20 44 65 6d 6f 3c 2f 68 33 3e    A Page Demo</h3>
0180    0d 0a 09 3c 70 3e 54 68 69 73 20 69 73 20 6f 6e    ...<p>This is on
0190    6c 79 20 61 20 73 69 6d 70 6c 65 20 64 65 6d 6f    ly a simple demo
01a0    20 70 61 67 65 2e 3c 2f 70 3e 0d 0a 3c 2f 62 6f    page.</p>..</bo
01b0    64 79 3e 0d 0a 3c 2f 68 74 6d 6c 3e 0d 0a          dy>..</html>..
```

报文中帧的首部与 3 号帧完全相同。

IP 数据报的首部与 3 号帧中的 IP 数据报的首部基本相同，只是报文总长度为 0x01b0，即 432 字节，报文标识由 0x3ada 变成了 0x3adc。

TCP 报文段的首部与 3 号帧中的 TCP 报文段的首部有较好的相似性。序号由 0x7bed3931 变成 0x7bed3932，这是因为建立连接用掉了一个编号。确认号由 0xec9664d5 变成了 0xec9666ff，这是由于 4 号帧中客户端传送的 TCP 数据为 554 字节，即 0x22a，0xec9664d5 加上 0x22a 正好是 0xec9666ff。数据偏移由 8 变成 5，也就是说首部长度由 32 字节减少为 20 字节。控制位由 0x12 变为 0x18，即确认位 ACK 和推送位 PSH 被置位。

从 0x30 行的值为 0x48（ASCII 字符 H）的 06 字节开始是 TCP 报文段的数据部分，也就是 HTTP 应答报文。其中状态行的内容是 "HTTP/1.1 200 OK."，也就是说服务器正常返回 indexb.html 文档的内容。

从 0x40 行的 07 字节开始是 HTTP 应答报文的首部行。报文中列出了 Content-Type: text/html、Last-Modified: Thu, 08 Nov 2018 12:16:22 GMT 和 Content-Length: 145 三个完整的首部行。其中 Content-Type 首部行用于说明返回的 indexb.html 的内容是文本（text）格式的 html 文档，Last-Modified 用于说明 indexb.html 文件的最后修改时间，Content-Length 用于说明 indexb.html 以字节计的长度，这里的 145 与我们前面实验设计中给出的文件长度一致。

首部行到 0x120 行 09 字节开始的两个 0x0d、0x0a 结束，从该行的 0D 字节开始是报文的体部，我们看到其中的内容与图 8-3 示出的 indexb.html 文档编码完全一致。

我们看到整个以太网帧（不含 FCS）包括 0x000 行到 0x1b0 行，其目的地址、源地址和类型共占 14 字节，而最后的 0x1b0 行上正好有 14 字节，因而以太网的数据部分将有 0x1b0 字节，这与 IP 数据报的总长度一致。

6. 9 号帧（HTTP GET favicon.ico）的报文分析

9 号帧中包含着客户端对 favicon.ico 的 HTTP 请求报文，其报文内容如下。

```
     00 01 02 03 04 05 06 07 08 09 0A 0B 0C 0D 0E 0F
0000 f8 9a 78 11 da 72 54 bf 64 83 54 08 08 00 45 00  ..x..rT.d.T...E.
0010 02 17 8d 79 40 00 80 06 00 00 c0 a8 03 03 2f 68  ...y@........./h
0020 ee 03 0b 8b 00 50 ec 96 66 ff 7b ed 3a ba 50 18  .....P..f.{.:.P.
0030 04 00 e3 20 00 00 47 45 54 20 2f 66 61 76 69 63  ... ..GET/favic
0040 6f 6e 2e 69 63 6f 20 48 54 54 50 2f 31 2e 31 0d  on.ico HTTP/1.1.
0050 0a 48 6f 73 74 3a 20 34 37 2e 31 30 34 2e 32 33  .Host:47.104.23
0060 38 2e 33 0d 0a 43 6f 6e 6e 65 63 74 69 6f 6e 3a  8.3..Connection:
     ⋮        ⋮        ⋮        ⋮        ⋮        ⋮        ⋮        ⋮
0220 62 0d 0a 0d 0a b....                             b....
```

该帧与 7 号帧基本相同，只是将 HTTP 请求报文请求行中的 GET /CD/test/indexb.html 换成了 GET /favicon.ico。

7. 10 号帧（HTTP favicon.ico OK）的报文分析

10 号帧中包含着服务器端对 favicon.ico 请求的 HTTP 应答报文，其报文内容如下。

```
     00 01 02 03 04 05 06 07 08 09 0A 0B 0C 0D 0E 0F
0000 54 bf 64 83 54 08 f8 9a 78 11 da 72 08 00 45 00  T.d.T...x..r..E.
0010 05 a1 3a dd 40 00 74 06 e5 62 2f 68 ee 03 c0 a8  ..:.@.t..b/h....
0020 03 03 00 50 0b 8b 7b ed 3a ba ec 96 68 ee 50 18  ...P..{.:...h.P.
0030 01 ff 01 29 00 00 48 54 54 50 2f 31 2e 31 20 32  ...)..HTTP/1.1 2
```

```
0040   30 30 20 4f 4b 0d 0a 43 6f 6e 74 65 6e 74 2d 54   00 OK..Content-T
0050   79 70 65 3a 20 69 6d 61 67 65 2f 78 2d 69 63 6f   ype: image/x-ico
0060   6e 0d 0a 4c 61 73 74 2d 4d 6f 64 69 66 69 65 64   n..Last-Modified
           ⋮       ⋮       ⋮       ⋮       ⋮       ⋮       ⋮       ⋮
0110   3a 34 33 20 47 4d 54 0d 0a 43 6f 6e 74 65 6e 74   :43 GMT..Content
0120   2d 4c 65 6e 67 74 68 3a 20 31 31 35 30 0d 0a 0d   -Length: 1150...
0130   0a 00 00 01 00 01 00 10 10 00 00 01 00 20 00 68   ............. h
0140   04 00 00 16 00 00 00 28 00 00 00 10 00 00 00 20   .......(.......
0150   00 00 00 01 00 20 00 00 00 00 00 40 04 00 00 00   ..... .....@....
0160   00 00 00 00 00 00 00 00 00 00 00 00 00 00 00 00   ................
0170   00 00 00 4d b4 97 9f 50 be a0 bb 52 c1 a4 c6 53   ...M...P...R...S
0180   c1 a3 d1 53 c1 a3 dd 54 c1 a3 e8 53 c1 a2 ed 53   ...S...T...S...S
0190   c1 a3 d3 47 a5 8a 85 20 40 40 10 00 00 00 00 00   ...G... @@......
           ⋮       ⋮       ⋮       ⋮       ⋮       ⋮       ⋮       ⋮
```

该帧与 8 号帧非常相似。它的 HTTP 应答报文的首部行中 Content-Type 不再是 text/html，而是 image/x-icon，Content-Length 的值也取了 favicon.ico 图标文件的大小，即 1150。

0x0120 行从 0D 字节开始有连续的两个 0x0d0a，这标志着 HTTP 请求报文首部行的结束。接下来从 0x0130 行的 01 字节开始是 HTTP 请求报文的体部，即 favicon.ico 图标文件的内容，我们看到这些内容与图 8-4 所示的 favicon.ico 的十六进制编码完全相同。

8．11 号帧（TCP ACK）的报文分析

11 号帧中包含的是客户端向服务器端发送的 HTTP favicon.ico OK 应答报文的确认，它与 4 号帧基本相同，这里不再列出其报文内容。

9．14 号帧（TCP Keep-Alive）的报文分析

14 号帧是一个含有 TCP 连接保活请求也就是持续性连接请求的报文段的帧，其报文内容如下。

```
       00 01 02 03 04 05 06 07 08 09 0A 0B 0C 0D 0E 0F
0000   f8 9a 78 11 da 72 54 bf 64 83 54 08 08 00 45 00   ..x..rT.d.T...E.
0010   00 29 8d 7c 40 00 80 06 00 00 c0 a8 03 03 2f 68   .).|@........./h
0020   ee 03 0b 8b 00 50 ec 96 68 ed 7b ed 40 33 50 10   .....P..h.{.@3P.
0030   04 01 e1 32 00 00 00                              ...2...
```

该帧的内容与 4 号帧的内容基本相同，所不同的就是它给出了表达 TCP 连接保活的方法。它所包含的 IP 数据报的首部长度为 20 字节，而 IP 数据报的总长度为 0x29，即 41 字节，因此 IP 数据报的数据部分为 21 字节。它所包含的 TCP 报文段的首部长度也是 20 字节，因而 TCP 的数据部分就只有 1 字节，即最后的值为 0 的字节。这说明，客户端通过向服务器端发送一个值为 0 的字节来实现 TCP 连接的保活。

10．15 号帧（TCP Keep-Alive ACK）的报文分析

15 号帧是一个含有 TCP 连接保活应答也就是持续性连接应答的报文段的帧，其报文内容如下。

```
       00 01 02 03 04 05 06 07 08 09 0A 0B 0C 0D 0E 0F
0000   54 bf 64 83 54 08 f8 9a 78 11 da 72 08 00 45 00   T.d.T...x..r..E.
0010   00 34 3a df 40 00 74 06 ea cd 2f 68 ee 03 c0 a8   .4:.@.t.../h....
```

```
0020    03 03 00 50 0b 8b 7b ed 40 33 ec 96 68 ee 80 10    ...P..{.@3..h...
0030    01 ff ce 1c 00 00 01 01 05 0a ec 96 68 ed ec 96    ............h...
0040    68 ee                                              h.
```

该帧与包含建立连接的第 2 次握手的 TCP 报文段的 3 号帧相似，当然其 TCP 的 SYN 控制位没有置位。帧中的 IP 数据报首部长度为 20 字节，IP 数据报的总长度为 0x34，即 52 字节，因此 IP 数据报的数据部分为 32 字节。由于 TCP 报文段的首部长度为 32 字节，因而 TCP 报文段只有首部没有数据部分。

然而，TCP 有 12 字节的可变首部，它是从 0x30 行的 6 字节直至末位的 12 字节。该可变部分的前两个值为 01 的字节是填充部分，接下来是类型为 5 的选择确认（SACK）选项，该选项的长度是 0x0a，即 10 字节，其数据部分是两个序号，即 0xec9668ed 和 0xec9668ee，它们对应客户端发出的 TCP Keep-Alive 中那个值为 0 的 1 字节数据构成的数据块的编号范围，客户端收到这一带有 SACK 选项的 TCP 报文段后，如果有数据要发送，则应立即发送。

注：0xec9668ee 也是该 TCP 报文段的确认号。

11．18 号帧（GET indexb.html）的报文分析

在 18 号帧中，客户端再次发送对 indexb.html 的 HTTP 请求报文，因而它与 7 号帧的报文很相似，只是这时浏览器中已经缓存了 indexb.html 的一个副本，还记录着该副本的最后修改日期，即 8 号帧中 Last-Modified 首部行对应的值：Thu, 08 Nov 2018 12:16:22 GMT。这样 18 号帧就可以使用条件 GET 来获取 indexb.html 文档，这是通过 HTTP 请求报文最后的 0x270 行第 1 个字符开始的首部行即 If-Modified-Since: Thu, 08 Nov 2018 12:16:22 GMT 来实现的。

```
        00 01 02 03 04 05 06 07 08 09 0A 0B 0C 0D 0E 0F
0000    f8 9a 78 11 da 72 54 bf 64 83 54 08 08 00 45 00    ..x..rT.d.T...E.
0010    02 97 8d 7f 40 00 80 06 00 00 c0 a8 03 03 2f 68    ....@........./h
0020    ee 03 0b 8b 00 50 ec 96 68 ee 7b ed 40 33 50 18    .....P..h.{.@3P.
0030    04 01 e3 a0 00 00 47 45 54 20 2f 43 44 2f 74 65    ......GET /CD/te
0040    73 74 2f 69 6e 64 65 78 62 2e 68 74 6d 6c 20 48    st/indexb.html H
0050    54 54 50 2f 31 2e 31 0d 0a 48 6f 73 74 3a 20 34    TTP/1.1..Host: 4
0060    37 2e 31 30 34 2e 32 33 38 2e 33 0d 0a 43 6f 6e    7.104.238.3..Con
          ⋮        ⋮        ⋮        ⋮        ⋮        ⋮
0270    0a 49 66 2d 4d 6f 64 69 66 69 65 64 2d 53 69 6e    .If-Modified-Sin
0280    63 65 3a 20 54 68 75 2c 20 30 38 20 4e 6f 76 20    ce: Thu, 08 Nov
0290    32 30 31 38 20 31 32 3a 31 36 3a 32 32 20 47 4d    2018 12:16:22 GM
02a0    54 0d 0a 0d 0a                                     T....
```

12．22 号帧（304 Not Modified）的报文分析

如果服务器上的文档自上次访问后没有更新，那么它就以状态码 304 和短语"Not Modified."返回 HTTP 应答报文，该报文中就不必携带所请求的文档。22 号帧发回的 HTTP 应答报文正是这种情况。客户端收到此应答报文后，就从缓存中取出此前请求的网页并显示在浏览器中。

```
        00 01 02 03 04 05 06 07 08 09 0A 0B 0C 0D 0E 0F
0000    54 bf 64 83 54 08 f8 9a 78 11 da 72 08 00 45 00    T.d.T...x..r..E.
```

0010	00 cd 3a e2 40 00 74 06 ea 31 2f 68 ee 03 c0 a8	..:.@.t..1/h....
0020	03 03 00 50 0b 8b 7b ed 40 33 ec 96 6b 5d 50 18	...P..{.@3..k]P.
0030	01 fc 57 94 00 00 48 54 54 50 2f 31 2e 31 20 33	..W...HTTP/1.1 3
0040	30 34 20 4e 6f 74 20 4d 6f 64 69 66 69 65 64 0d	04 Not Modified.
	⋮ ⋮ ⋮ ⋮ ⋮ ⋮ ⋮ ⋮	⋮ ⋮
00d0	3a 35 33 20 47 4d 54 0d 0a 0d 0a	:53 GMT....

注：此后有 26 号和 27 号、30 号和 31 号两组 Keep-alive 请求和应答报文，它们与 14 号和 15 号报文相同，此处不再赘述。

13. 42 号帧（RST ACK）的报文分析

42 号帧中的 IP 数据报由服务器端发出，其特殊性在于 TCP 报文段的控制字段为 0x14，即确认位 ACK 和复位位 RST 被置位，这表示服务器强制关闭了该连接。客户端收到此报文后，也必须关闭当前的连接。

	00 01 02 03 04 05 06 07 08 09 0A 0B 0C 0D 0E 0F	
0000	54 bf 64 83 54 08 f8 9a 78 11 da 72 08 00 45 00	T.d.T...x..r..E.
0010	00 28 3a e7 40 00 74 06 ea d1 2f 68 ee 03 c0 a8	.(:.@.t.../h....
0020	03 03 00 50 0b 8b 7b ed 40 d8 ec 96 6b 5d 50 14	...P..{.@...k]P.
0030	00 00 ae 24 00 00 00 00 00 00 00 00	...$........

⇒ 8.2 电子邮件报文分析

本节我们通过特别设计的一封电子邮件，来具体地介绍电子邮件报文中所涉及的技术，特别是 MIME 和 Base64 编码的使用。

8.2.1 电子邮件报文的设计

我们假定从 mickey@sdnu.edu.cn 邮箱向 tom.qq.com 邮箱发送一封如图 8-8 所示的邮件。该邮件以"A rose and a file"为标题，以"Dear Tom, Send you a rose and a file"为邮件内容，邮件中还包括一个玫瑰花图片 rose.png，并携带一个文件名为 wl.txt（其中的内容仅有"网络"两个汉字）的附件文件。图 8-8 中"正文"后的 HTML 图标栏用于以所见即所得的方式编辑 HTML 格式的邮件正文，点击"样式"可以打开或关闭该图标栏。

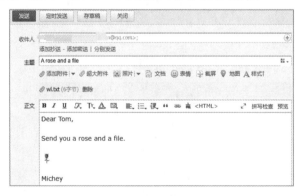

图 8-8 电子邮件示例

点击 HTML 图标栏中的"<HTML>"图标，可将编辑器切换到 HTML 源码编辑状态，如图 8-9 所示。此源码对我们分析报文很有用处。

图 8-9　邮件正文的 HTML 源码显示

为了分析邮件报文，我们还需要知道玫瑰花图片 rose.png 和 wl.txt 文件中的编码，我们仍使用 HxD 软件给出它们的编码，分别如图 8-10 和图 8-11 所示。

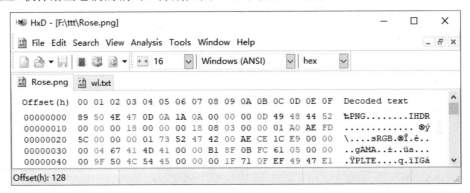

图 8-10　rose.png 的编码

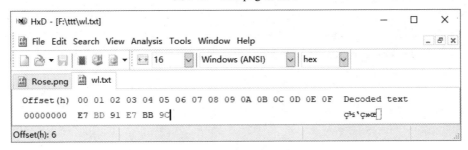

图 8-11　wl.txt 的编码

其中 rose.png 是一个标准的 PNG 图片文件，它的 00 字节为 0x89，后面是 P、N、G 三个大写字母。wl.txt 中的"网络"两个汉字以 UTF-8 编码，每个汉字占 3 字节。

在接收端，一般都会有"显示邮件原文"功能，如图 8-12 所示，点击"显示邮件原文"

就可以获得邮件报文的原始形式。

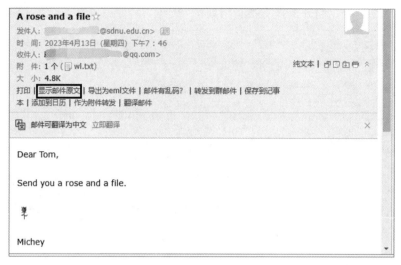

图 8-12　邮件接收端的"显示邮件原文"功能

8.2.2　电子邮件报文的分析

对 8.2.1 节设计的邮件，在接收端点击"显示邮件原文"会得到如下的邮件报文。

```
 1) From: "Mickey" <mickey@sdnu.edu.cn>
 2) To: "Tom" <tom.qq.com>
 3) Subject: A rose and a file
 4) Mime-Version: 1.0
 5) Content-Type: multipart/mixed;
 6)    boundary="----=_NextPart_6437EB96_11FD6EB0_42034850"
 7) Content-Transfer-Encoding: 8Bit
 8) Date: Thu, 13 Apr 2023 19:46:30 +0800
 9)       ⋮      ⋮      ⋮      ⋮      ⋮      ⋮      ⋮      ⋮
10) This is a multi-part message in MIME format.
11) ------=_NextPart_6437EB96_11FD6EB0_42034850
12) Content-Type: multipart/alternative;
13)   boundary="----=_NextPart_6437EB96_11FD6EB0_73A40A34";
14) ------=_NextPart_6437EB96_11FD6EB0_73A40A34
15) Content-Type: text/plain;
16)    charset="utf-8"
17) Content-Transfer-Encoding: base64
18) RGVhciBUb20sDQoNCg0KU2VuZCB5b3UgYSByb3NlIGFuZCBhIGZpbGUuDQoNCg0KDQoNCg0K
19) TWljaGV5
20) ------=_NextPart_6437EB96_11FD6EB0_73A40A34
21) Content-Type: text/html;
22)    charset="utf-8"
23) Content-Transfer-Encoding: base64
24) PGRpdj48Zm9udD5EZWFyIFRvbSw8L2ZvbnQ+PC9kaXY+PGRpdj48Zm9udD48YnI+PC9mb250
```

```
25）    ⋮    ⋮    ⋮    ⋮    ⋮    ⋮    ⋮    ⋮
26）------=_NextPart_6437EB96_11FD6EB0_73A40A34--
27）------=_NextPart_6437EB96_11FD6EB0_42034850
28）Content-Type: application/octet-stream;
29）  name="1F87D94F@F82AE71D.96EB376400000000.png"
30）Content-Transfer-Encoding: base64
31）Content-ID: <1F87D94F@F82AE71D.96EB376400000000.png>
32）iVBORw0KGgoAAAANSUhEUgAAABgAAAAYCAMAAAGgrv1cAAAAAXNSR0IArs4c6QAAAARnQU1B
33）    ⋮    ⋮    ⋮    ⋮    ⋮    ⋮    ⋮    ⋮
34）------=_NextPart_6437EB96_11FD6EB0_42034850
35）Content-Type: application/octet-stream;
36）  charset="utf-8";
37）  name="wl.txt"
38）Content-Disposition: attachment; filename="wl.txt"
39）Content-Transfer-Encoding: base64
40）572R57uc
41）------=_NextPart_6437EB96_11FD6EB0_42034850--
```

报文的前 3 行说明了邮件的发送者、接收者和标题，第 4 行的 "Mime-Version: 1.0" 说明邮件使用了多用途互联网邮件扩展技术。第 5 行的内容类型（Content-Type）说明报文从整体上说是一个混合多部分报文（multipart/mixed）。第 6 行的边界（boundary）说明邮件的各部分以 _NextPart_6437EB96_11FD6EB0_42034850 为边界，它被用在第 11、27、34 和 41 行，将邮件主体分成了 3 个部分，其中最后一个边界的结尾处是 "--"，它标志着整个报文的结束。

第 7 行说明报文的整体传输编码（Content-Transfer-Encoding）为 8bit 编码，但报文各部分还会声明局部的传输编码方式，它们将覆盖这里的 8bit 编码。

报文的第 1 部分从第 11 行开始，到第 27 行结束。第 12 行的内容类型（multipart/alternative）说明该部分由双格式表示的两个子部分组成，它们是如图 8-8 所示邮件的纯文本表示和 HTML 表示（见图 8-9）。两个子部分的分界由第 13 行给出，分界位置在第 14、20 和 26 行。

注：使用边界（boundary）属性可以将邮件报文组织成层次化或树型结构。

其中第 14～20 行部分的内容类型为纯文本格式（text/plain），对应的字符集为 utf-8，传输编码为 base64。其前 4 个 Base64 字符为 RGVh，查表可知它们的 Base64 编码分别是 17、6、21 和 33，将它们合起来得到的二进制串为 01000100011001010110001，分割为 8 位串便是 01000100、01100101 和 01100001，它们对应的 ASCII 字符是 Dea，正是 Dear 的前 3 个字母，读者可以练习验证后面的字符。

第 20～26 行部分的内容类型为 HTML 文本（text/html），对应的字符集也是 utf-8，传输编码也是 base64。其前 4 个 Base64 字符为 PGRp，查表可知它们的 Base64 编码分别是 15、6、17 和 41，将它们合起来得到的二进制串为 00111100011001000110 1001，分割为 8 位串便是 00111100、01100100 和 01101001，它们对应的 ASCII 字符是 <di，正是 <div> 的前 3 个字符，读者可以练习验证后面的字符。

第 27～34 行部分的内容类型为 rose.png 图片的 8 位字节流（application/octet-stream），传输编码也是 base64。其前 4 个 Base64 字符为 iVBO，查表可知它们的 Base64 编码分别是 34、21、1 和 14，将它们合起来得到的二进制串为 100010010101000001001110，分割为 8 位串便是 10001001、01010000 和 01001110，其中第 1 个 8 位串对应的十六进制值为 0x89，后两个

8 位串对应的 ASCII 字符是 PN，正是如图 8-10 所示的 PNG 图片文件的前 3 字节，读者可以练习验证后面的字节。

第 34～41 行部分的内容类型为 wl.txt 文件的 8 位字节流（application/octet-stream），传输编码也是 base64。其前 4 个 Base64 字符为 572R，查表可知它们的 Base64 编码分别是 57、59、54 和 17，将它们合起来得到的二进制串为 111001110111110110010001，分割为 8 位串便是 11100111、10111101 和 10010001，它们对应的十六进制值分别为 0xE7、0xBD 和 0x91，正是如图 8-11 所示的汉字"网"对应的 UTF-8 编码，读者可以练习验证后面的 57uc 对应汉字"络"的 UTF-8 编码。

➡ 习题

1. 查看 indexb.html 和 favicon.ico 文件的长度。
2. 使用 HxD 软件查看 indexb.html 和 favicon.ico 的内容。
3. 解释何为检查和卸载（checksum offloading）。
4. 给出 15 号报文的逐字节解释。
5. 解释 HTTP 保活连接的操作。
6. 解释条件 GET 的使用。
7. 参照第 6 章 42 题 Base64 编码的 Excel 表格，完成 8.2.2 节电子邮件报文中以下 Base64 编码的反算：

（1）第 18 行的"ciBU"；
（2）第 24 行的"dj48"；
（3）第 32 行的"Rw0K"；
（4）第 40 行的"57uc"。

➡ 参考文献

[1] Wireshark[EB/OL]. [2023-4-18]. （链接请扫下方二维码）
[2] The kernel development community. Checksum Offloads[EB/OL]. [2023-4-18]. （链接请扫下方二维码）

参考文献中的网址

附录A 缩略语对照表

缩略语	中文	英文
3GPP	第三代合作伙伴计划	3rd Generation Partnership Project
ABR	区域边界路由器	Area Border Router
AC	交流电	Alternating Current
ACK	确认	ACKnowledgement
ACSE	关联控制服务元	Association Control Service Element
ADC	模数转换器	Analog-to-Digital Converter
ADSL	非对称数字用户线路	Asymmetric Digital Subscriber Line
AI	人工智能	Artificial Intelligence
AM	振幅调制	Amplitude Modulation
AMPS	高级移动电话系统	Advanced Mobile Phone System
AQM	主动队列管理	Active Queue Management
ARP	地址解析协议	Address Resolution Protocol
ARPA	（美国国防部）高级研究计划局	Advanced Research Projects Agency
ARQ	自动重传请求	Automatic Repeat reQuest
AS	自治系统	Autonomous System
ASCII	美国信息交换标准代码	American Standard Code for Information Interchange
ASIC	专用集成电路	Application Specific Integrated Circuit
ASK	振幅偏移键控法（幅移键控）	Amplitude Shift Keying
ASN	抽象语法标记	Abstract Syntax Notation
ASP	动态服务器页	Active Server Pages
ATM	异步传输模式	Asynchronous Transfer Mode
AUI	触接单元接口	Attachment Unit Interface
AWGN	加性高斯白噪声	Additive White Gaussian Noise
B2B	企业对企业（的电子商务模式）	Business to Business
B2C	企业对消费者（的电子商务模式）	Business to Customer
BAN	体域网	Body Area Network
BDP	带宽时延积	Bandwidth Delay Product
BEC	后向纠错	Backward Error Correction
BER	基本编码规则	Basic Encoding Rule
BGP	边界网关协议	Border Gateway Protocol
BNC	尼尔-康塞曼卡口	Bayonet Neill-Concelman
bit/s	每秒比特数	bit per second
C/S	客户/服务器（模式）	Client/Server

缩略语	中文	英文
C2C	消费者对消费者（的电子商务模式）	Consumer to Consumer
CASE	通用应用服务元素	Common Application Service Element
CASNET	中国科学院网络	Chinese Academy of Sciences NETwork
CCITT	国际电报电话咨询委员会	International Telegraph and Telephone Consultative Committee 法语: Comité Consultatif International Téléphonique et Télégraphique
CCK	补码键控	Complementary Code Keying
CDMA	码分多址	Code Division Multiple Access
CEO	首席执行官（执行总裁）	Chief Executive Officer
CERN	欧洲核子研究组织	European Organization for Nuclear Research
CERNET	中国教育和科研计算机网	China Education and Research NETwork
CHAP	挑战握手认证协议	Challenge-Handshake Authentication Protocol
ChinaGBN	中国金桥信息网	China Golden Bridge Network
CIDR	无分类域间路由	Classless Inter-Domain Routing
CNGI	中国下一代互联网示范工程	China Next Generation Internet
CNNIC	中国互联网络信息中心	China Internet Network Information Center
CR	回车	Carriage Return
CRC	循环冗余检验	Cyclic Redundancy Check
CS	电路交换	Circuit Switching
CSMA/CA	带冲突避免的载波监听多路访问	Carrier Sense Multiple Access with Collision Avoidance
CSMA/CD	带冲突检测的载波监听多路访问	Carrier Sense Multiple Access with Collision Detection
CSS	层叠样式表	Cascading Style Sheets
CSTNET	中国科技网	China Science and Technology NETwork
CTS	允许发送	Clear To Send
CWDM	稀疏波分复用	Coarse WDM
cwnd	拥塞控制窗口	congestion window
dB	分贝	decibel
DC	直流电	Direct Current
DCF	分布式协调功能	Distributed Coordination Function
DDL	数据定义语言	Data Definition Language
DEC	数据设备公司	Digital Equipment Corporation
DEI	可丢弃指示符	Drop Eligible Indicator
DEMUX	分用器	Demultiplexer
DF	不允许分片（位）	Don't Fragment
DHCP	动态主机配置协议	Dynamic Host Configuration Protocol
DIFS	DCF 帧间间隔	DCF InterFrame Space
DMT	离散多声道传输	Discrete Multi-tone Transmission
DNS	域名系统	Domain Name System
DOM	文档对象模型	Document Object Model

缩略语	中文	英文
DP	动态规划	Dynamic Programming
DPSK	差分相移键控	Differential Phase-Shift Keying
DQPSK	差分 4 相相移键控	Differential Quadrature Phase-Shift Keying
DS	分发系统	Distribution System
DSL	数字用户线路	Digital Subscriber Line
DSLAM	数字用户线接入复用器	DSL Access Multiplexer
DSQ	双方阵（编码）	Double SQuare
DSS	分发系统服务	Distribution System Service
DSSS	直接序列扩频	Direct-Sequence Spread Spectrum
DV	距离向量	Distance Vector
DWDM	密集波分复用	Dense WDM
EAP	扩展认证协议	Extensible Authentication Protocol
EDA	电子设计自动化	Electronic Design Automation
EDC	差错检测码	Error Detection Code
EDGE	增强型数据速率 GSM 演进	Enhanced Data Rate for GSM Evolution
EGP	外部网关协议	External Gateway Protocol
eMBB	增强移动宽带（场景）	enhanced Mobile Broadband
EMS	邮政特快专递服务	Express Mail Service
ER	延伸范围	Extended Reach
FCS	帧检验序列	Frame Check Sequence
FDD	频分双工	Frequency Division Duplex
FDM	频分多路复用	Frequency-Division Multiplexing
FEC	前向纠错	Forward Error Correction
FFT	快速傅里叶变换	Fast Fourier Transform
FHSS	跳频扩频	Frequency-Hopping Spread Spectrum
FM	频率调制	Frequency Modulation
FSK	频率偏移键控法（频移键控）	Frequency Shift Keying
FTAM	文件传输、访问及管理（服务元）	File Transfer, Access and Manager
FTP	文件传输协议	File Transfer Protocol
GE	吉比特以太网	Gigabit Ethernet
GBN	回退 N（协议）	Go-Back-N
GEO	地球同步轨道（卫星）	Geostationary Earth Orbit
GEO	地球同步轨道（卫星）	Geosynchronous Equatorial Orbit
GMII	吉比特媒体无关接口	Gigabit Media-Independent Interface
GPSK	高斯频移键控	Gaussian Frequency-Shift Keying
GSM	全球移动通信系统	Global System for Mobile Communications
gTLD	通用顶级域	general TLD
HA	硬件地址	Hardware Address
HDLC	高级数据链路控制	High-Level Data Link Control
HT	水平制表符	Horizontal Tab

缩略语	中文	英文
HTML	超文本标记语言	HyperText Markup Language
HTTP	超文本传送协议	HyperText Transfer Protocol
Hz	赫兹	Hertz
i.i.d	独立和同分布	independent and identically distributed
I/G	单址/组址位	Individual/Group bit
IAB	因特网体系结构委员会	Internet Architecture Board
IANA	因特网编号分配部	Internet Assigned Numbers Authority
ICANN	互联网名称与数字地址分配机构	Internet Corporation for Assigned Names and Numbers
ICMP	因特网控制报文协议	Internet Control Message Protocol
ID	标识号	IDentifier
IDL	深度学习研究院	Institute of Deep Learning
IEC	国际电工委员会	International Electrotechnical Commission
IEEE	电气电子工程师学会	Institute of Electrical and Electronics Engineers
IESG	因特网工程指导小组	Internet Engineering Steering Group
IETF	互联网工程部	Internet Engineering Task Force
IFFT	逆向快速傅里叶变换	Inverse Fast Fourier Transform
IFS	帧间间隔	InterFrame Spacing
IGMP	因特网组管理协议	Internet Group Management Protocol
IGP	内部网关协议	Internal Gateway Protocol
IGSO	倾斜地球同步轨道（卫星）	Inclined GeoSynchronous Orbit
IIS	因特网信息服务	Internet Information Services
IMAP	因特网报文访问协议	Internet Message Access Protocol
IMS	IP 多媒体子系统	IP Multimedia Subsystem
IoT	物联网	Internet of Things
IP	因特网协议	Internet Protocol
IRTF	互联网研究部	Internet Research Task Force
ISDN	综合业务数字网	Integrated Services Digital Network
ISI	符号间干扰	InterSymbol Interference
ISM	工业、科学和医疗（无线电频段）	Industrial, Scientific and Medical （Radio Frequency Band）
ISO	国际标准化组织	International Organization for Standardization
ISOC	互联网协会	Internet Society
ISP	因特网服务提供商	Internet Service Provider
ITU	国际电信联盟	International Telecommunication Union
ITU-T	国际电信联盟电信标准化部	ITU Telecommunication Standardization Sector
IXP	互联网交换点	Internet eXchange Point
JSP	Jakarta（或 Java）服务器页	Jakarta Server Pages （JavaServer Pages）
L2CAP	LLC 适配协议	Logical Link Control Adaptation Protocol
LAN	局域网	Local Area Network
LCP	链路控制协议	Link Control Protocol

缩略语	中文	英文
LDPC	低密度奇偶校验	Low Density Parity Check
LED	发光二极管	Light-Emitting Diode
LF	换行	Line Feed
LFN	长胖网络	Long Fat Network
LMSC	（IEEE 的）LAN/MAN 标准委员会	LAN/MAN Standards Committee
LOS	视线（传播）	Line-Of-Sight
LS	链路状态	Link State
LSB	最低有效位	Least Significant Bit
MAC	媒体（介质）访问控制	Media Access Control
MAN	城域网	Metropolitan Area Network
MAU	媒体（或介质）触接单元	Medium Attachment Unit
MCI	微波通信公司	Microwave Communications, Inc.
MCPA	多载波功率放大器	Multi-Carrier Power Amplifier
MDI	媒体（介质）相关的接口	Medium Dependent Interface
MDI-X	媒体（介质）相关的交叉模式接口	Medium Dependent Interface Crossover
MEO	地球中轨道（卫星）	Medium Earth Orbit
MF	更多分片（位）	More Fragment
MIB	管理信息库	Management Information Base
MII	媒体无关接口	Media-Independent Interface
MIIT	工业和信息化部	the Ministry of Industry and Information Technology
MIME	多用途互联网邮件扩展	Multipurpose Internet Mail Extensions
MIMO	多入多出技术	Multiple-Input Multiple-Output
MIT	麻省理工学院	Massachusetts Institute of Technology
MLT	多级传输编码	Multi-Level Transmit
MMF	多模光纤	Multi-Mode optical Fiber
MP-BGP	多协议 BGP	Multiprotocol BGP
MPLS	多协议标签交换	Multiprotocol Label Switching
MRU	最大接收单元	Maximum Receive Unit
MSB	最高有效位	Most Significant Bit
MSDU	MAC 服务数据单元	MAC Service Data Unit
MSL	最长报文段寿命	Maximum Segment Lifetime
MSM	报文安全模型	Message Security Model
MSS	最大报文段长度	Maximum Segment Size
MTU	最大传输单元	Maximum Transmission Unit
MUX	复用器	Multiplexer
NAPT	端口地址转换	Network Address and Port Translation
NAT	网络地址转换	Network Address Translation
NAV	网络分配向量	Network Allocation Vector
NCFC	中国国家计算机与网络设施	National Computing and Networking Facility of China

缩略语	中文	英文
NCP	网络控制协议	Network Control Protocol
NCR	国家收款机公司	National Cash Register
NIC	网络接口卡（网卡）	Network Interface Card
NII	国家信息基础设施	National Information Infrastructure
NMS	网络管理工作站	Network Management Station
NRZ	不归零（编码）	Non-Return-to-Zero
NRZI	翻转式不归零（编码）	Non-Return-to-Zero Inverted
NSF	（美国）国家科学基金会	National Science Foundation
nTLD	国家或地区顶级域	national TLD
NVT	网络虚拟终端	Network Virtual Terminal
OBEX	对象交换（协议）	OBject EXchange （protocol）
oDSP	光数字信号处理器	optical Digital Signal Processor
OFDM	正交频分多路复用	Orthogonal Frequency-Division Multiplexing
OSI/RM	OSI 参考模型（简称 OSI 模型）	Open System Interconnection Reference Model
OSPF	开放最短路径优先路由协议	Open Shortest Path First
OUI	组织唯一标识符	Organizationally Unique Identifier
P2P	对等（模式）	Peer-to-Peer
PAM	脉幅调制	Pulse Amplitude Modulation
PAN	个人区域网	Personal Area Network
PAP	密码认证协议	Password Authentication Protocol
PARC	帕洛阿尔托研究中心	Palo Alto Research Center
PBX	专用小型交换机	Private Branch eXchange
PCF	点协调功能	Point Coordination Function
PCP	优先级码点	Priority Code Point
PCS	物理编码子层	Physical Coding Sublayer
PDU	协议数据单元	Protocol Data Unit
PHY	物理层	PHYsical layer
PHY	物理	PHYsical
PIFS	PCF 帧间间隔	PCF InterFrame Space
PM	相位调制	Phase Modulation
PMA	物理媒体附着（子层）	Physical Medium Attachment （sublayer）
PMD	物理媒体相关（子层）	Physical Medium Dependent （sublayer）
PMTUD	路径 MTU 发现	Path MTU Discovery
POP	邮局协议	Post Office Protocol
POS	SONET/SDH 上的分组传输协议	Packet Over SONET/SDH
POTS	普通老式电话服务	Plain Old Telephone Service
PPP	点对点协议	Point-to-Point Protocol
PPPoA	基于 ATM 的 PPP 协议	Point-to-Point Protocol over ATM
PPPoE	基于以太网的 PPP 协议	Point-to-Point Protocol over Ethernet
PS	分组交换	Packet Switching

缩略语	中文	英文
PSK	相位偏移键控法（相移键控）	Phase Shift Keying
PSTN	公共交换电话网	Public Switched Telephone Network
Q&A	问与答	Question and Answer
QAM	正交振幅调制	Quadrature Amplitude Modulation
RAN	无线接入网	Radio Access Network
RED	随机早期检测	Random Early Detection
RFC	请求评论文档（征求意见文档）	Request for Comments
RFCOMM	射频通信协议	Radio Frequency COMMunications Protocol
RIP	路由信息协议	Routing Information Protocol
RIR	区域因特网注册机构	Regional Internet Registry
RLL	游程长度受限的编码	Run-Length Limited
ROM	只读存储器	Read-Only Memory
ROSE	远程操作服务元	Remote Operation Service Element
RR	（DNS 的）资源记录	Resource Record
RTO	超时重传时间	Retransmission Time-Out
RTS	请求发送	Request To Send
RTT	往返时间	Round Trip Time
rwnd	接收窗口	receiving window
RZ	归零（编码）	Return-to-Zero
S/N	信噪比	Signal-to-Noise Ratio
SA	独立组网	Standalone
SACK	选择确认	Selective ACK
SAP	服务访问点	Service Access Point
SASE	特定应用服务元素	Specific Application Service Element
SDH	同步数字体系	Synchronous Digital Hierarchy
SDP	服务发现协议	Service Discovery Protocol
SDR	软件定义的无线电	Software Defined Radio
SFD	帧始定界符	Start Frame Delimiter
SIFS	短帧间间隔	Short InterFrame Space
SIG	特别兴趣小组	Special Interest Group
SMF	单模光纤	Single-Mode optical Fiber
SMI	管理信息结构	Structure of Management Information
SMS	短信息服务	Short Message Service
SMTP	简单邮件传输协议	Simple Mail Transfer Protocol
SNMP	简单网络管理协议	Simple Network Management Protocol
SNR	信噪比	Signal-to-Noise Ratio
SONET	同步光网络	Synchronous Optical NETworking
SR	选择重传（协议）	Selective Repeat
SR	短距离	Short Range
SRI	斯坦福研究所	Standford Research Institute

续表

缩略语	中文	英文
SSL	安全套接字层	Secure Socket Layer
ssthresh	慢启动门限	slow start threshold
STA	移动站	STAtion
STDM	统计的时分复用	Statistical TDM
TCI	标签控制信息	Tag Control Information
TCP	传输控制协议	Transmission Control Protocol
TDD	时分双工	Time Division Duplex
TDM	时分多路复用	Time-Division Multiplexing
TDMA	时分多址	Time-Division Multiple Access
TLD	顶级域	Top Level Domain
TLS	传输层安全	Transport Layer Security
TPID	标签协议标识符	Tag Protocol IDentifier
TTL	生存时间	Time To Live
TUNET	清华大学校园网	Tsinghua University NETwork
U/L	通用/专用（或全局/本地）管理地址位	Universally/Locally administered addresses bit
U/M	单播/组播位	Unicast/Multicast bit
UA	用户代理	User Agent
UCLA	加州大学洛杉矶分校	University of California at Los Angeles
UDP	用户数据报协议	User Datagram Protocol
UMTS	通用移动通信系统	Universal Mobile Telecommunications System
URL	统一资源定位符	Universal Resource Locator
UTF-8	8 位统一变换格式	8-bit Unicode Transformation Format
UTP	无屏蔽双绞线	Unshielded Twisted Pair
VID	VLAN 标识符	VLAN IDentifier
VLAN	虚拟局域网	Virtual Local Area Network
VoIP	IP 语音	Voice over IP
VPN	虚拟专用网	Virtual Private Network
VT	虚拟终端	Virtual Terminal
W3C	万维网联盟	World Wide Web Consortium
WAN	广域网	Wide Area Network
WDM	波分复用	Wavelength-Division Multiplexing
WEP	有线等效加密协议	Wired Equivalent Privacy Protocol
Wi-Fi（WiFi）	无线局域网（无线保真）	Wireless Fidelity
WLAN	无线局域网	Wireless LAN
WPA	保护 Wi-Fi 访问协议	Wi-Fi Protected Access
WPAN	无线个人区域网	Wireless PAN
WSN	无线传感器网络	Wireless Sensor Network
WWW	万维网	World Wide Web
XGMII	10Gb 媒体无关接口	10 Gigabit Media-Independent Interface